云计算与容器云平台技术原理及应用

卢洋　郑岩　编著

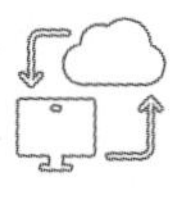      

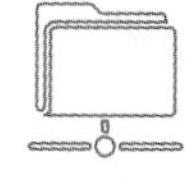

CLOUD COMUTING TECHNOLOGY
DOCKER

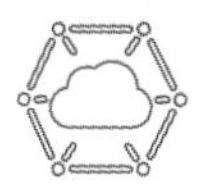     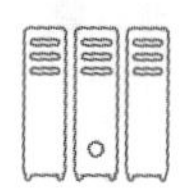 

化学工业出版社
· 北京 ·

内容简介

本书系统全面地介绍了云计算和容器技术的原理、架构和应用。内容主要包括云计算基础，Docker 核心原理与应用，容器云平台技术与实践以及分布式系统中如数据存储计算、协调服务与设计、测试与监控等的设计与实现。每部分内容以原理、架构、案例和最佳实践的思路展开，并通过丰富的案例练习与讲解，帮助读者深入理解核心知识，上手实际项目开发。

本书适合从事云计算和容器技术工作的专业人员，如系统管理员、开发工程师、架构师等阅读学习，也可供计算机科学、信息技术领域的研究人员与师生参考。

图书在版编目（CIP）数据

云计算与容器云平台技术原理及应用 / 卢洋，郑岩编著. -- 北京 : 化学工业出版社，2025. 1. -- ISBN 978-7-122-46414-9

Ⅰ. TP393.027

中国国家版本馆 CIP 数据核字第 2024UR9473 号

责任编辑：于成成　李军亮
文字编辑：袁玉玉　袁　宁
责任校对：宋　夏
装帧设计：王晓宇

出版发行：化学工业出版社
（北京市东城区青年湖南街 13 号　邮政编码 100011）
印　　装：三河市航远印刷有限公司
787mm×1092mm　1/16　印张 22¾　字数 549 千字
2025 年 3 月北京第 1 版第 1 次印刷

购书咨询：010-64518888
售后服务：010-64518899
网　　址：http://www.cip.com.cn
凡购买本书，如有缺损质量问题，本社销售中心负责调换。

定　　价：99.00 元

前言

PREFACE

随着信息技术的飞速发展，能够提供强大计算能力和灵活性的云计算与容器技术逐渐成为现代企业不可或缺的一部分，它们为企业提供了高效、灵活和可扩展的计算资源，使得应用程序的开发和部署变得更加简单和快捷，从而更好适应市场变化和业务需求。为了满足广大技术人员的学习需求，我们编写了本书，旨在帮助读者深入掌握云计算和容器技术的原理、架构和应用，并更好地应用于实际项目中。

本书在系统介绍云计算和容器技术的基本概念和原理的同时，深入讲解了相关技术在实际应用中的最佳实践和技巧。读者可以通过本书全面了解云计算和容器技术的发展历程、特点和优势，掌握 Docker 的核心原理和使用技巧，并学习如何构建和管理容器云平台，如 Kubernetes 平台的核心组件、原理、配置、安全性等，以及相应的应用部署与最佳实践。此外，本书还涵盖了分布式系统的设计与实现等知识，深入讲解了分布式数据存储和计算的相关技术、分布式协调服务和设计模式的应用以及分布式系统的测试与监控，并通过分布式数据处理系统的实现、基于区块链的分布式应用（Python 版本）、基于区块链的分布式应用（Golang 版本）等案例讲解分布式系统的实践技巧。

全书每个章节都经过精心编排，以定义、原理、架构、案例和最佳实践等模块展开，用清晰准确的语言、结构化的内容和深入浅出的讲解风格，搭配丰富的实践案例讲解，帮助读者从理论到实践，逐步深入理解和掌握核心知识，全面提升技能。书中主要案例源程序请访问化学工业出版社官网资源下载模块搜索本书书名下载，网址：https://www.cip.com.cn/Service/Download。

本书适合从事云计算和容器技术工作的专业人士，如系统管理员、开发工程师、架构师等阅读学习，也可供计算机科学和信息技术领域的研究人员和师生参考。

本书的编写是团队努力的成果，编写过程中我们汲取了大量学术和实践经验，力求将最新的技术发展和最佳实践融入书中。在此，要向所有为本书编写提供帮助的专家表示衷心的感谢。最后，希望本书能够成为读者学习和应用云计算与容器技术的重要参考资料，助力于实际项目开发与部署。

由于编写时间仓促，且云计算与容器技术领域发展迅速，新的技术和应用不断涌现，书中难免存在不足之处，恳请广大读者批评指正。

编著者

目录
CONTENTS

第 1 章 云计算的特点

1.1 概述

1.1.1 云计算和容器技术在当今数字世界中的重要性

在当今的数字化世界中，云计算和容器技术的重要性不言而喻。随着数据量的爆炸性增长和计算需求的不断提高，传统的计算模式已经无法满足现代企业和个人的需求。云计算和容器技术的出现，为我们提供了一种新的、更高效的计算模式。

云计算通过提供按需使用的计算资源，使企业和个人无须投入大量资金购买和维护硬件设备，就能够获取到所需的计算能力。这极大地降低了计算的门槛，使得更多的人能够利用计算资源来解决问题、创新产品、推动科技进步。

容器技术则进一步提高了云计算的效率和灵活性。通过容器，我们可以将应用和其运行环境打包在一起，实现“一次打包，到处运行”的目标。这使得应用的部署和迁移变得更加简单，能大大提高开发和运维的效率。

此外，云计算和容器技术还为大规模、分布式的计算提供了可能。通过这些技术，我们可以轻松地搭建起跨越多个地理位置的计算网络，处理大规模的数据和复杂的计算任务。这对于大数据分析、人工智能、科学计算等领域具有重要的意义。

云计算和容器技术是推动当今数字世界发展的重要力量。它们改变了我们使用计算资源的方式，提高了计算的效率和可用性，为未来的创新和发展打开了新的空间。

1.1.2 计算的演变：从传统计算到云计算

计算的演变可以追溯到早期的机械计算机和电子计算机。在那个时候，计算资源非常稀缺且昂贵，只有大型企业和政府机构才能拥有。随着技术的进步，计算机变得越来越小，越来越便宜，个人计算机开始进入家庭和办公室。

然而，随着数据量的增长和计算需求的提高，单个计算机的计算能力开始显得不足。于是，人们开始构建计算机网络，通过将多台计算机连接在一起，共享计算资源，以提高计算能力。这就是早期的分布式计算和并行计算。

进入 21 世纪，互联网的发展使得计算资源的共享和分配变得更加简单和高效。云计算的概念应运而生。云计算通过将计算资源集中在数据中心，然后通过互联网提供给用户，实现计算资源的按需使用和弹性扩展。这极大地提高了计算的效率，降低了计算的成本，使得更多的人能够获取到强大的计算能力。

与此同时，为了提高云计算的资源利用率和服务质量，虚拟化和容器技术也开始得到广泛的应用。这些技术使得计算资源的分配和管理变得更加灵活，进一步推动了云计算的发展。

总之，计算的演变是一个不断追求效率和便利性的过程。从传统计算到云计算，我们看到了技术的力量，以及它是如何改变我们使用计算资源的方式的。在未来，随着技术的进步，我们期待看到更多的创新和变革。

1.2 云计算

1.2.1 云计算的定义和原理

云计算是一种提供计算服务的模式，包括服务器、存储、数据库、网络、软件、分析等。这些服务通过互联网（“云”）实现，以提供灵活的计算资源。其通常是按使用量付费，就像我们通过缴纳水电费来支付家庭用水和电一样。

云计算的基本原理是将大量的计算资源集中起来，通过网络分配和提供给用户。这些计算资源包括但不限于处理器（CPU）、内存、存储空间和网络带宽。在云计算环境中，用户无须知道物理设备的位置和配置，只需要通过网络连接，就可以按需使用和支付计算资源。

云计算的核心是虚拟化技术。虚拟化技术可以将一台物理服务器分割成多个虚拟服务器，每个虚拟服务器都可以运行独立的操作系统和应用程序。这使得云计算能灵活地分配和调度计算资源，满足不同用户的需求。

此外，云计算还包括一系列的技术和方法，以便于管理和优化计算资源的使用。例如，负载均衡可以将计算任务分配到多个服务器上，以提高计算效率和系统稳定性；弹性伸缩可以根据计算需求的变化，动态地增加或减少计算资源，以提高资源利用率和降低成本。

1.2.2 云计算的架构：前端和后端

云计算的架构主要由两部分组成：前端和后端。它们通过网络（通常是互联网），连接在一起。

前端部分是用户直接接触到的部分，包括用户的计算机（或网络）和用于访问云计算系统的应用程序或浏览器。这些应用程序可以是各种类型，从简单的电子邮件客户端，到复杂的 ERP（enterprise resource planning，企业资源计划）系统，再到用于大规模数据分析的应用程序。这些应用程序通过网络与云计算系统进行通信，请求计算资源，提交计算任务，获取计算结果。

后端部分是云计算系统的核心，包括大量的计算机、服务器和数据存储设备。这些设备通常被分布在全球的多个数据中心，形成一个强大的计算网络。每个数据中心都有自己的冷却系统、电源系统和网络连接，以保证设备的正常运行。

后端还包括一个中央服务器，用于监控流量和客户端需求。中央服务器会根据需求动态地分配计算资源。例如，当某个应用程序的用户数量增加时，中央服务器会分配更多的计算资源给这个应用程序，以保证其性能。

后端还包括一个用于网络通信的协议，该协议通常是基于互联网的协议。这个协议定义前端和后端如何交换数据，如何进行身份验证，如何保证数据的安全性等。

在云计算环境中，前端和后端通过网络连接在一起，形成一个强大的计算网络。用户可以通过前端的应用程序，按需使用后端的计算资源。这种架构使得云计算能提供弹性、可扩展的计算服务，满足各种计算需求。

1.2.3　云服务的类型：IaaS、PaaS、SaaS 及其示例

云计算服务通常可以分为三种类型：基础设施即服务（infrastructure as a service，IaaS）、平台即服务（platform as a service，PaaS）和软件即服务（software as a service，SaaS）。这三种服务类型提供不同级别的控制和管理能力，以满足不同的用户需求。用户可以根据自己的需求，选择合适的服务类型。

① 基础设施即服务（IaaS）：IaaS 是最基本的云服务模型，为用户提供计算资源，包括服务器、网络设备、存储、负载均衡器等。用户可以完全控制这些资源，就像在自己的数据中心中一样，但无须负责维护和升级硬件，如图 1-1 所示。例如，亚马逊弹性计算云（Amazon Elastic Compute Cloud，Amazon EC2）是一个典型的 IaaS 服务，它允许用户租用 Amazon 的虚拟计算机来运行自己的应用程序。用户可以选择虚拟机的类型、大小、存储选项等，以满足自己的需求。

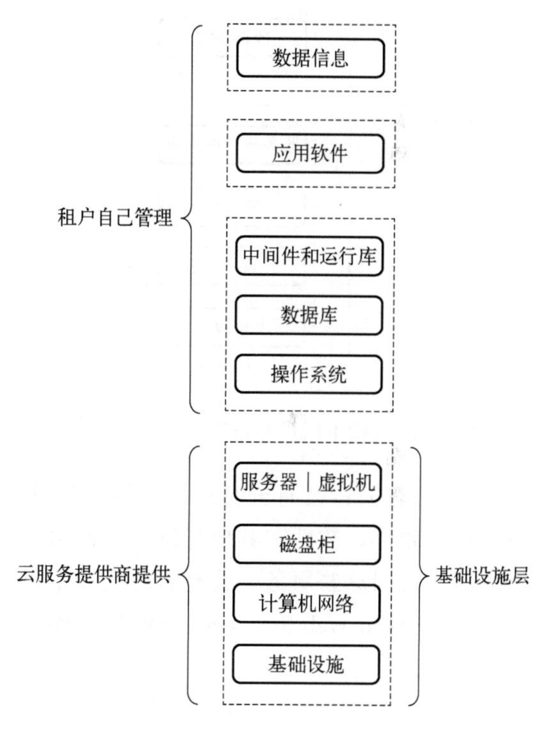

图 1-1　IaaS 架构中用户和云服务提供商的管理范畴

② 平台即服务（PaaS）：PaaS 在 IaaS 的基础上，为用户提供开发、测试、部署、维护应用程序的平台。这包括操作系统、开发工具、数据库管理系统等。用户无须管理底层的计算资源，只需要关注应用程序的开发，如图 1-2 所示。例如，谷歌应用程序引擎（Google App Engine）是一个典型的 PaaS 服务，它为用户提供一个完整的开发环境，包括操作系统、编程语言运行时、数据库等。用户可以在这个环境中开发应用程序，然后直接部署到 Google 的云平台上。

③ 软件即服务（SaaS）：SaaS 是最高级别的云服务模型。SaaS 为用户提供完全由服务提供商管理的应用程序。用户无须安装和运行应用程序，只需要通过网络连接，就可以使用应用程序，如图 1-3 所示。例如，Gmail 是一个典型的 SaaS 服务，它为用户提供了电子邮件服务。用户无须安装邮件服务器或邮件客户端，只需要通过浏览器或手机应用，就可以发送和接收电子邮件。

1.2.4 云部署模型：公有云、私有云、混合云和社区云

云计算可以根据部署方式和访问权限，分为四种模型：公有云、私有云、混合云和社区云。如图 1-4 所示的是传统的部署模式，可以与云部署进行区分。

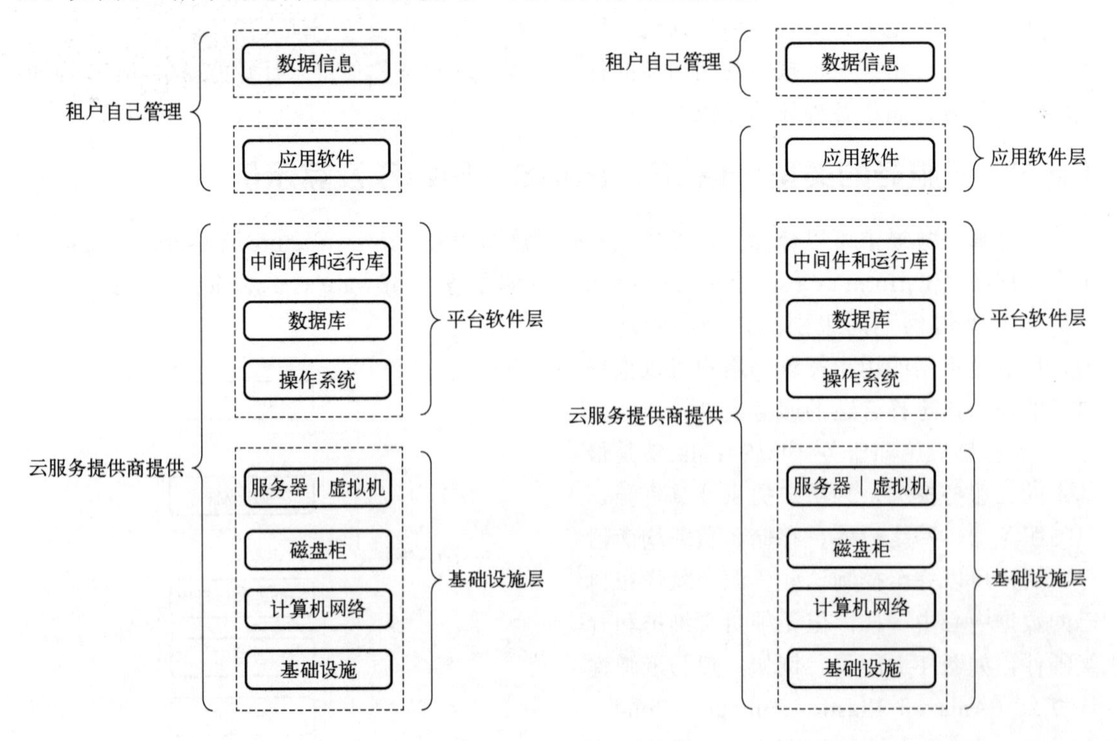

图 1-2 PaaS 架构中用户和云服务提供商的管理范畴 图 1-3 SaaS 架构中用户和云服务提供商的管理范畴

① 公有云：公有云是最常见的云计算模型，它由第三方服务提供商拥有和运营。在公有云中，硬件、软件和其他基础设施都由云服务提供商拥有和管理。用户通过网络，通常是互联网，访问这些服务。公有云的优点是可以快速部署，无须投入大量资金购买和维护硬件设备。Amazon Web Services（AWS）、Microsoft Azure、Google Cloud Platform（GCP）都是公有云的例子。

② 私有云：私有云是专门为单个组织建立的云环境，可以在组织的内部网络中部署，也可以由第三方服务提供商托管，如图 1-5 所示。由于在私有云情境中用户可以控制和管理数据的存储和处理，因此私有云能提供更高级别的安全性和隐私。私有云的缺点是需要投入更多的资源来购买和管理硬件设备。OpenStack 是一个开源的私有云平台。

③ 混合云：混合云结合了公有云和私有云，允许数据和应用程序在两者之间流动，如图 1-6 所示。这种模型能提供更大的灵活性和更多的数据部署选项。例如，一个组织可以选择将敏感数据存储在私有云中，而将其他数据和应用程序部署在公有云中。

④ 社区云：社区云是由多个组织共享的云环境，这些组织有共同的云计算需求。社区云可以由一个或多个组织管理，也可以由第三方服务提供商托管。社区云提供一种在组织之间共享资源和应用程序的方式。

这四种云部署模型能提供不同级别的控制、灵活性和安全性，以满足不同的业务需求和

合规要求。用户可以根据自己的需求，选择合适的云部署模型。

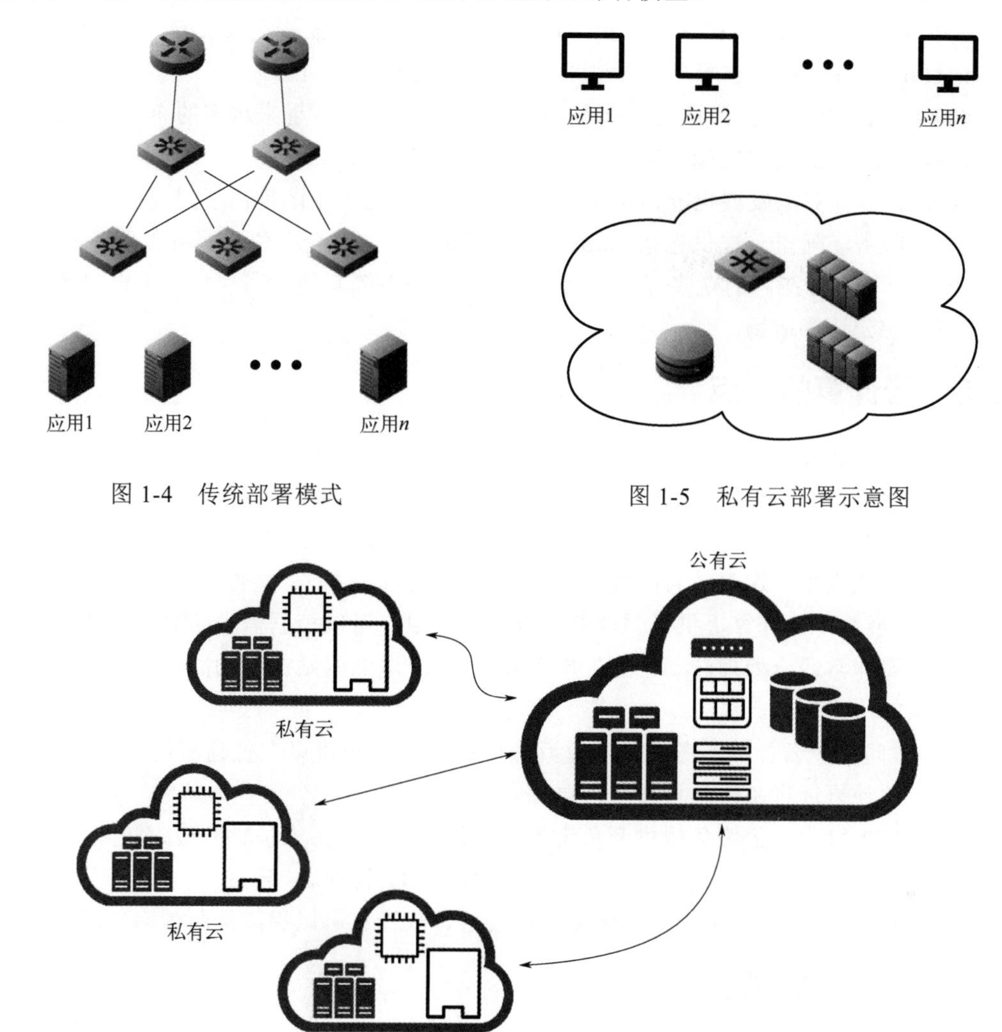

图 1-4　传统部署模式

图 1-5　私有云部署示意图

图 1-6　混合云部署示意图

1.2.5　云计算的发展历史：从网格计算到现代云

云计算并非一夜之间出现的概念，而是经过了几十年的发展和演变。以下是云计算的主要发展历程。

1960 年代：分时系统的出现，使得多个用户可以同时使用一台计算机。这是云计算“共享资源”概念的起源。

1970 年代：虚拟化技术的发展，使得一台物理服务器可以分割成多个虚拟服务器，每个虚拟服务器都可以运行独立的操作系统和应用程序。这是云计算“虚拟化”概念的起源。

1990 年代：网格计算的出现，使得多台计算机可以组成一个网络，共享计算资源，处理大规模的计算任务。这是云计算“分布式计算”概念的起源。

2000 年代初：亚马逊推出 Elastic Compute Cloud（EC2），这是第一个公有云服务。EC2

提供按需使用的虚拟计算资源，用户可以按使用量付费，无须购买和维护硬件设备。

2000 年代中：Google 和 Microsoft 分别推出了自己的云服务，包括 Google App Engine 和 Microsoft Azure。这标志着云计算进入了快速发展的阶段。

2000 年代末至今：云计算已经成为 IT 行业的主流趋势。越来越多的企业和个人开始使用云服务，云服务的类型也越来越丰富，包括 IaaS、PaaS、SaaS 等。

在我国，云计算的发展也非常迅速。2009 年，阿里巴巴集团推出了阿里云，这是我国第一个公有云服务。阿里云提供包括 IaaS、PaaS、SaaS 在内的全方位云服务，服务包括金融、制造、零售、教育等在内的众多行业。此外，腾讯、华为等其他公司也推出了自己的云服务，丰富了我国的云计算市场。

1.2.6 云计算的优点

云计算的发展和普及，得益于它带来的众多优点，主要包括：

① 成本效益：云计算采用按需付费的模式，用户只需要为实际使用的资源付费，无须投入大量资金购买和维护硬件设备。此外，由于云服务提供商可以大规模运营，他们可以通过规模经济降低成本，这些节省的成本可以使用户受益。

② 可扩展性：云计算提供了弹性的计算资源，用户可以根据需求随时增加或减少资源。这使得云计算非常适合处理波动性的工作负载。例如：电商网站在购物高峰期可以增加资源，以应对大量的用户请求。

③ 可访问性：云计算服务通常通过互联网提供，用户可以在任何有网络连接的地方访问云服务。这使得远程工作和协作变得更加容易。

④ 简化 IT 管理：云服务提供商负责管理硬件设备，包括维护、升级、故障修复等。用户可以将更多的精力放在自己的核心业务上，而不是 IT 管理。

⑤ 环境友好：通过集中管理和优化硬件设备，云计算可以提高能源效率，减少碳排放。

1.2.7 云计算的挑战

尽管云计算具有许多优点，但也存在一些挑战和问题，主要包括：

① 安全性：虽然云服务提供商通常会投入大量的资源来保护他们的系统，但是数据在传输过程中或在云服务提供商的系统中仍然可能遭到攻击。例如，黑客可能会尝试利用系统的漏洞，或者通过网络钓鱼等手段，来窃取用户的数据。此外，如果云服务提供商遭到大规模的攻击，例如 DDoS（distributed denial of service，分布式拒绝服务）攻击，可能会影响到所有的用户。因此，用户需要选择有强大安全防护能力的云服务提供商，同时也需要自己采取一些安全措施，例如使用强密码、定期更换密码、不点击来历不明的链接等。

② 隐私：云计算需要用户将数据存储在云服务提供商的服务器上，这可能引发一些隐私问题。例如，用户可能会担心他们的数据被云服务提供商或其他用户访问。虽然大多数云服务提供商都会承诺不会访问用户的数据，但是用户仍然需要谨慎选择云服务提供商。此外，用户也可以通过一些技术手段，例如数据加密，来保护自己的隐私。

③ 合规性：对于某些行业，如金融和医疗行业，他们需要遵守严格的数据保护和隐私法规。在这些情况下，使用云服务可能会引发一些合规问题。例如，某些法规可能要求数据必须存储在特定的地理位置，但是云服务提供商可能无法满足这个要求。因此，用户需要清

楚自己的合规要求，并选择那些能够满足这些要求的云服务提供商。

④ 互操作性和可移植性：不同的云服务提供商可能使用不同的技术和标准，这可能导致互操作性和可移植性问题。例如，一个应用程序在一个云平台上运行正常，但可能无法在另一个云平台上运行。因此，用户需要选择那些支持开放标准和技术的云服务提供商，同时也需要在设计应用程序时，考虑到互操作性和可移植性。

⑤ 依赖性：使用云服务可能会导致对云服务提供商的依赖。如果云服务提供商出现问题，或者改变他们的服务条款，可能会对用户的业务产生影响。因此，用户需要在选择云服务提供商时，考虑到这个问题，尽量选择那些有良好信誉和稳定性的云服务提供商。

尽管存在这些挑战，但是随着技术的发展和改进，这些问题正在逐步得到解决。例如，使用加密技术和访问控制，可以提高云计算的安全性和隐私保护；开发云计算标准，可以提高云计算的互操作性和可移植性。

1.2.8　云计算的发展趋势

云计算的发展仍在继续，未来的云计算可能会有以下的发展趋势：

① 边缘计算：随着物联网设备的普及，越来越多的数据需要在设备边缘进行处理，以减少数据传输的延迟和带宽需求。这就需要将计算资源从云中心移动到网络边缘，这就是边缘计算。边缘计算可以提高应用程序的响应速度，提高用户体验。

② 云原生：云原生是一种构建和运行应用程序的方法，它充分利用云计算的优点。云原生应用程序是为云环境设计的，它们可以在多个云平台上运行，可以快速扩展，可以自动恢复。云原生技术，如容器和微服务，将会在未来的云计算中发挥重要的作用。

③ 人工智能：云计算提供了大量的计算资源和数据，这为人工智能的发展提供了可能。在云中运行人工智能算法，可以处理大规模的数据，提供智能的服务，例如语音识别、图像识别、自然语言处理等。

④ 多云和混合云：随着云计算的发展，越来越多的组织开始使用多个云服务提供商，或者同时使用公有云和私有云。这就需要解决多云和混合云的管理和互操作性问题。

⑤ 安全和隐私保护：随着云计算的普及，安全和隐私保护的问题也越来越重要。未来的云计算需要提供更强的安全保护和更好的隐私保护。

1.2.9　云计算的应用案例

以下是云计算应用案例的介绍：

① Netflix：Netflix 是全球领先的流媒体服务提供商，拥有数亿用户。Netflix 的所有 IT 基础设施都运行在 Amazon Web Services（AWS）的云上。这使得 Netflix 能够在全球范围内提供 24/7（每周七天，每天 24 小时）的服务，同时也能应对用户数量的快速增长。例如，当 Netflix 进入新的市场时，它可以快速部署新的服务器和存储资源，以满足新用户的需求。此外，Netflix 还利用云计算进行大规模的数据分析，以提供个性化的电影和电视节目推荐。

② Dropbox：Dropbox 是一家提供在线存储服务的公司，拥有数亿用户。Dropbox 的服务完全基于云计算，用户可以将文件存储在 Dropbox 的云中，然后在任何设备上访问这些文件。这使得用户可以在任何地方、任何时间访问他们的文件，能极大地提高工作效率。此外，Dropbox 还利用云计算的弹性，可以根据用户的需求，快速增加或减少存储资源。

③ Instagram：Instagram是一家社交媒体公司，拥有数亿用户。Instagram的服务也运行在云上，它使用Amazon Web Services（AWS）的云服务。通过使用云计算，Instagram可以快速处理大量的用户请求，例如上传照片、分享照片、评论等。同时，Instagram也使用云计算进行数据分析，以了解用户的行为和需求，从而提供更好的服务。

④ 阿里巴巴：阿里巴巴是我国互联网企业，它的电商平台服务运行在自家的阿里云上。阿里巴巴利用云计算处理海量的交易数据，提供稳定的服务。例如，在双十一购物节这样的交易高峰期，阿里巴巴可以快速扩展其计算资源，以应对大量的用户请求。同时，阿里巴巴也利用云计算进行大规模的数据分析，以提供个性化的推荐，优化用户体验。

⑤ 腾讯：腾讯是我国的一家大型互联网公司，它的许多服务，如QQ、微信，都运行在自家的腾讯云上。腾讯利用云计算处理海量的用户数据，提供稳定的服务。例如，微信每天需要处理数十亿的消息，这需要大量的计算资源。同时，腾讯也利用云计算进行大规模的数据分析，以提供个性化的服务和广告。

1.3 虚拟化技术

1.3.1 在云计算背景下理解虚拟化

虚拟化技术是云计算的基础，它使得云服务提供商可以在一台物理服务器上运行多个用户的虚拟机，从而提供按需付费的计算服务。同时，虚拟化技术也使得用户可以快速部署和扩展他们的应用程序，无须关心底层的硬件和网络配置。

在云计算的背景下，虚拟化技术有以下几个关键的作用：

① 提高资源利用率：传统的物理服务器通常不能充分利用其计算资源，因为大部分应用程序并不能持续地使用所有的CPU和内存资源。通过虚拟化技术，我们可以在一台物理服务器上运行多个虚拟机，每个虚拟机都可以使用部分的CPU和内存资源，从而提高整体的资源利用率。

② 提供弹性和可扩展性：在云计算环境中，用户的计算需求可能会随着时间的变化而变化。通过虚拟化技术，用户可以快速创建或删除虚拟机，以应对需求的变化。同时，用户也可以在多个虚拟机之间分配或重新分配资源，以优化性能。

③ 简化IT管理：在传统的IT环境中，管理大量的物理服务器是一项复杂的任务。每台服务器都需要单独安装和配置操作系统和应用程序，这需要付出大量的时间和精力。通过虚拟化技术，管理员可以从一个中心化的控制台管理所有的虚拟机，大大简化IT管理。

④ 提供隔离和安全性：每个虚拟机都运行在自己的虚拟环境中，与其他虚拟机隔离。这意味着，一个虚拟机的问题不会影响到其他虚拟机。同时，如果一个虚拟机被攻击，攻击者也不能直接访问到其他虚拟机或物理服务器。

1.3.2 虚拟机的概念

虚拟机（virtual machine，VM）是虚拟化技术的核心概念。虚拟机是一种软件实现，其模拟了物理计算机的硬件系统。每个虚拟机都有自己的虚拟CPU、虚拟内存、虚拟硬盘、虚拟网络接口等。虚拟机可以运行自己的操作系统和应用程序，就像一台独立的物理计算机一样。

虚拟机的主要优点是其提供了一种隔离的运行环境。在一个虚拟机中运行的操作系统和应用程序不能直接访问其他虚拟机或物理机的资源。这提供了一种安全的运行环境，因为一个虚拟机的问题不会影响到其他虚拟机。同时，虚拟机也提供了一种灵活的运行环境，用户可以根据需要创建和删除虚拟机，或者在虚拟机之间迁移应用程序。虚拟机的创建和管理通常由一个称为超级管理程序（Hypervisor）的软件来完成。

1.3.3　虚拟化的类型

虚拟化技术可以应用在各个层次，包括服务器虚拟化、网络虚拟化、存储虚拟化和应用虚拟化。

① 服务器虚拟化：服务器虚拟化是最常见的虚拟化类型，它允许我们在一台物理服务器上运行多个虚拟机。每个虚拟机都有自己的操作系统和应用程序，它们共享物理服务器的硬件资源，如 CPU、内存、硬盘等。服务器虚拟化能提高硬件的利用率，简化 IT 管理，提供灵活的部署和扩展能力。

② 网络虚拟化：网络虚拟化允许我们创建虚拟的网络设备和网络连接，如虚拟交换机、虚拟路由器、虚拟 LAN（local area network，局域网）等。这些虚拟网络设备和连接可以构建复杂的网络架构，满足各种网络需求。网络虚拟化能提供灵活的网络配置，简化网络管理，提供更好的网络安全性。

③ 存储虚拟化：存储虚拟化允许我们创建虚拟的存储设备，如虚拟磁盘、虚拟磁带库等。这些虚拟存储设备可以提供灵活的存储服务，满足各种存储需求。存储虚拟化能提高存储的利用率，简化存储管理，提供灵活的数据保护和恢复能力。

④ 应用虚拟化：应用虚拟化允许我们在一个操作系统上运行多个隔离的应用程序实例。每个应用程序实例都运行在自己的虚拟环境中，与其他应用程序实例隔离。应用虚拟化能提供灵活的应用程序部署和管理，提供更好的应用程序兼容性和安全性。

1.3.4　管理虚拟环境的超级管理程序的作用

超级管理程序（Hypervisor），也被称为虚拟机监视器（virtual machine monitor，VMM），是虚拟化环境中的关键组件。它是一种软件，运行在物理硬件和虚拟机之间，负责创建和管理虚拟机，以及在虚拟机和物理硬件之间进行资源调度。

超级管理程序的主要作用包括：

① 创建和管理虚拟机：超级管理程序可以创建新的虚拟机，为每个虚拟机分配虚拟硬件资源，如虚拟 CPU、虚拟内存、虚拟硬盘等。超级管理程序也可以管理虚拟机的生命周期，包括启动和关闭虚拟机、保存和恢复虚拟机的状态、迁移虚拟机等。

② 资源调度：超级管理程序负责在虚拟机和物理硬件之间进行资源调度。当多个虚拟机同时运行时，超级管理程序需要决定如何分配物理硬件资源，如 CPU 时间、内存空间、硬盘 I/O 等，以确保每个虚拟机都能正常运行。

③ 提供隔离和安全性：超级管理程序为每个虚拟机提供了一个隔离的运行环境。

1.3.5　虚拟化的发展历史

虚拟化技术的发展历史可以追溯到 1960 年代的分时系统。分时系统是一种早期的资源共享技术，它允许多个用户同时使用一台计算机。分时系统通过在用户之间快速切换 CPU 的使用权，使得每个用户都感觉自己独占了整台计算机。虽然分时系统并不是真正的虚拟化技术，但它的出现奠定了虚拟化技术的基础。

在 1970 年代，IBM 开发了第一代的虚拟化技术，即硬件虚拟化。IBM 的 System/370 系列主机可以运行多个虚拟机，每个虚拟机都有自己的操作系统和应用程序。这种硬件虚拟化技术使得用户可以更有效地利用昂贵的主机资源。

在 1990 年代，随着个人计算机的普及，虚拟化技术开始应用在个人计算机上。VMware 公司开发了第一款个人计算机的虚拟化软件，即 VMware Workstation。用户可以在一台个人计算机上运行多个虚拟机，每个虚拟机都可以运行不同的操作系统，如 Windows、Linux、macOS 等。

在 21 世纪，随着云计算的兴起，虚拟化技术得到了广泛的应用。云服务提供商，如 Amazon、Google、Microsoft 等，都使用虚拟化技术在他们的数据中心中运行数以万计的虚拟机。同时，新的虚拟化技术和工具也不断出现，如 Xen、KVM、Docker 等。

在我国，虚拟化技术也得到了广泛的应用。阿里云和腾讯云等云服务提供商都使用虚拟化技术提供云计算服务。同时，我国的科研机构和企业也在积极研发新的虚拟化技术和产品。例如，华为公司开发了自家的虚拟化平台 FusionSphere，它支持多种虚拟化技术，如服务器虚拟化、存储虚拟化、网络虚拟化等。

1.3.6 虚拟化的优点

虚拟化技术带来了许多优点，主要包括提高资源利用率、增加灵活性和降低成本。

① 提高资源利用率：传统物理服务器的计算资源常因多数应用程序无法持续使用所有 CPU 与内存而未能得到充分使用。但借助虚拟化技术，可于单一物理服务器上运行多个虚拟机，各虚拟机能分别利用部分 CPU 与内存资源，从而有效提升整体资源的运用效能。

② 增加灵活性：虚拟化技术提供了极大的灵活性。用户可以根据需要快速创建和删除虚拟机，或者在虚拟机之间迁移应用程序。用户也可以在虚拟机之间动态调整资源分配，以满足不同的性能需求。

③ 降低成本：虚拟化技术可以显著降低 IT 成本。首先，通过提高资源利用率，虚拟化技术可以减少需要购买的硬件数量。其次，虚拟化技术可以简化 IT 管理，减少人力成本。最后，虚拟化技术可以提供更好的故障恢复和灾难恢复能力，减少因故障或灾难导致的损失。

1.3.7 虚拟化的挑战

虽然虚拟化技术带来了许多优点，但它也面临一些挑战，主要包括性能、安全性和兼容性问题。

① 性能：虚拟化技术需要在物理硬件和虚拟机之间进行资源调度，这会引入一些额外的开销。因此，虚拟机的性能通常会低于直接运行在物理硬件上的性能。虽然现代的虚拟化技术和硬件已经可以大大减少这种性能开销，但在某些高性能计算和实时计算场景中，性能开销仍然是一个需要考虑的问题。

② 安全性：虚拟化技术提供了一种隔离的运行环境，可以提高系统的安全性。然而，如果

超级管理程序或虚拟化平台本身存在安全漏洞，那么攻击者可能会利用这些漏洞攻击虚拟机，甚至攻击整个虚拟化环境。因此，保护超级管理程序和虚拟化平台的安全是一个重要的挑战。

③ 兼容性：虚拟化技术需要模拟物理硬件，以提供给虚拟机使用。然而，不同的硬件可能有不同的特性和行为，这可能导致一些兼容性问题。例如，一些特定的硬件特性可能无法在虚拟机中使用，或者一些特定的操作系统和应用程序可能无法在虚拟机中正常运行。

虽然虚拟化技术面临一些挑战，但通过不断的技术进步和改进，这些问题都可以得到解决。虚拟化技术仍然是现代计算中的一种重要技术，它在提高资源利用率、增加灵活性和降低成本等方面具有显著的优势。

1.3.8　虚拟化技术在实际中的应用和案例研究

虚拟化技术在许多领域都有广泛的应用，包括云计算、数据中心、网络功能虚拟化、桌面虚拟化等。以下是一些虚拟化技术在实际中的应用和案例研究。

① 云计算：云计算是虚拟化技术最重要的应用领域。全球的云服务提供商，如 Amazon、Google、Microsoft 等，都使用虚拟化技术在他们的数据中心中运行数以万计的虚拟机。用户可以按需租用这些虚拟机，以提供各种云服务，如计算服务、存储服务、数据库服务、分析服务等。在我国，阿里云和腾讯云等云服务提供商也使用虚拟化技术提供云计算服务。

② 数据中心：在传统的数据中心中，虚拟化技术也得到了广泛的应用。通过虚拟化技术，数据中心可以在一台物理服务器上运行多个虚拟机，以提高硬件的利用率，简化 IT 管理，提供灵活的部署和扩展能力。在我国，许多大型企业和政府机构的数据中心都使用虚拟化技术来提高服务效率和降低成本。

③ 网络功能虚拟化：网络功能虚拟化（network function virtualization，NFV）是一种新的网络架构，它使用虚拟化技术将网络功能，如防火墙、负载均衡器、路由器等，从专用的硬件设备中解耦出来，运行在通用的服务器上。NFV 可以提供更高的灵活性、更低的成本、更快的服务部署和扩展。在我国，华为公司是 NFV 技术的主要推动者和提供者，其 NFV 解决方案已经在全球范围内得到了广泛的应用。

④ 桌面虚拟化：桌面虚拟化是一种新的 IT 管理模式，它使用虚拟化技术将用户的桌面环境从物理计算机中解耦出来，运行在数据中心的服务器上。用户可以通过任何设备，如 PC、笔记本、平板、手机等，从任何地点访问他们的虚拟桌面。桌面虚拟化可以提供更好的数据安全性、更简单的 IT 管理和更灵活的工作方式。在我国，许多企业和教育机构都开始使用桌面虚拟化技术，以提高 IT 管理的效率和灵活性。

1.3.9　虚拟化技术的发展趋势

虚拟化技术已经成为现代计算的基础，它在云计算、数据中心、网络、存储等多个领域都有广泛的应用。随着技术的不断进步，虚拟化技术的发展趋势可能包括以下几个方面：

① 更高的性能：虚拟化技术的性能是一个重要的研究方向。随着硬件技术和软件技术的进步，我们可以期待虚拟化技术的性能进一步提高。例如，硬件辅助的虚拟化技术可以减少虚拟化的性能开销，而新的调度算法和优化技术可以提高资源的利用率。

② 更好的安全性：虚拟化技术的安全性是另一个重要的研究方向。随着虚拟化环境的复杂性和规模的增加，如何保护虚拟机和超级管理程序的安全成为一个重要的挑战。我们可

以期待新的安全技术和方法被开发出来，以提高虚拟化环境的安全性。

③ 更广泛的应用：虚拟化技术的应用领域将进一步扩大。除了现有的云计算、数据中心、网络、存储等领域外，虚拟化技术也可能应用在其他新的领域，如物联网、边缘计算、人工智能等。

④ 更深入的集成：虚拟化技术将与其他技术更深入地集成。例如，虚拟化技术可以与容器技术集成，提供更灵活的应用部署和管理。虚拟化技术也可以与软件定义网络（software-defined networking，SDN）和网络功能虚拟化（NFV）集成，提供更灵活的网络配置和服务。

1.4 容器和容器云

1.4.1 容器的定义和原理

容器是一种轻量级的虚拟化技术，它可以将应用程序和其依赖环境打包在一起，形成一个可移植的、自足的单元。

容器的工作原理主要依赖于 Linux 内核的两个特性：命名空间（Namespaces）和控制组（Cgroups）。

① 命名空间：命名空间用于隔离容器的运行环境。每个容器都有自己的命名空间，容器内的应用程序只能看到属于同一命名空间的资源，如进程、文件系统、网络接口等。这使得容器内的应用程序感觉自己独占了整个系统。Linux 内核提供多种类型的命名空间，如 PID 命名空间用于隔离进程 ID，Net 命名空间用于隔离网络接口，Mount 命名空间用于隔离文件系统挂载点等。

② 控制组：控制组用于限制和监控容器的资源使用。通过控制组，我们可以限制容器的 CPU、内存、磁盘、网络等资源的使用，也可以监控容器的资源使用情况。控制组还可以用于优先级调度，保证关键应用的性能，限制非关键应用的资源使用。

容器通过命名空间和控制组，提供一个隔离的、受控的、可移植的运行环境，使得应用程序的部署和运行更加简单、高效、可靠。容器技术的出现，极大地推动了云计算、微服务、DevOps 等新技术的发展，改变了我们对应用程序部署和运行的理解。

1.4.2 虚拟化和容器化的区别

虽然虚拟化和容器化都是用于隔离应用程序运行环境的技术，但它们在实现方式、资源利用、系统支持和安全性上有很大的区别。

① 实现方式：虚拟化技术通过模拟硬件来运行多个操作系统实例，每个操作系统实例都有自己的内核和用户空间。而容器技术则是在同一个操作系统内核上运行多个隔离的用户空间，每个用户空间就是一个容器。因此，虚拟化技术的开销比容器技术大，但隔离性更好。

② 资源利用：由于容器直接运行在宿主机的内核上，而不需要通过超级管理程序，因此容器的性能通常比虚拟机更好，资源利用率也更高。此外，容器的启动时间比虚拟机快，更适合需要快速启动和停止的应用。

③ 系统支持：虚拟化技术可以运行不同的操作系统，如 Linux、Windows、BSD 等。而容器技术则只能运行与宿主机相同内核的操作系统。例如，Linux 容器只能运行 Linux 应用，

不能运行 Windows 或 BSD 应用。

④ 安全性：虚拟化技术由于有自己的内核，因此在隔离性和安全性上比容器技术更好。而容器技术虽然在隔离性上不如虚拟化技术，但通过一些安全增强技术，如 SELinux、AppArmor、seccomp 等，也可以提供足够的安全性。

综上，虚拟化和容器化各有优势，适用于不同的场景。虚拟化技术更适合需要运行不同操作系统，或需要更高隔离性和安全性的场景；而容器技术则更适合需要高性能、高资源利用率、快速启动和停止的场景。

1.4.3　容器编排和 Kubernetes 的介绍

随着容器技术的普及，企业和开发者开始面临一个新的挑战：如何有效地管理和调度大量的容器，这就是容器编排的任务。容器编排是一个自动化的过程，它可以处理容器的部署、扩展、网络配置、负载均衡、服务发现等任务。通过容器编排，我们可以将大量的容器组织成一个协同工作的系统，以提供复杂的应用服务。

Kubernetes（也被称为 K8s）是目前最流行的容器编排平台。Kubernetes 是一个开源项目，由 Google 发起，现在由 Cloud Native Computing Foundation（CNCF，云原生计算基金会）维护。Kubernetes 提供了一套完整的容器管理和调度框架，可以在多个主机上运行和管理容器。

Kubernetes 的主要特性包括：

① 自动化部署：Kubernetes 可以根据预定义的配置自动部署容器。这些配置可以包括容器的镜像、环境变量、存储卷、网络设置等。通过自动化部署，我们可以确保容器的部署过程是可重复的、可追溯的，无需人工干预。

② 水平扩展：Kubernetes 可以根据负载情况自动增加或减少容器的数量。这是通过一种称为自动扩缩容的机制实现的。通过自动扩缩容，我们可以确保应用在负载增加时有足够的容器来处理请求，而在负载减少时不会浪费资源。

③ 服务发现和负载均衡：Kubernetes 可以自动为容器提供网络地址，并通过负载均衡器分发网络流量。这是通过一种称为 Service（服务）的抽象实现的。服务可以将一组运行相同应用的容器抽象为一个单一的访问点，客户端只需要访问这个访问点，就可以访问到后端的任何一个容器。

④ 自我修复：Kubernetes 可以监控容器的运行状态，如果容器失败，Kubernetes 可以自动重启容器，或者在其他主机上启动新的容器。这是通过一种称为健康检查的机制实现的。健康检查可以定期检查容器的健康状态，如果检查失败，Kubernetes 会采取相应的修复措施。

⑤ 密钥和配置管理：Kubernetes 可以管理和分发容器的密钥和配置。这是通过一种称为 Secret 和 ConfigMap 的资源实现的。通过 Secret 和 ConfigMap，我们可以将密钥和配置与容器镜像分离，使得容器镜像更加通用，更易于管理。

1.4.4　容器云的架构：容器、镜像、注册表和编排

容器云是一种基于容器技术的云服务，它提供了一种简单、高效、可靠的方式来部署和运行应用程序。容器云的架构主要包括四个部分：容器、镜像、注册表和编排。

① 容器：容器是容器云的基础，它提供一个隔离的、受控的、可移植的运行环境，使得应用程序的部署和运行更加简单、高效、可靠。

② 镜像：镜像是容器的模板，它包含运行容器所需的所有内容，包括应用程序、依赖库、环境变量、配置文件等。通过镜像，我们可以快速且一致地创建新的容器。

③ 注册表：注册表是存储和分发镜像的地方。用户可以从注册表下载镜像来创建容器，也可以将自己的镜像上传到注册表供他人使用。注册表可以是公有的，如 Docker Hub；也可以是私有的，如 Harbor。

④ 编排：编排是管理和调度容器的过程。通过编排，我们可以自动化容器的部署、扩展、网络配置、负载均衡、服务发现等任务。Kubernetes 是目前最流行的容器编排平台。

1.4.5 容器技术的发展历史：从 chroot 到 Docker 和 Kubernetes

容器技术的发展历史可以追溯到 Unix 的 chroot 命令。chroot 命令可以改变进程的根目录，从而在一定程度上隔离文件系统。然而，chroot 命令并不能隔离其他系统资源，如进程、网络、用户等，因此它并不能提供完全的容器功能。

在 2000 年代初、一些项目开始尝试提供更完整的容器功能。例如，FreeBSD 的 Jail、Solaris 的 Zones、Linux-VServer 等。这些项目都提供了一种方式来隔离进程、网络、文件系统等资源，但它们都需要修改操作系统内核，因此并没有得到广泛的应用。

真正的容器技术是从 Linux 的命名空间和控制组开始的。2006 年，Google 发布了一个名为 Process Containers 的项目，2007 年被重命名为 Control Groups Cgroups。Cgroups 可以限制和监控进程组的资源使用，从而提供了容器的基础。2008 年，Linux 内核引入了命名空间的支持，使得容器可以拥有自己的 PID、网络、用户等。

2013 年，Docker 公司发布了 Docker 项目。Docker 简化了容器的创建和管理，提供了一个友好的用户接口，使得容器技术得以普及。Docker 还引入了镜像和注册表的概念，使得容器的分发和部署变得更加简单。

2014 年，Google 发布了 Kubernetes 项目。Kubernetes 是一个容器编排平台，它可以在多个主机上运行和管理容器。Kubernetes 的出现，使得容器技术从单机扩展到集群，从而能支持更大规模的应用。

在我国，容器技术也得到了广泛的应用和发展。阿里云、腾讯云、华为云等云服务提供商都提供了基于 Kubernetes 的容器服务。此外，我国的开发者和企业也积极参与到容器技术的开源社区，如 Harbor、Dragonfly 等项目都是由我国的开发者发起的。

1.4.6 容器技术的优点和挑战

容器技术的优点主要包括：

① 轻量级：与传统的虚拟化技术相比，容器不需要模拟整个操作系统，而只需要提供应用程序运行所需的环境。这使得容器比传统的虚拟机更轻量级，启动更快，资源利用率更高。

② 可移植性：容器可以将应用程序和其依赖环境打包在一起，形成一个可移植的、自足的单元。这种打包方式使得应用程序可以在任何支持容器技术的系统上无缝运行，无须担心依赖环境的问题。

③ 可扩展性：通过容器编排技术，如 Kubernetes，我们可以轻松地扩展或缩小应用的规模，以满足业务需求。此外，容器的轻量级特性也使得我们可以在同一台机器上运行更多的应用实例，从而提高资源利用率。

然而，容器技术也面临一些挑战，如：

① 安全性：虽然容器提供了一定程度的隔离，但它并不能提供和虚拟机一样的安全保障。因为所有的容器都共享同一个操作系统内核，如果内核被攻破，所有的容器都可能受到影响。

② 网络和存储：容器的网络和存储配置比虚拟机复杂。虽然有一些解决方案，如 CNI（container network interface）和 CSI（container storage interface），但它们需要额外的配置和管理。

③ 监控和故障排查：由于容器的动态和短暂特性，传统的监控和故障排查工具可能不适用。我们需要新的工具和方法来处理容器的监控和故障排查。

虽然容器技术有一些挑战，但其带来的优点使得它在云计算、微服务、DevOps 等领域得到了广泛的应用。随着技术的发展，这些问题将会被逐渐解决。

1.4.7 容器技术的实际应用和案例研究

容器技术已经在许多公司和项目中得到了广泛的应用。以下是一些实际的应用案例。

① Google：Google 是容器技术的早期推动者和使用者。Google 的许多服务，如搜索、Gmail、YouTube 等，都运行在容器上。Google 还开源了 Kubernetes 项目，这是目前最流行的容器编排平台。

② Netflix：Netflix 是世界上最大的流媒体服务提供商，它的所有服务都运行在 AWS 的云上。Netflix 使用容器来打包和部署其微服务，使用 Kubernetes 来管理和调度容器。

③ Uber：Uber 是一家全球的出行服务提供商，它的服务需要处理大量的实时数据。Uber 使用容器来运行其数据处理和机器学习工作负载，使用 Mesos 和 Docker Swarm 来管理和调度容器。

在我国，容器技术也得到了广泛的应用：

① 阿里巴巴：阿里巴巴电商平台服务需要处理巨大的流量和数据。阿里巴巴使用容器来运行其服务，使用自研的 PouchContainer 和阿里云的 ACK（阿里云容器服务 Kubernetes 版，Alibaba Cloud Container Service for Kubernetes）来管理和调度容器。

② 京东：京东是我国的一家大型电商公司，它的服务需要处理大量的订单和物流数据。京东使用容器来运行其服务，使用自研的 JDOS（Jingdong Open System，京东开放系统）来管理和调度容器。

③ 百度：百度是我国互联网公司，它的搜索服务需要处理大量的搜索请求和数据。百度使用容器来运行其服务，使用自研的 PaddlePaddle 深度学习平台和百度云的 BCE（Baidu Cloud Engine，百度云引擎）来管理和调度容器。

④ 腾讯：腾讯的服务包括社交、游戏、新闻、音乐等。腾讯使用容器来运行其服务，使用自研的 TKE（Tencent Kubernetes Engine，腾讯 Kubernetes 引擎）来管理和调度容器。

1.5 分布式技术

1.5.1 理解分布式系统

分布式系统是由多个独立的计算节点组成的系统，这些节点通过网络进行通信和协调，共同完成一项任务。在分布式系统中，用户和应用程序通常会把这个系统视为一个整体，而不是单独的节点。

分布式系统的主要目标是将多个计算节点的资源（如处理器、内存、存储等）整合起来，提供更高的性能、更大的容量和更好的容错性。例如，通过分布式系统，我们可以将一个大型的计算任务分解成多个小任务，然后在多个节点上并行执行，从而大大提高计算效率。

分布式系统的另一个重要特性是透明性。透明性意味着用户和应用程序不需要知道系统的具体配置和状态，例如系统中节点的数量、每个节点的位置、每个节点的状态等。这使得用户和应用程序可以专注于自己的任务，而不需要关心系统的细节。

然而，分布式系统也带来了一些新的挑战，例如如何处理节点间的通信，如何处理节点的故障，如何保证数据的一致性等。这些挑战是分布式系统研究的重要内容。

1.5.2 分布式系统的原理和特性

分布式系统的设计和实现需要考虑一些特殊的原理和特性，包括并发性、缺乏全局时钟、故障独立性等。

① 并发性：在分布式系统中，多个节点可以同时执行任务，这就是并发性。并发性使得分布式系统可以通过并行处理来提高性能。然而，并发性也带来了一些挑战，例如如何协调并发操作，如何处理并发冲突等。

② 缺乏全局时钟：在分布式系统中，由于网络延迟和时钟漂移，我们不能假设所有的节点都有一个共享的、精确的时钟。这就是缺乏全局时钟的特性。缺乏全局时钟使得我们需要一些特殊的算法和协议来同步时间、排序事件、保证一致性等。

③ 故障独立性：在分布式系统中，每个节点都可能独立地发生故障，而其他的节点可能并不知道这个故障。这就是故障独立性的特性。故障独立性使得我们需要一些特殊的机制来检测和处理故障，如心跳检测、故障恢复、故障转移等。

理解这些原理和特性，对于设计和实现一个高效、可靠、一致的分布式系统是非常重要的。

1.5.3 分布式系统在云计算中的作用

分布式系统在云计算中起着关键作用。云计算通过网络连接大量的计算资源（如处理器、内存、存储等），形成一个强大的分布式系统，然后向用户提供这个系统。

在云计算中，分布式系统提供了以下几个重要功能：

① 资源共享：通过分布式系统，我们可以整合分散在不同地点的资源，形成一个统一的资源池。用户可以根据需求从这个资源池中获取资源，无需关心资源的具体位置和状态。

② 弹性扩展：分布式系统允许动态添加或删除节点，以适应业务需求的变化。这就是云计算的弹性扩展功能。

③ 高可用和容错：通过分布式系统，我们可以将数据和服务复制到多个节点，提高系统的可用性和容错性。即使某个节点发生故障，其他节点仍可继续提供服务。

④ 数据处理和分析：通过分布式系统，我们可以在多个节点上并行处理和分析数据，提高数据处理和分析的效率。

分布式系统是云计算的基础，它提供了资源共享、弹性扩展、高可用和容错，以及数据处理和分析等重要功能。深入理解分布式系统的原理和特性对于理解和使用云计算技术至关重要。

1.5.4　分布式计算模型

分布式计算模型描述了分布式系统中节点之间的交互方式。以下是两种常见的分布式计算模型。

（1）客户端-服务器模型

在客户端-服务器模型中，有两种类型的节点：客户端和服务器。客户端发送请求，服务器接收请求、处理请求，然后发送响应。这种模型简单易懂、易于实现，是最常见的分布式计算模型。然而，它也有一些缺点。例如，服务器可能成为性能瓶颈，因为所有的请求都需要经过服务器。此外，如果服务器发生故障，那么整个系统可能就无法工作。为了解决这些问题，我们通常会使用多个服务器，并使用负载均衡技术来分发请求。

（2）对等网络模型

在对等网络模型中，所有的节点都是对等的，即它们既可以作为客户端发送请求，也可以作为服务器接收请求。这种模型可以提高系统的可扩展性和容错性，因为任何一个节点的故障都不会影响整个系统的工作。此外，由于所有的节点都可以参与到处理请求中，因此对等网络模型通常可以提供更高的性能。然而，对等网络模型的设计和实现比客户端-服务器模型更复杂，因为我们需要处理节点间的协调问题，例如如何选择一个节点来处理请求，如何同步节点的状态等。

在实际的分布式系统中，我们通常会根据具体的需求和环境，选择或组合这些模型。例如，云计算平台通常使用客户端-服务器模型，用户作为客户端，云服务作为服务器；而在一些大规模的分布式计算任务中，如 MapReduce，可能会使用对等网络模型，所有的节点都参与到计算和通信中。

1.5.5　分布式技术的发展历史

分布式技术的发展历史可以追溯到几十年前。早期的分布式系统通常是为了解决特定的问题（如高性能计算、大规模数据处理等）而设计和实现的。这些系统通常使用专有的硬件和软件，需要专门的知识和技能来使用和维护。

随着互联网的发展，分布式技术开始被广泛应用于网络服务和应用程序。例如，早期的网络服务，如电子邮件、网页、文件共享等，都是基于分布式技术的。这些服务通常使用客户端-服务器模型，用户作为客户端，服务提供者作为服务器。

进入 21 世纪，随着云计算和大数据的兴起，分布式技术得到了进一步的发展。例如，Google 提出了 MapReduce 模型，这是一种用于处理大规模数据的分布式计算模型；Amazon 提出了 Dynamo 模型，这是一种用于构建高可用和可扩展的分布式存储系统的模型。

在我国，分布式技术也得到了广泛的应用和发展。例如，阿里巴巴提出了 OceanBase 模型，这是一种用于构建高可用和可扩展的分布式数据库的模型；百度提出了 PaddlePaddle 框架，这是一种用于构建大规模分布式深度学习应用的框架。

近年来，随着微服务架构的流行，分布式技术再次得到了重视。在微服务架构中，一个大型的应用程序被拆分成多个小型、独立的服务，这些服务可以独立开发、部署和扩展，而且可以运行在不同的节点上。这就需要我们使用分布式技术来协调这些服务，处理服务间的通信，保证服务的可用性和一致性等。

1.5.6　分布式技术的优点

分布式技术具有许多优点，使其成为许多场景中的理想解决方案。以下是分布式技术的主要优点：

① 可扩展性：通过添加更多节点，分布式系统可以提高处理能力。这使得分布式系统能够处理大规模的数据和请求，满足业务需求的增长。

② 容错性：在分布式系统中，即使某个节点发生故障，其他节点仍然能够继续提供服务。这使得分布式系统具有高可用性和稳定性。

③ 资源共享：分布式系统可以整合分散在不同地点的资源，形成一个统一的资源池。用户可以根据需要从该资源池中获取资源，无需关心资源的具体位置和状态。

1.5.7　分布式技术的挑战

尽管分布式技术具有许多优点，但它也带来了一些挑战。以下是分布式技术的一些主要挑战：

① 复杂性：分布式系统由多个节点组成，节点之间需要通过网络进行通信和协调。这使得分布式系统的设计和实现比单机系统更复杂。例如，我们需要设计如何处理节点间的通信问题，如何协调节点的工作，如何处理节点的故障等。

② 安全性：在分布式系统中，数据和服务分散在多个节点上，这使得安全性成为一个重要的问题。例如，我们需要保护数据的隐私和完整性，防止未授权的访问和修改。我们还需要保护服务的可用性，防止服务被恶意攻击或滥用。

③ 数据一致性：在分布式系统中，同一份数据可能会被复制到多个节点上。当数据被修改时，我们需要确保所有的副本都能得到更新，这就是数据一致性问题。数据一致性是分布式系统中的一个重要问题，它直接影响到系统的正确性和用户的体验。

在设计和实现分布式系统时，我们需要充分考虑这些挑战，选择合适的技术和策略。例如，我们可以使用一些成熟的分布式算法和协议来处理通信和协调问题，使用一些安全技术和机制来保护数据和服务的安全，使用一些一致性模型和协议来保证数据的一致性。

1.5.8　分布式技术的实际应用和案例研究

分布式技术已经被广泛应用于各种场景，包括云计算、大数据、微服务、物联网等。以下是一些具体的应用和案例：

① 云计算：云计算是分布式技术的一个重要应用。在云计算中，分布式技术被用来构建大规模的计算和存储系统，提供各种云服务，如虚拟机、数据库、大数据处理、人工智能等。

② 大数据：在大数据中，分布式技术被用来处理和分析大规模的数据。例如，Hadoop 是一个著名的大数据处理平台，其使用分布式技术来存储和处理数据；Spark 是一个著名的大数据分析平台，其使用分布式技术来进行高效的数据分析。

③ 微服务：在微服务中，分布式技术被用来构建和管理大规模的服务。每个服务都运行在独立的节点上，服务之间通过网络进行通信和协调。

④ 物联网：在物联网中，分布式技术被用来连接和管理大量的设备。每个设备都是一个独立的节点，设备之间通过网络进行通信和协调。

在我国，分布式技术也得到了广泛的应用。例如，阿里巴巴的云计算平台、百度的大数据平台、腾讯的微服务平台、华为的物联网平台等，都是基于分布式技术的。

第 2 章

Docker 基础与核心原理

2.1　概述

2.1.1　Docker 定义

Docker 是一个开源的应用容器引擎，让开发者可以打包他们的应用以及依赖包到一个可移植的容器中，然后发布到任何常用的 Linux 机器或 Windows 机器上，也可以实现虚拟化。容器完全使用沙盒机制，相互之间不会有任何接口。Docker 从 2013 年开始进入人们的视野，到现在已经成为微服务部署的主流方式之一。

Docker 在容器的基础上，进行了进一步的封装，从文件系统、网络互联到进程隔离等等，极大地简化了容器的创建和维护，使得 Docker 技术比传统的虚拟化技术更为轻便、快捷。

2.1.2　Docker 的重要性和在当前技术领域中的应用

Docker 的出现极大地改变了开发和运维的方式。在 Docker 出现之前，开发人员和系统管理员必须在多个系统上安装相同的环境以运行应用程序，这既费时又容易出错。Docker 的出现让开发人员可以在一个标准化的环境中编写应用程序，然后将这个环境一起打包和发布，极大地提高了开发和部署的效率。

在当前的技术领域中，Docker 在以下几个方面具有重要的应用：

① 持续集成/持续部署（continuous integration/continuous deployment，CI/CD）：Docker 与 Jenkins、Travis CI 等持续集成工具的集成，使得自动化构建、测试、部署变得更加简单和快速。

② 微服务架构：Docker 的轻量级和隔离性使它成为微服务部署的理想选择。每个微服务可以打包在一个独立的容器中，容器之间通过网络进行通信。

③ DevOps：“DevOps”是“development”和“operations”两个词的组合，代表了软件开发（development）和信息技术运维（operations）的紧密合作。Docker 弥合了开发和运维的鸿沟，实现“一次构建，随处运行”，使得开发和运维能够更紧密地协作。

④ 大数据和机器学习：Docker 可以方便地打包和部署大数据工具和机器学习框架，如

Hadoop、Spark、TensorFlow 等。

总之，Docker 凭借其轻量级、高效和可移植的特性，在现代软件开发和运维中扮演了重要的角色。

2.2 Docker 的历史

2.2.1 Docker 的创始

Docker 最初在 2013 年由 Solomon Hykes 在法国的一家小公司 DotCloud 中创建。DotCloud 原本是一家提供 PaaS（platform as a service，平台即服务）的公司，Docker 只是公司内部使用的一个项目。然而，当这个项目在 2013 年的 PyCon 大会（Python Conference，Python 开发者大会）上公开展示之后，它立即引起了人们的广泛关注。

Docker 的主要创新在于它将容器技术进行了封装和简化，让开发者和系统管理员可以更轻易地使用。这种轻量级的虚拟化方法为开发者提供了一个标准化的环境，使得“在我这里可以运行（It works on my machine）”的代码可以在无需任何修改的情况下，“在任何地方都可以运行（runs anywhere）”。

“It works on my machine”是开发者之间常见的一种说法，用来描述一种情况：代码在开发者的个人机器上能够正常运行，但是在其他环境或者机器上就无法正常工作。Docker 的出现就是为了解决这种“Works on my machine”的问题。在 Docker 的上下文中（通常是指一段代码或应用），一旦被打包成 Docker 镜像，就可以在任何安装了 Docker 的机器上运行，无论这台机器的操作系统和环境如何。这就是所谓的“Build once，run anywhere”的理念，即“一次构建，到处运行”。

由于 Docker 开源，并且有着强大的功能，它很快就获得了开发者社区的广泛支持。在 Docker 发布同年晚些时候，DotCloud 公司决定将主要业务重心转向 Docker，并更名为 Docker Inc。

2.2.2 Docker 的发展历程

在 2013 年 PyCon 大会上公开展示后，Docker 项目迅速赢得了开发者社区的广泛支持，进而开始了其发展历程。

2013 年的晚些时候，Docker 0.1 版本发布。这是 Docker 的第一个公开版本，虽然功能尚不完善，但它展示了 Docker 引人注目的潜力。同年，DotCloud 公司决定将主要业务重心转向 Docker，并更名为 Docker Inc。

2014 年，Docker 1.0 版本发布，标志着 Docker 已经具备了足够的稳定性和功能，可以用于生产环境。同年，Docker 公司开始提供商业支持服务，进一步推动了 Docker 在商业环境中的应用。

2015 年，Docker 开始引入一些重要的新功能和组件，如 Docker Compose、Docker Swarm 和 Docker Machine。这些新工具使 Docker 的功能更加强大，使用更加方便。同年，Microsoft 宣布将在 Windows Server 2016 中加入对 Docker 的原生支持，这使得 Docker 可以在 Windows 环境中无缝运行，进一步扩大了 Docker 的影响力。

2017 年，Docker 宣布采用 Moby 项目作为开源开发的新平台，这使得社区可以更容易地为 Docker 的开发和改进做出贡献。同年，Docker 推出了 Docker Enterprise Edition，提供了更多的企业级功能和服务。

至今，Docker 已经成为容器技术的事实标准，被广泛应用于各种场景，如微服务、持续集成、持续部署、大数据处理等。

2.3 Docker 基础概念

2.3.1 Docker 与虚拟机的区别

在我们深入研究 Docker 的核心概念和工作原理之前，理解 Docker 与传统虚拟机的区别是非常关键的。这将帮助我们更好地理解 Docker 的优势和应用场景。

虚拟机技术通过在物理服务器上模拟硬件来创建多个独立、隔离的虚拟环境。每个虚拟机都运行着自己的完整操作系统，并且包含运行应用所需的所有软件依赖。虚拟机提供了强大的隔离和安全性，但是由于每个虚拟机都需要运行一整套操作系统，因此它们通常会占用大量的系统资源，且启动和关闭的速度较慢。

与之相比，Docker 使用容器来实现虚拟化。容器与虚拟机类似，都可以提供独立的运行环境。但是，Docker 容器并不需要运行完整的操作系统。相反，所有的容器都共享同一台主机的操作系统，而各自运行在隔离的用户空间中，如图 2-1 所示。这就使得 Docker 容器比虚拟机更轻量级，占用更少的系统资源，启动和关闭的速度也更快。

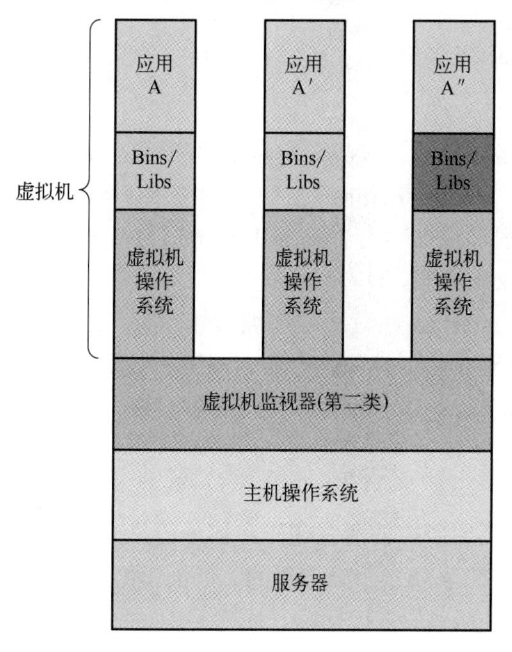

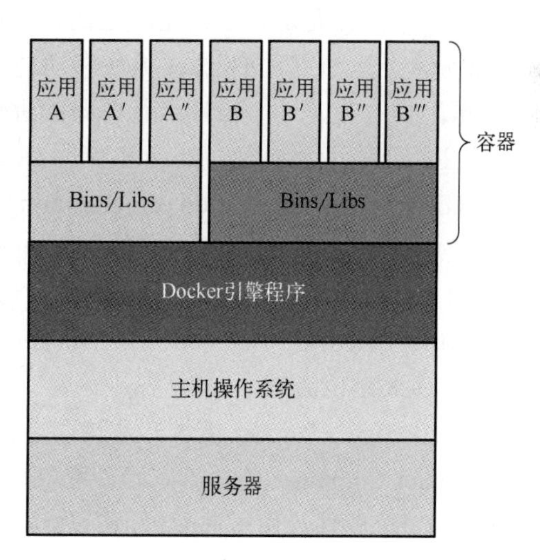

图 2-1　Docker 与虚拟机的区别

此外，Docker 还提供了一种标准的方式来打包应用及其所有的依赖，这就使得应用可以在任何安装了 Docker 的系统上以一致的方式运行，无论这台系统的配置如何。这一点在虚拟机技术中是很难做到的。

总之，Docker 结合了虚拟机的隔离性和安全性，以及更高的效率和便捷性，这使得它在许多场景中，如微服务、持续集成、持续部署等，都是理想的选择。

2.3.2 Docker 架构

Docker 的架构基于客户端-服务器模型，它包括以下几个主要组件，如图 2-2 所示。

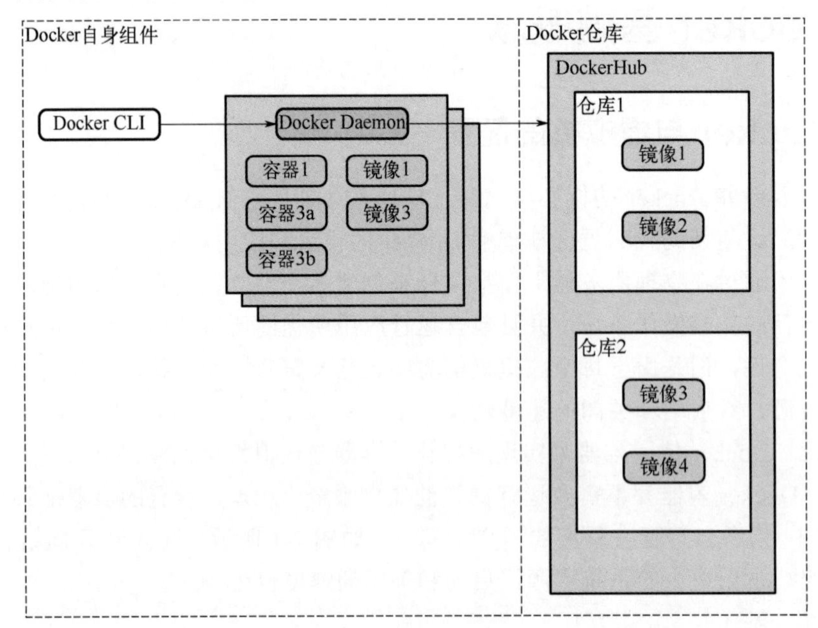

图 2-2 Docker 架构

（1）Docker Engine

Docker Engine 是运行在宿主机上的持续运行的守护进程。它是创建和管理 Docker 容器的核心部分，处理所有的 Docker 系统和功能。Docker Engine 包括三个主要组件：

① 服务器：这是一个长期运行的守护进程，也被称为 Docker Daemon。Docker Daemon 运行在宿主机上，负责创建、运行和管理 Docker 容器。

② REST API（application programming interface，应用程序编程接口）：这是 Docker Daemon 提供的接口，用于指定和管理 Docker 对象，如镜像、容器、网络和数据卷。

③ CLI（command line interface，命令行接口）：Docker CLI 是一个客户端，它允许用户通过发送命令到 Docker Daemon 来与 Docker 交互。

（2）Docker Image

Docker Image（Docker 镜像）是包含运行应用所需的所有代码和依赖的只读模板。镜像是创建 Docker Container 的基础。读者可以把它想象成一个轻量级的、可执行的独立软件包，它包含运行一个软件应用所需要的所有内容，包括代码、运行时、系统工具、系统库和设置。

（3）Docker Container

Docker Container（Docker 容器）是 Docker Image 的运行实例，它包含运行应用所需的所有内容。与虚拟机不同，容器不包含操作系统，而是共享宿主机的系统内核。每个 Docker Container 都是从 Docker Image 创建的，并且是独立的，互不影响。

（4）Docker Client

Docker Client 是用户与 Docker 交互的主要方式。用户通过 Docker Client 发送命令来创建、启动、停止、移动或删除 Docker Container。Docker Client 可以在同一台机器上运行，也可以在网络的其他机器上运行，并通过 REST API 与 Docker Daemon 进行通信。

（5）Docker Daemon

Docker Daemon 是一个常驻后台的服务进程，它等待并处理来自 Docker API 的请求，并管理 Docker 对象，如镜像、容器、网络和数据卷。Docker Daemon 还可以和其他 Docker Daemon 进行通信，以管理 Docker 服务。

2.3.3　Docker 核心组件的介绍

Docker 的核心组件包括 Docker 镜像、Docker 容器、Dockerfile、Docker Compose 以及 Docker Swarm，上述的主要组件与它们之间的关系如图 2-3 所示。

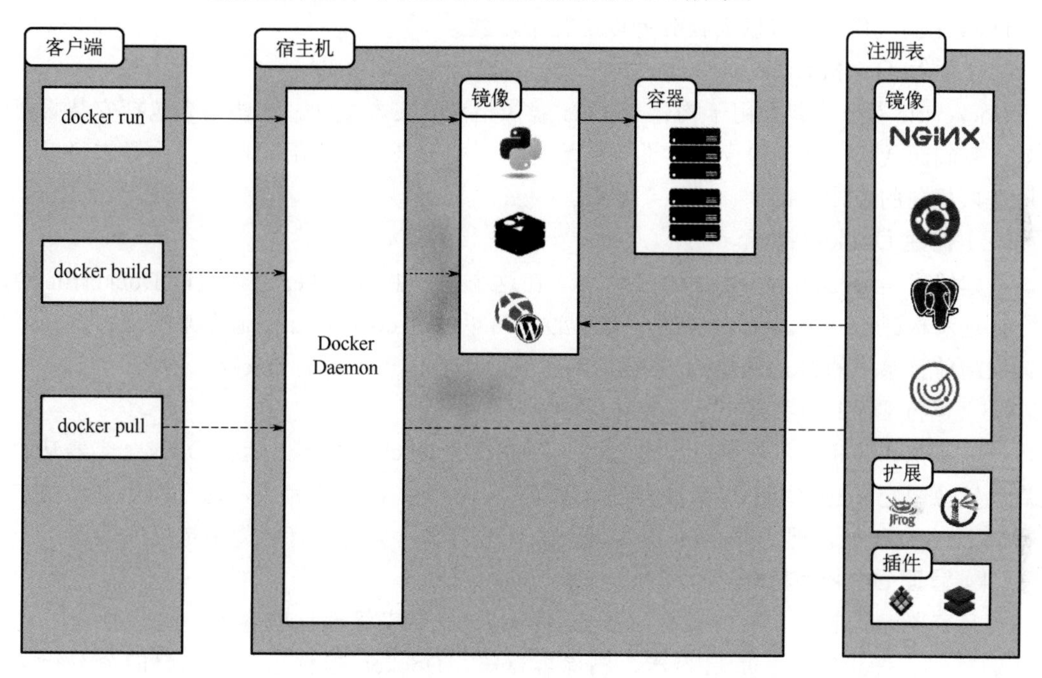

图 2-3　Docker 的主要组件以及它们之间的关系

下面我们将对这些组件进行详细的介绍。

（1）Docker 镜像

Docker 镜像是分层的，每一层都代表 Dockerfile 中的一条指令。这些层在镜像构建时被一起联合挂载。

（2）Docker 容器

Docker 容器是 Docker 镜像的运行实例。在用户启动一个容器时，Docker 会加载一个只读的镜像，并在其上添加一个可写的层，这就是容器。

（3）Dockerfile

Dockerfile 是一个文本文件，它包含一系列的命令，这些命令会被用来创建一个 Docker 镜像。每条指令都会在镜像上创建一个新的层。用户可以使用 Dockerfile 来自动化镜像构建过程，从而确保构建过程的一致性和可重复性。

（4）Docker Compose

Docker Compose 是一个用于定义和运行多容器 Docker 应用的工具。用户可以在一个 YAML 文件中定义自己的应用的服务，然后使用 Docker Compose 命令来启动自己的应用。这样做的好处是：用户可以在一个单独的环境中定义和管理用户的应用，而不是在多个独立的 Docker 容器中。

（5）Docker Swarm

Docker Swarm 是 Docker 的原生集群管理和编排工具，它允许用户在多个 Docker 主机上创建和管理 Docker Swarm 集群。使用 Docker Swarm，用户可以部署、扩展和管理跨多个 Docker 主机的服务和应用。

2.3.4 Docker 工作流程

Docker 的工作流程可以大致分为以下几个步骤。

（1）编写 Dockerfile

Dockerfile 是一个包含用于构建 Docker 镜像指令的文本文件。这些指令包括安装必要的依赖、复制源代码文件到镜像中、设置环境变量、被用来定义应用的环境，这样它可以在任何地方以相同的条件运行。

（2）构建 Docker 镜像

构建镜像是 Docker 工作流程的第二步。在这个过程中，Docker 通过读取 Dockerfile 中的指令，逐步构建出一个 Docker 镜像。这个过程可以通过 docker build 命令来实现。这个命令会读取当前目录下的 Dockerfile，并根据其中的指令构建一个新的 Docker 镜像。

（3）运行 Docker 容器

一旦镜像构建完成，就可以用来运行一个或多个 Docker 容器。运行 Docker 容器基本上是启动镜像中定义的应用。这个过程可以通过 docker run 命令来完成，这个命令需要指定要运行的 Docker 镜像，然后 Docker 会启动一个新的容器，并且运行镜像中定义的应用。

（4）管理 Docker 容器

一旦容器运行起来，我们就可以通过 Docker 命令来管理这些容器。这包括查看正在运行的容器、停止容器、重启容器、删除容器等。Docker 提供了一套完整的命令行接口来实现容器的管理。

上述的工作流程，可以概括在图 2-4 中。

图 2-4 中清晰地展示了 Docker 的工作流程，从编写 Dockerfile、构建 Docker 镜像、运行 Docker 容器，到管理 Docker 容器。使用 Docker 应该熟悉这个流程。

2.3.5 Docker 的底层技术

Docker 通过 Linux 的 Namespaces 和 Cgroups 技术来实现容器的隔离和资源控制。

Namespaces 提供了一种隔离工作环境的机制，使得在一个 Namespace 中的进程看不到其他 Namespace 的系统资源，如 PID、网络接口、挂载点等。Docker 使用多种类型的 Namespaces，包括 PID Namespace、Network Namespace、Mount Namespace、User Namespace 和 UTS Namespace。

Cgroups 则是用于给进程分配系统资源的一种机制，可以控制 CPU、内存、网络带宽等资源的使用。

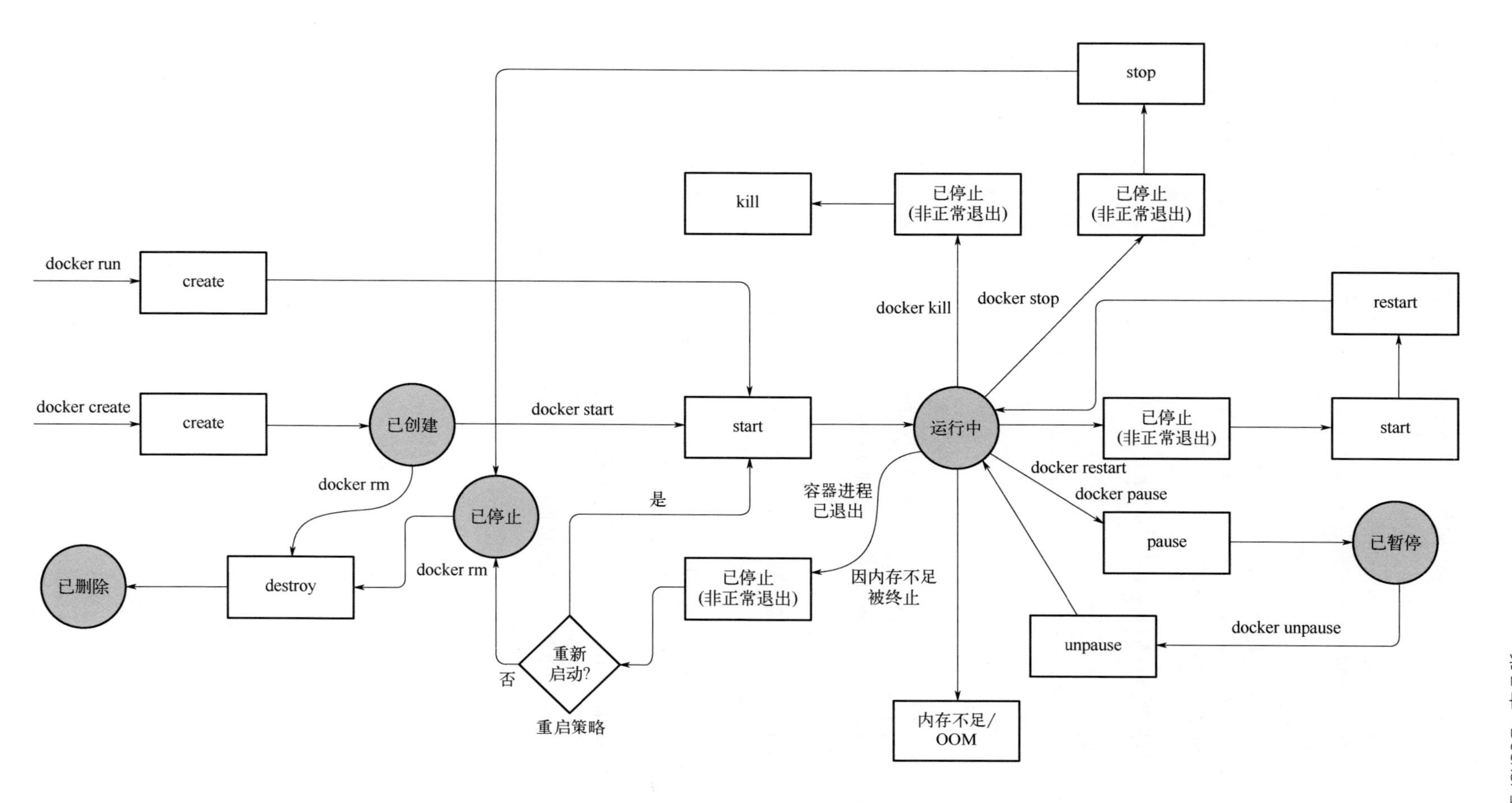

图 2-4　Docker 的工作流程

以下是一个简单的示例，演示如何使用 Namespaces 和 Cgroups 来模拟 Docker 的工作方式：

```
#include <sys/types.h>
#include <sys/wait.h>
#include <stdio.h>
#include <stdlib.h>
#include <unistd.h>
#include <sched.h>
#include <sys/mount.h>

#define STACK_SIZE(1024 * 1024)

char stack[STACK_SIZE];
char *const cmd[] = { "/bin/bash",NULL };

void cleanup(){
    umount("/proc");
}

int child_func(void* arg){
    // 注册 cleanup 函数,以便在进程退出时调用
    atexit(cleanup);

    // 设置主机名,以便验证是否在新的 UTS namespace 中
    sethostname("NewNamespace",12);

    // 挂载 proc 文件系统,以便在新的 PID namespace 中使用 ps 等命令
    mount("proc","/proc","proc",0,NULL);

    // 执行新的 bash shell,替换当前进程映像
    execv(cmd[0],cmd);
    // 如果 execv 返回,说明出错了
    perror("execv");
    exit(-1);
}

int main(){
    // 创建新的命名空间:UTS、PID、NET
    int clone_flags = CLONE_NEWUTS | CLONE_NEWPID | CLONE_NEWNET;
    pid_t pid = clone(child_func,stack + STACK_SIZE,clone_flags | SIGCHLD,
NULL);
    if(pid < 0){
        perror("clone failed");
        exit(-1);
    }

    // 等待子进程结束
    waitpid(pid,NULL,0);
    return 0;
}
```

这段代码通过 clone 函数创建了一个新的进程，这个进程运行在新的 UTS、PID 和网络命名空间中。然后在新的进程中启动了一个新的 bash shell。

可以通过以下步骤来运行和验证这段代码：

① 使用 gcc 编译这段代码：gcc -o main main.c -D_GNU_SOURCE。

② 以 root 权限运行编译后的程序：sudo ./main。

③ 在新的 bash shell 中运行 hostname 命令，应该显示“NewNamespace”，这表明已经在新的 UTS namespace 中。

④ 在新的 bash shell 中运行 ps aux 命令，应该只看到 bash shell 本身和 ps aux 命令的进程，这表明已经在新的 PID namespace 中。

⑤ 在新的 bash shell 中运行 ifconfig 或 ip addr 命令，应该只看到 lo（loopback，本地回环）接口，这表明已经在新的网络 namespace 中。

要退出新的 bash shell，只需键入 exit 即可。

通过这个简单的示例，可以看到 Linux 的 Namespaces 和 Cgroups 是如何工作的，这是 Docker 实现容器隔离和资源控制的关键技术。

若要更深入地理解 Linux Namespaces 和 Cgroups，可以从以下几个方面进行学习：

① Linux Namespaces：Linux Namespaces 是一种轻量级的虚拟化技术，它能够将操作系统的全局资源封装起来，并提供给进程一个隔离的视图。例如，PID Namespace 使得每个 Namespace 都有自己的 PID 空间，从而实现进程 ID 的隔离；Network Namespace 则为每个 Namespace 提供独立的网络栈，从而实现网络资源的隔离。

② Linux Cgroups：Cgroups 是 control groups 的简称，它是 Linux 内核的一项功能，可以限制、记录和隔离进程组所使用的物理资源，如 CPU、内存、磁盘 I/O 等。例如，可以限制某个进程组的 CPU 使用率，或者限制其内存使用量。

③ Docker 如何使用 Namespaces 和 Cgroups：Docker 在创建容器时，会为每个容器创建一组新的 Namespaces，并设置相应的 Cgroups。这样，每个容器就拥有自己独立的系统资源视图，同时其资源使用也可以受到限制。

通过深入学习这些知识，读者能更好地理解 Docker 的工作原理，也能更有效地使用 Docker。

在进一步了解 Linux Namespaces 和 Cgroups 的同时，也需要意识到，虽然这两项技术为实现容器提供了基础，但要实现一个完整的、可用的容器平台，还需要解决许多其他问题，比如容器的生命周期管理、容器的网络和存储配置、容器的监控和日志管理等。这就是 Docker 为何如此流行的原因之一：Docker 不仅仅使用 Namespaces 和 Cgroups，而且提供一套完整、易用的工具链，使得创建和管理容器变得非常方便。

除了 Namespaces 和 Cgroups，Docker 还利用其他一些 Linux 特性来实现其功能。

（1）OverlayFS

OverlayFS 是一种联合文件系统，它可以将多个不同的文件系统合并到一个统一的视图中。在 Linux 系统中，OverlayFS 是一种联合文件系统，它可以将多个目录（称为“层”）联合到一个单一的视图中。Docker 使用 OverlayFS 来实现镜像层和容器的分层存储，从而实现镜像和容器的快速创建和高效存储。在 Docker 中，OverlayFS 被用于实现镜像的分层存储和容器的文件系统。

以下是一个简单的 C 语言程序，使用 OverlayFS 来创建一个联合挂载点。

```
#include <stdio.h>
#include <stdlib.h>
#include <sys/mount.h>

int main(){
    const char* lower_dir = "/lower";
    const char* upper_dir = "/upper";
    const char* work_dir = "/work";
    const char* overlay_dir = "/overlay";

    char options[256];
    snprintf(options,sizeof(options),
            "lowerdir=%s,upperdir=%s,workdir=%s",
            lower_dir,upper_dir,work_dir);

    if(mount("overlay",overlay_dir,"overlay",0,options)!= 0){
        perror("mount failed");
        return -1;
    }

    printf("Overlay filesystem mounted at %s\n",overlay_dir);

    return 0;
}
```

这个程序使用 mount 函数来创建一个 Overlay 文件系统。这个 Overlay 文件系统的底层目录是/lower，上层目录是/upper，工作目录是/work，联合挂载点是/overlay。

运行这个程序，需要以下步骤：

① 使用 gcc 编译这段代码：gcc -o overlay overlay.c。

② 创建必要的目录：mkdir /lower /upper /work /overlay。

③ 以 root 权限运行编译后的程序：sudo ./overlay。

完成这些步骤后，Overlay 文件系统就被挂载到/overlay 目录。在/overlay 目录中的任何修改，实际上都是在/upper 目录中进行的，而/lower 目录中的文件则保持不变。这就是 OverlayFS 的基本工作原理。

可以通过以下方式来验证 OverlayFS 的功能：

① 在/lower 目录中创建一个文件：echo hello > /lower/hello.txt。

② 查看/overlay 目录，应该能看到 hello.txt 文件，且内容为 hello。

③ 修改/overlay/hello.txt 的内容：echo world > /overlay/hello.txt。

④ 查看/overlay/hello.txt，内容应为 world；查看/lower/hello.txt，内容仍然为 hello。这证明/overlay 目录中的修改并未影响到/lower 目录。

这是一个简单的 OverlayFS 的使用示例，通过这个示例可以看到 OverlayFS 的基本工作原理和功能。要注意的是，这只是一个基本的示例，实际使用 OverlayFS 时，还需要考虑许多其他因素，比如目录的权限管理、文件系统的性能优化等。

为了从 Overlay 文件系统中退出，需要卸载在/overlay 上的挂载点。这可以通过 umount 命令或其等效的系统调用来完成。在这个程序中，可以使用以下 C 语言代码来实现。

```
#include <sys/types.h>
```

```
#include <unistd.h>

int main(){
    const char* overlay_dir = "/overlay";
    if(umount(overlay_dir)!= 0){
        perror("umount failed");
        return -1;
    }

    printf("Overlay filesystem at %s unmounted\n",overlay_dir);

    return 0;
}
```

这段代码使用 umount 函数来卸载 Overlay 文件系统。卸载成功后，/overlay 目录将变回一个普通的空目录，之前在此目录下做的所有修改都将消失。

运行这个程序，需要以下步骤：

① 使用 gcc 编译这段代码：gcc -o umount_overlay umount_overlay.c。

② 以 root 权限运行编译后的程序：sudo ./umount_overlay。

执行这些步骤后，就可以安全地退出 Overlay 文件系统。

（2）iptables

iptables 是 Linux 内核提供的一个强大的网络过滤和操作工具，Docker 使用 iptables 来实现容器的网络隔离和端口映射。

（3）Seccomp

Seccomp 是一种限制进程可以调用的系统调用的安全机制，Docker 使用 Seccomp 来限制容器可以使用的系统调用，从而增强容器的安全性。

（4）Capabilities

Capabilities 是 Linux 内核提供的一种可以细粒度控制进程权限的机制，Docker 使用 Capabilities 来限制容器的权限，防止容器获得过多的系统权限。

以上这些技术和机制，使得 Docker 可以在操作系统级别提供轻量级的虚拟化，每个容器都运行在自己的环境中，拥有自己的文件系统、网络栈和进程空间，同时其运行的资源也可以得到有效的控制。它们也是 Docker 相比传统虚拟化技术（如 VMware、VirtualBox 等）更为轻量级、灵活和高效的原因。

理解这些技术和机制不仅有助于深入理解 Docker 的工作原理，也有助于更有效地使用 Docker。例如，理解 OverlayFS 的工作原理可以帮助我们更好地管理 Docker 镜像和容器的存储，理解 iptables 和 Seccomp 的工作原理可以帮助我们更好地管理容器的网络和安全设置。

总的来说，Docker 通过巧妙地结合和利用 Linux 的这些特性，实现了一种强大、灵活、易用的容器技术，极大地推动了容器技术的发展和应用。

2.4　安装和设置

在本书中，我们与 Docker 的官方文档同步，主要介绍 Docker Desktop 的安装和配置。Docker Desktop 是一款适用于 Mac、Linux 或 Windows 环境的一键安装应用程序，使用者可以构建、分享和运行容器化的应用程序和微服务。Docker Desktop 提供了一个直观的图形用户界面（graphical user interface，GUI），使用者可以直接从自己的机器管理自己的容器、应用程序和镜像。Docker Desktop 可以单独使用，也可以作为命令行界面（CLI）的补充工具使用（在安装和配置之后，本书的讲述主要基于 CLI 方式，在 Linux 系统中进行）。Docker Desktop 可以减少在复杂设置上花费的时间，让用户可以专注于编写代码。Docker Desktop 负责端口映射、文件系统问题和其他默认设置，并且会定期更新以修复 bug 和安全更新。

2.4.1 在 Windows 上安装 Docker

在 Windows 上安装 Docker，需要下载 Docker Desktop for Windows。这是一个包含 Docker Engine、Docker CLI 客户端、Docker Compose、Docker Machine 的完整开发环境。以下是在 Windows 上安装 Docker 的详细步骤。

首先，访问 Docker Desktop for Windows 的下载页面，并点击“Docker Desktop for Windows”按钮开始下载。

在 Windows 上运行 Docker 需要一个称为“后端（backend）”的组件，这是由于 Docker 是在 Linux 内核上运行的，而 Windows 显然并不是 Linux。为了在 Windows 上运行 Docker，需要一个能模拟 Linux 运行环境的工具，这就是所谓的“后端”。

在 Docker Desktop for Windows 中，这个后端可以是 Windows Subsystem for Linux（WSL，Windows 的 Linux 子系统）2 或者是 Hyper-V。这两个后端都可以在 Windows 上提供一个 Linux 运行环境，从而允许 Docker 运行。

WSL 2 是当前较为推荐的后端，因为它能提供更好的性能，特别是文件系统的性能。使用 WSL 2 作为后端，Docker 可以直接运行在 WSL 2 提供的 Linux 内核之上，无需额外的虚拟化，这使得 Docker 的运行更为高效。

在 Windows 系统下安装 Docker 需要满足以下系统需求。

（1）WSL 2 后端

WSL 2 是 Microsoft 为 Windows 10 提供的一个兼容层，能够在 Windows 10 上直接运行 Linux 二进制可执行文件。与第一版的 WSL 相比，WSL 2 在体系结构上进行了重大改进。它使用一个真正的 Linux 内核，并通过虚拟化技术提供与 Linux 完全一致的运行环境。因此，WSL 2 具有更高的性能，并且能够支持更多的 Linux 软件。WSL 2 的主要用途是为在 Windows 上的开发者提供一个方便的 Linux 环境。例如，开发者可以直接在 WSL 2 中运行 Linux 的 shell 和命令行工具，使用 Linux 版本的编程语言和库，甚至运行图形界面的 Linux 应用。WSL 2 被广泛用于运行“Docker for Windows”，因为它可以提供一个性能良好、与真实 Linux 环境一致的 Docker 运行环境。

WSL 2 作为后端的系统需求：

① 需要 WSL 版本 1.1.3.0 或更高版本。

② Windows 11 64 位：Home 或 Pro 21H2 或更高版本，Enterprise 或 Education 21H2 或更高版本。

③ Windows 10 64 位：Home 或 Pro 21H2（构建 19044）或更高版本，Enterprise 或 Education 21H2（构建 19044）或更高版本。

④ 在 Windows 上打开 WSL 2 功能。具体说明应参阅 Microsoft 文档。

⑤ 要在 Windows 10 或 Windows 11 上成功运行 WSL 2，需要满足以下硬件前提条件：64 位处理器，具有第二级地址转换（second level address translation，SLAT）；4GB 系统 RAM；在 BIOS 设置中必须打开 BIOS 级别的硬件虚拟化支持。

（2）Hyper-V 后端和 Windows 容器

Hyper-V 是 Microsoft 开发的一款硬件虚拟化产品。它允许用户在一台物理机器上创建和运行多个不同的虚拟机，每个虚拟机都可以运行不同的操作系统。Hyper-V 在 Windows 中被用作一种虚拟化技术，它可以创建虚拟硬件环境，使得 Linux 等其他操作系统可以在 Windows 上运行，这对于运行 Docker 等需要 Linux 环境的应用非常有用。Hyper-V 可以在 Windows 10 Pro、Enterprise 和 Education 版本中使用，但不包含在 Windows 10 Home 版中。如果读者的 Windows 版本不支持 Hyper-V，还可以使用 WSL 2 作为替代。

Windows 容器是一种在 Windows 系统上运行的容器技术。与在 Linux 上运行的 Docker 容器类似，Windows 容器提供了一个隔离的环境，让应用和其依赖可以打包在一起运行，而不会影响到其他的系统部分或应用。Windows 容器主要有两种类型：

① Windows Server 容器：这种类型的容器提供了操作系统级别的隔离，它们共享同一台主机和主机的操作系统内核，这使得它们在运行时非常轻量级和快速，但隔离程度较低。

② Hyper-V 容器：这种类型的容器在每个容器上都运行一个专用的轻量级虚拟机，并拥有自己的操作系统内核，这使得它们在隔离性上更强，但运行时占用的资源也更多。

Windows 容器的一个主要优点是它们可以直接运行 Windows 应用，不需要任何修改。这使得它们非常适合用于将现有的 Windows 应用迁移到容器化环境。

Hyper-V 后端 Windows 容器作为后端的系统需求：

① Windows 11 64 位：Pro 21H2 或更高版本，Enterprise 或 Education 21H2 或更高版本。

② Windows 10 64 位：Pro 21H2（构建 19044）或更高版本，Enterprise 或 Education 21H2（构建 19044）或更高版本。

③ 对于 Windows 10 和 Windows 11 Home，应参考 WSL 2 后端的系统需求。

④ 必须打开 Hyper-V 和 Containers Windows 功能。

⑤ 要在 Windows 10 上成功运行 Client Hyper-V，需要满足以下硬件前提条件：64 位处理器，具有 SLAT；4GB 系统 RAM；在 BIOS 设置中必须打开 BIOS 级别的硬件虚拟化支持。

可以通过以下两种途径安装 Docker。

（1）交互式安装

具体步骤如下：

① 双击 Docker Desktop Installer.exe 来运行安装程序。

② 当提示时，根据之前选择的后端，确认在配置页面上是否选择了使用 WSL 2 而非 Hyper-V 的选项。

③ 如果系统只支持这两个选项中的一个，将无法选择使用哪个后端。

④ 按照安装向导上的说明授权安装程序并继续安装。

⑤ 当安装成功后，选择关闭以完成安装过程。

如果管理员账户和用户账户不同，必须将用户添加到 docker-users 组。以管理员身份运行计算机管理，并导航到“本地用户和组”“组”“docker-users”。右键点击添加用户到该组。退出并重新登录以使更改生效。

（2）从命令行安装

下载 Docker Desktop Installer.exe 后，在终端运行以下命令来安装 Docker Desktop：

```
"Docker Desktop Installer.exe" install
```

如果使用的是 PowerShell，运行命令如下：

```
Start-Process 'Docker Desktop Installer.exe' -Wait install
```

如果使用的是 Windows 命令提示符，运行命令如下：

```
start /w "" "Docker Desktop Installer.exe" install
```

如果当前的管理员账户和正在安装的用户账户不同，则必须将用户添加到 docker-users 组：

```
net localgroup docker-users <user> /add
```

Docker Desktop 在安装后不会自动启动。要启动 Docker Desktop，需搜索 Docker，并在搜索结果中选择 Docker Desktop，点击以启动 Docker 应用，如图 2-5 所示。

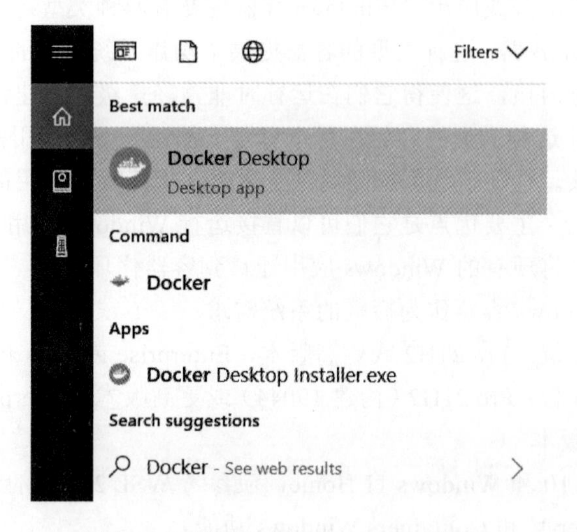

图 2-5　搜索已安装的 Docker 应用

2.4.2　在 Linux 上安装 Docker

在 Linux 上安装 Docker 稍微复杂一些，因为用户需要根据自己的 Linux 发行版来选择正确的安装方法。大部分主流的 Linux 发行版，如 Ubuntu、Debian、CentOS、Fedora 等，都可以直接通过包管理器来安装 Docker。

在 Linux 系统中，我们可以安装 Docker Engine 而不是 Docker Desktop。Docker Engine 是一种开源的容器化技术，用于构建和容器化自己的应用程序。Docker Engine 作为一个客户端-服务器应用程序，包含：

① 一个运行长时间的守护进程 dockerd 服务。

② API，它们指定程序可以用来与 Docker 守护进程通信和指示的接口。

③ 命令行接口（command line interface，CLI）客户端 docker。

CLI 使用 Docker API 通过脚本或直接的 CLI 命令来控制或与 Docker 守护进程交互。许多其他 Docker 应用程序使用底层的 API 和 CLI。守护进程创建和管理 Docker 对象，如镜像、容器、网络和卷。

Docker Engine 可以在各种 Linux 发行版安装使用，也可以通过静态二进制安装使用。

2.4.2.1 在 CentOS 上安装 Docker Engine

在 CentOS 上安装并使用 Docker Engine，首先需要确保满足一些先决条件，然后按照安装步骤进行操作。

要安装 Docker Engine，需要以下 CentOS 版本之一：CentOS 7、CentOS 8（stream）、CentOS 9（stream）。

必须启用 centos-extras 存储库。这个存储库默认是启用的，但如果其已经被禁用，则需要重新启用该库。

如果宿主机上有旧版本的 Docker，还需要卸载旧版本。Docker 的旧版本名为 docker 或 docker-engine。在尝试安装新版本之前，必须卸载任何此类旧版本以及相关的依赖项：

```
sudo yum remove       docker \
                      docker-client \
                      docker-client-latest \
                      docker-common \
                      docker-latest \
                      docker-latest-logrotate \
                      docker-logrotate \
                      docker-engine
```

注意：yum 可能会报告说没有安装这些包；存储在/var/lib/docker/中的镜像、容器、卷和网络在卸载 Docker 时不会被自动删除。

可以根据实际的需求以不同的方式安装 Docker Engine：

① 可以设置 Docker 的存储库并从中安装，以便于安装和升级任务。这是推荐的方法。

② 可以下载 RPM 包并手动安装，完全手动管理升级。这种方式在如在无法访问互联网的隔离系统上安装 Docker 的情境下很有用。

③ 在测试和开发环境中，可以使用自动化的脚本来安装 Docker。

（1）使用 rpm 存储库安装

在首次在新的主机机器上安装 Docker Engine 之前，需要设置 Docker 存储库。之后，使用者可以从存储库中安装和更新 Docker。

① 安装 yum-utils 包（提供 yum-config-manager 工具）并设置存储库。

```
sudo yum install -y yum-utils
sudo yum-config-manager --add-repo https://download.docker.com/linux/centos/
docker-ce.repo
```

② 安装 Docker Engine、containerd 和 Docker Compose。

要安装最新版本，运行以下命令：

```
sudo yum install docker-ce docker-ce-cli containerd.io docker-buildx-plugin
docker-compose-plugin
```

要安装特定版本，首先列出存储库中的可用版本：

```
yum list docker-ce --showduplicates | sort -r
```

会得到类似以下的输出：

```
docker-ce.x86_64    3:24.0.0-1.el8    docker-ce-stable
docker-ce.x86_64    3:23.0.6-1.el8    docker-ce-stable
<...>
```

返回的列表取决于启用了哪些存储库，并且特定于此时的CentOS版本(在此示例中由.el8后缀表示)。

按其完整的包名称安装特定版本，其包含包名（docker-ce）加上版本字符串（第二列），由连字符（-）分隔，例如：docker-ce-3：24.0.0-1.el8。

将<VERSION_STRING>替换为所需的版本，然后运行以下命令进行安装：

```
sudo yum install docker-ce-<VERSION_STRING> docker-ce-cli-<VERSION_ STRING> containerd.io docker-buildx-plugin docker-compose-plugin
```

上述的命令安装了 Docker，但并没有启动 Docker；还创建了一个 docker 组，但默认情况下并没有把任何用户添加到这个组中。

③ 启动 Docker。

运行以下命令启动 Docker：

```
sudo systemctl start docker
```

（2）从包中安装

如果用户不能使用 Docker 的 rpm 存储库来安装 Docker Engine，可以下载适用于当前的发行版的.rpm 文件并进行手动安装。每次想要升级 Docker Engine 时，都需要下载一个新的文件。

前往相关官方网址并选择当前的 CentOS 版本；然后浏览到 x86_64/stable/Packages/并下载想要安装的 Docker 版本的.rpm 文件。

安装 Docker Engine，将下面的路径更改为自己下载 Docker 包的路径：

```
sudo yum install /path/to/package.rpm
```

至此，Docker 已经安装但没有启动；docker 组已经创建，但没有用户被添加到该组。

启动 Docker，需要运行：

```
sudo systemctl start docker
```

（3）使用脚本安装

Docker 提供了一个便利脚本，用于在开发环境中非交互式地安装 Docker。该脚本不建议在生产环境中使用，但该脚本对于创建符合用户需求的配置脚本非常有用。脚本的源代码是开源的，可以在 GitHub 上的 docker-install 存储库中找到它。

在本地运行之前检查从互联网下载的脚本。在安装之前，应熟悉脚本的潜在风险和限制：

① 脚本需要 root 或 sudo 权限才能运行。

② 脚本会尝试检测当前的 Linux 发行版和版本，并为用户配置包管理系统。

③ 脚本不允许用户自定义大多数安装参数。

④ 脚本在不要求确认的情况下安装依赖项和建议项。这可能会安装大量的包，具体取决于宿主机的当前配置。

⑤ 默认情况下，脚本会安装 Docker、containerd 和 runc 的最新稳定版本。使用此脚本为机器提供服务时，可能会导致 Docker 意外的版本升级。在部署到实际的生产系统之前，需要在测试环境中测试升级。

⑥ 脚本并不是设计用来升级已有的 Docker 安装的。使用脚本更新现有安装时，依赖项可能不会更新到预期的版本，导致版本过时。

提示：在运行脚本前，可以先带有--dry-run 选项运行脚本，以了解当被调用时脚本将运行哪些步骤：

```
curl -fsSL https://get.docker.com -o get-docker.sh
sudo sh ./get-docker.sh --dry-run
```

此案例从 https：//get.docker.com/下载脚本并运行，以在 Linux 上安装 Docker 的最新稳定版本：

```
curl -fsSL https://get.docker.com -o get-docker.sh
sudo sh get-docker.sh
```

可能会有如下的输出：

```
Executing docker install script,commit:7cae5f8b0decc17d6571f9f52eb840fbc13b2737
<...>
```

至此，已经成功地安装并启动了 Docker Engine。Docker 服务在基于 Debian 的发行版上默认启动；在基于 RPM 的发行版上，例如 CentOS、Fedora、RHEL 或 SLES，需要使用 systemctl 或 service 命令手动启动 dockerd。

Docker 还提供了一个脚本，用于在 Linux 上安装 Docker 的预发布版本。这个脚本等同于 get.docker.com 上的脚本，但是它会配置当前的包管理器以使用 Docker 包存储库的测试通道。测试通道包括 Docker 的稳定版本和预发布版本。使用此脚本可以提前获得新版本的访问权，并在它们作为稳定版本发布之前在测试环境中评估它们。

要从测试通道在 Linux 上安装 Docker 的最新版本，运行以下命令：

```
curl -fsSL https://test.docker.com -o test-docker.sh
sudo sh test-docker.sh
```

如果当前的 Docker 是使用上述脚本安装的，那么应该直接使用包管理器升级 Docker。重新运行脚本没有任何好处。如果脚本试图重新安装已经存在于主机机器上的存储库，那么重新运行脚本可能会导致问题。

2.4.2.2　在 Ubuntu 上安装 Docker Engine

要在 Ubuntu 上安装使用 Docker Engine，需要满足一些先决条件，然后按照安装步骤进行操作。

如果使用 ufw 或 firewalld 来管理防火墙设置，那么注意，当使用 Docker 暴露容器端口时，这些端口会绕过当前的防火墙规则。

要安装 Docker Engine，需要以下 64 位的 Ubuntu 版本之一：Ubuntu Lunar 23.04、Ubuntu Kinetic 22.10、Ubuntu Jammy 22.04（LTS）、Ubuntu Focal 20.04（LTS）。

Ubuntu 的 Docker Engine 与 x86_64（或 amd64）、armhf、arm64、s390x 和 ppc64le（ppc64el）架构兼容。

在安装 Docker Engine 之前，必须首先确保已经卸载了任何冲突的包。

发行版的维护者在 APT（advanced package tool，高级包管理工具）中提供了 Docker 包的非官方发行版。在安装 Docker Engine 的官方版本之前，必须卸载这些包。

需要卸载的非官方包有：docker.io、docker-compose、docker-doc、podman-docker。此外，Docker Engine 依赖于 containerd 和 runc。Docker Engine 将这些依赖项打包为一个 bundle：containerd.io。如果之前已经安装了 containerd 或 runc，那么也需要卸载它们以避免与 Docker Engine 的版本冲突。运行以下命令来卸载所有冲突的包：

```
for pkg in docker.io docker-doc docker-compose podman-docker containerd runc; do sudo apt-get remove $pkg; done
```

注意：apt-get 可能会报告并没有安装这些包中的任何一个；在/var/lib/docker/中存储的镜像、容器、卷和网络在卸载 Docker 时并不会自动被移除。

可以使用不同的方法来安装 Docker Engine，具体取决于实际的需求：

① Docker Engine 与 Docker Desktop for Linux 一同打包。这是开始的最简单和最快的方式。

② 从 Docker 的 apt 存储库中设置和安装 Docker Engine。

③ 手动安装并手动管理升级。

④ 使用脚本。只推荐用于测试和开发环境。

（1）使用 apt 存储库安装

第一次在新的宿主机上安装 Docker Engine 之前，需要设置 Docker 存储库；然后，可以从存储库中安装和更新 Docker。

① 更新 apt 包索引并安装允许 apt 使用 HTTPS 仓库的包。

```
sudo apt-get update
sudo apt-get install ca-certificates curl gnupg
```

添加 Docker 的官方 GPG 密钥：

```
sudo install -m 0755 -d /etc/apt/keyrings
curl -fsSL https://download.docker.com/linux/ubuntu/gpg | sudo gpg --dearmor -o /etc/apt/keyrings/docker.gpg
sudo chmod a+r /etc/apt/keyrings/docker.gpg
```

使用以下命令设置存储库：

```
echo \
  "deb [arch="$(dpkg --print-architecture)" signed-by=/etc/apt/keyrings/docker.gpg] https://download.docker.com/linux/ubuntu \
  "$(. /etc/os-release && echo "$VERSION_CODENAME")" stable" | \
  sudo tee /etc/apt/sources.list.d/docker.list > /dev/null
```

注意：如果使用的是 Ubuntu 派生的发行版，如 Linux Mint，可能需要使用 UBUNTU_CODENAME 代替 VERSION_CODENAME。

更新 apt 包索引：

```
sudo apt-get update
```

② 安装 Docker Engine、containerd 和 Docker Compose。

要安装最新版本，运行以下命令：

```
sudo apt-get install docker-ce docker-ce-cli containerd.io docker-buildx-plugin docker-compose-plugin
```

要安装特定版本的 Docker Engine，首先列出存储库中的可用版本：

```
# 列出可用的版本：
$ apt-cache madison docker-ce | awk '{ print $3 }'
```

会有如下输出：

```
5:24.0.0-1~ubuntu.22.04~jammy
5:23.0.6-1~ubuntu.22.04~jammy
<...>
```

选择所需的版本并进行安装：

```
VERSION_STRING=5:24.0.0-1~ubuntu.22.04~jammy
sudo apt-get install docker-ce=$VERSION_STRING docker-ce-cli=$VERSION_STRING
containerd.io docker-buildx-plugin docker-compose-plugin
```

（2）从包中安装

如果不能使用Docker的apt存储库来安装Docker Engine，可以下载适用于自己发行版的deb文件并手动安装。每次需要升级Docker Engine时，都需要下载一个新的文件。

前往相关官方网址选择当前的Ubuntu版本，前往pool/stable/并选择适用的架构（amd64、armhf、arm64或s390x）。下载以下deb文件，用于Docker Engine、CLI、containerd和Docker Compose包：

```
containerd.io_<version>_<arch>.deb
docker-ce_<version>_<arch>.deb
docker-ce-cli_<version>_<arch>.deb
docker-buildx-plugin_<version>_<arch>.deb
docker-compose-plugin_<version>_<arch>.deb
```

接着安装.deb包，在以下示例中更新路径，使其指向实际下载Docker包的路径：

```
sudo dpkg -i ./containerd.io_<version>_<arch>.deb \
    ./docker-ce_<version>_<arch>.deb \
    ./docker-ce-cli_<version>_<arch>.deb \
    ./docker-buildx-plugin_<version>_<arch>.deb \
    ./docker-compose-plugin_<version>_<arch>.deb
```

Docker守护进程会自动启动。

（3）使用脚本安装

Docker提供了一个脚本，用于在开发环境中非交互式地安装Docker。该脚本不建议在生产环境中使用，但其对于创建符合用户需求的配置脚本非常有用。脚本的源代码是开源的，可以在GitHub上的docker-install存储库中找到其内容。

务必在本地运行之前检查从互联网下载的脚本。在安装之前，熟知脚本的潜在风险和限制：

① 脚本需要root或sudo权限才能运行。

② 脚本会尝试检测当前的Linux发行版和版本，并配置包管理系统。

③ 脚本不允许用户自定义大多数安装参数。

④ 脚本在不要求确认的情况下安装依赖项和建议项。这可能会安装大量的包，具体取决于宿主机当前的配置。

⑤ 默认情况下，脚本会安装Docker、containerd和runc的最新稳定版本。使用此脚本来配置机器时，可能会导致Docker意外的版本升级。在部署到实际的生产系统之前，务必在测试环境中测试升级。

⑥ 这个脚本并不是设计来升级已有的Docker安装的。使用脚本更新现有安装时，依赖项可能不会更新到预期的版本，从而导致版本过时。

提示：在运行之前建议预览脚本，可以带有--dry-run选项运行脚本，以了解当被调用时脚本将运行哪些步骤：

```
curl -fsSL https://get.docker.com -o get-docker.sh
sudo sh ./get-docker.sh --dry-run
```

此案例从https：//get.docker.com/下载脚本并运行，以在Linux上安装Docker的最新稳定版本：

```
curl -fsSL https://get.docker.com -o get-docker.sh
sudo sh get-docker.sh
```

可能会有如下的输出：

```
Executing docker install script,commit:7cae5f8b0decc17d6571f9f52eb840fbc13b2737
<...>
```

此时，已经成功地安装并启动了Docker Engine。Docker服务在基于Debian的发行版上默认启动。在基于RPM的发行版上，例如CentOS、Fedora、RHEL或SLES，需要使用systemctl或service命令手动启动dockerd服务。非root用户默认不能运行Docker命令。

Docker还提供了一个脚本，用于在Linux上安装Docker的预发布版本。这个脚本等同于get.docker.com上的脚本，但是它会配置包管理器以使用Docker包存储库的测试通道。测试通道包括Docker的稳定版本和预发布版本。使用此脚本可以提前获得新版本的访问权，并在它们作为稳定版本发布之前在测试环境中评估它们。

要从测试通道在Linux上安装Docker的最新版本，运行：

```
curl -fsSL https://test.docker.com -o test-docker.sh
sudo sh test-docker.sh
```

2.4.2.3 二进制安装Docker Engine

此部分包含如何使用二进制安装Docker的内容。这些指令主要适用于测试目的。官方不推荐在生产环境中使用二进制安装Docker，因为它们不会自动更新安全更新。此部分描述的Linux二进制是静态链接的，这意味着Linux发行版的安全更新不会自动修补构建时依赖的漏洞。

与使用包管理器或通过Docker Desktop安装的Docker包相比，更新二进制文件也稍微复杂一些，因为需要在Docker有新版本时手动更新已安装的版本。另外，静态二进制可能不包含动态包提供的所有功能。

在Windows和Mac上，官方建议安装Docker Desktop。对于Linux，官方建议遵循针对自己发行版的具体指令。

如果想要尝试Docker或在测试环境中使用它，但并不在受支持的平台上，可以尝试从静态二进制安装。如果可能的话，应该使用为当前的操作系统构建的包，并使用自己操作系统的包管理系统来管理Docker的安装和升级。

只有Linux（如dockerd）和Windows（如dockerd.exe）提供Docker守护进程二进制的静态二进制。Linux、Windows和macOS（如docker）提供Docker客户端的静态二进制。

（1）在Linux上安装Docker守护进程和客户端二进制

在尝试以二进制方式安装Docker之前，确保宿主机满足必要的先决条件：

① 64 位系统。

② Linux 内核的版本为 3.10 或更高。推荐使用所使用平台可用的最新版本的内核。

③ iptables 版本为 1.4 或更高。

④ git 版本为 1.7 或更高。

⑤ ps 执行文件，通常由 procps 或类似的包提供。

⑥ XZ Utils 的版本为 4.9 或更高。

⑦ 正确挂载的 cgroupfs 层次结构。

尽可能使宿主机的环境安全。如果可能的话，启用 SELinux 或 AppArmor。如果宿主机的 Linux 发行版支持两者中的任何一个，建议使用 AppArmor 或 SELinux。这有助于提高安全性并阻止某些类型的攻击。如果这两种安全机制中的任何一种已经启用，不要禁用它作为使 Docker 或其容器运行的解决方法；相反，应进行正确的配置以修复存在的问题。

如果可能的话，启用 seccomp 安全配置文件和用户名称空间。

下载静态二进制存档。打开相关官方网址，选择宿主机的硬件平台，下载与想要安装的 Docker Engine 版本相关的.tgz 文件。

使用 tar 工具解压缩存档。dockerd 和 docker 的二进制文件将被解压缩。

```
tar xzvf /path/to/<FILE>.tar.gz
```

可以选择将二进制移动到可执行路径的目录中，例如/usr/bin/。如果跳过这个步骤，使用者必须在调用 docker 或 dockerd 命令时提供执行文件的路径。

启动 Docker 守护进程：

```
sudo dockerd &
```

如果需要带有额外选项启动守护进程，相应地修改上面的命令，或者创建并编辑文件/etc/docker/daemon.json 来添加自定义配置选项。

（2）在 Mac 上安装客户端二进制

以下内容主要适用于测试目的。Mac 二进制只包含 Docker 客户端，并不包含运行容器所需的 dockerd 守护进程。因此，建议安装 Docker Desktop。

Mac 上的二进制也不包含：

① 运行时环境。用户必须在虚拟机中或远程 Linux 机器上设置一个功能性的引擎。

② Docker 组件，如 buildx 和 docker compose。

要安装客户端二进制，需执行以下步骤：

① 下载静态二进制存档。浏览相关官方网址并选择 x86_64（用于 Intel 芯片的 Mac）或 aarch64（用于 Apple silicon 芯片的 Mac），然后下载与想要安装的 Docker Engine 版本相关的.tgz 文件。

② 使用 tar 工具解压缩存档。Docker 的二进制文件将被解压缩。

```
tar xzvf /path/to/<FILE>.tar.gz
```

③ 清除扩展属性以允许其运行。

```
sudo xattr -rc docker
```

此时，运行以下命令时，可以看到 Docker CLI 的使用说明：

```
docker/docker
```

可以选择将二进制文件移动到可执行路径的目录中，例如/usr/local/bin/。如果跳过这个步骤，那么必须在调用 docker 或 dockerd 命令时提供执行文件的路径。

（3）在 Windows 上安装服务器和客户端

以下部分描述了如何在 Windows Server 上安装 Docker 守护进程，安装的守护进程只允许运行 Windows 容器。当用户在 Windows Server 上安装 Docker 守护进程时，守护进程不包含诸如 buildx 和 compose 等 Docker 组件。如宿主机运行的系统是 Windows 10 或 Windows 11，建议安装 Docker Desktop。

Windows 上的二进制包括 dockerd.exe 和 docker.exe。在 Windows 上，这些二进制只提供运行本机 Windows 容器（不是 Linux 容器）的能力。

要安装服务器和客户端二进制，需执行以下步骤：

① 下载静态二进制存档。浏览相关官方网址并从中选择最新的版本。

② 运行以下 PowerShell 命令来安装和解压缩存档到程序文件：

```
PS C:\> Expand-Archive /path/to/<FILE>.zip -DestinationPath $Env:ProgramFiles
```

③ 注册服务并启动 Docker Engine：

```
PS C:\> &$Env:ProgramFiles\Docker\dockerd --register-service
PS C:\> Start-Service docker
```

2.4.3 在 Mac 上安装 Docker

在 Mac 上安装 Docker，需要使用 Docker Desktop for Mac。Docker Desktop 不仅在 Mac 上提供了 Docker 运行环境，还集成了 Kubernetes，以及 Docker CLI 等工具，方便开发者的使用。

以下是在 Mac 上安装 Docker Desktop 的步骤：

① 下载 Docker Desktop 安装程序：访问 Docker 的官方网站，下载最新的 Docker Desktop for Mac 安装程序。

② 运行安装程序：找到下载的 Docker Desktop 安装程序，双击打开，然后按照向导的提示完成安装。

③ 启动 Docker Desktop：安装完成后，使用者可以在 Launchpad 或应用程序文件夹中找到 Docker Desktop，点击启动。启动后，会在菜单栏看到 Docker 的图标，表示 Docker 已经成功运行。

注意：Docker Desktop for Mac 需要 macOS Sierra 10.12 或更高版本，Mac 硬件必须是 2010 年以后的型号，支持 Intel 的硬件虚拟化，并且已经启用了硬件虚拟化。

2.4.4 验证 Docker 的安装

安装完成后，需要验证 Docker 是否已经正确安装：

① 打开终端：在 Mac 或 Linux 上，可以直接打开终端；在 Windows 上，可以打开命令提示符或 PowerShell。

② 输入验证命令：在终端中输入以下命令：

```
docker version
```

③ 检查输出：如果 Docker 已经正确安装，可以在终端中看到 Docker 的版本信息，包括

客户端（Docker CLI）和服务端（Docker Engine）的版本。如果可以看到如图 2-6 所示的类似信息，那么表示 Docker 已经成功安装并正在运行。

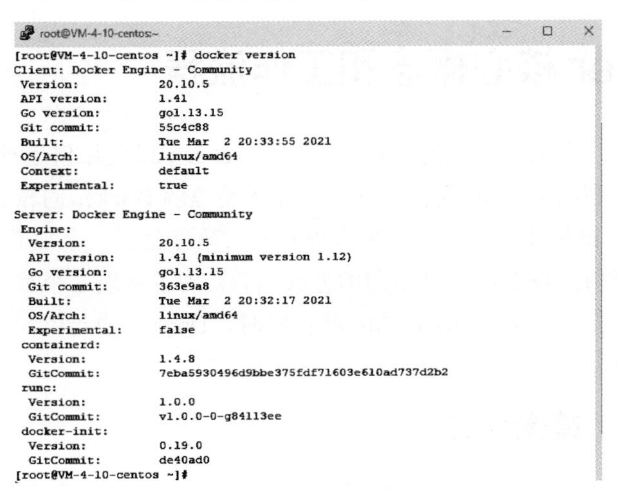

图 2-6　Docker 的版本信息

2.4.5　运行第一个 Docker 容器

安装并验证 Docker 后，可以尝试运行第一个 Docker 容器。这里将运行一个简单的“Hello, World!”程序。

① 打开终端：在 Mac 或 Linux 上，可以直接打开终端；在 Windows 上，可以打开命令提示符或 PowerShell。

② 输入运行命令：在终端中输入以下命令，然后按回车键。

```
docker run hello-world
```

这个命令的含义是：使用 Docker 运行一个名为“hello-world”的容器。如果本地没有这个镜像，Docker 会自动从 Docker Hub（Docker 的公共镜像库）上下载。

③ 查看命令输出：在命令执行完成后，用户应该能在终端中看到类似图 2-7 的输出。这个消息表示“hello-world”容器已经成功运行，并输出了其预期的信息。

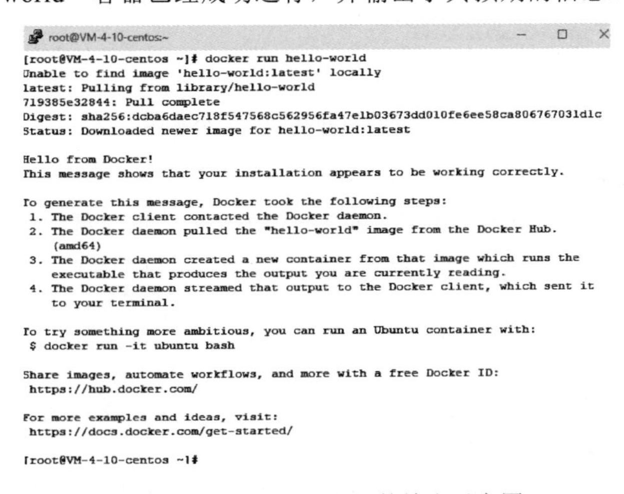

图 2-7　运行 hello-world 的输出示意图

图 2-7 中“Hello from Docker!”的消息说明，当前的 Docker 安装是正确的，并且已经可以运行容器了。

2.5 Docker 核心概念和工作流程

在前面的章节中，我们已经知道了如何安装 Docker，以及如何运行一个简单的 Docker 容器。然而，要充分利用 Docker 的强大功能，还需要理解 Docker 的核心概念和工作流程。

Docker 是一种容器化技术，它可以将应用及其依赖打包到一个独立、可移植的容器中，并确保这个容器在任何环境中都能以相同的方式运行。为了实现这个目标，Docker 引入了一些重要的概念，如镜像、容器、Dockerfile 等；同时，Docker 也定义了一套工作流程，用于创建、运行和管理容器。

2.5.1 Docker 镜像管理

Docker 镜像是构成 Docker 世界的基础，镜像可以理解为轻量级的、独立的、可执行的软件包，包含运行一个软件所需的所有内容，包括代码、运行时环境、库、环境变量和配置文件。

（1）获取 Docker 镜像

用户可以从 Docker Hub 或其他 Docker 镜像仓库下载镜像，也可以自己创建镜像。

从 Docker Hub 下载镜像：Docker Hub 是一个公开的 Docker 镜像仓库，使用者可以使用 docker pull 命令从 Docker Hub 下载镜像。例如，要下载最新版本的 Ubuntu 镜像，可以使用以下命令：

```
docker pull ubuntu: latest
```

执行该命令后，Docker 会从 Docker Hub 下载 Ubuntu 的最新版本镜像，如图 2-8 所示。

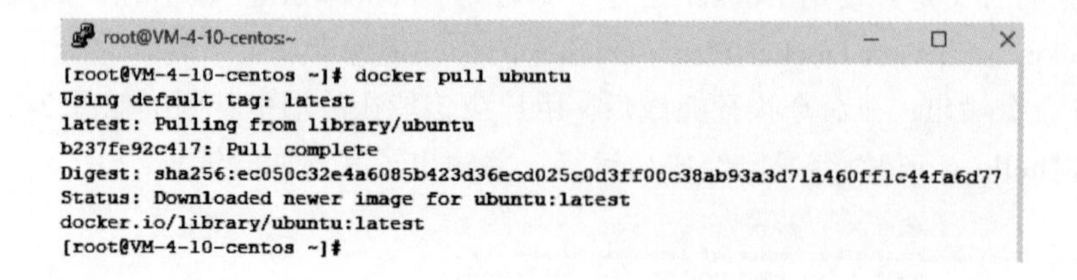

图 2-8　docker pull 的输出示意图

（2）创建自己的镜像

除了下载现成的镜像，使用者还可以创建自己的镜像。创建镜像需要使用 Dockerfile。Dockerfile 是一个包含创建镜像所需步骤的文本文件。可以使用 docker build 命令来创建镜像，例如：

```
docker build -t my-app:latest .
```

在这个命令中，“.”表示 Dockerfile 所在的路径；-t 参数用来指定新镜像的名字和标签。

（3）查看本地的 Docker 镜像

可以使用 docker images 命令来查看本地所有的 Docker 镜像。这个命令会列出所有镜像的 ID、仓库名、标签、创建时间和大小，如图 2-9 所示。

```
root@VM-4-10-centos:~
[root@VM-4-10-centos ~]# docker images
REPOSITORY                    TAG       IMAGE ID       CREATED         SIZE
customized_recver             latest    2a6db7606282   13 days ago     72.8MB
customized_sender             latest    2a6db7606282   13 days ago     72.8MB
ubuntu                        latest    01f29b872827   2 weeks ago     77.8MB
simple_recver                 latest    4861f9cdcd2a   4 weeks ago     72.8MB
simple_sender                 latest    4861f9cdcd2a   4 weeks ago     72.8MB
demo_recver                   latest    0237c2ff60f8   4 weeks ago     229MB
demo_sender                   latest    0237c2ff60f8   4 weeks ago     229MB
gcc                           latest    ce4bf977c328   6 weeks ago     1.38GB
docker_datacenter             latest    f3e3da4fd3fc   7 weeks ago     9.18MB
docker_edgenode               latest    5fe65cc0cf5f   7 weeks ago     9.97MB
ubuntu                        20.04     14be0685b768   7 weeks ago     72.8MB
test-go                       latest    99695b328b5a   2 months ago    79MB
docker_recver                 latest    dd6bccb80e96   2 months ago    9.97MB
docker_sender                 latest    240163cefbff   2 months ago    912MB
code-conversion_midware       latest    5345821db420   2 months ago    10.6MB
docker_midware                latest    5345821db420   2 months ago    10.6MB
code-conversion_recver        latest    4aaff44e74f3   2 months ago    912MB
code-conversion_sender        latest    0855ed295ee0   2 months ago    912MB
golang                        latest    6a90a37099af   2 months ago    777MB
alpine                        latest    5e2b554c1c45   3 months ago    7.33MB
hello-world                   latest    9c7a54a9a43c   3 months ago    13.3kB
ubuntu                        <none>    3b418d7b466a   3 months ago    77.8MB
pandoc/latex                  latest    11172c343576   5 months ago    541MB
```

图 2-9　docker images 的输出示意图

(4) 删除本地的 Docker 镜像

如果不再需要某个镜像，可以使用 docker rmi 命令来删除它。例如，要删除 Ubuntu 的最新版本镜像，可以使用以下命令，并可以看到如图 2-10 所示的输出。

```
docker rmi ubuntu: latest
```

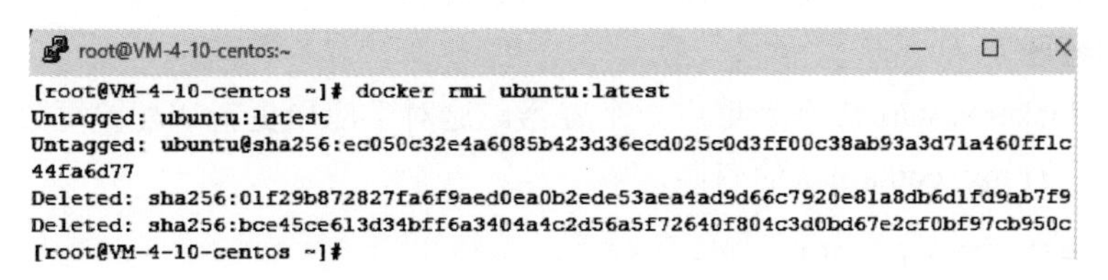

图 2-10　docker rmi 的输出示意图

2.5.2　Docker 容器生命周期管理

Docker 容器是由 Docker 镜像创建的运行实例。可以将 Docker 容器视为一个轻量级的独立操作系统，运行在主机操作系统上但与其隔离。了解 Docker 容器的生命周期管理对于有效使用 Docker 至关重要。

(1) 创建并运行容器

可以使用 docker run 命令从一个 Docker 镜像创建并启动一个新的容器。这个命令的基本格式是：

```
docker run [OPTIONS] IMAGE [COMMAND] [ARG...]
```

例如，以下命令会从最新的 Ubuntu 镜像创建一个新的容器，并在该容器中运行“echo Hello，Docker!”命令：

```
docker run ubuntu: latest /bin/echo 'Hello, Docker!'
```

在这个命令中，ubuntu：latest 是想要运行的 Docker 镜像，/bin/echo 'Hello，Docker!'是在新容器中执行的命令，如图 2-11 所示。

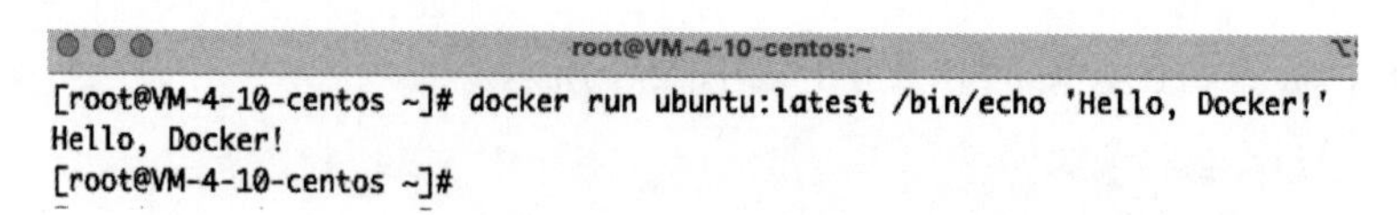

图 2-11　docker run 的输出示意图

（2）查看运行中的容器

docker ps 命令可以列出当前正在运行的 Docker 容器。如果想查看所有的容器（包括已经停止的），可以使用 docker ps -a 命令。这会显示每个容器的 ID、创建时间、状态、名称等信息，如图 2-12 所示。

```
root@VM-4-10-centos:~
[root@VM-4-10-centos ~]# docker ps
CONTAINER ID   IMAGE               COMMAND   CREATED       STATUS      PORTS   NAMES
9012a2f2c8e0   customized_sender   "/send"   2 weeks ago   Up 2 weeks          sender
f5a9d36f0cf1   customized_recver   "/recv"   2 weeks ago   Up 2 weeks          recver
[root@VM-4-10-centos ~]#
```

图 2-12　docker ps 的输出示意图

（3）停止容器

如果想停止一个正在运行的 Docker 容器，可以使用 docker stop 命令，后面列出想要停止的容器 ID 或名称。例如，以下命令会停止名为 my_container 的容器：

```
docker stop my_container
```

也可以使用 docker kill 命令来立即停止容器。docker stop 命令会给容器一些时间来慢慢地关闭，但如果容器不响应，就可能需要使用 docker kill 命令。

（4）重启容器

可以使用 docker restart 命令来重启一个容器。这对于应用更新或配置更改非常有用。以下命令将重启名为 my_container 的容器：

```
docker restart my_container
```

（5）删除容器

如果不再需要一个容器，可以使用 docker rm 命令来删除它。注意，只有已经停止的容器才能被删除。如果想删除一个正在运行的容器，需要先用 docker stop 命令停止它。以下命令将删除名为 my_container 的容器：

```
docker rm my_container
```

（6）查看容器日志

docker logs 命令允许用户查看容器的输出，这对于调试和解决问题非常有用。只需在其后面添加想要查看的容器 ID 或名称即可，命令如下所示：

```
docker logs my_container
```

2.6 Dockerfile

2.6.1 Dockerfile 的定义和目的

Dockerfile 是一个文本文件，它包含一系列用户可以调用的指令，以用来创建一个 Docker

镜像。这些指令定义一组操作步骤，这些操作步骤包括设置操作系统、安装应用、创建环境变量、当容器运行时运行哪些命令等等。

Dockerfile 的主要目的是创建 Docker 镜像，这些镜像可以用来部署和运行应用。使用 Dockerfile，用户可以根据特定的需求和配置创建自定义的镜像，这使得用户的应用可以在任何支持 Docker 的平台上运行，无论是本地环境还是云环境。

使用 Dockerfile 的另一个优点是，它使得镜像的创建过程可以自动化，使得构建的过程可以被复制和共享。这意味着使用者可以在任何地方重复这个过程，得到相同的镜像。这对于持续集成/持续部署（CI/CD）流程非常有用。

Dockerfile 也可以使镜像的构建过程透明化，因为所有的步骤都被记录在文本文件中。这使得开发者、系统管理员和其他用户可以查看和理解镜像是如何构建的，也能方便错误调试和问题解决。

2.6.2　Dockerfile 的结构

Dockerfile 是一个文本文件，包含用于创建 Docker 镜像的一系列命令。这些命令基本上是用户在命令行上可以调用的命令。每一条指令都会在镜像上创建一个新的层，这些层一起构成了最终的镜像。

Dockerfile 的基本结构如下：

```
# Comment
INSTRUCTION arguments
```

下面，我们详细了解一下 Dockerfile 的各个部分：

① # Comment：以“#”开头的行表示注释，不会被 Docker 执行。

② INSTRUCTION arguments：Dockerfile 中的命令都是由一个指令和参数组成的。例如，RUN apt-get update 中的 RUN 是指令，apt-get update 是参数。

Dockerfile 中的一些常见指令包括：

（1）基础镜像信息

FROM 指令定义构建的镜像基于哪个基础镜像。例如，如果使用者正在创建一个运行 Python 的镜像，那么则可能会使用 FROM python：3.8。

```
FROM python: 3.8
```

（2）维护者信息

MAINTAINER 指令定义镜像的作者。例如，MAINTAINER foo.bar@example.com。

（3）环境变量

ENV 指令用于设置环境变量。这些变量在构建期间和运行容器期间都是可用的。

```
ENV MY_VAR my_value
```

（4）运行命令

RUN 指令用于在镜像创建过程中在新层上执行命令。例如，可能会使用 RUN 指令来安装必要的软件包。

```
RUN apt-get update && apt-get install -y curl
```

（5）添加文件

ADD 和 COPY 指令用于从 Docker 宿主机复制文件到镜像中。ADD 指令还支持在复制过程中自动解压缩 tar 文件。

```
ADD my_app.tar /app
COPY . /app
```

（6）设置后续指令的工作目录

WORKDIR 指令用于设置后续指令的工作目录。

```
WORKDIR /app
```

（7）暴露端口

EXPOSE 指令用于指定容器运行时将监听的端口。

```
EXPOSE 8080
```

（8）容器启动命令

CMD 和 ENTRYPOINT 指令定义容器启动后应该运行的命令。CMD 可以被 docker run 命令行参数覆盖，而 ENTRYPOINT 不会。

```
CMD ["app","--help"]
ENTRYPOINT ["app"]
```

2.6.3 如何编写 Dockerfile

编写 Dockerfile 的过程大致可以分为以下步骤：

（1）选择基础镜像

Dockerfile 的首行通常是 FROM 指令，用于指定基础镜像。使用者可以选择一个纯净的操作系统镜像（如 debian、ubuntu、alpine 等），或者一个已经包含特定应用环境的镜像（如 python：3.8、node：14、mysql：5.7 等）。

（2）设置维护者信息

MAINTAINER 指令用于指定镜像的维护者信息。这是一个可选步骤，但对于在公共仓库发布的镜像来说是有帮助的。

（3）复制应用文件

COPY 和 ADD 是 Dockerfile 中的两个指令，它们都能将文件或目录从 Docker 构建上下文复制到镜像中，但在使用方式和特性上有一些区别。

① COPY。COPY 指令有两个参数：源和目标。COPY 将从 Docker 构建上下文中的源位置复制文件或目录到镜像中的目标位置。

COPY 更简单、明确，推荐在大多数情况下使用。

② ADD。ADD 指令和 COPY 指令类似，也有源和目标两个参数，也能从 Docker 构建上下文中复制文件或目录到镜像中。ADD 有两个特殊的功能：自动解压缩和从 URL 下载。如果源文件是一个压缩文件，ADD 会自动解压缩到目标目录；如果源是一个 URL，ADD 会下载这个 URL 的内容到目标目录。ADD 相对复杂，通常只在需要自动解压缩和下载 URL 的场景下使用。

综上，除非需要 ADD 指令的自动解压缩和下载 URL 的功能，否则推荐使用 COPY 指令，因为它更简单、明确。

（4）安装依赖

如果用户的应用需要一些额外的库或工具，可以使用 RUN 指令来安装这些依赖。例如，Python 应用通常会有一个 requirements.txt 文件，其列出所有的 Python 包依赖，可以使用 pip install -r requirements.txt 来安装这些依赖。

```
RUN pip install -r requirements.txt
```

（5）设置工作目录

使用 WORKDIR 指令可以改变后续指令（如 RUN、CMD、ENTRYPOINT、COPY 和 ADD）的工作目录。

（6）设置环境变量

ENV 指令用于设置环境变量。这些变量在构建镜像和运行容器时都是可用的。用户的应用可以使用这些环境变量。

（7）暴露端口

如果用户的应用需要开放端口给外部访问，可以使用 EXPOSE 指令来声明这个端口。注意，这不会真正开放端口，要在运行容器时使用-p 参数来指定端口映射。

（8）指定启动命令

CMD 和 ENTRYPOINT 指令用于指定容器启动后要运行的命令。这通常是启动用户的应用的命令。不过它们之间存在一些关键的区别。

① CMD。CMD 指令在 Dockerfile 中定义默认的执行命令，这个命令可以在运行容器时被覆盖。如果 Dockerfile 中同时使用了 CMD 和 ENTRYPOINT，那么 CMD 会被视为 ENTRYPOINT 的参数。CMD 有两种格式。一种是 Shell 格式：

```
CMD command param1 param2
```

一种是 Exec 格式：

```
CMD ["executable", "param1", "param2"]
```

如果 Dockerfile 中定义了多个 CMD，只有最后一个会生效。

② ENTRYPOINT。ENTRYPOINT 的主要目的是让容器表现得像一个可执行程序。ENTRYPOINT 指令的命令在运行容器时不会被覆盖，除非手动使用--entrypoint 参数。

ENTRYPOINT 有两种格式。一种是 Shell 格式：

```
ENTRYPOINT command param1 param2
```

另一种是 Exec 格式：

```
ENTRYPOINT ["executable", "param1", "param2"]
```

如果 Dockerfile 中定义了多个 ENTRYPOINT，只有最后一个会生效。

③ 实例对比。如果有以下 Dockerfile：

```
FROM debian
ENTRYPOINT ["echo","Hello"]
CMD ["World"]
```

当运行 docker run -it <image>时，输出的会是“Hello World”。

但如果运行 docker run -it <image> Docker，输出的则会是“Hello Docker”，因为“Docker”

覆盖了 CMD 的默认参数“World”。

如果用户没有指定 ENTRYPOINT，而是使用 CMD ["echo"，"Hello"，"World"]，那么当运行 docker run -it <image> Docker 时，输出的会是“Docker”，因为整个 CMD 命令都被“Docker”覆盖了。

因此，CMD 适合用于设置默认的可覆盖的命令及其参数，而 ENTRYPOINT 适合用于设置容器启动后必须运行的命令，并将 CMD 中的内容作为其参数。

以上是编写 Dockerfile 的基本步骤，实际使用中可能还需要添加用户、改变文件权限，或者做一些清理工作来减小镜像大小。

以下是一个结合上述各个指令的 Dockerfile 示例：

```
# 使用 Python 3.8 版本作为基础镜像
FROM python:3.8

# 设置镜像的维护者
MAINTAINER foo.bar@example.com

# 设置环境变量
ENV MY_VAR my_value

# 更新 apt-get 并安装 curl
RUN apt-get update && apt-get install -y curl

# 将当前目录下的所有文件复制到镜像的/app 目录下
COPY . /app

# 设置工作目录为/app,这样后续的指令都会在/app 目录下执行
WORKDIR /app

# 容器需要开放的端口,这里假设应用会在 8080 端口上运行
EXPOSE 8080

# 定义容器启动后执行的命令,这里假设有一个名为 app.py 的 Python 应用
CMD ["python","app.py"]
```

这个 Dockerfile 使用 Python 3.8 作为基础镜像，更新了 apt-get 并安装了 curl，然后将当前目录下的所有文件复制到镜像的/app 目录下，并设置了/app 为工作目录。当容器启动后，它会运行 python app.py 命令来启动使用者的 Python 应用。

2.6.4 从 Dockerfile 构建镜像

构建 Docker 镜像的过程很直接，只需要一个 Dockerfile 和 Docker 命令。

（1）创建 Dockerfile

在项目目录中创建一个名为 Dockerfile 的文件，并添加必要的指令。例如，可能需要 FROM、RUN、COPY 和 CMD 等指令。

（2）构建镜像

使用 docker build 命令来创建 Docker 镜像。用户需要指定一个上下文（通常是当前目录，即“.”），Docker 将在这个上下文中查找 Dockerfile 和复制到镜像中的文件；也可以使用-t 参数来为镜像添加一个标签。

docker build -t my-app：latest .

在上述命令中，“.” 是 Docker 构建上下文的路径；-t my-app：latest 是给构建的镜像添加标签；my-app 是镜像的名字；latest 是镜像的标签。

（3）验证镜像

使用 docker images 命令，可以看到新构建的镜像已经添加到本地镜像列表中。

```
docker images
```

应该能看到类似下面的输出：

```
REPOSITORY     TAG         IMAGE ID         CREATED           SIZE
my-app         latest      d4ff818577bc     2 minutes ago     105MB
```

（4）运行镜像

可以使用 docker run 命令来启动一个基于新构建的镜像的容器：

```
docker run -d -p 8080：8080 my-app：latest
```

在上述命令中，-d 参数表示在后台运行容器；-p 8080：8080 参数表示将容器的 8080 端口映射到主机的 8080 端口。

图 2-13 是一个构建 Docker 镜像的示意图。

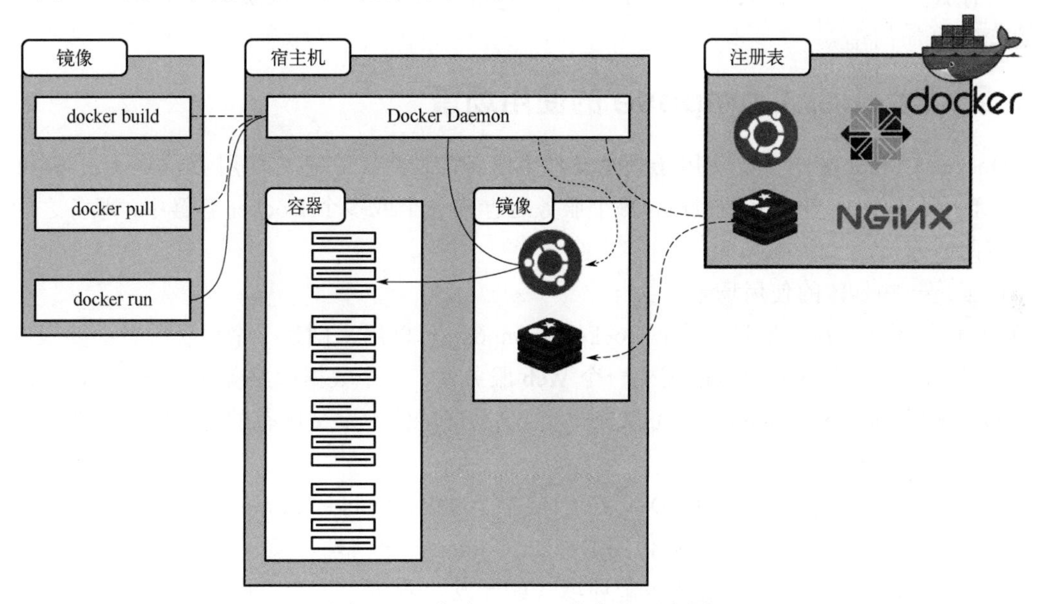

图 2-13　构建 Docker 镜像的示意图

在图 2-13 中，Docker 使用 Dockerfile（包含创建 Docker 镜像所需要的步骤和命令的文本文件）来构建 Docker 镜像。这个过程中可能包括从基础镜像添加层、安装依赖、复制应用代码等步骤。完成后，docker build 命令将生成一个新的 Docker 镜像，并将其存储在本地机器上。然后就可以使用这个新的 Docker 镜像来创建和运行 Docker 容器。

2.7　Docker Compose

我们已经了解如何使用 Docker 创建和管理单个容器，然而，现实应用通常由多个服务组成，每个服务运行在一个独立的容器中。管理这些服务的创建、部署和互动可能变得复杂和耗时过长。此时就需要用到 Docker Compose。

2.7.1 Docker Compose 的定义和功能

Docker Compose 是一个由 Docker Inc.开发的开源工具，用于定义和管理多容器 Docker 应用。其主要功能是提供一种简单有效的方式来部署、运行和连接多个容器为一组的应用服务。

Docker Compose 通过一个名称为 docker-compose.yml 的 YAML 文件定义应用的服务。这个文件描述应用的整体结构和各个服务的详细配置，包括服务所使用的镜像、所暴露的端口、挂载的卷、环境变量等信息。这种声明式的配置方式使得复杂的多服务应用的部署和管理变得简单明了。

使用 Docker Compose 时，只需要运行 docker-compose up 命令，Docker Compose 就会自动处理所有的创建、启动和连接服务的工作。如果需要停止所有服务，只需运行 docker-compose down 命令。

Docker Compose 的主要优点在于其便利性和一致性。使用 Docker Compose，可以确保无论在哪里部署应用，只要有 Docker 和 Docker Compose，应用的行为都会保持一致。同时，由于所有服务的配置都记录在 docker-compose.yml 文件中，团队成员之间分享和理解应用配置变得更加简单。

2.7.2 Docker Compose 的使用场景

Docker Compose 的主要使用场景是管理多服务的应用。在适合使用 Docker Compose 的场景中，一个应用由多个服务组成，每个服务运行在一个或多个 Docker 容器中，服务之间可能还有网络连接。

以下是一些具体的使用场景：

① 开发环境：在开发过程中，Docker Compose 可以用来创建一个包含所有必要服务的环境。例如，一个 Web 应用可能需要一个 Web 服务器、一个数据库服务器和一个 Redis 缓存服务器。使用 Docker Compose，可以在一个 YAML 文件中定义所有的这些服务，并通过一条命令启动所有服务。

② 持续集成/持续部署（CI/CD）：在 CI/CD 管道中，Docker Compose 可以用来在测试环境中创建应用。测试结束后，可以使用 Docker Compose 来清理环境。

③ 多环境部署：对于需要在多个环境（如开发、测试、生产）中部署的应用，可以为每个环境创建一个 Docker Compose 文件。这样，只需要更改一下 Docker Compose 文件，就可以在不同的环境中部署应用，而不需要重新配置每个环境。

2.7.3 如何编写 Docker Compose 文件

编写 Docker Compose 文件的主要目的是定义应用的服务，包括每个服务使用的镜像、所需的环境变量、所暴露的端口、所挂载的卷等。以下是编写 Docker Compose 文件的详细步骤。

Docker Compose 文件通常命名为 docker-compose.yml，并使用 YAML 格式。一个基本的 docker-compose.yml 文件的内容可能如下所示：

```
version:'3'
```

```
services:
    web:
      build:.
      ports:
       "5000:5000"
    redis:
      image:"redis:alpine"
```

在这个文件中，定义了两个服务：web 和 redis。

① web 服务使用位于当前目录的 Dockerfile 进行构建，并映射主机的 5000 端口到容器的 5000 端口。

② redis 服务直接使用 Docker Hub 上的官方 redis：alpine 镜像。

version：'3'指定使用的 Docker Compose 文件格式的版本。推荐使用最新的版本。

在 docker-compose.yml 文件中，还可以使用其他字段来定义服务的更多细节，例如环境变量、依赖关系、挂载的卷等。这使得 Docker Compose 文件成为了描述和理解多服务应用的有力工具。

2.7.4 部署多容器应用

部署多容器应用是 Docker Compose 的主要用途，原理是使用 docker-compose.yml 文件中的定义来创建和启动一组相关的服务。以下是具体的步骤：

① 定义应用服务：首先，需要在 docker-compose.yml 文件中定义应用的所有服务。每个服务都有自己的配置，包括使用的镜像、暴露的端口、环境变量、挂载的卷等。

② 启动应用：定义好服务后，可以使用 docker-compose up 命令来启动应用。这个命令会按照 docker-compose.yml 文件中的定义，创建和启动所有的服务。

③ 管理应用：应用启动后，可以使用 Docker Compose 命令来管理应用。例如，可以使用 docker-compose ps 命令查看应用的状态，使用 docker-compose logs 命令查看应用的日志，或者使用 docker-compose stop 命令停止应用。

④ 更新应用：如果需要修改应用的配置，可以直接修改 docker-compose.yml 文件，然后使用 docker-compose up -d 命令更新应用。这个命令会根据新的定义停止、重建和重启服务。

2.7.5 Docker Compose 命令和工作流程

在使用 Docker Compose 时，重要的是熟悉它的命令行接口和工作流程。以下是常用的一些 Docker Compose 命令和工作流程：

（1）启动、停止和重启服务

Docker Compose 的核心命令之一是 docker-compose up，它用于启动应用的所有服务。这个命令会根据 docker-compose.yml 文件中的定义，创建并启动所有的服务，并显示每个服务的输出。如果添加-d 选项，服务将在后台启动并运行：

```
docker-compose up -d
```

要停止运行的服务，可以使用 docker-compose stop 命令。这个命令会停止所有的服务，但不会删除它们。

```
docker-compose stop
```

如果要停止并删除所有服务，可以使用 docker-compose down 命令：

```
docker-compose down
```

如果只是想重启服务，可以使用 docker-compose restart 命令：

```
docker-compose restart
```

（2）查看服务状态和日志

要查看应用的状态，可以使用 docker-compose ps 命令。这个命令会列出所有的服务，以及它们的状态、端口等信息。

```
docker-compose ps
```

要查看应用的日志，可以使用 docker-compose logs 命令。这个命令会显示所有服务的日志，如果只想查看特定服务的日志，可以在命令后添加服务的名称：

```
docker-compose logs [service_name]
```

（3）在服务上执行命令

要在特定服务上执行命令，可以使用 docker-compose exec 命令。这个命令需要在后面添加服务的名称和要执行的命令。例如，下面的命令会在名为 web 的服务上执行 python manage.py check 命令：

```
docker-compose exec web python manage.py check
```

2.8 Docker Swarm

2.8.1 Docker Swarm 的定义和功能

Docker Swarm 是 Docker 的原生集群管理和编排工具。它将多个物理或虚拟的 Docker 主机组织成一个集群，使得它们可以统一管理和调度。

图 2-14 是一张描述 Docker Swarm 工作原理的图。

在 Docker Swarm 的架构中，有两种类型的节点：管理节点和工作节点。

① 管理节点：管理节点负责整个集群的管理，包括维护集群状态、调度服务、处理加入和离开集群的节点等任务。在一个 Docker Swarm 集群中，可以有一个或多个管理节点，以提供高可用性。

② 工作节点：工作节点是实际运行 Docker 容器的节点。它们由管理节点调度，并报告它们的状态给管理节点。

Docker Swarm 的主要功能是提供一个简单、易用、功能强大的集群管理和编排解决方案。它的主要特性包括：

① 服务发现：Docker Swarm 内置服务发现机制，使得在集群中的服务之间可以自动发现和通信。

② 负载均衡：Docker Swarm 可以自动分配网络流量到各个服务，以实现负载均衡。

③ 服务编排：Docker Swarm 可以根据预定义的规则和策略，自动调度和运行服务。

④ 服务扩展：Docker Swarm 支持服务的动态扩展和收缩，用户可以根据需要增加或减少服务的实例数量。

⑤ 高可用性：通过在集群中运行多个管理节点，Docker Swarm 可以提供高可用性。

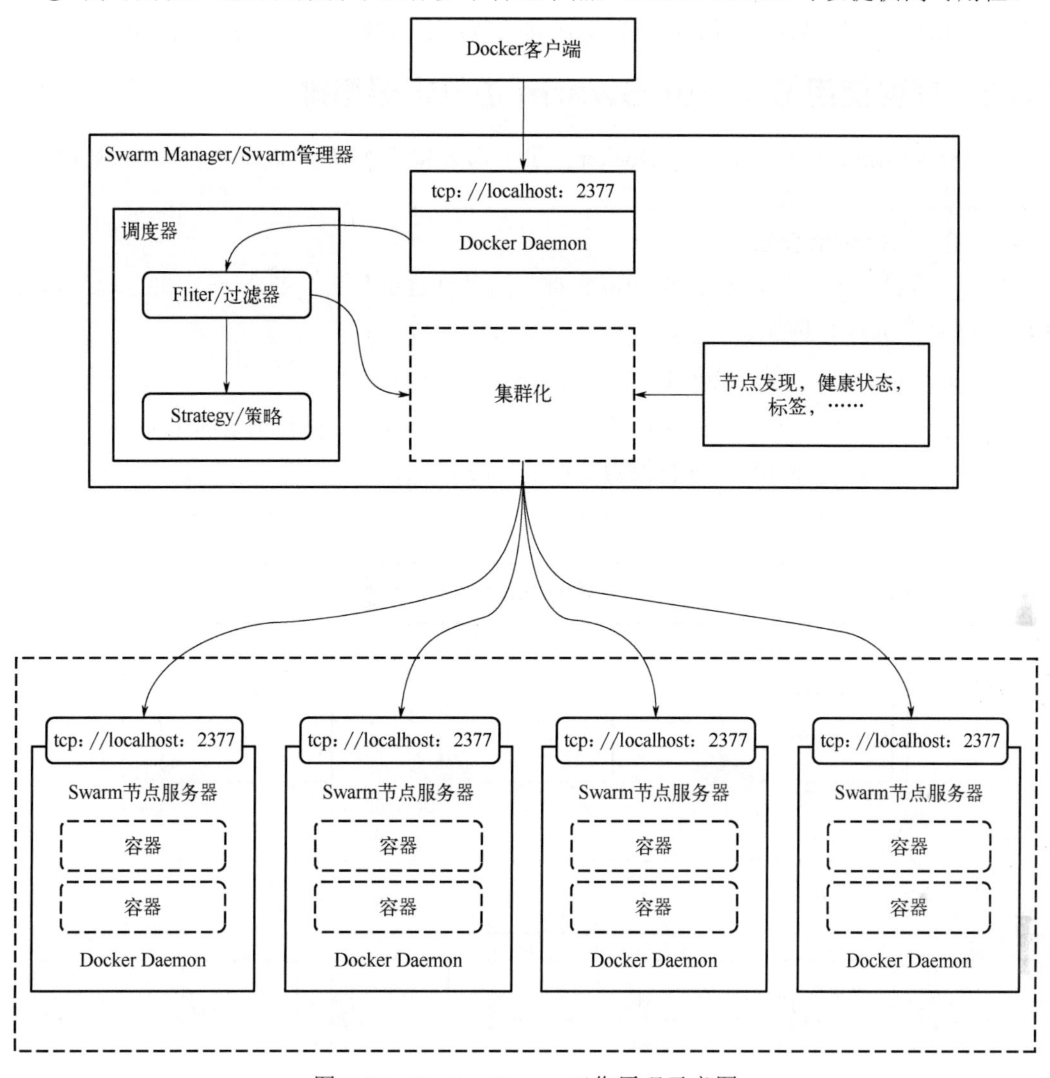

图 2-14 Docker Swarm 工作原理示意图

2.8.2 Docker Swarm 的使用场景

Docker Swarm 适用于任何需要跨多个主机部署和管理 Docker 容器的场景。以下是一些具体的使用场景：

① 大规模应用部署：对于需要在多个主机上运行的大型应用，Docker Swarm 可以提供一个简单且强大的解决方案。Docker Swarm 允许用户定义所需的服务以及服务的规模，然后自动处理服务的部署和管理。

② 微服务架构：Docker Swarm 非常适合部署和管理基于微服务架构的应用。用户可以为每个微服务定义一个服务，然后让 Docker Swarm 来处理服务的调度和网络连接。

③ 持续集成/持续部署（CI/CD）：在 CI/CD 管道中，Docker Swarm 可以用来创建和管理测试环境。测试结束后，可以使用 Docker Swarm 来清理环境。

④ 高可用性和故障恢复：通过在集群中运行多个管理节点，Docker Swarm 可以提供高

可用性。如果一个管理节点出现故障，其他的管理节点可以接管其工作。此外，如果一个工作节点出现故障，Docker Swarm 可以自动在其他节点上重新启动其上运行的服务。

2.8.3 如何使用 Docker Swarm 进行容器编排

Docker Swarm 允许用户在多个 Docker 主机上部署和管理容器。以下是使用 Docker Swarm 进行容器编排的主要步骤。

（1）创建 Swarm 集群

首先，需要创建一个 Docker Swarm 集群。这可以通过在一个 Docker 主机上运行 docker swarm init 命令完成。例如：

```
docker swarm init --advertise-addr <MANAGER-IP>
```

这个命令会创建一个新的 Swarm 集群（如图 2-15 所示），并使当前的 Docker 主机成为管理节点。<MANAGER-IP>应该替换为管理节点的 IP 地址。

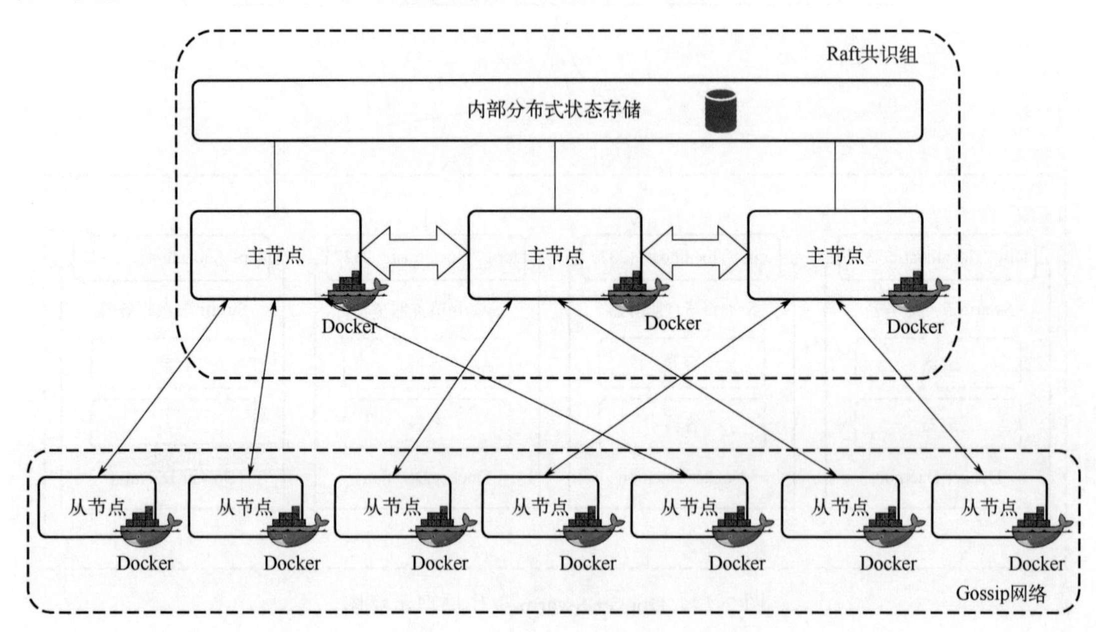

图 2-15 创建的 Swarm 集群

（2）添加工作节点

创建 Swarm 集群后，可以添加工作节点。这可以通过在其他 Docker 主机上运行 docker swarm join 命令完成。例如：

```
docker swarm join --token <TOKEN> <MANAGER-IP>:<MANAGER-PORT>
```

<TOKEN>是在创建 Swarm 集群时生成的令牌，<MANAGER-IP>和<MANAGER-PORT>是管理节点的 IP 地址和端口。

（3）部署服务

在 Swarm 集群创建并添加了工作节点后，就可以在集群上部署服务。这可以通过在管理节点上运行 docker service create 命令完成，如图 2-16 所示。例如：

```
docker service create --replicas 1 --name helloworld alpine ping docker.com
```

这个命令会在 Swarm 集群上创建一个新的服务，该服务使用 alpine 镜像，并运行 ping docker.com 命令。--replicas 1 指定服务的实例数量。

通过 Docker Swarm，用户可以轻松地在多个 Docker 主机上部署和管理容器，无须手动安排和调度。

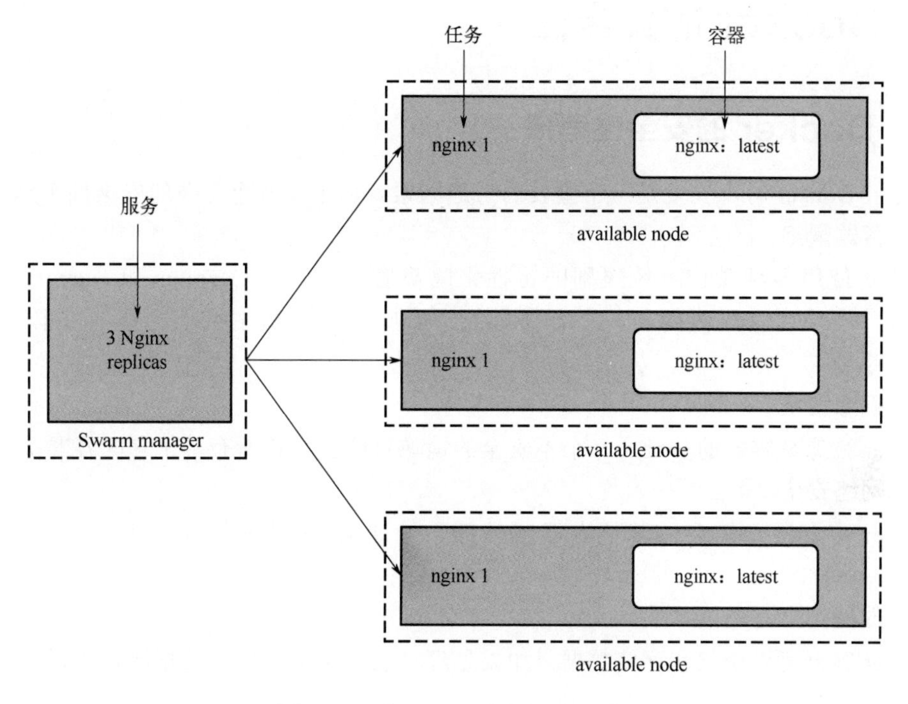

图 2-16　在 Swarm 集群部署服务

2.8.4　选择 Docker Swarm 还是 Kubernetes：对比及适用场景

选择 Docker Swarm 还是 Kubernetes，取决于具体需求和环境。这两种工具都有各自的优势和适用场景。

（1）Docker Swarm 的优势

① 简单易用：Docker Swarm 的学习曲线相对较平，配置和操作也更简单。对于小型项目或者刚接触容器编排的团队来说，Docker Swarm 是个不错的选择。

② 紧密集成 Docker：Docker Swarm 是 Docker 的一部分，和 Docker 的其他部分（如 Docker CLI 和 Docker Compose）有非常好的集成。

③ 适合于简单的使用场景：对于简单的容器编排需求，Docker Swarm 可以满足，并且操作更为简单。

（2）Kubernetes 的优势

① 强大的功能和灵活性：Kubernetes 提供了更多的功能和更强的灵活性，可以满足复杂的使用场景和需求。

② 大的社区和生态系统：Kubernetes 有一个非常大的社区和生态系统，提供了很多插件和附加工具。

③ 适合于复杂的使用场景：对于复杂的容器编排需求，Kubernetes 可以提供更强大的支持。

所以，如果使用者正在寻找一个简单易用，且能满足基本需求的容器编排工具，Docker Swarm 是一个很好的选择；如果使用者的需求非常复杂，需要强大的扩展性和灵活性，那么 Kubernetes 可能更适合。

2.9 Docker 的安全性

2.9.1 Docker 的安全性考虑

当使用 Docker 时，安全是一个重要的考虑因素。以下是几个主要的安全性考虑。

（1）容器隔离

Docker 使用多种操作系统级别的特性来隔离容器，例如 Cgroups 和 Namespaces。然而，容器并不是完全隔离的，一个容器可能会影响到同一宿主机上的其他容器，甚至影响到主机系统。

（2）镜像安全

Docker 镜像是容器的基础，一个不安全的镜像可能会导致所有基于它的容器都不安全。

（3）网络安全

Docker 容器通常需要与其他容器或外部系统通信，因此网络安全也是一个重要的考虑因素。

（4）数据安全

Docker 容器可以访问和存储数据，如果处理不当，可能会导致数据泄露或损坏。

2.9.2 Docker 的安全最佳实践

在使用 Docker 时，遵循一些最佳实践可以提高 Docker 的安全性。

（1）使用最新版本的 Docker

新版本的 Docker 通常包含最新的安全更新和修复。因此，应该定期更新 Docker，确保使用的是最新版本。

（2）限制容器的权限

默认情况下，Docker 容器具有 root 权限，这可能带来安全风险。应该尽量限制容器的权限，例如使用非 root 用户运行容器，限制容器的系统调用等。

（3）使用安全的 Docker 镜像

一个不安全的镜像可能会使所有基于它的容器都不安全。应该只使用来自于信任来源的镜像，定期扫描镜像以发现安全隐患，及时更新镜像以修复已知的安全问题。

（4）限制容器的网络访问

Docker 容器通常需要与其他容器或外部系统通信，如果没有限制，可能会带来安全风险。应该限制容器的网络访问，只开放必要的端口，使用网络策略来控制容器之间的通信。

（5）保护敏感数据

Docker 容器需要访问和存储敏感数据时，应该使用 Docker 的秘密管理功能来保护敏感数据，使用卷（volumes）来持久化存储数据，不在镜像中包含敏感数据。

一个描述 Docker 安全最佳实践的例子，如图 2-17 所示。

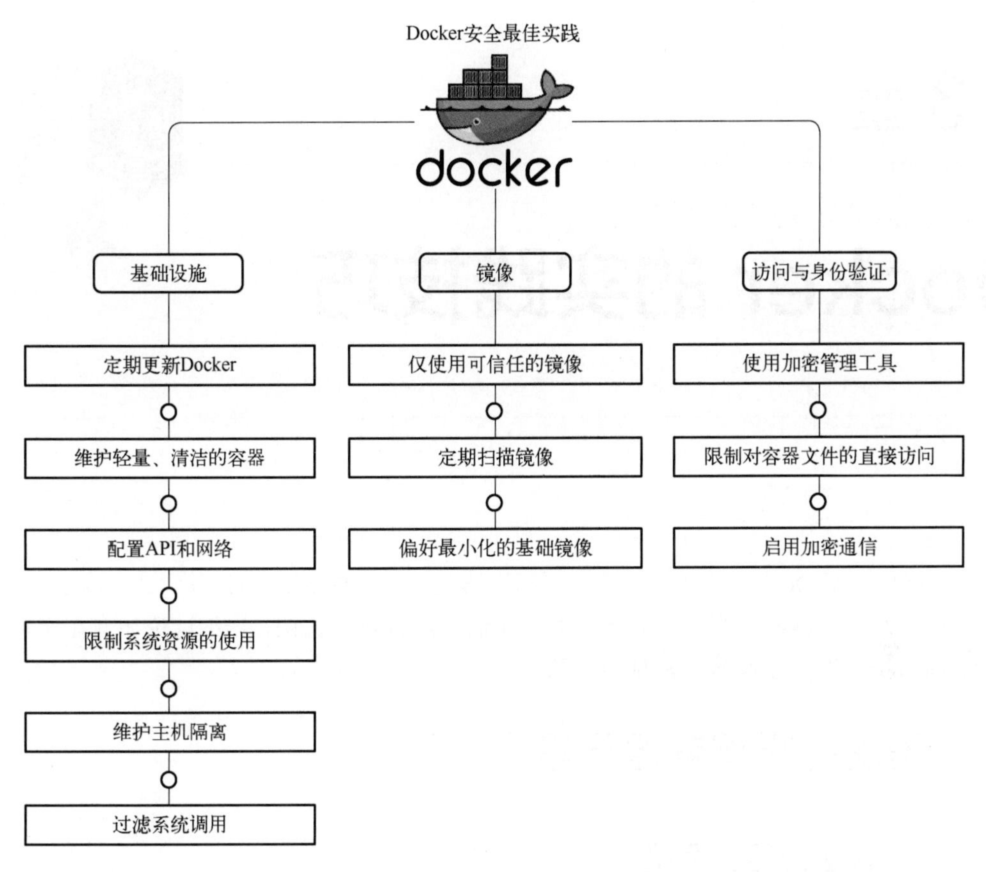

图 2-17　Docker 安全最佳实践

2.10　Docker 的发展趋势

Docker 的发展趋势主要体现在以下几个方面：

① 跨平台的应用部署：随着开发者对于跨平台兼容性需求的增加，Docker 的重要性正日益凸显。Docker 容器可以在任何平台上运行，而无须担心环境问题。这使得开发者可以更专注于应用本身，而不是环境配置。

② 支持更多的云平台：随着云计算的发展，越来越多的云服务提供商开始支持 Docker。如今，包括 AWS、Google Cloud、Azure 在内的主流云平台都提供了对 Docker 的支持，使得 Docker 在云平台上的运行更为方便。

③ 与 Kubernetes 的整合：虽然 Docker 有自己的编排工具 Docker Swarm，但 Kubernetes 已经成为容器编排的事实标准。因此，Docker 开始更紧密地与 Kubernetes 集成，以提供更好的用户体验。

④ 安全性的提升：随着对于安全性的关注度的提高，Docker 也在持续增强其安全性。例如，Docker 增强了容器的隔离性，提供了更安全的默认配置以及完善的安全扫描和更新机制。

第 3 章

Docker 的实践技巧

本章重点介绍 Docker 的实践技巧，包括容器化思维、Docker 的最佳实践、Dockerfile 的最佳实践，以及 Docker 容器的监控等内容。我们将结合实际案例，详细讨论如何在实际项目中应用 Docker，以及如何解决常见的问题。

3.1 理解并掌握容器化思维

3.1.1 什么是容器化思维

容器化思维（containerization thinking）是一种新的思考方式，它主要关注的是如何将应用和服务打包成标准化的、可移动的、自包含的容器，以便在各种环境中运行一致。容器化思维的核心是：将应用和其运行环境一同打包，通过这种方式，无论应用运行在哪里，都能保证其行为的一致性。

这与传统的开发和部署方式有很大的不同。在传统的方式中，开发人员通常只关注代码，而对运行环境的管理（如操作系统、运行库、配置文件等）则交给运维人员。这种方式往往会导致“在我机器上可以运行”的问题，因为开发环境和生产环境可能有很大的差异。

容器化思维强调的是开发人员和运维人员的协作，他们一起负责应用的全生命周期，包括开发、打包、部署和运行。这就是通常所说的 DevOps 文化。

在传统的方式中，每个应用可能需要一个特定的运行环境；而在容器化的方式中，所有应用都运行在统一的、隔离的容器中，这能大大简化环境管理的复杂性，并提高应用的可移植性。

3.1.2 容器化思维的优势

容器化思维带来的优势有很多，主要优势如下：

① 一致性：由于容器将应用和其所有的依赖打包在一起，无论在哪里运行，应用的行为都将是一致的。这解决了“在我机器上可以运行”的问题。

② 可移植性：容器可以在任何 Linux 主机上运行，这使得应用能够轻松地从一个环境迁移到另一个环境，例如从开发环境迁移到测试环境，再从测试环境迁移到生产环境。

③ 资源效率高：与虚拟机相比，容器更轻量级，启动更快，占用的资源更少。这使得我们可以在同一台主机上运行更多的应用。

④ 隔离性：每个容器在文件系统、网络和进程空间等方面都是隔离的。这使得我们可以在同一台主机上运行多个互不干扰的应用。

⑤ DevOps 友好：容器化思维鼓励开发人员和运维人员的协作，他们一起负责应用的全生命周期，这是实现 DevOps 文化的关键。

3.1.3　如何在项目中实践容器化思维

实践容器化思维需要我们在从开发到部署的整个流程中，都考虑到容器化的优势和特点，具体可以从以下几个方面进行：

① 开发阶段：在开发阶段，我们可以使用 Docker 来创建一致的开发环境，这样所有的开发人员都在相同的环境下工作，避免了“在我机器上可以运行”的问题。此外，我们可以将 Dockerfile 作为应用的一部分，用来定义应用的运行环境。

② 测试阶段：在测试阶段，我们可以使用 Docker 来运行自动化测试。由于容器启动速度快，我们可以为每个测试快速启动一个新的容器，保证测试的隔离性。

③ 部署阶段：在部署阶段，我们可以使用 Docker 来简化应用的部署。由于容器包含了应用和其所有的依赖，我们只需要将容器部署到生产环境，就可以确保应用能够正确运行。

④ 运维阶段：在运维阶段，我们可以使用 Docker 的监控和日志功能来监控应用的运行情况，以及使用 Docker 的网络和存储功能来管理应用的网络连接和数据。

图 3-1 展示了如何在项目中实践容器化思维。

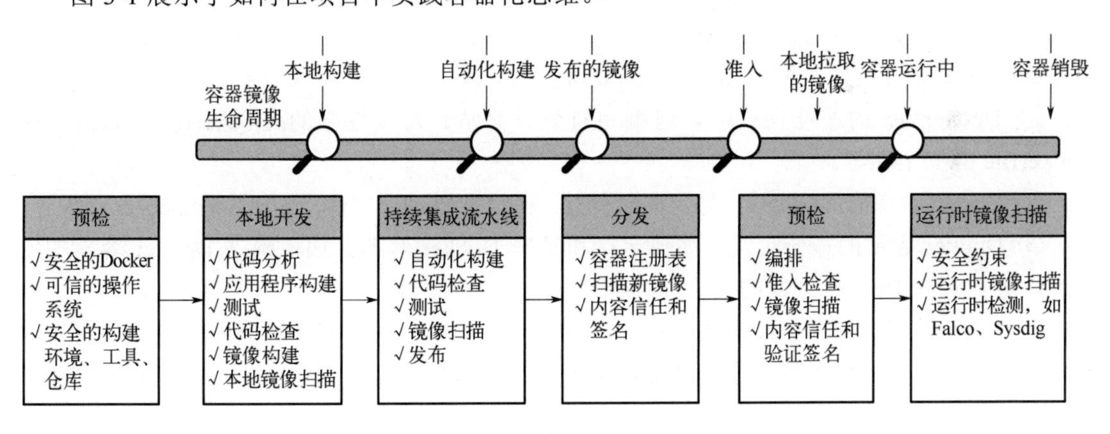

图 3-1　在项目中实践容器化思维

从图 3-1 中可以看出，容器化思维可以应用于项目的开发、测试、部署和运维各个阶段。通过实践容器化思维，我们可以充分利用 Docker 的优势，提高工作效率，以及更好地进行项目管理。

3.1.4　容器化思维的挑战与解决方案

尽管容器化思维带来了很多优点，但是在实际应用中，也可能面临一些挑战：

① 学习曲线：对于新接触容器化的团队来说，学习和适应容器化思维可能需要时间。团队成员需要学习 Docker 及相关技术，同时需要改变传统的开发和部署习惯。

② 复杂性：容器化虽然可以简化环境管理和应用部署，但是在一些方面，比如网络管

理、数据持久化、日志管理等，可能会引入新的复杂性。

③ 安全性：容器技术有其自身的安全挑战，比如容器逃逸、镜像安全、隔离性等问题。

④ 性能：容器在运行效率上虽然优于虚拟机，但是由于共享宿主机的内核，可能会有一些性能问题。

面对这些挑战，我们可以采取以下策略：

① 培训和实践：定期进行 Docker 和容器化相关的培训，让团队成员熟悉容器化思维和技术。实践是最好的学习方式，可以从一些小的不关键的项目开始实践。

② 选择合适的工具：使用如 Kubernetes 这样的容器编排工具，可以大大简化容器管理的复杂性。

③ 采用安全措施：使用最新版的 Docker 和 Host OS，遵循 Docker 的安全最佳实践，如使用非 root 用户运行容器，限制容器的资源使用等。

④ 监控和调优：使用 Docker 的监控工具监控容器的运行状态，及时发现和解决性能问题。可以根据应用的特性对容器进行相应的调优。

3.2 Docker 的最佳实践介绍

3.2.1 什么是 Docker 的最佳实践

Docker 的最佳实践是指在使用 Docker 的过程中，能够提高效率、确保安全，以及优化资源使用的方法和技巧。这些最佳实践由 Docker 社区的成员，包括开发者、运维人员，以及架构师等，通过实践经验总结而来。

Docker 的最佳实践主要包括以下几个方面：

① Dockerfile 的最佳实践：如何编写有效、简洁、可读性强的 Dockerfile，如何确保 Dockerfile 的安全性等。

② Docker 镜像的最佳实践：如何构建小型、高效的 Docker 镜像，如何管理 Docker 镜像等。

③ Docker 容器的最佳实践：如何运行和管理 Docker 容器，如何确保 Docker 容器的安全性，如何管理 Docker 容器的网络和存储等。

④ Docker 网络和存储最佳实践：如何使用合适的网络驱动程序和网络模式，如何使用自定义网络来隔离容器并确保安全通信，如何将重要数据存储在卷中以便持久化和容器迁移以及如何集成外部存储系统（如网络文件系统或对象存储服务）。

⑤ Docker 在生产环境中的最佳实践：如何选择适合生产环境的 Docker 版本和配置，如何在生产环境中监控和管理 Docker 等。

3.2.2 为什么需要遵循 Docker 的最佳实践

遵循 Docker 的最佳实践有许多好处，主要包括以下几点：

① 提高效率：Docker 的最佳实践提供一些高效使用 Docker 的技巧和方法，例如如何编写简洁高效的 Dockerfile，如何构建小型高效的 Docker 镜像等。遵循这些最佳实践，可以提高工作效率，加快开发和部署的速度。

② 确保安全：Docker 的最佳实践涵盖 Docker 的安全使用，例如如何确保 Dockerfile 的安全，

如何运行安全的Docker容器等。遵循这些最佳实践，可以防止安全威胁，保护应用和数据。

③ 优化资源使用：Docker的最佳实践提供一些优化Docker资源使用的方法，例如如何管理Docker容器的内存和CPU使用，如何配置Docker网络和存储等。遵循这些最佳实践，可以优化资源使用，提高应用的性能。

④ 提高可维护性：Docker的最佳实践强调代码和配置的可读性和可维护性。遵循这些最佳实践，可以使代码和配置更易于理解和维护，降低维护的复杂性。

3.3 Dockerfile的最佳实践

3.3.1 如何编写高效的Dockerfile

编写高效的Dockerfile可以提高构建速度、减小镜像大小，以及提高镜像的安全性。以下是一些具体的技巧和最佳实践。

（1）减少层的数量

在Dockerfile中，每一个指令都会创建一个新的层。多余的层会增加镜像的大小，所以应该尽量减少层的数量。例如，可以使用链式命令（用&&连接的命令）来减少层的数量。

```
RUN apt-get update && apt-get install -y \
package1 \
package2 \
package3
```

上述代码只创建一个层，而下述代码会创建三个层：

```
RUN apt-get update
RUN apt-get install -y package1
RUN apt-get install -y package2
RUN apt-get install -y package3
```

（2）优化COPY和ADD指令

每次使用COPY或ADD指令，都会增加一个新的层。我们应该尽量减少COPY和ADD指令的使用，尤其是对于大文件。我们可以使用.dockerignore文件来排除不需要的文件和目录。

例如，如果有一个名为large-file的大文件，我们可以在.dockerignore文件中添加如下一行命令：

```
large-file
```

这样，large-file就不会被COPY或ADD到镜像中，从而减小镜像的大小。

（3）使用多阶段构建

多阶段构建可以让我们在一个Dockerfile中使用多个FROM指令。这样我们可以在一个阶段编译应用，然后在另一个阶段复制编译结果，大大减小最终镜像的大小。

例如，我们可以先在一个基于Go lang（Go语言）的镜像中编译应用，然后在另一个更小的镜像中运行应用：

```
# 阶段 1：编译应用
FROM golang: 1.16 AS build
WORKDIR /src
```

```
COPY . .
RUN go build -o /app .

# 阶段 2：运行应用
FROM debian: buster-slim
COPY --from=build /app /app
CMD ["/app"]
```

（4）清理不必要的文件

在 Dockerfile 中，我们应该在使用完不需要的文件后立即删除它们，例如安装包、缓存文件等。这样可以减小镜像的大小，并提高镜像的安全性。

例如，我们可以在安装完需要的包后，清理 APT 的缓存：

```
RUN apt-get update && apt-get install -y \
    package1 \
    package2 \
    package3 \
    && rm -rf /var/lib/apt/lists/*
```

3.3.2 Dockerfile 的结构和命令最佳实践

在编写 Dockerfile 时，适当的结构和正确使用命令是十分关键的。这将直接影响到 Docker 镜像的构建效率和运行效果。以下是一些关于 Dockerfile 结构和命令的最佳实践。

（1）指定基础镜像

在 Dockerfile 的开始处指定基础镜像是必需的。选择最适合应用需求的基础镜像非常重要。如果应用不需要特殊的系统依赖，考虑使用轻量级的基础镜像，如 Alpine。这将有助于生成更小的镜像，加快镜像的构建和传输速度。

```
FROM alpine: 3.14
```

（2）命令排序

Docker 使用层级缓存来加速镜像构建。如果 Dockerfile 的某一行没有改变，Docker 会复用之前缓存的结果。因此，应将不太可能改变的命令放在 Dockerfile 的上方，如安装系统包等，将经常改变的命令，如复制应用代码等，放在下方。

（3）链式命令

每一个 RUN 指令都会创建一个新的层。因此，可以通过将相关的命令组合在一起，用&&连接，来减少生成的层，从而生成更小的镜像。

（4）使用 COPY 而不是 ADD

COPY 和 ADD 指令都可以从主机复制文件到镜像中，但 ADD 还有其他功能，如解压缩文件。如果不需要这些额外的功能，推荐使用 COPY，因为它的行为更简单，更容易理解。

```
COPY . /app
```

（5）避免使用 root 用户运行容器

如果应用不需要 root 权限，应避免使用 root 用户运行容器。这可以通过在 Dockerfile 中添加一个新的用户，并使用 USER 指令切换到这个用户来实现。

```
RUN addgroup -S appgroup && adduser -S appuser -G appgroup
USER appuser
```

（6）指定容器启动时执行的命令

使用 CMD 指令来指定容器启动时执行的命令。这样，当运行 docker run 时，就不需要指定要运行的命令了。

```
CMD ["python", "app.py"]
```

（7）清理临时文件

在使用 RUN 安装软件包或编译代码后，应清理临时文件和缓存，以减小镜像的大小。

```
RUN apt-get update && apt-get install -y \
    package1 \
    package2 \
    package3 \
    && rm -rf /var/lib/apt/lists/*
```

3.3.3　Dockerfile 的安全最佳实践

在使用 Docker 进行应用部署时，安全性是一个重要的考虑因素。以下是一些关于 Dockerfile 安全的最佳实践：

（1）使用官方或受信任的镜像作为基础镜像

Dockerfile 通常会基于一个已有的镜像来构建，这个基础镜像的安全性直接影响最终镜像的安全性。因此，我们应该总是使用官方镜像或者受信任的镜像作为基础镜像。官方镜像通常由专业的团队维护，经过严格的安全审查，并且会定期更新以修复已知的安全漏洞。

```
FROM python: 3.9-slim-buster
```

（2）避免使用 root 用户运行容器

如果容器内的应用不需要 root 权限，应避免使用 root 用户运行容器。这可以通过在 Dockerfile 中添加一个新的用户，并使用 USER 指令切换到这个用户来实现。这样可以防止容器内的应用获得过高的权限，从而提升容器的安全性。

```
RUN addgroup -S appgroup && adduser -S appuser -G appgroup
USER appuser
```

（3）只安装必要的包

在 Dockerfile 中，我们应该只安装应用运行所必需的包，避免安装不必要的包。这不仅可以减小镜像的大小，还可以减少潜在的安全漏洞。每一个额外的包都可能包含未知的安全漏洞，因此，减少安装的包的数量可以降低安全风险。

```
RUN apt-get update && apt-get install -y \
   necessary-package1 \
   necessary-package2
```

（4）清理安装后的缓存和临时文件

在使用 RUN 安装软件包或编译代码后，应清理临时文件和缓存，以减小镜像的大小，并减少潜在的安全风险。这样可以防止敏感信息泄露，或者被恶意软件利用。

```
RUN apt-get update && apt-get install -y \
   package1 \
   package2 \
```

```
    && rm -rf /var/lib/apt/lists/*
```

（5）使用固定版本的基础镜像和包

在 Dockerfile 中，我们应该使用固定版本的基础镜像和包，而不是使用 latest 标签。这样可以确保镜像构建是可重复的，并且可以避免因为基础镜像或包的更新而引入的未知问题。此外，如果我们使用固定版本的基础镜像和包，当一个已知的安全漏洞影响到某个特定版本时，我们可以更容易地确定我们的镜像是否受到影响。因为我们知道我们正在使用的版本，可以快速检查是否需要进行更新或修复，以确保镜像的安全性。

```
FROM python: 3.9-slim-buster
RUN pip install flask==2.0.1
```

3.3.4 Dockerfile 最佳实践的案例

在这个案例中，我们将构建一个 Python Flask 应用的 Docker 镜像。我们的目标是应用 Dockerfile 的最佳实践，以创建一个轻量、高效、可靠的 Docker 镜像。

案例的项目结构如下：

```
/myapp
   |---app.py
   |---requirements.txt
   |---Dockerfile
```

在 app.py 中，我们定义一个基本的 Flask 应用：

```
from flask import Flask
app = Flask(__name__)

@app.route('/')
def hello_world():
    return 'Hello,World!'

if __name__ == '__main__':
    app.run(host='0.0.0.0',port=8080)
```

在 requirements.txt 中，我们列出应用的 Python 依赖：

```
flask==2.0.1
```

案例的 Dockerfile 内容如下：

```
# 使用具体版本的官方 Python 基础镜像,确保环境的稳定性
FROM python:3.9-slim-buster

# 创建一个新的目录用于存放应用代码
WORKDIR /app

# 先复制依赖文件,利用 Docker 的缓存机制,提高构建效率
COPY requirements.txt .

# 安装应用依赖,并清理安装过程中的临时文件,减小镜像大小
RUN pip install --no-cache-dir -r requirements.txt
```

```
# 创建一个新的用户用于运行应用,提高容器的安全性
RUN useradd -m myuser
USER myuser

# 将应用代码复制到容器中
COPY --chown=myuser:myuser . .

# 设置容器启动时执行的命令
CMD ["python","app.py"]
```

构建镜像，如图 3-2 所示。

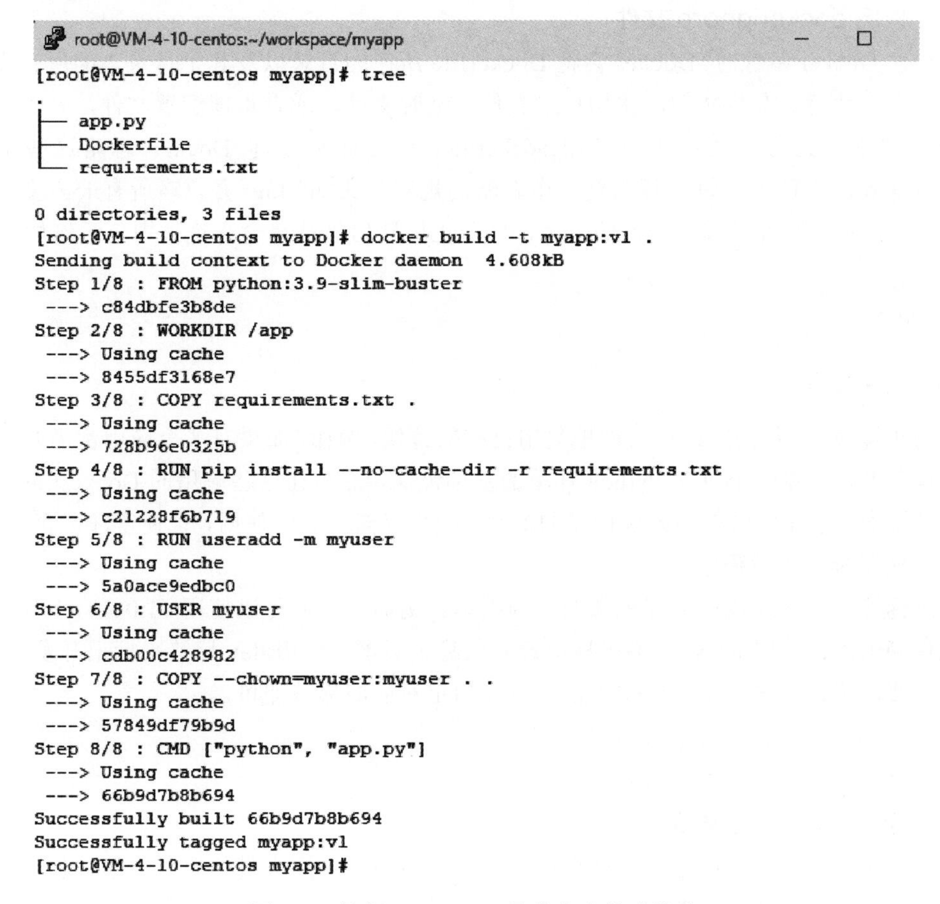

图 3-2　依据 Dockerfile 最佳实践构建镜像

这个 Dockerfile 实现了以下几个最佳实践：

① 使用具体版本的官方 Python 基础镜像，确保了环境的稳定性和安全性；

② 通过 WORKDIR 指令设置工作目录，便于管理应用文件；

③ 先复制依赖文件并安装依赖，然后再复制应用代码，充分利用 Docker 的缓存机制，提高了镜像构建的效率；

④ 在安装依赖时清理安装过程中的临时文件，减小了镜像的大小；

⑤ 创建一个新的用户用于运行应用，避免以 root 用户运行应用，提高了容器的安全性；

⑥ 通过 CMD 指令设置容器启动时执行的命令，使得容器具有明确的运行目的。

3.4 Docker 镜像的最佳实践

Docker 镜像是容器运行的基础，它包含运行应用所需的代码、运行时环境和依赖库。因此，如何构建和管理 Docker 镜像直接影响到容器的运行效率、安全性和可维护性。

3.4.1 如何构建和管理 Docker 镜像

构建和管理 Docker 镜像是容器化应用的关键步骤。以下是一些具体的最佳实践。

（1）使用.dockerignore 文件

在构建 Docker 镜像时，Docker 会将 Dockerfile 所在的目录以及其子目录下的所有文件复制到镜像中。然而，有些文件，比如日志文件、临时文件，或者本地配置文件，并不需要被包含在镜像中。此时，我们可以使用.dockerignore 文件来告诉 Docker 忽略这些文件。在.dockerignore 文件中，每一行指定一个忽略的规则，比如*.log 会忽略所有.log 文件。使用.dockerignore 文件可以减小镜像的大小，并防止敏感信息被包含在镜像中。示例如下：

```
*.log
__pycache__/
secret_config.yaml
```

（2）复用镜像

在构建镜像时，我们应该尽可能地复用已有的镜像。例如，如果有多个应用都需要 Python 环境，我们可以创建一个包含 Python 环境的基础镜像，然后让这些应用的 Dockerfile 都基于这个基础镜像。这样可以提高镜像构建的效率，减少存储空间的使用，也使得环境更加一致。

（3）使用标签管理镜像

使用标签可以帮助我们管理镜像的不同版本。例如，我们可以使用 v1.0、v1.1 等标签来标记镜像的版本；使用 latest 标签来标记最新的稳定版本；使用 dev 标签来标记开发版本等。当我们需要部署或回滚到某个版本时，只需要指定对应的标签即可。

```
docker build -t myapp:v1.0 .
docker build -t myapp:latest .
```

（4）定期清理无用的镜像

随着时间的推移，可能会有一些旧的不再使用的镜像占用大量的磁盘空间。我们应该定期清理这些镜像，以便释放存储空间。Docker 提供 docker image prune 命令来自动清理悬空的镜像，也就是没有被任何容器使用，并且没有被任何标签引用的镜像。

3.4.2 Docker 镜像的安全最佳实践

在处理 Docker 镜像时，我们需要考虑一些安全最佳实践，以确保我们的应用和基础设施的安全性。以下是一些关于 Docker 镜像安全的最佳实践。

（1）使用官方或者被信任的镜像源

官方镜像是由 Docker 官方团队维护的，而被信任的镜像源是由社区或者其他可靠的第三方提供的。这些镜像通常都是经过严格审查的，同时也会定期更新以修复任何已知的安全漏洞。因此，我们应该尽可能地使用这些镜像，而避免使用未知来源或者不受信任的镜像。

（2）使用最小化的基础镜像

最小化的基础镜像，比如 Alpine Linux，只包含运行应用必需的软件和库。这样的镜像比包含大量不必要软件的镜像具有更小的攻击面，因此更安全。我们应该尽可能地使用这样的最小化基础镜像。

（3）定期更新镜像

即使我们使用的是官方或者被信任的镜像，也应该定期更新这些镜像，以获取最新的安全补丁和更新。我们可以通过设置自动化的 CI/CD 流程来定期更新镜像。

（4）扫描镜像中的安全漏洞

我们应该定期扫描我们的镜像，以检测是否有已知的安全漏洞。有很多工具，比如 Clair、Anchore 等，可以帮助我们扫描镜像中的安全漏洞。这样，我们可以在漏洞被利用之前修复它们。

（5）限制容器的权限

默认情况下，Docker 容器以 root 用户运行，这意味着如果攻击者能够进入到容器中，他们将拥有很高的权限。我们应该尽可能地限制容器的权限，例如，我们可以使用 Docker 的用户命名空间功能，使得容器以非 root 用户运行，从而减少攻击者可能利用的攻击面。

3.4.3　Docker 镜像的存储和版本管理最佳实践

当构建 Docker 镜像后，合理的存储和版本管理策略可以保证我们能有效地跟踪和使用镜像。以下是一些关于 Docker 镜像存储和版本管理的最佳实践。

（1）使用 Docker Registry 存储镜像

Docker Registry 是一个存储 Docker 镜像的服务。我们可以使用公共的 Docker Registry，如 Docker Hub，或者搭建私有的 Docker Registry。使用 Docker Registry 可以让我们更方便地分享和部署镜像。

（2）为镜像使用语义化的标签

Docker 镜像的标签应该反映镜像的信息，如版本号、构建日期等。使用语义化的标签，如 v1.0.0、v1.0.1-rc，可以让我们更好地管理镜像的版本。

（3）为重要的镜像创建备份

如果一个镜像非常重要，我们可以创建镜像的备份，以防止原始镜像丢失或损坏。备份可以存储在不同的物理位置，或者使用不同的存储提供商。

（4）定期清理旧的或未使用的镜像

镜像可能会占用大量的磁盘空间，特别是当我们频繁地构建和更新镜像时。我们应该定期清理旧的或未使用的镜像，以释放磁盘空间。

（5）使用镜像签名确保镜像的完整性

我们可以使用 Docker Content Trust（DCT）来对镜像进行签名。这样，用户在拉取镜像时，可以验证镜像的完整性和出处，防止被篡改的或假冒的镜像。

3.4.4　Docker 镜像最佳实践的案例

在这一小节中，我们将通过一个具体的案例来展示如何在实践中应用 Docker 镜像的最佳实践。我们以一个 Node.js 应用的 Docker 镜像为例，这个应用是一个简单的 HTTP 服务器。

首先，我们有以下的项目结构：

```
/myapp
  |---server.js
  |---package.json
  |---.dockerignore
  |---Dockerfile
```

在 server.js 中，我们定义一个简单的 HTTP 服务器：

```
const http = require('http');

const server = http.createServer((req,res)=> {
  res.statusCode = 200;
  res.setHeader('Content-Type','text/plain');
  res.end('Hello World\n');
});

server.listen(3000,'0.0.0.0',()=> {
  console.log('Server running at http://0.0.0.0:3000/');
});
```

package.json 定义应用的 Node.js 依赖：

```
{
  "name":"myapp",
  "version":"1.0.0",
  "description":"My Node.js App",
  "main":"server.js",
  "scripts":{
    "start":"node server.js"
  },
  "dependencies":{
  }
}
```

案例的.dockerignore 文件内容如下：

```
.dockerignore
node_modules/
*.log
```

接下来，编写 Dockerfile，我们将应用 Docker 镜像的最佳实践：

```
# 使用具体版本的官方 Node.js 基础镜像
FROM node:14.15.1-alpine3.10

# 创建工作目录
WORKDIR /app

# 先复制依赖文件并安装依赖
COPY package*.json ./
RUN npm install --production

# 复制应用文件
COPY . .
```

```
# 设置非 root 用户运行应用
USER node

# 指定容器启动时执行的命令
CMD [ "npm","start" ]
```

在这个案例中，我们使用了具体版本的官方 Node.js 基础镜像，并且选择了一个精简的 Alpine Linux 版本，这样可以减小镜像的大小。我们先复制 package.json 和 package-lock.json 文件并安装了依赖，然后再复制应用文件，以利用 Docker 的缓存机制。我们设置了非 root 用户运行应用，以增加安全性。同时，我们使用了.dockerignore 文件来排除不需要的文件，进一步减小镜像的大小并提高安全性。在构建镜像后，我们可以使用语义化的标签来标记镜像，并可以将镜像推送到 Docker Registry 以便于分享和部署。

3.5 Docker 容器的最佳实践

3.5.1 如何有效地运行和管理 Docker 容器

在运行和管理 Docker 容器时，我们需要考虑到容器的生命周期、资源管理、日志管理等多方面的问题。以下是一些关于如何有效地运行和管理 Docker 容器的最佳实践。

（1）使用 Docker Compose 管理多容器应用

如果我们的应用包含多个容器，我们可以使用 Docker Compose 来管理这些容器。Docker Compose 允许我们在一个 YAML 文件中定义多个容器，以及它们的配置和关系，然后使用单一命令来启动和停止这些容器。

例如，假设我们有一个包含 Web 服务器和数据库的应用，可以编写如下的 docker-compose.yml 文件：

```
version:'3'
services:
  web:
    image:my-web-app:latest
    ports:
      "5000:5000"
  db:
    image:postgres:9.6
    volumes:
      db-data:/var/lib/postgresql/data
volumes:
  db-data:
```

然后，我们可以使用 docker-compose up 命令来启动应用，使用 docker-compose down 命令来停止应用，如图 3-3 所示。

（2）使用重启策略管理容器生命周期

Docker 允许我们为容器设置重启策略，以定义容器在退出时应该如何处理。我们可以设置为 no、on-failure、unless-stopped 或 always。例如，如果希望容器在失败时自动重启，可以在运行容器时添加--restart=on-failure 参数：

```
docker run -d --restart=on-failure my-app
```

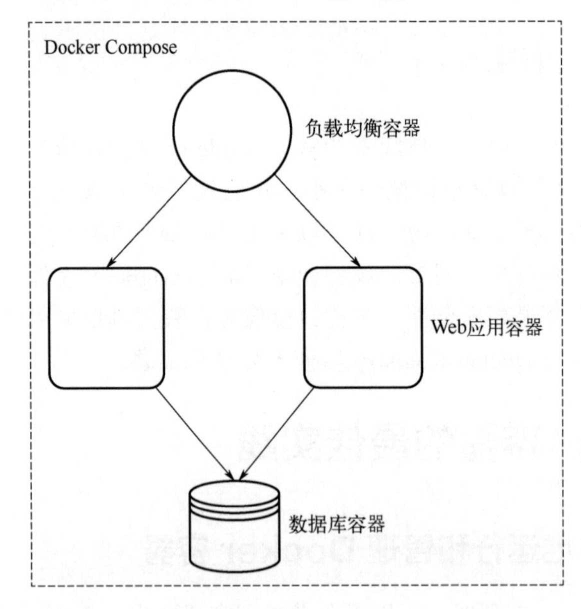

图 3-3　使用 Docker Compose 管理多容器应用

（3）使用资源限制确保容器的稳定性

我们可以为 Docker 容器设置 CPU 和内存限制，以防止容器消耗过多的系统资源。例如，可以使用-m 参数设置内存限制，使用--cpus 参数设置 CPU 限制：

```
docker run -d -m 512m --cpus 1.0 my-app
```

（4）使用日志驱动管理容器日志

Docker 容器的日志是诊断问题的重要信息源。Docker 提供多种日志驱动，如 json-file、syslog、journald 等，我们可以根据需求选择合适的日志驱动。例如，可以使用--log-driver=syslog 参数来设置日志驱动：

```
docker run -d --log-driver=syslog my-app
```

3.5.2 Docker 容器的安全最佳实践

在使用 Docker 容器时，我们需要关注的一个重要方面就是安全性。以下是一些 Docker 容器安全的最佳实践。

（1）使用最小化的基础镜像

最小化的基础镜像只包含运行应用所需的最基本的软件和库，这样可以减少潜在的安全威胁。例如，可以使用 Alpine Linux 作为基础镜像，它的大小只有 5MB。

（2）使用非 root 用户运行容器

我们应该在容器中创建一个非 root 用户，并以该用户运行应用。

例如，我们可以在 Dockerfile 中使用以下命令来创建用户：

```
RUN adduser -D myuser
```

```
USER myuser
```

（3）使用 Docker 的安全特性

Docker 提供了一些安全特性，如 seccomp、AppArmor、SELinux 等，我们应该尽可能地利用这些特性来增加容器的安全性。例如，我们可以使用--security-opt 参数来启用 seccomp：

```
docker run --security-opt seccomp=seccomp-profile.json my-app
```

其中，seccomp-profile.json 是一个定义了 seccomp 策略的 JSON 文件。

（4）使用容器网络隔离

我们应该为每个应用或服务创建一个单独的网络，以隔离不同的容器。这样，即使一个容器被攻击，攻击者也无法直接访问其他容器。

我们可以使用 docker network create 命令来创建网络：

```
docker network create my-network
```

然后，可以在运行容器时使用--network 参数来指定网络：

```
docker run --network=my-network my-app
```

3.5.3 Docker 容器的数据管理和持久化最佳实践

Docker 容器的数据管理和持久化是在使用 Docker 时需要关注的重要问题。以下是一些 Docker 数据管理和持久化的最佳实践。

（1）使用数据卷

数据卷是 Docker 提供的一种数据持久化解决方案。数据卷存储在 Docker 主机的文件系统上，可以被一个或多个容器挂载。数据卷的生命周期独立于容器，即使容器被删除，数据卷上的数据也不会丢失。

我们可以在运行容器时使用-v 参数来创建数据卷：

```
docker run -d -v /my-volume my-app
```

（2）使用数据卷容器

数据卷容器是另一种数据持久化解决方案。数据卷容器是一个专门用来提供数据卷的容器。我们可以通过--volumes-from 参数来挂载数据卷容器的数据卷。

首先，创建一个数据卷容器：

```
docker run -d --name my-data-container -v /my-volume ubuntu
```

然后，可以在运行其他容器时挂载这个数据卷：

```
docker run -d --volumes-from my-data-container my-app
```

（3）使用 Docker 网络存储插件

除了本地的数据卷，我们还可以使用 Docker 网络存储插件，如 RexRay、Flocker 等，来实现跨主机的数据持久化。例如，可以使用 RexRay 插件来创建 Amazon EBS 数据卷：

```
docker volume create --driver rexray/ebs my-volume
```

然后，可以在运行容器时挂载这个数据卷：

```
docker run -d -v my-volume:/my-data my-app
```

3.5.4 Docker 容器最佳实践的案例

在这一小节中，我们将通过一个具体的案例来展示如何在实践中应用 Docker 容器的最佳实践。这是一个基于 Node.js 和 MongoDB 的 Web 应用，我们将通过 Docker 容器来部署这个应用。首先，我们有以下的项目结构：

```
/myapp
  |---server.js
  |---package.json
  |---Dockerfile
  |---docker-compose.yml
```

在 server.js 中，我们定义一个简单的 HTTP 服务器，使用 MongoDB 存储数据：

```
const http = require('http');
const MongoClient = require('mongodb').MongoClient;

const url = 'mongodb://db:27017';

MongoClient.connect(url,function(err,client){
  const db = client.db('mydb');

  const server = http.createServer((req,res)=> {

    db.collection('test').insertOne({time:Date.now()},function(err,result){
      res.statusCode = 200;
      res.setHeader('Content-Type','text/plain');
      res.end('Hello World\n');
    });
  });

  server.listen(3000,'0.0.0.0',()=> {
    console.log('Server running at http://0.0.0.0:3000/');
  });
});
```

package.json 定义应用的 Node.js 依赖：

```
{
  "name":"myapp",
  "version":"1.0.0",
  "description":"My Node.js App",
  "main":"server.js",
  "scripts":{
    "start":"node server.js"
  },
  "dependencies":{
    "mongodb":"^3.6.2"
  }
}
```

案例的 Dockerfile 内容如下：

```
# 使用具体版本的官方 Node.js 基础镜像
FROM node:14.15.1-alpine3.10

# 创建工作目录
WORKDIR /app

# 先复制依赖文件并安装依赖
COPY package*.json ./
RUN npm install --production

# 复制应用文件
COPY . .

# 指定容器启动时执行的命令
CMD [ "npm","start" ]
```

案例的 docker-compose.yml 文件内容如下：

```
version:'3'
services:
  web:
    build:.
    ports:
      "3000:3000"
    links:
      db
  db:
    image:mongo:4.4.2-bionic
    volumes:
      db-data:/data/db
volumes:
  db-data:
```

然后，我们可以使用以下命令来启动应用：

```
docker-compose up
```

启动之后，应用应该在 http://localhost：3000/ 运行。我们可以访问这个 URL 来查看应用的运行结果。

在这个案例中，我们使用 Docker Compose 来管理多容器应用，并且使用数据卷来存储 MongoDB 的数据，这都是 Docker 容器的最佳实践。

在浏览器中访问 http://localhost：3000/，应该可以看到“Hello World”的输出，如图 3-4 所示。

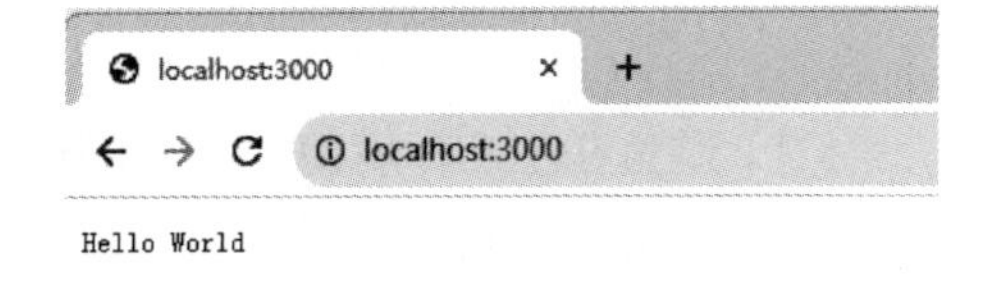

图 3-4　在浏览器中访问 http://localhost:3000/

运行命令 docker-compose logs web，可以查看 web 服务的日志输出。若出现类似如图 3-5 所示的信息，表示数据库已经成功启动并接受了来自 web 服务的连接请求。

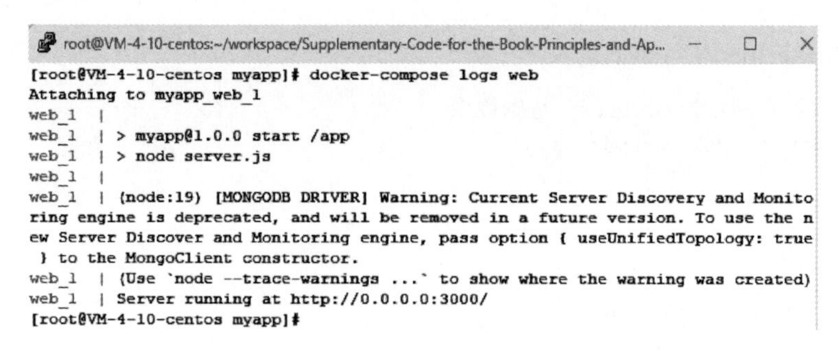
```
root@VM-4-10-centos:~/workspace/Supplementary-Code-for-the-Book-Principles-and-Ap...
[root@VM-4-10-centos myapp]# docker-compose logs web
Attaching to myapp_web_1
web_1  |
web_1  | > myapp@1.0.0 start /app
web_1  | > node server.js
web_1  |
web_1  | (node:19) [MONGODB DRIVER] Warning: Current Server Discovery and Monito
ring engine is deprecated, and will be removed in a future version. To use the n
ew Server Discover and Monitoring engine, pass option { useUnifiedTopology: true
 } to the MongoClient constructor.
web_1  | (Use `node --trace-warnings ...` to show where the warning was created)
web_1  | Server running at http://0.0.0.0:3000/
[root@VM-4-10-centos myapp]#
```

图 3-5　docker-compose logs web 命令的输出示意图

注意：以上的案例代码中，MongoDB 数据库的地址是 mongodb：//db：27017，其中的 db 是 docker-compose.yml 中定义的数据库服务的名称（通过 links 选项与 web 容器进行连接）。

3.6　Docker 网络和存储的最佳实践

在构建和运维 Docker 应用时，网络和存储是两个关键的方面。网络决定容器如何与外界通信，而存储则决定如何管理和持久化容器的数据。正确地理解和使用 Docker 的网络和存储功能，对于确保应用的性能、稳定性和安全性至关重要。

3.6.1　Docker 网络配置的最佳实践

配置 Docker 网络的目标是确保容器之间和容器与外部世界的通信是高效且安全的。以下是一些 Docker 网络配置的最佳实践。

（1）使用用户定义网络

用户定义网络可以提供更好的隔离，每个网络都有自己的 IP 地址空间，因此不同网络的容器之间默认是无法通信的。用户定义网络还支持自动 DNS 解析，容器可以使用服务名称直接通信而无须知道对方的 IP 地址。

我们可以使用以下命令创建一个用户定义网络：

```
docker network create my-network
```

然后在启动容器时使用--network 参数将容器连接到这个网络：

```
docker run --network=my-network my-app
```

（2）避免在生产环境使用 host 网络模式

虽然 host 网络模式可以使容器直接使用宿主机的网络，从而获得更高的网络性能，但这也意味着容器可以直接访问宿主机的网络资源，可能会带来安全问题。

（3）使用网络别名

网络别名可以让我们为服务设置多个名称，这在需要向后兼容旧的服务名称或在同一网络中运行多个相同服务的时候非常有用。

我们可以在启动容器时使用--network-alias 参数来设置网络别名：

```
docker run --network=my-network --network-alias=my-alias my-app
```

接下来看一个案例：创建一个用户定义网络，然后在这个网络上运行两个服务。

首先，创建一个用户定义网络：

```
docker network create my-network
```

然后，在这个网络上运行一个 MySQL 服务：

```
docker run --network=my-network --name=mydb -e MYSQL_ROOT_PASSWORD=mypassword-d
mysql: 5.7
```

再运行一个 PHPMyAdmin 服务，并通过网络别名连接到 MySQL 服务：

```
docker run --network=my-network --network-alias=mydb -e PMA_HOST=mydb -d
-p 5000:80 phpmyadmin/phpmyadmin
```

然后我们可以在浏览器中打开 PHPMyAdmin（链接为 http://localhost: 5000），输入 MySQL 的用户名和密码（在本案例中，MySQL 的用户名为 root，密码为 mypassword），应该能够看到 MySQL 的界面，如图 3-6 所示。

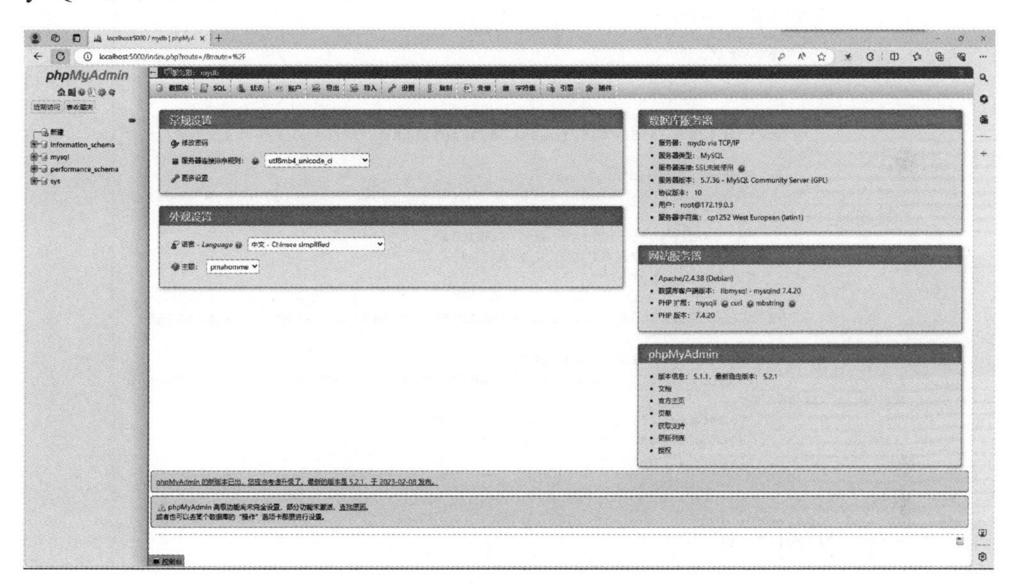

图 3-6　MySQL 界面示意图

运行命令 docker network inspect my-network，可以查看网络的详细信息，包括连接到这个网络的容器等，如图 3-7 所示。

3.6.2　Docker 存储和数据卷管理的最佳实践

在 Docker 中，数据的管理和持久化对于确保应用程序的可靠性和稳定性至关重要。以下是一个案例，展示了一些 Docker 存储和数据卷管理的最佳实践。

假设我们有一个基于 Docker 的 Web 应用程序，该应用程序需要持久化存储用户上传的图片和其他文件。我们可以采用以下策略来管理和持久化这些数据：

（1）使用数据卷

我们可以使用数据卷来持久化存储用户上传的文件。首先，在主机上创建一个目录，用于存储这些文件：

```
mkdir /data/uploads
```

```
root@DESKTOP-GI036LJ: ~
root@DESKTOP-GI036LJ:~# docker network inspect my-network
[
    {
        "Name": "my-network",
        "Id": "4eb25c73529e9fd12af777fa207fa5d3e688b9e28445016369efb25dd4a8e05c"
,
        "Created": "2023-08-24T05:12:52.528172174Z",
        "Scope": "local",
        "Driver": "bridge",
        "EnableIPv6": false,
        "IPAM": {
            "Driver": "default",
            "Options": {},
            "Config": [
                {
                    "Subnet": "172.19.0.0/16",
                    "Gateway": "172.19.0.1"
                }
            ]
        },
        "Internal": false,
        "Attachable": false,
        "Ingress": false,
        "ConfigFrom": {
            "Network": ""
        },
        "ConfigOnly": false,
        "Containers": {
            "3cfc32b435c814950d6757fcaa46284081d9f6548e57ff57a016f05b4264667e":
{
                "Name": "mydb",
                "EndpointID": "ee058731685230df60f6e793ac958c93fc70ee9d968b66f22
1aa7e35d614b95b",
                "MacAddress": "02:42:ac:13:00:02",
                "IPv4Address": "172.19.0.2/16",
                "IPv6Address": ""
            },
            "5f2b0e32f981bfe146e3dd8461240aa2fc9db9fb9493840c90ea62f961b21575":
{
                "Name": "adoring_napier",
                "EndpointID": "6a677015d1fba87791d62409a0247ca602fca293207686885
ec4d6e7e7cdeb3f",
                "MacAddress": "02:42:ac:13:00:03",
                "IPv4Address": "172.19.0.3/16",
                "IPv6Address": ""
            }
        },
        "Options": {},
        "Labels": {}
    }
]
root@DESKTOP-GI036LJ:~#
```

图 3-7　docker network inspect my-network 命令输出示意图

然后，可以在运行应用程序容器时，将这个目录挂载为一个数据卷：

```
docker run -d -v /data/uploads: /app/uploads my-app
```

这样，无论容器如何启动和停止，用户上传的文件都会保存在主机的/data/uploads 目录中，不会丢失。

（2）使用数据卷容器

如果我们希望将数据卷与多个容器共享，可以使用数据卷容器来管理数据卷。首先，创建一个数据卷容器，专门用于提供数据卷：

```
docker run -d --name my-data-container -v /app/uploads ubuntu
```

然后，可以在运行其他容器时，通过--volumes-from 参数挂载这个数据卷容器的数据卷：

```
docker run -d --volumes-from my-data-container my-app
```

这样，多个容器可以共享同一个数据卷，实现数据的持久化和共享。

（3）使用第三方存储插件

除了本地的数据卷，还可以使用第三方存储插件来实现跨主机的数据持久化。例如，可以使用 AWSEBS 卷作为存储插件来创建数据卷：

```
docker volume create --driver rexray/ebs my-volume
```

然后，可以在运行容器时，挂载这个数据卷：

```
docker run -d -v my-volume: /app/uploads my-app
```

这样，我们可以将数据存储在云存储服务中，实现数据的跨主机持久化和高可用性。

（4）避免在容器中存储数据

容器是易失性的，如果容器被删除，那么存储在容器中的数据也会丢失。因此，我们应该避免在容器中存储数据，而应该使用数据卷或数据卷容器。

（5）定期备份数据卷

虽然数据卷是持久的，但是为了防止数据丢失，还应该定期备份数据卷。可以使用 docker cp 命令来复制数据卷的内容，或者使用第三方的备份工具。

下面来看一个使用数据卷和数据卷容器的案例：

首先，创建一个数据卷：

```
docker volume create my-volume
```

然后，创建一个数据卷容器，并将数据卷挂载到容器的/data 目录：

```
docker run -d --name my-data-container -v my-volume:/data ubuntu tail -f
/dev/null
```

接着，在这个数据卷容器中创建一个文件：

```
docker exec my-data-container bash -c "echo hello > /data/hello.txt"
```

接下来，创建另一个容器，并从数据卷容器中挂载数据卷：

```
docker run -d --name my-app --volumes-from my-data-container ubuntu tail
-f /dev/null
```

至此，运行以下命令，可以在 my-app 容器中看到 hello.txt 文件：

```
docker exec my-app cat /data/hello.txt
```

这个命令应该会输出“hello”，如图 3-8 所示，这证明 my-app 容器成功地从数据卷容器中挂载了数据卷，能够访问到数据卷上的数据。

```
root@DESKTOP-GI036LJ: ~
root@DESKTOP-GI036LJ:~# docker exec my-app cat /data/hello.txt
hello
root@DESKTOP-GI036LJ:~#
```

图 3-8　运行 docker exec my-app cat /data/hello.txt 的输出示意图

我们可以使用以下命令来查看数据卷的信息：

```
docker volume inspect my-volume
```

这个命令会输出一个 JSON 对象，如图 3-9 所示，其中包含数据卷的详细信息，如名称、驱动、挂载点等。

```
root@DESKTOP-GI036LJ: ~
root@DESKTOP-GI036LJ:~# docker volume inspect my-volume
[
    {
        "CreatedAt": "2023-08-24T05:46:52Z",
        "Driver": "local",
        "Labels": {},
        "Mountpoint": "/var/lib/docker/volumes/my-volume/_data",
        "Name": "my-volume",
        "Options": {},
        "Scope": "local"
    }
]
root@DESKTOP-GI036LJ:~#
```

图 3-9　运行 docker volume inspect my-volume 的输出示意图

3.6.3　Docker 网络和存储最佳实践的案例

在这个案例中，我们将使用 Docker 的网络和存储特性来部署一个 WordPress 应用。WordPress 是一个使用 PHP 开发的博客平台，它需要一个 MySQL 数据库来存储数据。我们将创建两个容器：一个运行 WordPress；另一个运行 MySQL。这两个容器将通过 Docker 的用户定义网络进行通信，数据将存储在 Docker 数据卷中，以实现数据的持久化。

首先，创建一个 Docker 用户定义网络。用户定义网络可以提供 DNS 服务，使容器可以通过容器名进行通信，而不需要使用 IP 地址。

```
docker network create my-network
```

接着，创建一个 Docker 数据卷来存储 MySQL 数据库的数据。数据卷是 Docker 提供的专门用于数据存储的结构，它可以直接映射到宿主机的文件系统，从而实现数据的持久化存储。

```
docker volume create db-data
```

然后，在用户定义网络上运行一个 MySQL 容器，并将数据卷挂载到/var/lib/mysql 目录，该目录是 MySQL 默认的数据存储目录。我们可以通过环境变量设置 MySQL 的 root 密码和要创建的数据库名。

```
docker run --network=my-network --name=mydb -v db-data:/var/lib/mysql -e
MYSQL_ROOT_PASSWORD=mypassword -e MYSQL_DATABASE=wordpress -d mysql:5.7
```

接下来，在同一个网络上运行一个 WordPress 容器。我们通过环境变量设置 WordPress 需要连接的数据库主机名（即 MySQL 容器的名字）、数据库用户名、密码和数据库名。

最后，将 WordPress 的 80 端口映射到宿主机的 8080 端口，这样就可以通过访问宿主机的 8080 端口来访问 WordPress 应用。

```
docker run --network=my-network -e WORDPRESS_DB_HOST=mydb -e WORDPRESS_DB_
USER=root -e WORDPRESS_DB_PASSWORD=mypassword -e WORDPRESS_DB_NAME=wordpress -p
8080:80 -d wordpress
```

至此，如果在浏览器中访问 http://localhost：8080，应该能看到 WordPress 的安装界面。这说明 WordPress 应用已经成功部署，并且可以正常访问 MySQL 数据库，如图 3-10 所示。

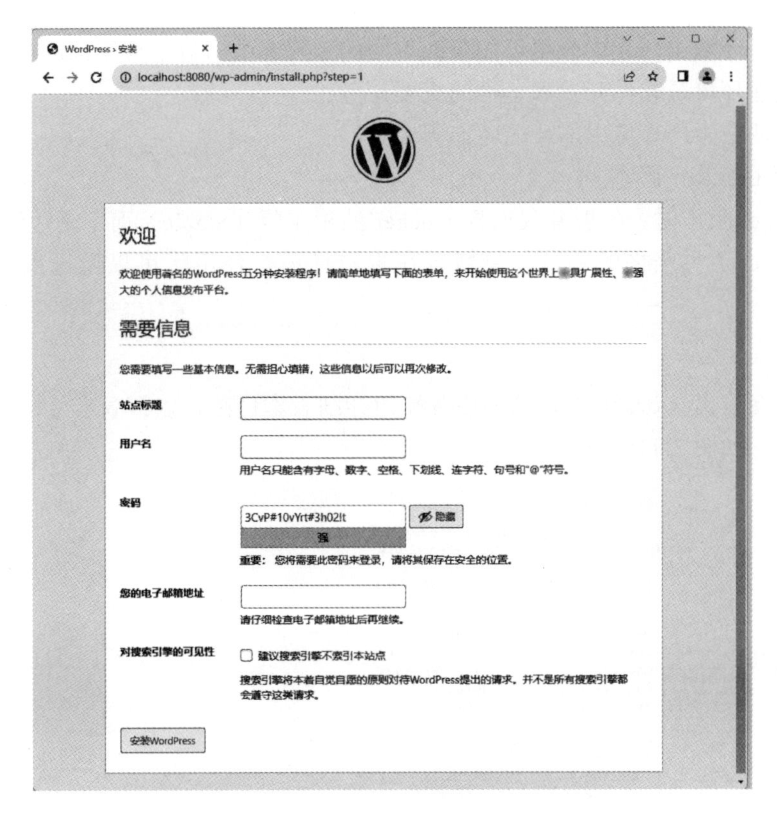

图 3-10　WordPress 的安装界面

3.7　Docker 在生产环境中的最佳实践

在软件开发过程中，Docker 已经成为一种重要的工具，它可以帮助我们解决“在我机器上可以运行”的问题，提高应用的开发、测试和部署的效率。然而，在生产环境中使用 Docker，需要考虑的问题更多，比如如何保证应用的高可用性和可扩展性，如何确保数据的安全性，如何进行性能调优等。

3.7.1　如何选择适合生产环境的 Docker 版本和配置

在选择 Docker 版本和配置的时候，需要根据当前的生产环境来进行决策。

“生产环境”是一个常见的 IT 术语，它通常指的是软件应用被实际使用的环境。在生产环境中，软件应用通常需要处理真实的业务数据，并且其性能、稳定性、安全性等都会直接影响到业务的正常运行。

与生产环境相对应的还有开发环境和测试环境：

① 开发环境：这是开发人员编写和测试代码的环境。在这个环境中，开发人员可以频繁地修改代码，测试新的功能和修复 bug。

② 测试环境：这是用于系统测试、性能测试、压力测试等的环境。测试环境通常会尽量模拟生产环境的条件，以确保测试的结果能够反映软件在生产环境中的行为。

在软件开发的生命周期中，软件应用通常会从开发环境，经过测试环境，最后部署到生产环境。在每个环境中，软件应用可能需要不同的配置参数，以适应不同的需求。因此，了解和管理好这些环境是软件开发和运维的重要任务。

以下是一些在生产环境中需要的考虑因素。

（1）选择 Docker 版本

选择 Docker 版本时，一般建议选择 Docker 的稳定版（Stable）而不是边缘版（Edge），因为稳定版经过了更严格的测试，更适合在生产环境中使用。可以通过以下命令来查看 Docker 版本：

```
docker version
```

这个命令会输出 Docker 客户端和服务端的详细版本信息，包括版本号、构建时间、Go 语言的版本等，如图 3-11 所示。

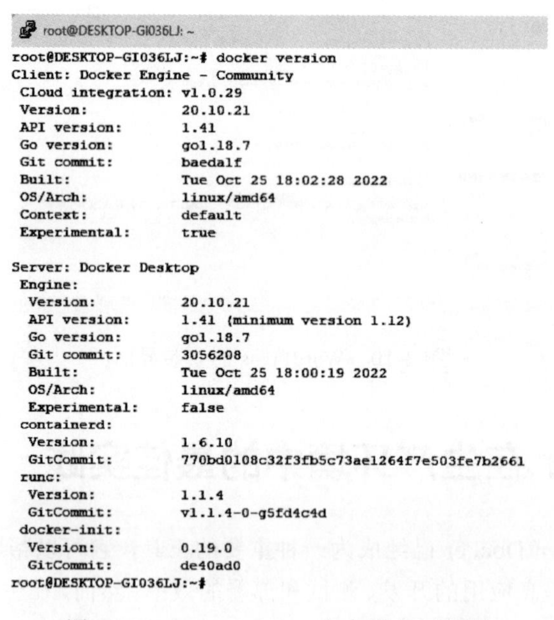

图 3-11　docker version 命令输出示意图

（2）配置 Docker 守护进程

在生产环境中，通常需要对 Docker 守护进程进行一些配置，以满足我们的需求。例如，我们可以限制 Docker 使用的系统资源，设置 Docker 的日志级别，设置 Docker 的存储驱动等。

Docker 守护进程的配置通常保存在/etc/docker/daemon.json 文件中。这是一个 JSON 格式的文件，可以在这个文件中添加或修改配置项。

例如，以下是一个配置示例：

```
{
  "log-level":"warn",
  "storage-driver":"overlay2",
  "log-driver":"json-file",
  "log-opts":{
    "max-size":"10m",
    "max-file":"3"
  }
}
```

在这个配置中，我们设置 Docker 的日志级别为"warn"，存储驱动为"overlay2"，日志驱动为"json-file"，并且限制每个日志文件的大小最大为 10MB，最多保留 3 个日志文件。

（3）重启 Docker 服务

修改 Docker 的配置文件之后，需要重启 Docker 服务以使新的配置生效。在大多数 Linux 发行版中，可使用以下命令来重启 Docker 服务：

```
sudo systemctl restart docker
```

（4）验证配置

重启 Docker 服务之后，可运行一些命令来查看 Docker 的配置和状态，以验证配置是否正确。例如，可以使用 docker info 命令来查看 Docker 的详细信息：

```
docker info
```

命令输出如图 3-12 所示。

```
root@DESKTOP-GI036LJ: ~
root@DESKTOP-GI036LJ:~# docker info
Client:
 Context:    default
 Debug Mode: false
 Plugins:
  buildx: Docker Buildx (Docker Inc., v0.9.1)
  compose: Docker Compose (Docker Inc., v2.13.0)
  dev: Docker Dev Environments (Docker Inc., v0.0.5)
  extension: Manages Docker extensions (Docker Inc., v0.2.16)
  sbom: View the packaged-based Software Bill Of Materials (SBOM) for an image (
Anchore Inc., 0.6.0)
  scan: Docker Scan (Docker Inc., v0.22.0)

Server:
 Containers: 2
  Running: 2
  Paused: 0
  Stopped: 0
 Images: 9
 Server Version: 20.10.21
 Storage Driver: overlay2
  Backing Filesystem: extfs
  Supports d_type: true
  Native Overlay Diff: true
  userxattr: false
 Logging Driver: json-file
 Cgroup Driver: cgroupfs
 Cgroup Version: 1
 Plugins:
  Volume: local
  Network: bridge host ipvlan macvlan null overlay
  Log: awslogs fluentd gcplogs gelf journald json-file local logentries splunk s
yslog
 Swarm: inactive
 Runtimes: io.containerd.runc.v2 io.containerd.runtime.v1.linux runc
 Default Runtime: runc
 Init Binary: docker-init
 containerd version: 770bd0108c32f3fb5c73ae1264f7e503fe7b2661
 runc version: v1.1.4-0-g5fd4c4d
 init version: de40ad0
 Security Options:
  seccomp
   Profile: default
 Kernel Version: 5.15.90.1-microsoft-standard-WSL2
 Operating System: Docker Desktop
 OSType: linux
 Architecture: x86_64
 CPUs: 8
 Total Memory: 3.734GiB
 Name: docker-desktop
 ID: CV6L:CEEH:X6XA:LJAE:H2EQ:22TE:J3BE:XRI3:JSMW:L2XE:3VUV:5IJR
 Docker Root Dir: /var/lib/docker
 Debug Mode: false
 HTTP Proxy: http.docker.internal:3128
 HTTPS Proxy: http.docker.internal:3128
 No Proxy: hubproxy.docker.internal
 Registry: https://index.docker.io/v1/
 Labels:
 Experimental: false
```

图 3-12 docker info 命令输出示意图

通过这些步骤，我们可以选择合适的 Docker 版本，配置合适的 Docker 参数，以满足我们在生产环境中的需求。

3.7.2 Docker 在生产环境中的监控和日志管理最佳实践

在生产环境中，对 Docker 的监控和日志管理是关键的任务，它们可以帮助及时发现并解决问题，保证应用的稳定运行。

（1）Docker 的监控

Docker 自带的 docker stats 命令可以提供一些基本的监控信息，包括 CPU 使用率、内存使用量、网络 I/O、磁盘 I/O 等。所有运行中的容器的资源使用情况可以通过以下命令查看：

```
docker stats --all
```

然而，在生产环境中，可能需要更详细和实时的监控数据，包括每个容器的 CPU 使用情况、内存使用情况、网络流量、磁盘使用情况等。这时，可以考虑使用一些专门的监控工具，如 Prometheus 和 Grafana 等。这些工具不仅可以提供详细的监控数据，还可以设置告警。当某些指标超过预设的阈值时，会发出告警，帮助及时发现问题。

（2）Docker 的日志管理

对于日志管理，Docker 为每个容器保存了一个日志文件，位置在/var/lib/docker/containers/<container-id>/<container-id>-json.log，可以通过 docker logs 命令查看容器的日志：

```
docker logs <container-name-or-id>
```

然而，如果在生产环境中有大量的容器，手动查看每个容器的日志显然是不现实的。这时，可以使用一些日志管理工具，如 ELK（Elasticsearch、Logstash、Kibana）、Fluentd 等。这些组件可以收集、存储和分析大量的日志数据。

例如，Docker 可以配合使用 Fluentd 和 ELK，将容器的日志数据发送到 Elasticsearch 中，然后通过 Kibana 进行查看和分析。这需要在 Docker 的配置文件/etc/docker/daemon.json 中，将日志驱动设置为 fluentd，并指定 fluentd 的地址：

```
{
  "log-driver":"fluentd",
  "log-opts":{
    "fluentd-address":"localhost:24224"
  }
}
```

在这种设置下，所有容器的日志都会被发送到 Fluentd，然后由 Fluentd 将日志数据发送到 Elasticsearch。

3.7.3 如何处理 Docker 的故障和性能问题

在生产环境中，Docker 的故障和性能问题可能会对业务运行造成影响，因此，如何有效处理这些问题是至关重要的。

（1）处理 Docker 故障

故障处理的第一步通常是定位问题。这需要查看 Docker 和容器的日志，分析日志中的错误信息。

Docker 守护进程的日志包含 Docker 的运行信息和错误信息，可以通过以下命令查看：

```
journalctl -u docker.service
```

每个容器的日志包含容器内应用的运行信息和错误信息，可以通过以下命令查看：

```
docker logs <container-name-or-id>
```

如果容器无法启动，或者运行状态不正常，可以通过 docker inspect 命令查看容器的详细信息，包括容器的配置、网络设置、挂载点、日志设置等。

```
docker inspect <container-name-or-id>
```

这些信息可以帮助我们找出导致容器无法运行的原因，如配置错误、网络问题、存储问题等。

（2）处理 Docker 性能问题

对于 Docker 的性能问题，需要对 CPU 使用率、内存使用量、网络 IO、磁盘 IO 等性能指标进行监控和分析。

docker stats 命令可以提供一些基本的性能指标，但在生产环境中，可能需要更详细和实时的性能数据。这时，需要使用一些专门的监控和分析工具，如 cAdvisor、Prometheus 等。

如果发现某个容器的 CPU 或内存使用过高，可以使用 docker top 命令查看容器内的进程信息，找出是哪个进程占用了过多的资源。

```
docker top <container-name-or-id>
```

另外，也可以使用一些系统工具，如 top、iostat、netstat 等，来监控和分析宿主机的资源使用情况。

3.8　实践环节

下面通过五个具体的实践案例，使读者更直观、深入地理解和掌握 Docker 的实践技巧。

3.8.1　实践一：使用 Dockerfile 构建应用镜像

在本次实践中，我们使用 Go 语言编写一个简单的 HTTP 服务器，并利用 Docker 进行部署。为了使最终的镜像尽可能轻量，我们采用多阶构建（multi-stage builds）的方式进行 Docker 镜像的构建。

首先，编写一个简单的 Go 语言 HTTP 服务器（代码如下），将其保存为 main.go 文件。

```
// 导入需要的包
package main

import(
    "fmt"
    "net/http"
)

// 定义处理 HTTP 请求的函数
func helloHandler(w http.ResponseWriter,r *http.Request){
    fmt.Fprint(w,"Hello,Docker!")
```

```
}

// 主函数
func main(){
    http.HandleFunc("/",helloHandler)      // 设置路由
    http.ListenAndServe(":8080",nil)       // 启动服务器
}
```

接着，创建一个名为go.mod的文件，声明模块名称以及所使用的Go语言版本。

```
module hello
go 1.16
```

至此，开始编写Dockerfile。在这个Dockerfile中，我们使用多阶构建的方式。在第一阶段，以官方的Go语言镜像为基础，将代码和go.mod文件复制到镜像中，接着进行编译生成可执行文件。第二阶段，从一个轻量级的基础镜像开始，将第一阶段构建的可执行文件复制进来，并设置该文件作为Docker容器启动时默认执行的程序。

Dockerfile的内容如下：

```
# 第一阶段:构建 Go 应用
FROM golang:1.16.5-stretch AS builder

# 设置工作目录
WORKDIR /app

# 将代码和 go.mod 文件复制到镜像中
COPY main.go go.mod ./

# 编译 Go 应用
RUN go build -o main .

# 第二阶段:将 Go 应用复制到精简镜像中
FROM debian:stretch-slim

# 设置工作目录
WORKDIR /app

# 将 Go 应用从 builder 镜像复制到当前镜像中
COPY --from=builder /app/main /app

# 开放端口 8080
EXPOSE 8080

# 设置容器启动时默认执行的程序
CMD ["/app/main"]
```

在准备好所有文件后，就可以使用Docker命令构建镜像了：

```
docker build -t hello-docker-go .
```

至此就可以运行Go语言HTTP服务器。

```
docker run -p 4000: 8080 hello-docker-go
```

上述命令会启动一个新的 Docker 容器，运行 Go 语言 HTTP 服务器，并将容器的 8080 端口映射到主机的 4000 端口。此时，可以通过访问 http://localhost:4000 来查看服务器。

在打开浏览器并访问 http://localhost:4000 后，我们应该能看到“Hello，Docker!”的欢迎信息。这表明 Go 语言 HTTP 服务器已经成功地在 Docker 容器中运行。

在这个实践案例中，我们通过 Dockerfile 构建了一个 Go 语言 HTTP 服务器的镜像，并在 Docker 容器中运行了这个服务器。通过这个案例，我们可以看到 Dockerfile 的强大之处：它可以定义应用的运行环境，安装必要的软件，以及指定应用启动的命令，使得应用的部署和运行变得非常简单和便捷。

此外，通过使用多阶构建，我们可以将应用的编译和运行环境分开，使得最终的 Docker 镜像更加精简。这对于在生产环境中部署应用是非常重要的，因为这可以减少部署的复杂性，提高部署的效率，同时也可以节省存储和网络资源。

在实际的项目中，我们可以将更复杂的应用打包成 Docker 镜像，然后在任何支持 Docker 的平台上运行这个镜像，这可以极大地简化应用的部署和运行过程。同时，使用 Docker 可以保证应用在不同的环境中都有相同的运行效果，避免“在我机器上可以运行”这类的问题。

3.8.2 实践二：管理和运行 Docker 容器

在本次实践中，我们将学习如何管理和运行 Docker 容器。我们将连续使用 Go 语言编写的 HTTP 服务器作为示例应用，并使用 Docker 进行部署。Go 语言编写的 HTTP 服务器的具体代码与上一节相同，在准备好所有文件后，使用 Docker 命令来构建镜像：

```
docker build -t hello-docker-go .
```

至此，Docker 镜像已经创建好了，接下来我们学习如何管理和运行这个 Docker 镜像。

首先，使用以下命令查看所有的 Docker 镜像：

```
docker images
```

这个命令会列出系统中所有的 Docker 镜像，包括镜像的 ID、仓库名、标签、创建时间以及大小等信息。

接下来，运行 Docker 镜像，创建一个新的 Docker 容器：

```
docker run -d -p 4000:8080 --name hello-container hello-docker-go
```

在这个命令中，-d 参数表示后台运行容器；-p 参数用于设置端口映射，将容器的 8080 端口映射到主机的 4000 端口；--name 参数用于设置容器的名字。

运行这个命令后，Docker 会创建一个新的容器并启动 Go 语言 HTTP 服务器。我们可以使用以下命令查看所有运行中的 Docker 容器：

```
docker ps
```

这个命令会列出所有运行中的 Docker 容器，包括容器的 ID、镜像、命令、创建时间、状态、端口以及名字等信息。

至此，Go 语言 HTTP 服务器已经可以在 Docker 容器中运行了，我们可以通过访问 http://localhost：4000 来查看服务器的运行状态。在浏览器中输入这个地址，我们应该能看到“Hello，Docker!”的欢迎信息。

在这个实践案例中，我们学习了如何使用 Docker 命令来管理和运行 Docker 容器，包括查看 Docker 镜像、创建和运行 Docker 容器、查看运行中的 Docker 容器等。通过这个案例，我们可以看到 Docker 的强大之处：它可以简化应用的部署和运行过程，使得我们可以将更多的精力投入到应用的开发中。

3.8.3 实践三：使用 Docker 网络和存储

在本次实践中，我们将学习如何在 Docker 中使用网络和存储，以及如何管理它们。我们使用 Go 语言编写一个简单的应用作为示例，这个应用将会处理 HTTP 请求，并将请求的信息写入一个文件中。

首先，编写一个简单的 Go 语言应用（代码如下），保存为 main.go。

```
// 导入需要的包
package main

import(
    "fmt"
    "net/http"
    "os"
)

// 定义处理 HTTP 请求的函数
func helloHandler(w http.ResponseWriter,r *http.Request){
    // 打开文件,如果文件不存在,则创建一个新文件
    f,_ := os.OpenFile("/data/log.txt",os.O_APPEND|os.O_CREATE|os.O_ WRONLY,
0644)
    defer f.Close()

    // 将请求的信息写入到文件中
    f.WriteString(fmt.Sprintf("Received request:%s\n",r.URL.Path))

    // 返回响应
    fmt.Fprint(w,"Hello,Docker!")
}

// 主函数
func main(){
    http.HandleFunc("/",helloHandler)       // 设置路由
    http.ListenAndServe(":8080",nil)        // 启动服务器
}
```

接着，创建一个 go.mod 文件，声明模块名和 Go 语言的版本。

```
module hello
go 1.16
```

然后，编写 Dockerfile，用于构建 Docker 镜像。我们使用多阶段构建的方式来创建一个精简的镜像，这个镜像只包含 Go 应用和运行它所需要的最少依赖。

```
# 第一阶段:构建 Go 应用
FROM golang:1.16.5-stretch AS builder
```

```
# 设置工作目录
WORKDIR /app

# 将代码和 go.mod 文件复制到镜像中
COPY main.go go.mod ./

# 编译 Go 应用
RUN go build -o main .

# 第二阶段:将 Go 应用复制到精简镜像中
FROM debian:stretch-slim

# 设置工作目录
WORKDIR /app

# 将 Go 应用从 builder 镜像复制到当前镜像中
COPY --from=builder /app/main /app

# 开放端口 8080
EXPOSE 8080

# 设置容器启动时默认执行的程序
CMD ["/app/main"]
```

在准备好所有文件后，就可以使用 Docker 命令来构建镜像：

```
docker build -t hello-docker-go .
```

至此，Docker 镜像已经创建好了，接下来我们学习如何在 Docker 中使用网络和存储。

首先，我们来看一下如何使用 Docker 存储。在 Go 应用中，我们将请求的信息写入一个文件中。为了能够在容器之外访问这个文件，我们可以使用 Docker 的卷（volume）。

使用 docker volume create 命令来创建一个新的卷：

```
docker volume create hello-data
```

然后，在运行容器时，使用-v 参数将这个卷挂载到容器的/data 目录：

```
docker run -d -p 4000:8080 --name hello-container -v hello-data:/data
hello- docker-go
```

至此，Go 应用将会把请求的信息写入/data/log.txt 文件中，这个文件实际上是存储在创建的卷中的。我们可以使用 docker volume inspect 命令查看这个卷的详细信息，包括它在宿主机上的实际路径。

```
docker volume inspect hello-data
```

实际路径记录在 Mountpoint 字段下。有了这个路径，我们就可以在宿主机上直接访问 log.txt 文件，查看 Go 应用写入的信息。

接下来，我们来看一下如何使用 Docker 网络。在默认情况下，Docker 容器会连接到一个名为 bridge 的网络，这个网络允许容器之间互相通信，也允许容器与宿主机通信。我们可以使用 docker network ls 命令查看所有的网络：

```
docker network ls
```

如果想要创建一个新的网络，可以使用 docker network create 命令：

```
docker network create hello-network
```

然后，在运行容器时，使用--network 参数将容器连接到这个网络（如果之前已创建名为 hello-container 的容器，需要先将其删除）：

```
docker run -d -p 4000:8080 --name hello-container -v hello-data:/data --
network hello-network hello-docker-go
```

在这个网络中，容器可以通过容器名互相通信，这对于构建微服务架构的应用非常有用。

为了更好地理解 Docker 的存储和网络如何工作，可以在运行应用后，尝试一下以下的操作。

首先，验证存储的功能。在浏览器中访问 http://localhost：4000，然后在宿主机上查看 log.txt 文件的内容。我们应该能够看到"Received request：/"的信息，这表明 Go 应用已经成功地将请求的信息写入到了 log.txt 文件中。

接着，验证网络的功能。

① 首先，再启动一个新的容器，并连接到同一个网络：

```
docker run -d --name another-container --network hello-network hello-docker-go
```

② 然后，进入 hello-container 容器，尝试访问 another-container 容器：

```
docker exec -it hello-container bash
curl another-container:8080
```

我们应该能够看到"Hello，Docker!"的信息，这表明 hello-container 容器已经成功地访问了 another-container 容器。

在这个实践案例中，我们学习了如何在 Docker 中使用和管理存储和网络，这两个功能能为我们提供更多的可能性，使得我们可以更好地利用 Docker 来部署复杂的应用。这两个功能对于在生产环境中部署应用是非常重要的，因为它们可以帮助我们更好地管理应用的数据和通信，提高应用的可用性和可靠性。

在完成实际操作后，我们可能需要清理创建的资源，包括容器、镜像、网络和卷。以下是如何进行清理的步骤。

首先，删除运行的容器。使用以下命令停止并删除指定的容器：

```
docker rm -f hello-container
docker rm -f another-container
```

然后，删除创建的 Docker 镜像。使用以下命令删除指定的镜像：

```
docker rmi hello-docker-go
```

接下来，删除创建的网络。使用以下命令删除指定的网络：

```
docker network rm hello-network
```

最后，删除创建的卷。使用以下命令删除指定的卷：

```
docker volume rm hello-data
```

以上步骤将会清理掉所有在实践中创建的资源。请注意，删除操作是不可逆的，所以在执行删除操作前，请确认是否已经保存好需要的数据。

在进行Docker实践时，及时清理不再需要的资源是一个很好的习惯。这不仅可以节省存储空间，而且可以使得环境保持清洁，避免未来的混淆和冲突。

3.8.4 实践四：在生产环境中部署和运行Docker应用

在本次实践中，我们将学习如何在生产环境中部署和运行Docker应用。我们使用Go语言编写一个简单的HTTP服务器作为示例应用，并使用Docker进行部署。同时，我们也会涉及如何使用Docker Compose来管理多个服务，如何使用环境变量来配置应用，以及如何进行健康检查。

首先，回顾一下我们的Go语言HTTP服务器的代码，它包含一个处理函数helloHandler。此函数用于处理所有的HTTP请求，并在请求的响应中返回“Hello，Docker!”。代码如下，保存为main.go。

```
// 导入需要的包
package main

import(
    "fmt"
    "net/http"
)

// 定义处理 HTTP 请求的函数
func helloHandler(w http.ResponseWriter,r *http.Request){
    fmt.Fprint(w,"Hello,Docker!")
}

// 主函数
func main(){
    http.HandleFunc("/",helloHandler) // 设置路由
    http.ListenAndServe(":8080",nil)  // 启动服务器
}
```

接着，创建一个go.mod文件，声明模块名和Go语言的版本。

```
module hello
go 1.16
```

然后，编写Dockerfile，用于构建Docker镜像。我们使用多阶段构建的方式来创建一个精简的镜像，这个镜像只包含Go应用和运行它所需要的最少依赖。

```
# 第一阶段:构建 Go 应用
FROM golang:1.16.5-stretch AS builder

# 设置工作目录
WORKDIR /app

# 将代码和 go.mod 文件复制到镜像中
COPY main.go go.mod ./

# 编译 Go 应用
```

```
RUN go build -o main .

# 第二阶段:将 Go 应用复制到精简镜像中
FROM debian:stretch-slim

# 设置工作目录
WORKDIR /app

# 将 Go 应用从 builder 镜像复制到当前镜像中
COPY --from=builder /app/main /app

# 开放端口 8080
EXPOSE 8080

# 设置容器启动时默认执行的程序
CMD ["/app/main"]
```

在准备好所有文件后，我们就可以使用 Docker 命令来构建镜像：

```
docker build -t hello-docker-go .
```

至此，Docker 镜像已经创建好了，接下来我们学习如何在生产环境中部署和运行这个 Docker 镜像。

在生产环境中，我们通常会有多个服务需要运行，而每个服务可能又有多个实例。对于这种情况，我们可以使用 Docker Compose 来管理我们的服务。

首先，创建一个 docker-compose.yml 文件，定义服务：

```
version:'3'
services:
  web:
    image:hello-docker-go
    ports:
    - "4000:8080"
```

在这个文件中，我们定义了一个名为 web 的服务，使用的镜像是 hello-docker-go，并将容器的 8080 端口映射到主机的 4000 端口。

然后，可以使用 docker-compose up 命令来启动服务：

```
docker-compose up -d
```

在这个命令中，-d 参数表示后台运行。运行这个命令后，Docker Compose 会自动拉取需要的镜像（如果本地没有的话），创建并启动容器。

我们可以使用 docker-compose ps 命令查看服务的状态，包括服务的名字、命令、状态、端口等信息。

接下来，我们来看一下如何使用环境变量配置应用。在 Go 应用中，我们使用固定的 8080 端口作为监听的端口。但在实际的环境中，我们可能需要根据环境的不同，使用不同的端口。为了实现这个需求，可以将端口号作为一个环境变量，然后在 Go 应用中读取这个环境变量。

修改 main.go 文件，使用 os.Getenv 函数来获取环境变量：

```
// 导入需要的包
package main
```

```
import(
    "fmt"
    "net/http"
    "os"
)

// 定义处理 HTTP 请求的函数
func helloHandler(w http.ResponseWriter,r *http.Request){
    fmt.Fprint(w,"Hello,Docker!")
}

// 主函数
func main(){
    http.HandleFunc("/",helloHandler)      // 设置路由
    port := os.Getenv("PORT")              // 获取环境变量
    if port == "" {
        port = "8080"   // 如果没有设置环境变量,则使用默认的 8080 端口
    }
    http.ListenAndServe(":"+port,nil)      // 启动服务器
}
```

然后，在 docker-compose.yml 文件中，使用 environment 字段来设置环境变量：

```
version:'3'
services:
  web:
    image:hello-docker-go
    ports:
    - "4000:8080"
    environment:
    - PORT=8080
```

至此，我们的应用已经可以根据环境变量设置监听的端口。

在生产环境中，我们还需要考虑到应用的日志管理和健康检查。

首先，让我们看一下如何管理应用的日志。在默认情况下，Docker 会自动收集容器的标准输出和标准错误流作为容器的日志，可以使用 docker logs 命令来查看这些日志：

```
docker logs hello-container
```

然后，我们来看一下如何进行健康检查。在 Docker 中，可以使用 HEALTHCHECK 指令来告诉 Docker 如何检查我们的应用是否正常运行。我们可以在 Dockerfile 中添加以下的 HEALTHCHECK 指令：

```
HEALTHCHECK --interval=5m --timeout=3s CMD curl -f http://localhost:8080/
|| exit 1
```

在这个指令中，--interval=5m 表示每 5 分钟进行一次健康检查；--timeout=3s 表示如果健康检查超过 3 秒没有响应，则认为健康检查失败；CMD curl -f http://localhost：8080/ || exit 1 表示执行的健康检查命令，如果命令执行成功，则认为健康检查成功，否则认为健康检查失败。

根据前面的步骤，在原有的 Dockerfile 基础上添加健康检查指令，所以最后完整的 Dockerfile 应该如下所示：

```
# 第一阶段:构建 Go 应用
FROM golang:1.16.5-stretch AS builder

# 设置工作目录
WORKDIR /app

# 将代码和 go.mod 文件复制到镜像中
COPY main.go go.mod ./

# 编译 Go 应用
RUN go build -o main .

# 第二阶段:将 Go 应用复制到精简镜像中
FROM debian:stretch-slim

# 安装 curl,用于健康检查
RUN apt-get update && apt-get install -y curl && rm -rf /var/lib/apt/lists/*

# 设置工作目录
WORKDIR /app

# 将 Go 应用从 builder 镜像复制到当前镜像中
COPY --from=builder /app/main /app

# 开放端口 8080
EXPOSE 8080

# 设置健康检查指令
HEALTHCHECK --interval=5m --timeout=3s CMD curl -f http://localhost:8080/
|| exit 1

# 设置容器启动时默认执行的程序
CMD ["/app/main"]
```

在这个文件中，我们定义了两个阶段的构建过程。第一阶段，我们使用 golang：1.16.5-stretch 镜像作为基础，编译 Go 应用。然后在第二阶段，我们使用 debian：stretch-slim 镜像作为基础，将编译好的 Go 应用从第一阶段的镜像中复制过来，并设置健康检查指令和容器启动时默认执行的程序。

我们可以使用 docker ps 命令来查看容器的健康检查状态。如果状态为 healthy，则表示健康检查成功；如果状态为 unhealthy，则表示健康检查失败。

3.8.5 实践五：处理 Docker 应用的故障和性能问题

在本次实践中，我们将学习如何处理 Docker 应用的故障和性能问题。我们将继续使用上述实践中创建的 Go 语言 HTTP 服务器应用作为示例应用，并基于 Docker 进行部署。

首先，我们需要了解如何识别和定位故障。当我们的应用出现问题时，我们最直接的反应通常是查看应用的日志，因为日志通常会记录应用的运行情况和出现的错误。

在 Docker 中，我们可以使用 docker logs 命令来查看容器的日志：

```
docker logs hello-container
```

在这个命令中，hello-container 是容器的名字。运行这个命令后，我们可以看到容器的标准输出和标准错误流，这通常包含了我们的应用的日志。

如果应用日志不足以定位问题，我们还可以进入容器中，直接检查应用的运行环境。在 Docker 中，可以使用 docker exec 命令来执行容器中的命令：

```
docker exec -it hello-container bash
```

在这个命令中，-it 参数表示交互模式；bash 是要执行的命令。运行这个命令后，就能进入容器的 shell 中，可以直接执行命令来检查应用的运行环境。

接下来，我们来看一下如何处理性能问题。在 Docker 中，我们可以使用 docker stats 命令查看容器的资源使用情况，包括 CPU 使用率、内存使用量、网络 I/O、磁盘 I/O 等。

```
docker stats hello-container
```

通过这个命令，我们可以找出可能的性能瓶颈，然后有针对性地优化我们的应用。

接下来，我们将模拟一些常见的故障和性能问题，并学习如何处理这些问题。

假设我们的 Go HTTP 服务器应用出现了无法处理请求的问题。首先，我们查看应用的日志：

```
docker logs hello-container
```

如果在日志中发现了错误信息，我们就可以根据错误信息来定位和解决问题。例如，如果出现了“listen tcp ：8080：bind：address already in use”的错误，那么可能是 8080 端口已经被其他进程占用了。我们可以修改应用，使用其他的端口，或者找出占用 8080 端口的进程，然后将它停止。

如果在日志中没有发现错误信息，那么我们可能需要进一步检查应用的运行环境。运行以下命令进入容器的 shell：

```
docker exec -it hello-container bash
```

然后，我们可以使用各种命令来检查应用的运行环境。例如，可以使用 ps 命令来查看运行中的进程，或者使用 netstat 命令来查看网络连接。

接下来假设 Go HTTP 服务器应用出现了响应缓慢的问题。首先，我们查看容器的资源使用情况：

```
docker stats hello-container
```

如果发现 CPU 使用率非常高，那么可能是应用存在性能问题，或者是容器的 CPU 资源不足。我们可以优化应用，以减少 CPU 的使用，或者增加容器的 CPU 资源。

如果发现内存使用量非常高，那么可能是应用存在内存泄漏，或者是容器的内存资源不足。我们可以检查应用，修复可能存在的内存泄漏，或者增加容器的内存资源。

第 4 章

容器云平台技术与实践

4.1 容器云平台的概念和特性

4.1.1 什么是容器云平台

容器云平台是一种基于云环境的应用开发和运行环境，它利用容器技术，将开发的应用及其依赖环境打包在一起，形成一个标准化的单元，可以在任何支持容器技术的环境中运行。

图 4-1 是一个典型的容器云平台的架构图。

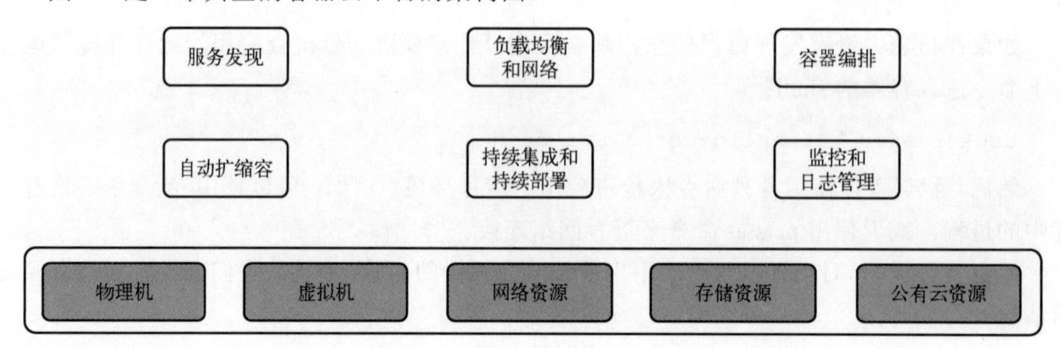

图 4-1 容器云平台架构图

在这个架构中，容器云平台提供了一系列的服务和功能，以支持容器化应用的生命周期管理：

① 服务发现：在微服务架构中，一个应用可能由多个不同的服务组成，服务发现机制使得这些服务可以找到彼此并进行通信。

② 负载均衡和网络：容器云平台通常会提供内建的负载均衡功能，可以将访问请求分发到不同的服务实例。同时，也会处理网络配置，确保容器可以相互通信。

③ 容器编排：容器编排是容器云平台的核心功能之一，它负责管理容器的生命周期，包括部署、启动、停止、扩展等。

④ 自动扩缩容：容器云平台可以根据应用的实际负载自动调整服务实例的数量，以满足不断变化的需求。

⑤ 持续集成和持续部署：容器云平台通常会和持续集成/持续部署（CI/CD）工具进行集成，以支持自动化的代码构建、测试和部署流程。

⑥ 监控和日志管理：容器云平台通常会提供用于监控应用性能和收集日志的工具，以帮助开发者理解应用的运行状态并进行问题诊断。

这些功能的目标是简化容器管理，使得开发者可以专注于开发应用，而无须过多关注底层的基础设施。通过容器云平台，开发者可以快速地将应用部署到任何地方，无论是在本地数据中心，还是在公有云环境中。

4.1.2　容器云平台的主要特性

容器云平台的主要特性主要体现在以下几个方面：

① 弹性和可扩展性：容器云平台具有卓越的弹性和可扩展性，能够对实时负载变化做出快速响应。当应用需求增加时，容器云平台可以自动添加更多容器实例以应对增加的负载。相反，当需求减少时，平台可以自动减少容器实例，以节省资源并降低成本。这种能力使得容器云平台成为处理突发流量和变化不定的用户需求的理想选择。

② 自动化的运维：在容器云平台中，许多运维任务都被自动化了。例如，平台可以自动部署新的容器实例，自动修复失败的实例，自动扩展或缩减实例数量以应对负载变化等。这种自动化能在很大程度上减轻运维团队的压力，使他们可以将更多的精力投入到其他更重要的任务中。

③ 服务编排和调度：容器云平台典型地包含一个强大的服务编排和调度引擎。这个引擎负责管理和调度容器实例的生命周期，包括创建、启动、停止、复制和销毁容器。此外，它还可以根据预定的策略和当前的系统状态，决定如何将不同的容器实例分配到不同的物理或虚拟机器。

④ 集成的开发和运维工具：容器云平台通常会与各种开发和运维工具进行集成，包括代码版本控制工具、自动化构建工具、持续集成/持续部署（CI/CD）工具、日志收集和分析工具、性能监控和警报工具等。这种集成能为开发和运维团队提供一站式的解决方案，大大提高他们的工作效率。

⑤ 安全性：容器云平台提供多种安全机制，以保护应用和数据的安全。这些机制包括网络安全策略（例如网络隔离、端口安全等）、访问控制（例如基于角色的访问控制、身份认证和授权等）、数据加密（例如存储加密、网络加密等）和安全审计等。

⑥ 跨云和多云支持：许多容器云平台支持跨云和多云部署。这意味着企业可以在单一的平台上管理和操作在不同云环境（包括公有云、私有云和混合云）中运行的应用。这种能力可以帮助企业避免对单一云供应商的依赖，提高业务连续性，并使得云资源的使用更加灵活和高效。

⑦ 一致性和标准化：容器云平台为开发、测试和生产环境提供了一致性和标准化。由于容器将应用程序及其全部依赖打包在一起，这能确保在从开发转移到生产的过程中，应用程序的行为保持一致。这种一致性能极大地简化部署过程，并减少因环境差异导致的问题。

⑧ 快速部署和更新：使用容器云平台，开发者可以快速部署新的应用和服务，也可以

快速回滚错误的更新。这种快速的迭代能力是现代敏捷开发和 DevOps 实践的关键。

⑨ 资源优化：通过容器技术，容器云平台可以更高效地利用硬件资源。相比于传统的虚拟机技术，容器对资源的消耗更少，启动更快，运行效率更高。这使得企业可以在同样的硬件资源上运行更多的应用或服务。

⑩ 微服务支持：容器和微服务架构是完美的配合。容器提供一种理想的方式来打包、部署和隔离微服务。而容器云平台则提供一种高效的方式来管理、调度和伸缩这些微服务。

4.1.3 容器云平台的应用场景

容器云平台由于其强大的功能和灵活性，被广泛应用于多种场景。以下是一些典型的应用场景：

① 云原生应用开发：云原生是指那些为云环境设计的应用程序，它们可以充分利用云的特性，如弹性、分布式、微服务和自动化等。容器云平台能为云原生应用开发提供理想的环境，帮助开发者快速构建、部署和管理云原生应用。

② 微服务架构：微服务架构是一种将应用程序拆分为一组小型、独立的服务的设计模式，这些服务可以独立地开发、部署和扩展。容器云平台能为微服务架构提供强大的支持，包括服务发现、负载均衡、故障隔离、自动扩缩容等。

③ 多云和混合云环境：容器云平台支持在多个云环境（包括公有云、私有云和混合云）中运行应用。这使得企业可以根据自己的需求和策略，灵活地选择最合适的云环境。

④ 持续集成和持续部署（CI/CD）：容器云平台可以和各种 CI/CD 工具进行集成，自动化地构建、测试和部署代码。这种自动化的流程可以大大提高开发团队的效率，缩短应用的交付周期。

⑤ 大数据和机器学习：容器云平台也可以用于大数据和机器学习场景。大数据和机器学习应用通常需要大量的计算资源和复杂的环境配置，容器云平台可以简化这些任务，使得开发者可以更专注于数据分析和模型训练。

4.2 容器云平台的核心技术

4.2.1 容器调度技术

容器调度技术在容器云平台中起着至关重要的作用，它主要负责管理容器和在集群中分配容器。容器调度不仅需要决定在哪个节点上运行容器，还需要处理容器故障并满足容器的资源需求。

图 4-2 是容器调度过程的概念图。

在此过程中，调度器根据一系列的因素，例如资源需求、负载均衡、亲和性和反亲和性规则等，决定在哪个节点上运行容器。例如，如果 Node 1 的 CPU 利用率已经很高，那么调度器可能会选择在 Node 2 或 Node 3 上运行新的容器。

以下是容器调度技术的关键组件：

① 调度器：调度器是负责决定在哪个集群节点上运行容器的核心组件。调度器会考虑多个因素，包括节点的资源使用情况、容器的资源需求，以及节点的标签和容器的亲和性规

则等。调度器会根据这些因素，使用预定义的策略和算法来决定最佳的部署位置。

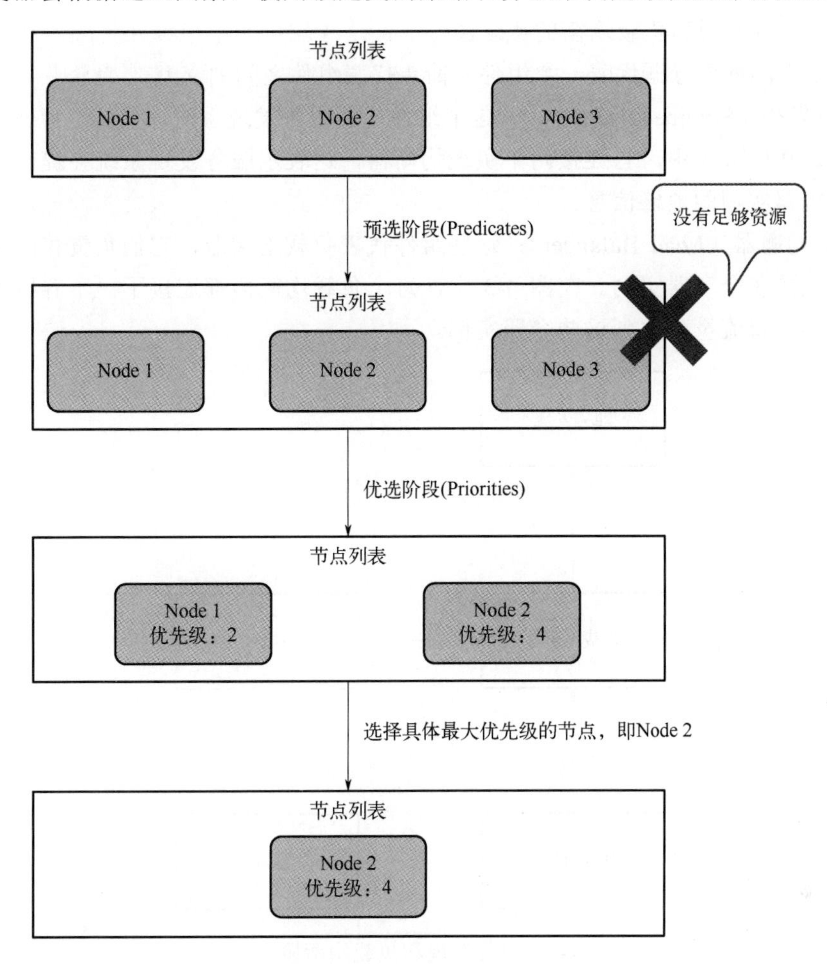

图 4-2　容器调度过程概念图

② 资源管理器：资源管理器负责跟踪和管理集群中的各种资源，包括 CPU、内存、存储和网络等。它会向调度器提供每个节点的资源使用情况，以帮助调度器做出决策。资源管理器还需要处理资源的预留和限制，以确保每个容器都能获得其需要的资源。

③ 健康检查和故障恢复：当容器或节点出现问题时，容器云平台需要能够快速检测并将故障修复。这通常通过健康检查和故障恢复机制来实现。健康检查机制会定期检查容器和节点的状态，如果检测到问题，就会触发故障恢复机制。故障恢复机制会尝试修复问题，或者将容器重新调度到其他健康的节点上。

④ 服务发现和负载均衡：在一个大型的容器云平台中，可能会运行数千或数万个容器。为了使这些容器能够彼此找到并通信，平台需要提供服务发现机制。此外，平台还需要提供负载均衡机制，将请求均匀地分发到多个容器上，以提高系统的吞吐量和可用性。

4.2.2　服务发现和负载均衡

服务发现和负载均衡是构建在容器云平台中的两个必要组件。服务发现允许在动态环境中的容器能够找到并与其他容器进行通信，而负载均衡则可以将网络流量均匀地分配到多个容器，从而提高系统的吞吐量和可用性。

图 4-3 是服务发现和负载均衡的概念图。

在图 4-3 中，每个方框代表一个组件，箭头代表组件之间的交互。

① 服务发现（Service Discovery）：这个组件代表服务发现系统，它负责管理和提供服务的地址信息。在图 4-3 中，它连接两个负载均衡器，这表示服务发现系统会提供这两个负载均衡器后端容器实例的地址信息。

② 负载均衡器（Load Balancer）：这些组件代表负载均衡器，它们负责将网络流量均匀地分配到后端的多个容器实例。在图 4-3 中，每个负载均衡器都连接了一个容器实例，这表示负载均衡器会将流量分发到这些容器实例。

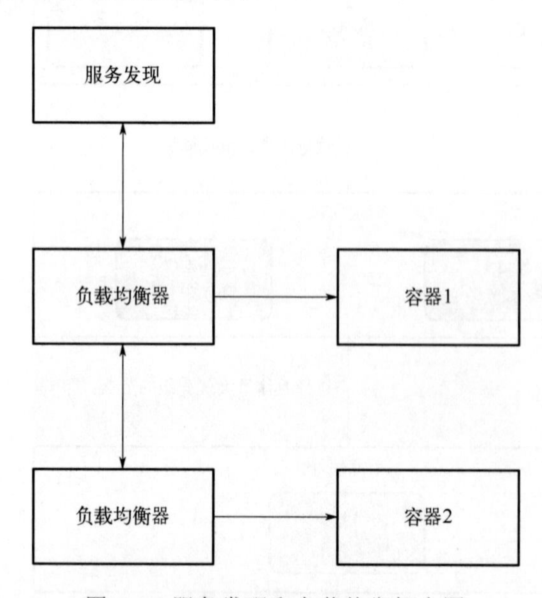

图 4-3　服务发现和负载均衡概念图

③ 容器（Container）1/2：这些组件代表容器实例。在图 4-3 中，它们都和负载均衡器有交互，这表示它们会接收到负载均衡器分发的流量。

在服务发现和负载均衡的过程中，首先，新的容器实例启动时会向服务发现系统注册自己的信息。然后，当其他容器需要与这个服务通信时，它会向服务发现系统查询该服务的地址信息。服务发现系统会返回一组可用的服务实例地址，容器可以根据这些地址发送请求。

负载均衡器则会接收来自客户端的请求，并根据某种策略将请求分发到后端的多个容器实例。这样，可以防止某个容器实例过载，提高系统的吞吐量和可用性。

以下是服务发现和负载均衡的关键组件：

① 服务注册：每当一个新的容器实例启动时，它会向服务注册中心注册自己的信息，包括服务名称、IP 地址、端口号等。注册过程通常在容器启动时进行，一旦注册完成，其他容器就可以从服务注册中心查找到这个新的服务实例。

② 服务发现：服务发现机制允许容器找到并通信其他服务。当一个容器需要与另一个服务通信时，它可以向服务发现系统查询该服务的地址信息。服务发现系统会返回一组可用的服务实例地址，容器可以根据这些地址来发送请求。服务发现可以是基于客户端的，也可以是基于服务端的。

③ 负载均衡：负载均衡器负责将网络流量均匀地分配到多个容器实例。这通常通过一种称为请求分发的过程来实现。负载均衡器会根据某种策略（如轮询、最少连接、最小响应时间等）将请求分发到后端的多个容器实例中。这样，可以防止某个容器实例过载，提高系统的吞吐量和可用性。

④ 健康检查：负载均衡器通常会定期进行健康检查，检查后端容器实例的健康状态。如果某个实例发生故障，负载均衡器会自动将其从服务列表中移除，并将流量转发到其他健康的实例中。这样可以确保服务的高可用性，即使在面临节点故障的情况下也能保持服务的连续性。

⑤ 服务网格：服务网格是一种用于处理服务间通信的基础设施层，其为构建复杂、可靠的网络分布式应用程序提供一个统一、可编程的连接模型。服务网格通常提供服务发现、负载均衡、故障恢复、指标和监控。一个服务网格也可提供更复杂的操作，如 A/B 测试、金丝雀发布、速率限制、访问控制和端到端认证。

4.2.3 自动扩缩容

自动扩缩容是容器云平台中一个关键的功能，允许应用能够根据实际的工作负载自动地增加或减少运行的容器实例数量。这个功能可以确保应用在面对各种工作负载时都能保持最优的性能，同时也能有效地优化资源使用，降低运维成本。

图 4-4 是自动扩缩容的概念图。

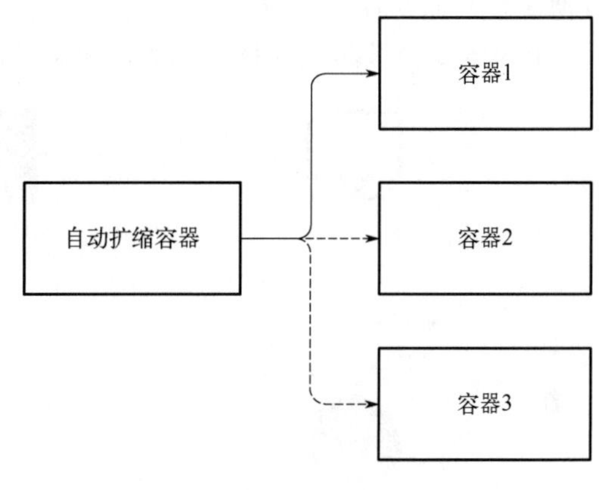

图 4-4　自动扩缩容的概念图

在图 4-4 中，每个方框代表一个组件，箭头代表组件之间的交互。

① 自动扩缩容器（Auto Scaler）：这个组件代表自动扩缩容器，它根据度量数据和扩缩容规则，决定是否需要执行扩缩容操作。在图 4-4 中，它指向了三个容器，这表示自动扩缩容器正在管理这三个容器的扩缩容。

② 容器 1/2/3：这些组件代表容器实例。在图 4-4 中，它们都和自动扩缩容器有交互，这表示它们的运行状况会被自动扩缩容器监控，自动扩缩容器也会根据需要对它们进行扩缩容。

在自动扩缩容的过程中，首先，自动扩缩容器会定期收集各个容器实例的度量数据，如 CPU 使用率、内存使用率等；然后，自动扩缩容器会根据收集到的度量数据和预定义的扩缩容规则，决定是否需要进行扩缩容。如果决定进行扩缩容，自动扩缩容器会向容器调度系统发送请求，请求启动新的容器实例或停止现有的容器实例。

例如，如果容器 1 的 CPU 使用率持续超过 75%，自动扩缩容器可能会决定启动一个新的容器实例来分担负载。反之，如果容器 2 的 CPU 使用率持续低于 25%，自动扩缩容器可能会决定停止容器 2，以节省资源。

下面是自动扩缩容的关键组件：

① 度量收集：度量收集系统负责收集和存储容器的度量数据，如 CPU 使用率、内存使用率、网络流量等。这些度量数据是自动扩缩容决策的基础。度量收集系统需要能够实时、

准确地收集这些数据。

② 规则定义：自动扩缩容的规则由管理员或开发者定义，规定在满足何种条件时应该进行扩容或缩容。例如，可以定义如果 CPU 利用率超过 75%，就增加一个容器实例；如果 CPU 利用率低于 25%，就减少一个容器实例。规则定义应该灵活，支持多种度量数据和多种条件组合。

③ 扩缩容决策：自动扩缩容器会定期评估收集到的度量数据和定义的规则，决定是否需要执行扩缩容操作。如果需要，它会向容器调度系统发送请求，请求增加或减少容器实例的数量。决策过程需要考虑到应用的性能需求、资源使用效率和运维成本等多方面因素。

④ 容器调度：容器调度系统负责根据自动扩缩容器的请求，实际执行扩缩容操作，包括启动新的容器实例或停止现有的容器实例。容器调度过程需要考虑到集群的资源状况、应用的部署策略和服务质量等因素。

4.2.4 持续集成和持续部署

持续集成和持续部署（CI/CD）是现代软件开发流程中的关键步骤，它允许开发者频繁地把代码集成到主分支，并自动地部署到生产环境。这样可以加快软件开发的速度，提高软件质量，降低软件发布的风险。

图 4-5 是持续集成和持续部署的概念图。

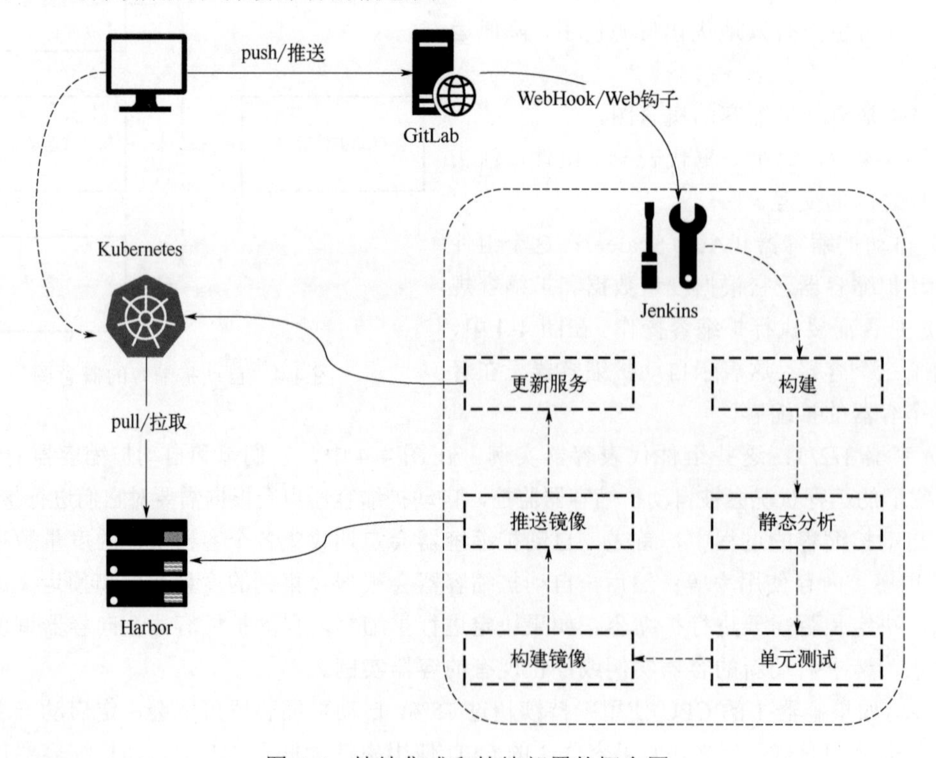

图 4-5　持续集成和持续部署的概念图

在此过程中，开发者提交的代码会触发构建和测试过程，如果构建和测试成功，那么代码就会被自动部署到生产环境。

以下是持续集成和持续部署的关键步骤：

① 代码提交：开发者在完成一项任务或一个功能后，会把代码提交到版本控制系统，如 Git。代码提交通常包括源代码、配置文件、测试脚本等。每次代码提交都应该是可构建、可测试、可部署的。

② 构建和测试：代码提交后，会自动触发构建和测试过程。构建是把源代码编译成可执行文件或者容器镜像的过程。测试则包括单元测试、集成测试、性能测试等，用来验证代码的质量。如果构建或测试失败，那么持续集成/持续部署流程会停止，开发者需要修复错误后再次提交代码。

③ 部署：如果构建和测试都成功，那么代码会被自动部署到生产环境。部署过程通常包括配置环境、启动服务、运行数据库迁移等步骤。在容器云平台中，部署通常是通过启动新的容器实例来实现的。

4.2.5 容器安全技术

容器安全技术是确保容器应用及其基础设施免受未经授权的访问、数据泄露和恶意攻击的重要手段。这涉及多个方面，包括但不限于镜像安全、运行时安全、网络安全以及访问控制等。图 4-6 是容器安全技术的概念图。

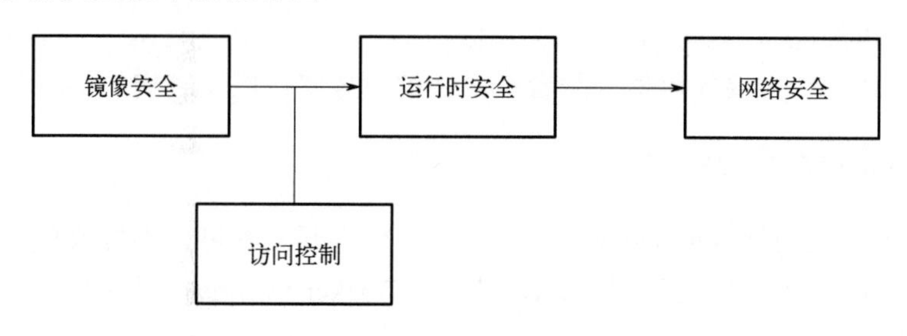

图 4-6　容器安全技术的概念图

在图 4-6 中，每个方框代表一个针对容器安全的重要领域，箭头则代表这些领域之间的关联。

① 镜像安全（Image Security）：这个领域专注于容器镜像的安全性，包括镜像的来源验证、镜像内容的安全性、镜像的存储和分发的安全性等。这是容器安全的第一道防线，每一个容器都是从镜像启动的。

② 运行时安全（Runtime Security）：这个领域专注于容器的运行时安全，包括容器的隔离性、资源限制、行为监控和异常检测等。这是容器安全的第二道防线，针对正在运行的容器可能带来的安全问题。

③ 网络安全（Network Security）：这个领域专注于容器的网络通信的安全，包括网络隔离、流量管理、加密和防火墙等。这是容器安全的第三道防线，主要针对可能出现的网络攻击和数据泄露。

④ 访问控制（Access Control）：这个领域专注于对容器和容器云平台资源的访问控制，包括用户认证、角色授权和操作审计等。这是容器安全的第四道防线，主要防止未经授权的访问和操作。

在图 4-6 中，这四个领域是相互关联的，它们共同构筑容器安全的多层防御体系。例如，一个安全的容器镜像（Image Security）可以降低运行时的安全风险（Runtime Security），一个安全的运行时环境可以减少网络攻击的可能性（Network Security），最后，通过严格的访问控制（Access Control），可以防止未经授权的用户或恶意软件对容器进行操作。这四个领域共同保障容器的全方位安全。

4.3 容器云平台的主要产品和解决方案

随着云计算和微服务架构的发展，容器技术已经成为现代软件开发和部署的重要工具。然而，管理和运维大规模的容器环境并不简单，这就催生了各种容器云平台的出现。容器云平台能提供一套完善的解决方案，帮助企业快速构建、部署和管理容器化的应用。

容器云平台的主要产品和解决方案主要包括公有云、私有云和混合云三种类型。公有云服务提供商如 Amazon、Google、Microsoft 等都推出了自己的容器服务，如 Amazon EKS、Google GKE 和 Azure AKS。这些服务为用户提供一种简单快捷的方式，让用户可以在云环境中部署和管理自己的容器应用。

对于有特殊安全和合规需求的企业，私有云容器解决方案，如 OpenShift、Rancher、Docker Enterprise 等，可提供一种在自己的数据中心内部署和管理容器应用的方式。

而混合云容器解决方案则结合了公有云和私有云的优势，提供一种在多个环境中统一管理和调度容器应用的能力。

下面详细介绍这些主要的容器云平台产品和解决方案，以及它们的特点和应用场景。

4.3.1 Docker Swarm

Docker Swarm 使用标准的 Docker API 接口，使得开发者可以不修改任何应用代码，就可以将单机 Docker 应用无缝迁移到 Swarm 集群。Docker Swarm 提供集群管理、服务发现、负载均衡和服务扩展等功能。

图 4-7 是 Docker Swarm 的架构图。

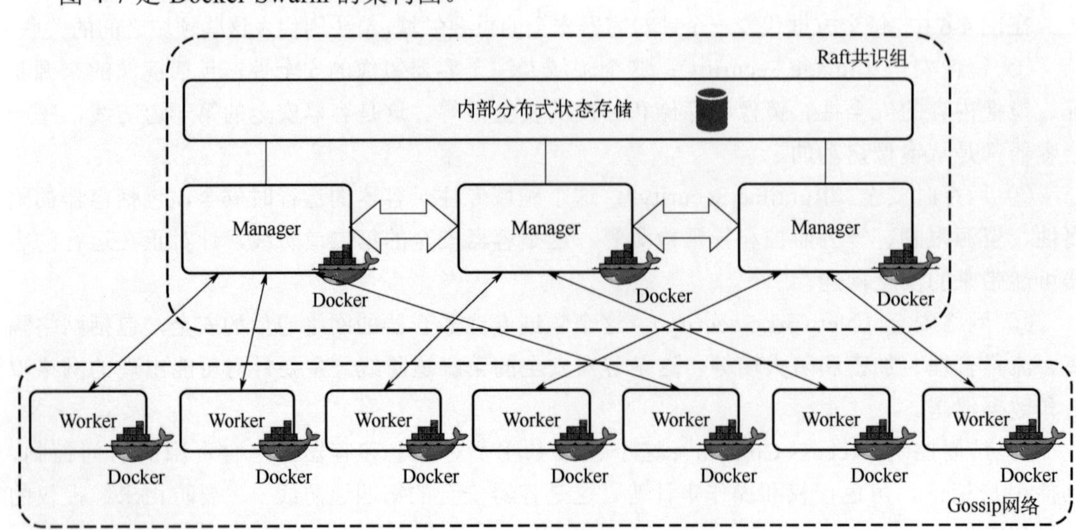

图 4-7　Docker Swarm 的架构图

在图 4-7 中，每个方框代表一个角色，箭头表示角色之间的交互。

① Swarm Manager（Manager）：Swarm Manager 是 Swarm 集群的管理节点，负责管理整

个 Swarm 集群。Swarm Manager 有 Leader 和 Follower 两种角色。其中 Leader 通过 Raft 协议选举产生，负责处理用户的请求和管理集群状态。Follower 节点会复制 Leader 的状态，以保证高可用性。

② Docker Node（Worker）：Docker Node 是 Swarm 集群的工作节点，运行 Docker 容器。Docker Node 会与 Swarm Manager 通信，接收并执行来自 Swarm Manager 的指令，如启动或停止容器等。

以下是 Docker Swarm 的主要特性：

① 简单易用：Docker Swarm 使用与 Docker CLI 一致的命令行界面，使得用户可以快速上手。同时，由于 Swarm 集成在 Docker Engine 中，用户无须安装其他软件就可以使用 Swarm。

② 高可用：Swarm Manager 使用 Raft 协议实现状态同步，可以容忍 Manager 节点的部分故障。此外，Swarm 还支持服务的健康检查和自动恢复，能提高服务的可用性。

③ 自动服务发现和负载均衡：Swarm 集群内的服务可以自动发现和通信，无须手动配置 IP 和端口。此外，Swarm 还内置了负载均衡器，可以自动地将请求分发到服务的多个实例。

④ 弹性伸缩：Swarm 支持按需扩展服务的实例数量，以应对不同的负载需求。

⑤ 滚动更新：Swarm 支持无中断的滚动更新，可以在不停止服务的情况下进行软件部署和更新。

⑥ 安全：Swarm 使用 TLS 对集群内的通信进行加密，保证数据的安全性。此外，Swarm 还支持使用 Secrets 管理敏感数据，避免敏感数据的泄露。

4.3.2 Kubernetes

Kubernetes（常简称为 K8s）是一个开源的容器编排平台，它能提供自动部署、扩展和管理容器应用的功能。Kubernetes 支持多种容器运行时（Container Runtime），包括 Docker、containerd、CRI-O 等，而且支持在多种云平台和物理机环境运行。

图 4-8 是 Kubernetes 的架构图。

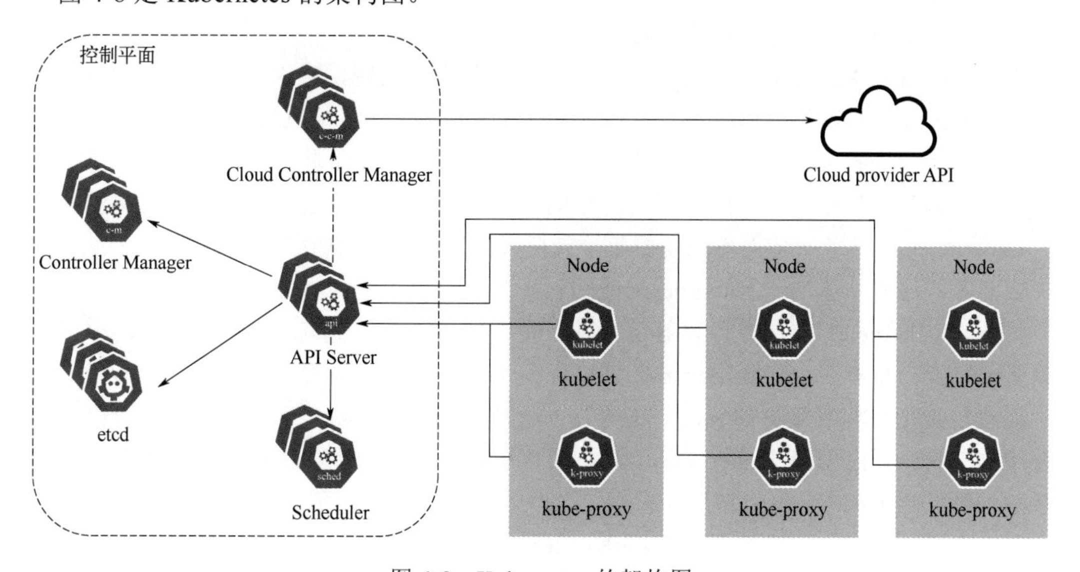

图 4-8 Kubernetes 的架构图

在图 4-8 中，每个方框代表一个角色，箭头表示角色之间的交互。

（1）Master Node

Master Node（Master 节点）是 Kubernetes 集群的管理节点，它负责整个集群的管理和控制。Master Node 包括以下几个主要的组件：

① API Server（kube-apiserver、Kubernetes API 服务器）：API Server 是 Kubernetes 的入口，所有的管理操作都是通过 API Server 来完成的。

② Scheduler（kube-scheduler、Kubernetes 调度器）：Scheduler 负责根据资源使用情况，将 Pod 调度到合适的 Node 上运行。

③ Controller Manager（kube-controller-manager、Kubernetes 控制器管理器）：Controller Manager 负责管理 Kubernetes 中的控制器，如 Replication Controller、Endpoint Controller 等。

④ etcd：etcd 是一个分布式的键值存储系统，用于保存集群的所有数据和状态。

（2）Worker Node

Worker Node（也称 Work 节点、Node 节点）是 Kubernetes 集群的工作节点，它负责运行容器应用。Worker Node 包括以下几个主要的组件：

① kubelet：kubelet 是每个 Node 上的主要代理，它负责维护 Pod 的生命周期，执行如启动、停止容器等操作。

② kube-proxy：kube-proxy 负责为 Service 提供集群内部的服务发现和负载均衡。

Kubernetes 的主要特性包括：

① 自动横向缩放：Kubernetes 可以根据 CPU 使用情况或其他应用指标自动缩放应用。

② 服务发现和负载均衡：Kubernetes 可以使用 DNS 名称或自己的 IP 地址发现服务。如果流量过大，Kubernetes 能够负载均衡和分发网络流量，以保证部署稳定。

③ 自动部署和回滚：Kubernetes 可以保证应用程序的新版本和配置的稳定发布，并且能够在问题出现时自动回滚变更。

④ 密钥和配置管理：Kubernetes 可以存储和管理敏感信息，如密码、OAuth 令牌和 ssh 密钥，并在需要的时候将它们提供给容器。

⑤ 存储编排：Kubernetes 允许自动挂载所选择的存储系统，无论它是本地的（如公有云 AWS 或 GCP），还是网络存储系统（NFS、iSCSI、Gluster、Ceph、Cinder、Flocker 等）。

在总结 Kubernetes 的内容时，我们可以看到它是一个强大而灵活的开源容器编排平台。它的设计理念是提供一个可扩展、可自动化的平台，以满足各种复杂的应用部署需求。

Kubernetes 提供了一套完善的功能集，包括服务发现、负载均衡、自动伸缩、滚动更新、故障恢复等，这些功能使得 Kubernetes 能够管理复杂、大规模的容器化应用。

另外，Kubernetes 支持多种容器运行时和底层基础设施，使其可以在各种环境中运行，无论是公有云、私有云，还是混合云，都可以使用 Kubernetes 来管理和编排容器应用。

因此，无论是对于开发者来说，还是对于运维人员来说，Kubernetes 都是一个值得学习和使用的工具。通过使用 Kubernetes，我们可以更好地管理和优化我们的应用部署，提高工作效率，降低运维成本。

在 4.4 节，我们将会继续深入探讨 Kubernetes，包括它的核心原理、核心组件以及如何在实际工作中使用 Kubernetes 进行应用部署和管理等。

4.3.3 OpenShift

OpenShift 是一个由 Red Hat 公司开发和维护的容器云平台，构建在 Kubernetes 之上。它提供完整的工具和功能，帮助用户轻松构建、部署和管理容器化应用程序。OpenShift 具有以下特点和功能。

① 多租户架构：OpenShift 支持多个用户和团队在同一集群中共享资源，每个用户或团队都可以拥有自己的项目和资源隔离。这种多租户架构使得不同用户可以在同一平台上独立地开发和部署应用程序，提高资源的利用率和开发效率。

② 构建和部署流水线：OpenShift 提供强大的构建和部署流水线工具，可以自动化地构建、测试和部署应用程序。开发者可以使用 OpenShift 提供的构建器和构建器镜像来构建应用程序的容器镜像，然后使用流水线工具来自动化地将镜像部署到集群中。

③ 监控和日志管理：OpenShift 集成监控和日志管理功能，可以实时监控应用程序的性能和健康状况，并提供详细的日志信息供开发者分析和排查问题。通过 OpenShift 的监控和日志管理功能，开发者可以及时发现和解决应用程序的异常情况，保证应用程序的可靠性和稳定性。

④ 服务目录和自动化扩缩容：OpenShift 提供一个服务目录，其中包含常用的数据库、消息队列等服务。开发者通过简单的配置即可将这些服务部署到自己的应用程序中，无须自己搭建和管理这些服务。同时，OpenShift 还支持自动化扩缩容，根据应用程序的负载情况动态调整容器的数量，以确保应用程序始终具备足够的资源供应。

⑤ 安全性和权限控制：OpenShift 提供丰富的安全性和权限控制功能，包括认证、授权和网络策略等。开发者可以通过 OpenShift 的认证和授权功能来限制用户对集群和应用程序的访问权限，并通过网络策略来控制应用程序之间的通信。

OpenShift 是一个基于 Kubernetes 的容器云平台，具有多租户架构、构建和部署流水线、监控和日志管理、服务目录和自动化扩缩容以及安全性和权限控制等功能。它能为开发者提供一个强大且易于使用的平台，帮助他们更高效地构建、部署和管理容器化应用程序。

图 4-9 展示了 OpenShift 的架构和组件。

在 OpenShift 的架构中，主要包括以下组件：

① Master 节点：负责管理整个 OpenShift 集群的运行和调度。它包括 API 服务器、控制器管理器和调度器。

② Node 节点：运行应用程序的节点，每个节点上都会运行一个 Kubernetes Node 组件。

③ etcd 集群：用于存储 OpenShift 集群的状态信息和配置数据。

④ 构建器和构建器镜像：用于构建和打包应用程序的工具和环境。

⑤ 持久化存储：用于存储应用程序的持久化数据，可以使用各种存储后端，如 NFS、Ceph 等。

⑥ 路由器和负载均衡器：用于将外部请求路由到正确的应用程序。

⑦ 监控和日志管理组件：用于监控应用程序的性能和健康状况，并记录应用程序的日志信息。

通过 OpenShift 的架构图，可以清晰地了解每个组件的作用和相互关系，帮助读者更好地理解 OpenShift 的工作原理和实际应用。

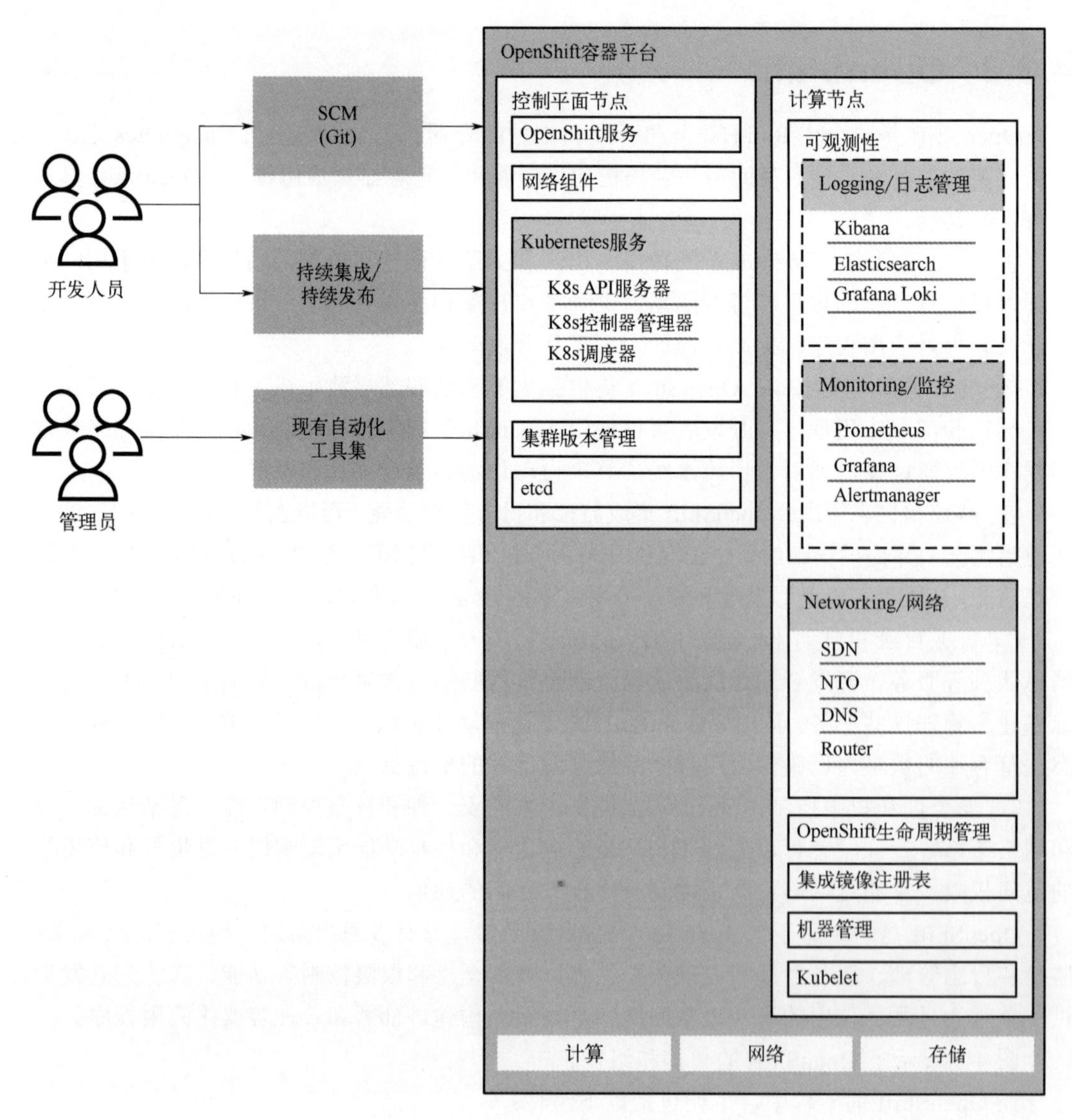

图 4-9　OpenShift 的架构图

4.3.4　Mesos/Marathon

Apache Mesos（简称 Mesos）是一个开源的集群管理系统，它的设计目标是提供高效、可扩展和跨多个数据中心的资源管理服务。Marathon 则是运行在 Mesos 之上的一个框架，专门用于管理长期运行的应用，也就是我们通常所说的服务。

图 4-10 是 Mesos/Marathon 的架构图。

① Mesos Master：Mesos Master 是 Mesos 集群的管理节点，负责接收和分配资源请求、调度任务、管理 Agent 节点等。Marathon 作为 Mesos 的一个框架运行在 Mesos Master 节点上，接收来自用户的任务需求，然后通过 Mesos Master 调度到合适的 Mesos Agent 节点上运行。

② Mesos Agent：Mesos Agent 是 Mesos 集群的工作节点，它负责执行来自 Mesos Master 的任务，如启动和停止容器等。

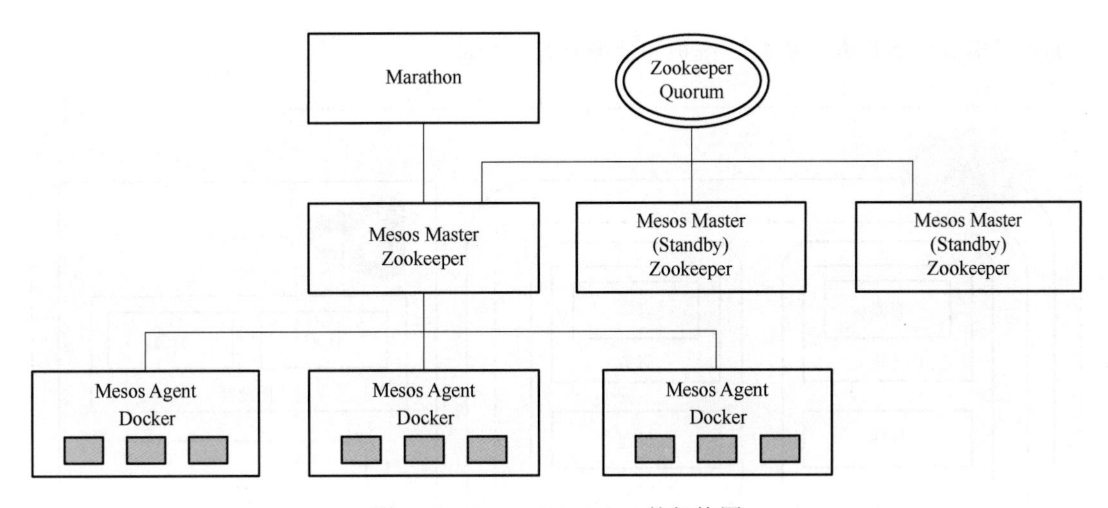

图 4-10　Mesos/Marathon 的架构图

以下是 Mesos/Marathon 的主要特性：

① 大规模：Mesos 可以管理数以万计的节点，非常适合大规模集群的需求。

② 弹性调度：Mesos 提供弹性的资源调度模型，可以根据任务的资源需求进行精细的调度。

③ 容错性：Mesos 使用主-从架构和检查点机制，即使在 Master 节点故障的情况下，也能保证集群的正常运行。

④ 多租户隔离：Mesos 支持 Linux 容器和 Docker，可以为每个任务提供隔离的运行环境。

⑤ 服务发现和负载均衡：Marathon 提供基本的服务发现和负载均衡功能。

⑥ API 支持：Marathon 提供 RESTful API，用户可以通过 API 进行应用部署和管理。

⑦ 健康检查和滚动升级：Marathon 支持应用的健康检查和滚动升级，能提高服务的可用性和更新的便利性。

4.3.5　其他容器云平台产品

除了上述的 Kubernetes、OpenShift 和 Mesos/Marathon，还有许多其他的容器云平台产品在市场上广泛使用。让我们来看一些国际上的容器云平台产品。

（1）Amazon ECS

Amazon Elastic Container Service（ECS）是 Amazon Web Services（AWS）提供的一种高度可扩展的高性能容器管理服务，使用户可以在完全托管的环境中轻松运行应用程序。

图 4-11 为 Amazon ECS 的架构图，展示了如何通过 AWS 的其他服务（如 AWS Fargate、Amazon RDS、Amazon DynamoDB）来创建一个完整的容器运行环境。

（2）Microsoft AKS

Microsoft Azure Kubernetes Service（AKS）是 Microsoft Azure 提供的完全托管的容器编排服务，它能简化 Kubernetes 集群的部署和运维。

图 4-12 为 Microsoft AKS 的架构图，展示了如何通过 Azure 的其他服务（如 Azure Dev Spaces、Azure Monitor、Azure Logic Apps）来创建一个完整的容器运行环境。

（3）GKE

Google Cloud Kubernetes Engine（GKE）是 Google Cloud 提供的托管 Kubernetes 服务，

它提供了集群自动扩缩、更新、维护和故障修复等功能。

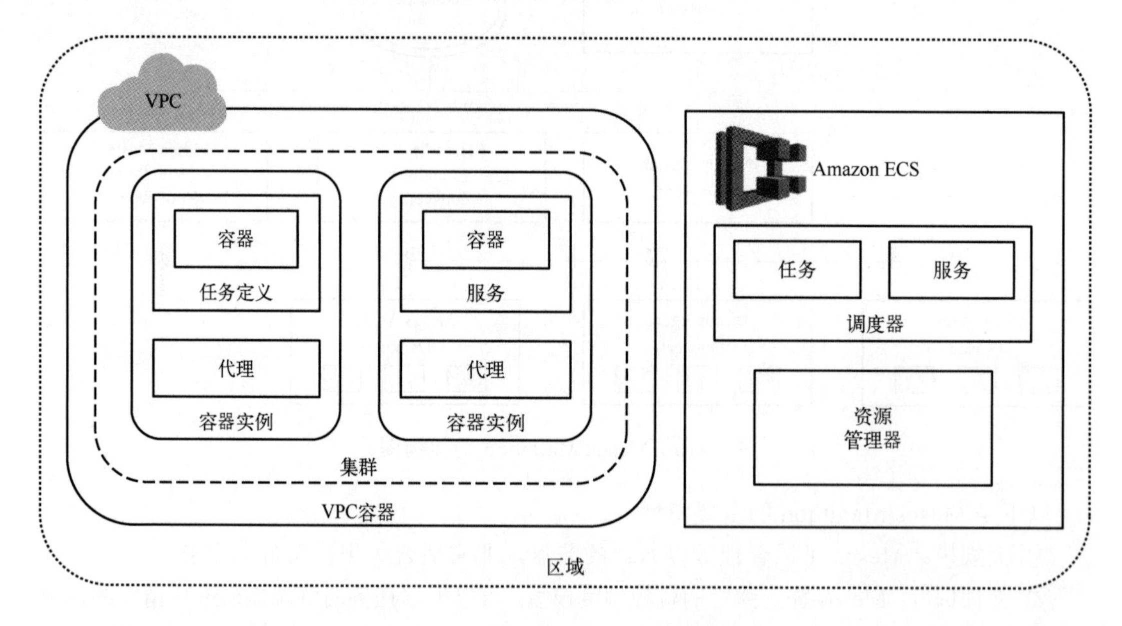

图 4-11 Amazon ECS 的架构图

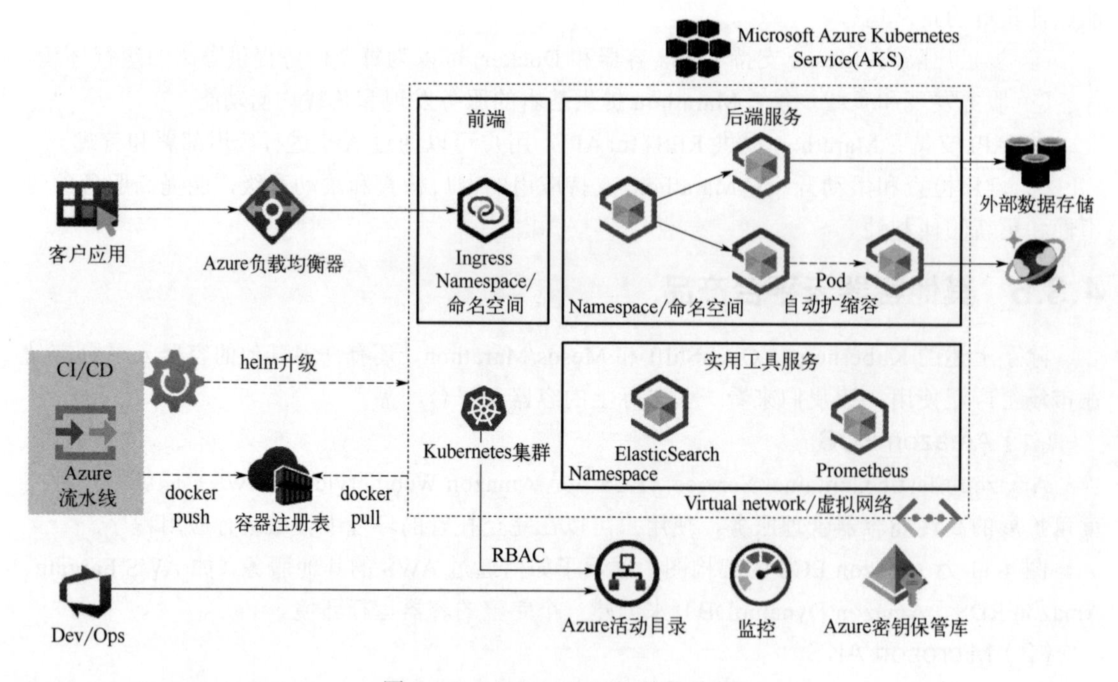

图 4-12 Microsoft AKS 的架构图

一些国内的厂商也推出了自己的容器服务产品，如华为云的 CCE、阿里云的 ACK、腾讯云的 TKE 等。

（1）华为云 CCE

华为云容器引擎（Cloud Container Engine，简称 CCE）是基于原生 Kubernetes 的容器管理服务，能提供高效、安全、便捷、弹性的容器应用管理，支持微服务和 DevOps，帮助用户实现快速上云。

图 4-13 为华为云 CCE 的架构图，包含计算、网络、存储、集群服务、容器编排、制品仓库、弹性伸缩、服务治理、容器运维管理、扩展插件市场等组件。

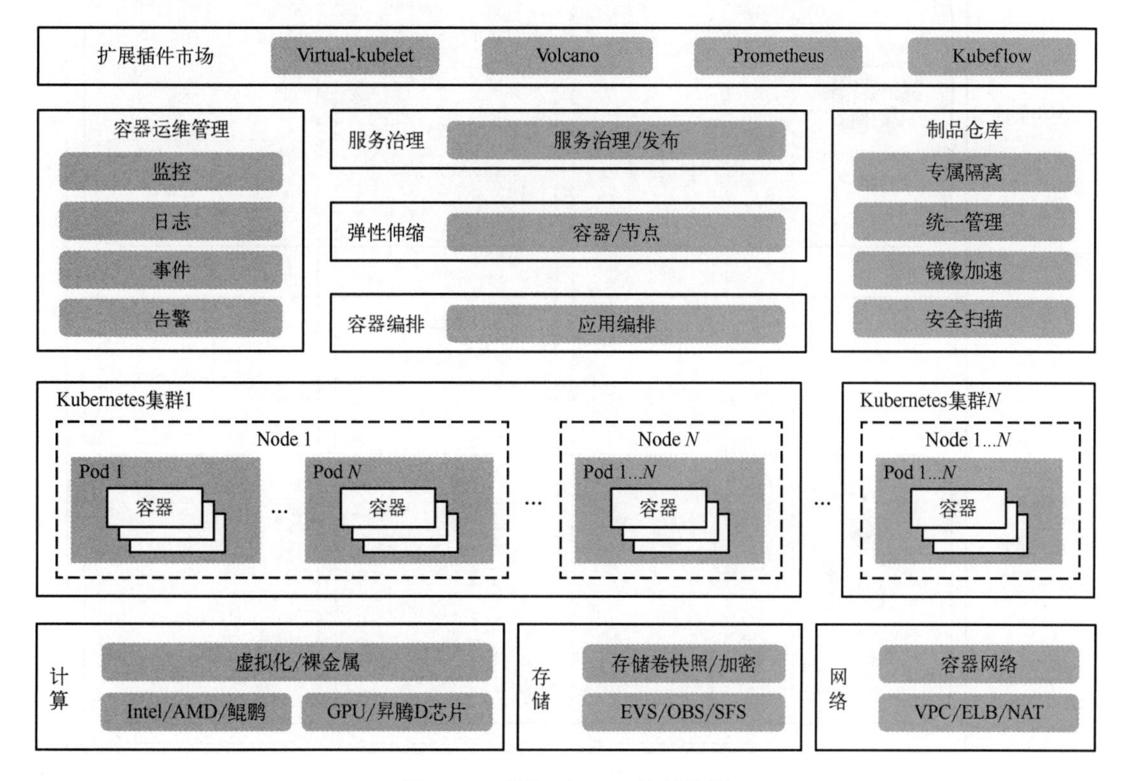

图 4-13　华为云 CCE 的架构图

（2）阿里云 ACK

阿里云 Kubernetes 容器服务（Container Service for Kubernetes，简称 ACK）是一种高度可扩展的高性能容器管理服务，用户可以在阿里云平台上轻松运行 Kubernetes 应用程序，无须安装、运维、升级 Kubernetes 集群。

图 4-14 为阿里云 ACK 的架构图，包含 Master 节点、Node 节点、Pod 和 Service 四个部分。ACK 托管版集群的管控面由 ACK 管理，以提供稳定、高可用、高性能、安全的 Kubernetes 服务。托管组件包括 kube-apiserver、kube-controller-manager、ack-scheduler 和 etcd，部署在不同的可用区以提供可用区级别的高可用性。ACK 管控会持续监控托管组件，保障服务 SLA，并且及时修复安全漏洞。

（3）腾讯云 TKE

腾讯云容器服务（Tencent Kubernetes Engine，简称 TKE）是一种高度可扩展的高性能容器管理服务，提供原生 Kubernetes 容器化应用管理体验，支持企业级 Kubernetes 集群特性。

图 4-15 为腾讯云 TKE 的架构图。腾讯云容器服务基于原生 Kubernetes 进行适配和增加，支持原生 Kubernetes 能力；提供腾讯云的 Kubernetes 插件，帮助用户快速在腾讯云上构建 Kubernetes 集群。腾讯云容器服务在 Kubernetes 上层，提供集群管理、应用管理、CI/CD 等进阶能力。

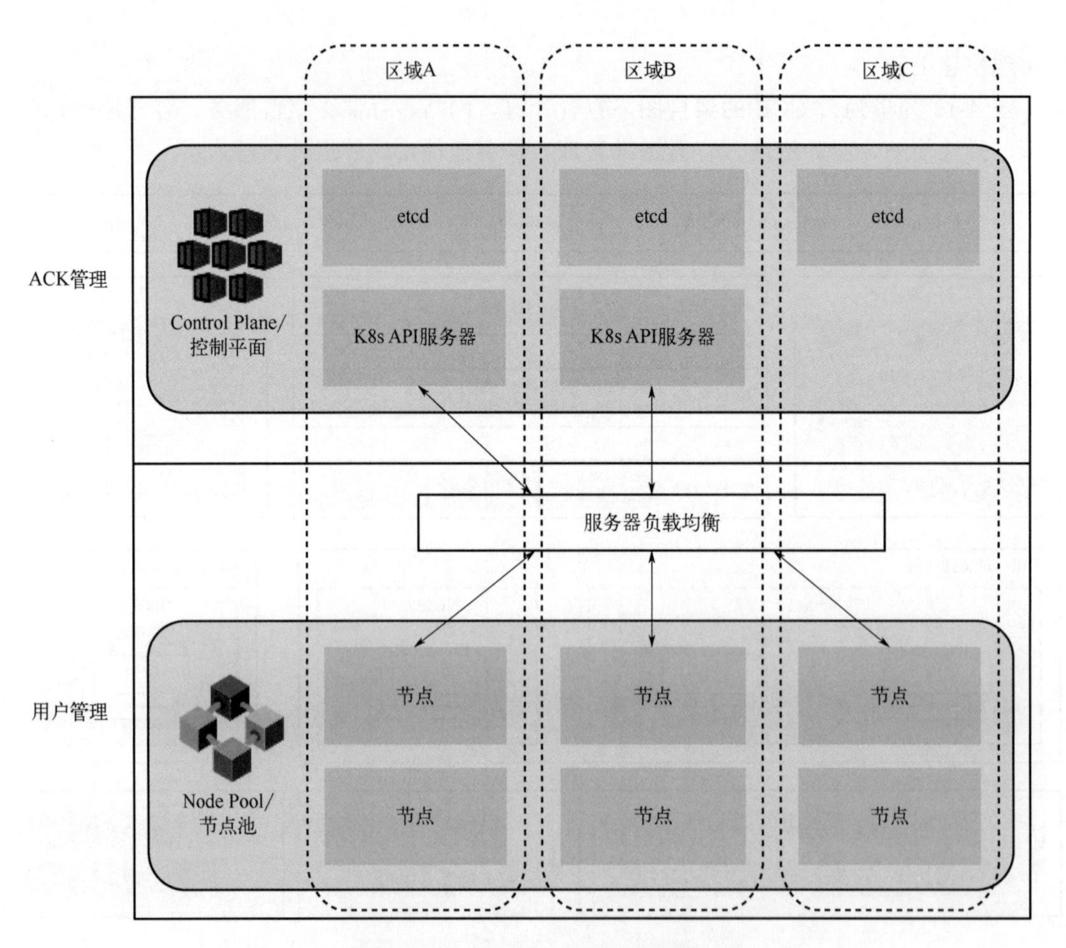

图 4-14 阿里云 ACK 的架构图

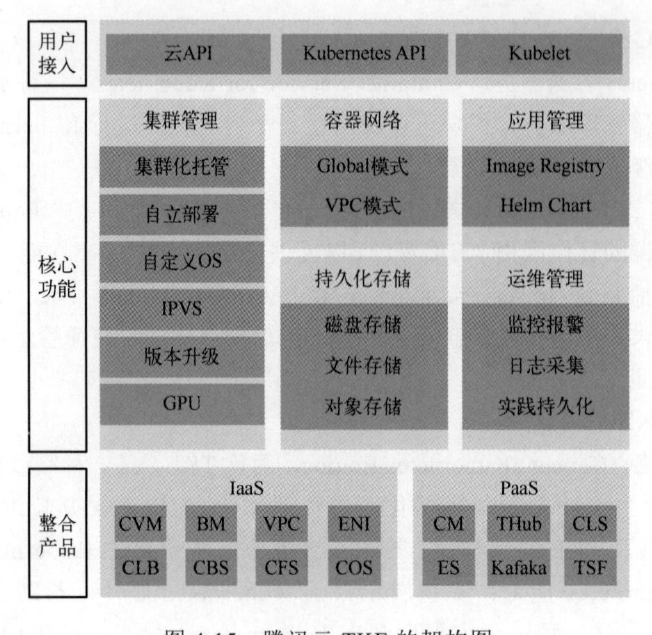

图 4-15 腾讯云 TKE 的架构图

4.4 Kubernetes 平台

Kubernetes 由 Google 设计并捐赠给 Cloud Native Computing Foundation（CNCF），现在已成为 CNCF 的旗舰项目。

Kubernetes 能提供一种跨主机的容器运行环境，可以在物理机或虚拟机集群中运行应用程序。它能够处理和抽象化底层计算基础设施的复杂性，使得开发者可以专注于应用程序本身。

Kubernetes 的主要特性包括服务发现和负载均衡、存储卷管理、自动部署和回滚、自动扩缩容、健康检查和自愈、密钥和配置管理等。通过这些特性，Kubernetes 可以提供一个强大、灵活、可扩展的基础设施，以满足各种复杂的应用部署需求。

Kubernetes 是目前流行的开源容器编排平台，许多云服务提供商，包括 Google Cloud、Amazon Web Services、Microsoft Azure、IBM Cloud 以及阿里云等，都提供了基于 Kubernetes 的容器服务。因此，对 Kubernetes 的学习和理解对于掌握云原生技术具有重要的意义。

以下是为何 Kubernetes 需要单独讨论的几个主要原因：

① 广泛的应用：Kubernetes 的应用非常广泛，几乎所有的云服务提供商都提供了 Kubernetes 服务。此外，许多大公司也在自己的数据中心内部署了 Kubernetes。

② 强大的功能：Kubernetes 提供了一整套完备的容器编排功能，包括服务发现、负载均衡、自动扩缩容、滚动更新、容器间的网络和存储管理等。

③ 活跃的社区：Kubernetes 有一个非常活跃的开源社区，有大量的开发者和公司在持续贡献代码，社区也会定期发布新版本，添加新的功能和改进。

④ 丰富的生态系统：围绕 Kubernetes，有一个非常丰富的生态系统，包括各种工具、插件和服务，如监控、日志、CI/CD、安全、网络、存储等。

因此，对 Kubernetes 的深入理解和实践经验对于理解和使用其他依赖于 Kubernetes 的云平台产品至关重要。

4.4.1 Kubernetes 的核心组件

Kubernetes 平台是由一系列相互协作的组件构成的，这些组件共同提供一套完整、强大的容器编排系统。在 Kubernetes 中，有两种类型的节点：Master 节点和 Worker 节点。它们分别运行着不同的核心组件，如图 4-16 所示。

Master 节点是集群的“大脑”，它负责维持集群的状态，比如启动或停止应用，扩展应用的副本数量，以及调度应用到不同的 Worker 节点等。Master 节点上运行的核心组件包括 kube-apiserver、etcd、kube-scheduler 和 kube-controller-manager。

Worker 节点则是承载应用负载的节点，它运行着实际的应用容器。Worker 节点上的核心组件包括 kubelet 和 kube-proxy，以及实际的应用容器。

4.4.1.1 Kubernetes Master

在 Kubernetes 架构中，Kubernetes Master 扮演着非常关键的角色。它是整个 Kubernetes 集群的控制中心，负责维护和管理整个集群的状态，包括调度、升级策略、集群响应等。

在一个 Kubernetes Master 节点上，主要运行以下几个关键组件：

① kube-apiserver：kube-apiserver 是 Kubernetes 集群的 API 服务器，它是集群中所有操

作的前端。所有的集群管理操作，包括命令行工具 kubectl 的命令，都是通过 kube-apiserver 来处理的。kube-apiserver 负责处理这些请求，验证它们，并最终执行或者拒绝。

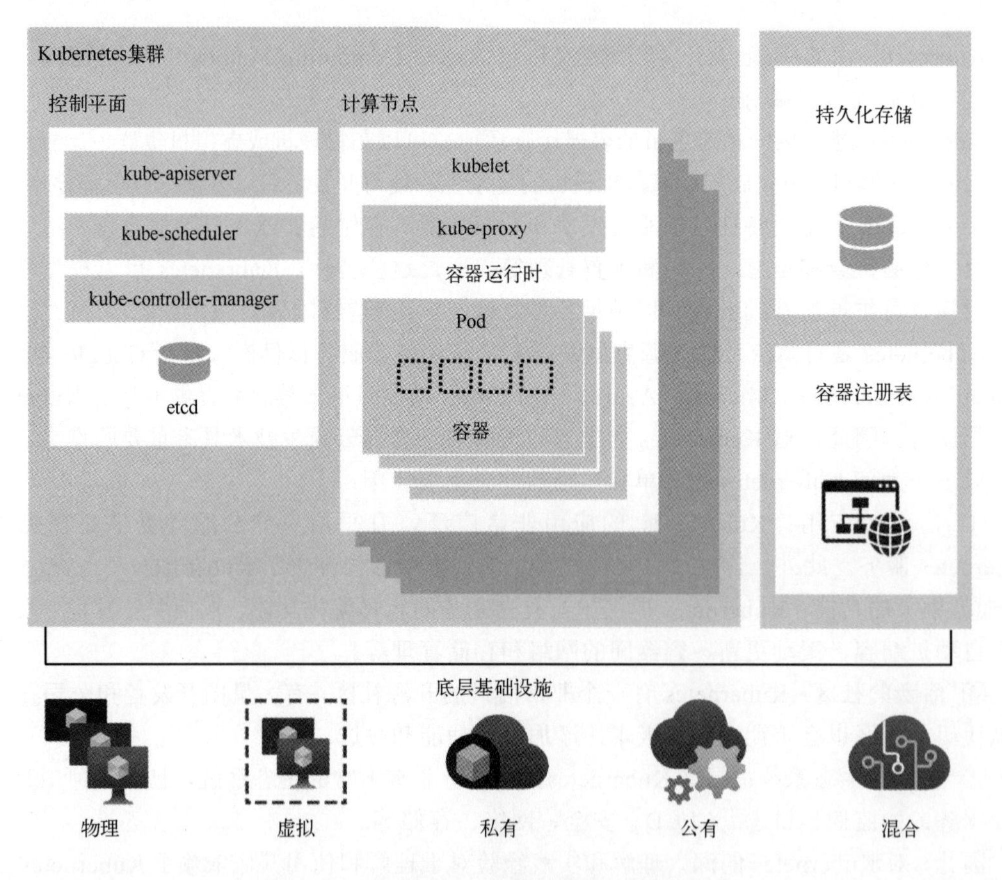

图 4-16　Kubernetes 集群各组件之间的关系

② etcd：etcd 是一个分布式的可靠的键值存储系统，它用于保存和分发集群配置。所有的 Kubernetes 对象的定义和状态都被持久化保存在 etcd 中。kube-apiserver 通过与 etcd 的交互，获取和更新集群的状态。

③ kube-scheduler：kube-scheduler 负责在集群中的工作节点上调度 Pods。它监控没有分配节点的 Pods，选择一个最适合的节点进行分配。在选择节点时，kube-scheduler 会考虑多种因素，如资源利用率、Pod 的资源需求、网络策略、负载平衡等。

④ kube-controller-manager：kube-controller-manager 运行一系列的控制器，这些控制器负责执行背后的控制逻辑。例如，Replication Controller 确保在集群上的每个 Pod 都有一个副本运行，Service Controller 负责为 Service 创建负载均衡器，Node Controller 负责在 Node 发生故障时进行通知和响应等。

4.4.1.2　Kubernetes Node

在 Kubernetes 集群中，Node 是承载运行应用的工作负载的工作单元，可以是一台物理机或虚拟机。每个 Kubernetes Node 都运行着几个关键的服务，它们共同确保在 Node 上运行的 Pods 的正常工作并与 Kubernetes Master 进行正常通信。以下是每个 Kubernetes Node 上主要运行的组件：

① kubelet：kubelet 是 Kubernetes 集群中每个 Node 的核心组件，它负责与 Kubernetes Master 进行通信，接收任务并管理 Pods 和它们包含的容器。kubelet 会确保每个 Pod 中的容器都按照用户的期望运行。它会定期收集并向 Master 报告 Node 和 Pods 的状态信息，以便 Kubernetes Master 对集群的状态进行跟踪。

② kube-proxy：kube-proxy 是 Node 上运行的网络代理，它维护 Node 上所有的网络规则。当服务的网络流量到达 Node 时，kube-proxy 会负责将流量路由到正确的 Pod。kube-proxy 还实现了一种基本的网络负载均衡机制，可以将到达同一服务的流量均匀地分配到后端的 Pods。

③ Container Runtime：容器运行时是负责运行容器的软件。它负责拉取镜像、启动和停止容器等任务。Kubernetes 支持多种容器运行时，包括 Docker、containerd、CRI-O 等。kubelet 与容器运行时进行交互，管理 Pod 中的容器。

④ Pod：Pod 是 Kubernetes 的最小部署单元，它包含一个或多个紧密相关的容器，这些容器共享存储和网络资源。Pod 可以运行应用程序、批处理任务、系统守护进程等。Pod 是 Node 上的工作负载，由 kubelet 管理。

4.4.1.3 Pod

在 Kubernetes 中，Pod 是最小的可部署的计算单元。一个 Pod 代表一个运行在集群中的进程，它可以包含一个或多个紧密相关的容器。在一个 Pod 中，所有的容器都运行在同一个网络和 IPC 名称空间中，并且可以共享相同的存储卷。

以下是一个 Pod 的关键特性和组件：

① 容器：Pod 中的容器应该紧密相关，并且需要在相同的上下文中运行。例如，一个 Pod 可以包含一个运行了 Web 服务器的容器和一个单独的日志记录器容器。因为它们在同一个 Pod 中，所以可以共享资源并通过 localhost 进行通信。

② 共享网络命名空间：Pod 中的所有容器共享相同的网络命名空间，这意味着它们有相同的 IP 地址和端口空间，可以使用 localhost 进行通信。这使得在 Pod 中的容器之间的通信变得非常简单。

③ 共享存储卷：Pod 可以定义存储卷并挂载到其中的一个或多个容器中。这允许容器之间共享数据，以及持久化容器的数据。

④ 生命周期：Pod 有自己的生命周期。它们可能由于各种原因被创建和删除，例如，执行批处理任务或扩展和收缩副本数。当一个 Pod 被从集群中删除时，其中的所有容器也会被停止。

⑤ 调度和管理：Pod 是 Kubernetes 进行调度和管理的基本单位。Kubernetes 通过 API Server 创建和管理 Pod，而 kubelet 则负责在指定的 Node 上启动 Pod 的容器。

尽管 Pod 提供了运行容器的环境，但它们通常不直接由用户创建，而是通过 Deployment、StatefulSet 或 DaemonSet 等更高级别的 API 对象进行管理。这些对象负责管理 Pod 的生命周期，包括创建、删除、扩展和更新等操作。

4.4.1.4 Service

在 Kubernetes 中，Service 是一种抽象，它定义了一个逻辑的 Pod 的集合以及访问这些 Pod 的策略。通过 Service，用户可以访问运行在一组 Pod 中的应用，而不需要关心这些 Pod 运行在哪个 Node 上，甚至不需要关心这些 Pod 的生命周期和数量。

以下是 Service 的关键特性和组件：

① 服务发现：Kubernetes 提供了基于环境变量和 DNS 的服务发现机制。当一个 Pod 被创建

时，Kubernetes 会自动创建一组环境变量，包括每个活动 Service 的主机名和端口号。而通过集成内置的 DNS 插件，Pod 可以通过 Service 的名称进行 DNS 查找，获取 Service 的 IP 和端口。

② 负载均衡：Service 提供了一个稳定的网络接口，可以将网络流量负载均衡地路由到后端的 Pod。当一个 Service 的请求到达时，kube-proxy 会选择一个后端的 Pod，将请求转发到该 Pod。kube-proxy 支持多种负载均衡算法，如轮询、随机、最少连接数等。

③ 持久化的 IP 和端口：每个 Service 都有一个持久化的 IP 地址和端口，这意味着即使后端的 Pod 发生了变化，Service 的 IP 和端口都不会改变。这使得用户可以在不关心 Pod 的生命周期和数量的情况下，持续地访问运行在 Pod 中的应用。

④ 服务类型：Kubernetes 支持多种类型的 Service，如 ClusterIP（默认类型，只能在集群内部访问）、NodePort（在每个 Node 上分配一个端口，使得 Service 可以从集群外部访问）、LoadBalancer（在云平台上创建一个负载均衡器，将外部流量路由到 Service）等。

4.4.1.5 Volume

在 Kubernetes 中，Volume 是一个用于存储数据的抽象概念。与 Docker 中的 Volume 不同，Kubernetes 的 Volume 不仅仅是一个文件目录，或者提供一个文件系统，还可以提供多种数据访问模式和存储后端。

以下是 Kubernetes Volume 的关键特性：

① 生命周期：在 Kubernetes 中，Volume 的生命周期与 Pod 相关联。当一个 Pod 被创建或删除时，与之关联的 Volume 也会被创建或删除。但是，Volume 中的数据是持久的，即使容器或 Pod 被删除，Volume 中的数据也不会丢失。

② 共享数据：在一个 Pod 中，所有的容器都可以访问同一个 Volume，这使得容器之间可以共享数据。例如，一个容器可以生成某些数据，然后另一个容器可以读取这些数据。

③ 支持多种后端存储：Kubernetes 支持多种类型的 Volume，如本地目录、网络文件系统（NFS）、云存储（如 AWS EBS、GCE PD、Azure Disk/Azure File）、分布式文件系统（如 GlusterFS、CephFS），以及特殊用途的 Volume（如 Secret、ConfigMap、EmptyDir 等）。

④ 存储类：Kubernetes 提供了 StorageClass 这一概念，允许管理员配置并提供多种类别的存储。用户在创建 PersistentVolumeClaim 时，可以指定 StorageClass，以便选择合适的存储提供。

4.4.1.6 Namespace

在 Kubernetes 中，Namespace 是一种将集群资源划分为多个独立虚拟集群的手段。每个 Namespace 都有自己的名称，并且在整个集群中是唯一的。Namespace 可以用于在物理上同一个集群中，划分出逻辑上的多个虚拟集群，每个 Namespace 内部的资源是隔离的。

以下是 Namespace 的关键特性：

① 隔离性：在同一个 Namespace 中的资源（如 Pod、Service、Volume 等）彼此之间可以直接访问，而与其他 Namespace 中的资源隔离。这种隔离性可以提供一种简单的安全隔离和访问控制机制。

② 资源配额：管理员可以对每个 Namespace 设置资源配额，限制在该 Namespace 中可以使用的资源数量。资源配额可以限制 CPU、内存、存储、Pod 数量等多种资源。

③ 名称空间：每个 Namespace 都有自己的名称空间，这意味着在同一个 Namespace 中的所有资源名称都是唯一的。但在不同的 Namespace 中，资源的名称可以相同。

④ 网络策略：管理员可以使用 NetworkPolicy 来定义 Namespace 中的 Pod 之间，或者不同 Namespace 之间的网络访问策略。

4.4.1.7 Deployment

在 Kubernetes 中，Deployment 是一种高级别的抽象，用于描述应用的期望状态。Deployment 能够自动管理 Pod 的生命周期，包括创建、删除、更新等操作，以确保集群的实际状态始终与期望状态一致。

以下是 Kubernetes Deployment 的关键特性：

① 自动副本管理：Deployment 允许用户定义应用的副本数，并且会自动启动或关闭 Pod，以确保运行的 Pod 数量始终与用户定义的副本数一致。

② 滚动更新和回滚：Deployment 支持以滚动方式更新应用，即逐个替换旧 Pod，直到所有的 Pod 都被更新为止。如果新版本的应用出现问题，Deployment 还支持自动或手动回滚到之前的版本。

③ 健康检查和自我修复：Deployment 可以根据 Pod 的健康状态进行操作。如果一个 Pod 因为某种原因变得不健康，Deployment 会自动关闭这个 Pod，并启动一个新的 Pod。

4.4.1.8 Secret

在 Kubernetes 中，Secret 是一种用于存储敏感数据的资源，如密码、OAuth 令牌、ssh 密钥等。Secret 能提供比直接在 Pod 定义中或者 Docker 镜像中存储敏感信息更安全的方式。

以下是 Kubernetes Secret 的关键特性：

① 安全存储：所有的 Secret 数据都被 Kubernetes API server 存储在 etcd 中，并且在存储时被加密，以提供数据的安全性。

② 按需访问：Pod 可以通过 volume 或者环境变量的方式访问 Secret。kubelet 只会在至少有一个 Pod 需要该 Secret 时才将其加载到 Node 上。

③ 多种类型：Kubernetes 支持多种类型的 Secret，包括通用类型（Opaque）、服务账号令牌、docker-registry（用于存储 Docker registry 的认证信息）以及 TLS 证书等。

4.4.1.9 ConfigMap

在 Kubernetes 中，ConfigMap 是一种用于存储和管理非敏感配置信息的资源，例如应用程序的配置文件、命令行参数等。ConfigMap 允许将环境特定的配置与应用程序代码分离，从而使应用程序更易于在不同环境中移植。

以下是 Kubernetes ConfigMap 的关键特性：

① 配置分离：通过使用 ConfigMap，应用程序的配置信息可以与镜像和应用代码分离，从而使得应用程序更易于迁移和配置。

② 多种使用方式：ConfigMap 可以多种方式被 Pod 使用，包括作为环境变量、作为 Pod 命令行参数、作为配置文件在 volume 中，或通过 kubelet 和其他系统组件直接使用。

③ 动态更新：当 ConfigMap 被更新时，已经使用该 ConfigMap 的 Pod 可以动态得到更新。这使得应用程序在无须重启的情况下就可以更新其配置。

理解 ConfigMap 是理解 Kubernetes 集群配置管理的关键。通过 ConfigMap，我们可以管理应用程序的配置，使得应用程序更易于在不同环境中迁移和配置。

4.4.1.10 Ingress

在 Kubernetes 中，Ingress 是一种用于管理外部访问集群内部服务的 API 对象。Ingress

可以提供 HTTP 和 HTTPS 路由到集群内部的 Service，并且可以提供负载均衡、安全套接字层（secure socket layer，SSL）终止和域名基的虚拟托管。

以下是 Kubernetes Ingress 的关键特性：

① HTTP/HTTPS 路由：Ingress 允许定义 HTTP/HTTPS 路由规则，路由外部请求到集群内的 Service。

② 域名虚拟托管：Ingress 允许基于域名和 URL 路径进行路由，从而可以使用一个 IP 地址来路由多个域名。

③ SSL 终止：Ingress 允许 SSL 终止，将 HTTPS 请求解密并转发到内部的 Service，从而减轻 Service 的负载。

4.4.2 Kubernetes 的核心原理

Kubernetes 是一个开源的、用于管理云环境中多个主机上的容器化的应用的平台。它提供了跨主机集群的自动部署、扩展以及运行应用程序容器的平台。Kubernetes 的核心原理包括声明式配置、控制循环、Pod、Service 和 Volume 等概念，这些原理和概念共同构成了 Kubernetes 的运行机制和设计理念。

4.4.2.1 Kubernetes 的架构和工作原理

Kubernetes 基于主-从架构设计。在这种架构中，有一个主节点（Master Node）和多个工作节点（Worker Node）。主节点负责整个 Kubernetes 集群的管理和控制，工作节点则运行实际的应用容器。

（1）主节点的角色

主节点运行 Kubernetes 集群的控制面板组件，包括以下几个关键组件：

① API Server：API Server 是 Kubernetes 的核心，它是用户、管理员和集群自身的各个部分之间的主要接触点。所有的操作都通过 API Server 进行。

② Scheduler：Scheduler 负责将 Pod 调度到合适的 Node 上运行。它根据各个 Node 的资源使用情况、Pod 的资源需求、网络和策略约束等信息，选择最合适的 Node 来运行 Pod。

③ Controller Manager：Controller Manager 运行各种类型的 Controllers，如 ReplicaSet、Service、DaemonSet 等，这些 Controllers 通过 API Server 监控整个集群的状态，并确保集群的实际状态与用户定义的期望状态一致。

④ etcd：etcd 是一个分布式的、一致性的键值存储系统，用于保存 Kubernetes 集群的所有数据，如 Node 状态、Pod 信息、ConfigMap 和 Secret 等。

（2）工作节点的角色

工作节点运行实际的应用容器，主要包括以下几个组件：

① Kubelet：Kubelet 是每个 Node 上运行的主要组件，它负责与 API Server 通信，接收任务并管理 Pod 及其容器。

② Kube-proxy：Kube-proxy 是 Node 上的网络代理，它维护 Node 上的网络规则，并执行连接转发。

③ Container Runtime：Container Runtime 负责运行容器，Kubernetes 支持多种容器运行时，如 Docker、containerd、CRI-O 等。

（3）控制循环的概念

控制循环是 Kubernetes 的工作原理的基础，所有的 Kubernetes 操作都是通过控制循环实现的。在控制循环中，Controller 通过 API Server 获取集群的当前状态，然后与用户定义的期望状态进行比较，如果两者不一致，Controller 将采取必要的操作使集群的当前状态与期望状态一致。

4.4.2.2 Kubernetes 的网络模型

Kubernetes 的网络模型是设计用来处理在集群中的 Pod 和 Service 之间的通信的。Kubernetes 的网络模型包括 Pod 的网络、Service 的网络以及 Ingress 的角色。

（1）Pod 的网络

在 Kubernetes 中，每个 Pod 都有一个唯一的 IP 地址。这个 IP 地址在整个 Kubernetes 集群中是唯一的，而且 Pod 之间可以直接通过 IP 地址进行通信，无须通过 NAT 或者代理。这种设计使得在 Pod 之间的网络通信变得简单和透明。

Pod 内的所有容器共享一个网络命名空间，也就是说，它们使用同一个 IP 地址和端口范围。容器间可以通过 localhost 互相通信，不同 Pod 之间的容器则可以使用 Pod IP 地址进行通信。

（2）Service 的网络

每个 Service 都有一个唯一的 IP 地址（称为 ClusterIP）和端口，这个 IP 地址在整个集群中是稳定的，即使后端的 Pod 发生变化，Service 的 ClusterIP 也不会改变。

Kubernetes 使用 kube-proxy 组件来实现 Service 的网络负载均衡。kube-proxy 运行在每个 Node 上，它会监听 API Server 中 Service 和 Pod 的变化，维护 iptables 规则以实现 Service IP 地址和端口到后端 Pod 的网络流量转发。

（3）Ingress 的角色

Ingress 在 Kubernetes 中负责管理从外部网络到集群内部 Service 的流量。Ingress 工作在网络的七层（即应用层），因此它可以提供更复杂的流量路由规则，例如基于 HTTP 路径的路由。

Ingress 需要一个 Ingress Controller 来实现，常见的 Ingress Controller 有 Nginx、Traefik、HAProxy 等。Ingress Controller 会监听 Ingress 资源的变化，然后更新自身的配置来实现流量的路由。

4.4.2.3 Kubernetes 的存储模型

Kubernetes 的存储模型主要包括 PersistentVolume（PV）、PersistentVolumeClaim（PVC）、StorageClass 和 Volume 等概念。这些概念一起构成 Kubernetes 的存储和数据管理框架。

（1）PV 和 PVC 的概念

PersistentVolume（PV）是一种在集群中的网络存储系统中预先配置的存储卷。每个 PV 都有一个特定的大小和访问模式，并且可以与一种存储类型关联，例如 NFS、iSCSI、RBD（Ceph 块设备）或云服务提供商特定的存储类型，如 AWS EBS、GCE PD 或 Azure Disk。PV 是集群的资源，与 Pod 的生命周期独立，这意味着 PV 的生命周期不依赖于任何使用它的 Pod。

PersistentVolumeClaim（PVC）是用户对存储资源的请求。PVC 消耗 PV 资源，并可以请求特定的大小和访问模式（例如，可以是只读、读写一次，或者是读写多次）。PVC 与 Pod 类似，Pod 消耗节点资源，而 PVC 消耗 PV 资源。

（2）存储类的概念

StorageClass 提供一种描述存储“类别”的方式。这些类别可以描述一种常见的服务，如云服务提供商的磁盘系统，或者本地的 SSD、HDD 等。StorageClass 对象允许管理员配置不同“级别”或“类型”的存储，这可能涉及不同的质量服务级别（quality of service，QoS）、备份策略、集群策略等。

（3）卷的使用

Volume 是一种提供给 Pod 的存储方式。它是 Pod 内部的一个目录，容器可以读写这个目录。Volume 的生命周期与 Pod 的生命周期相同，即当 Pod 被删除时，Volume 也会一起被删除。Volume 可以支持多种数据源，包括 Pod 所在的主机的文件系统，如 emptyDir，或者网络文件系统（如 NFS），或者云存储系统（如 AWS EBS、GCE PD、Azure Disk），或者 Ceph、Gluster 等分布式文件系统。

4.4.2.4 Kubernetes 的调度和资源管理

在 Kubernetes 中，调度和资源管理是确保集群资源能得到最优使用和 Pod 能在合适的 Node 运行的关键。

（1）调度器的工作方式

Kubernetes 调度器负责决定新创建的 Pod 将在哪个 Node 上运行。调度器在决定时会考虑多种因素：

① 资源可用性：调度器会检查每个 Node 上 CPU 和内存的剩余量，确保 Node 上有足够的资源来运行新的 Pod。

② 硬件/软件/策略约束：调度器会考虑 Pod 的特殊要求，如特定版本的硬件、软件或满足某些安全策略等。

③ 负载平衡：为了均衡整个集群的负载，调度器会尽量把新的 Pod 放在当前负载比较轻的 Node 上。

④ 数据局部性：如果 Pod 需要访问特定的数据，调度器会尽量将 Pod 调度到数据所在的 Node 上，以减少网络传输和提高性能。

调度过程主要分为两个阶段：过滤（filter）和打分（scoring）。在过滤阶段，调度器会排除那些不能满足 Pod 需求的 Node；在打分阶段，调度器会为每个候选 Node 打分，分数越高的 Node 被认为越适合运行 Pod。

（2）资源限制和请求的概念

在 Kubernetes 中，每个 Pod 和容器都可以设定资源请求（requests）和资源限制（limits）。资源请求是 Pod 或容器在被调度时所需的最小资源量，它影响 Pod 的调度决策；资源限制是 Pod 或容器可以使用的资源的上限。

资源请求和资源限制都可以包括 CPU 和内存。如果 Pod 或容器的资源使用超过了其资源限制，可能会被系统清除掉；如果 Node 上的可用资源少于 Pod 的资源请求，该 Pod 将不会被调度到该 Node 上。

（3）提供资源的最佳实践

提供资源的最佳实践包括为每个 Pod 和容器设置合理的资源请求和资源限制，以保证系统资源得到最优使用。过高的资源请求可能会导致资源浪费和 Pod 调度困难；过低的资源请求可能会导致资源争抢和性能下降；过高的资源限制可能会导致资源浪费；过低的资源限制可能会导致应用崩溃。

4.4.3 Kubernetes 的配置管理

Kubernetes 的配置管理是 Kubernetes 集群运行和维护的重要组成部分。它包括如何创建、更新和使用配置信息的各种方式和策略。在 Kubernetes 中，配置信息可以通过多种方式提供，包括环境变量、ConfigMap 和 Secret 等。这些配置信息可以用于各种目的，如配置容器的运行参数、存储敏感信息、管理应用配置等。在本小节中，我们将详细介绍 Kubernetes 的配置管理的概念、使用方法和最佳实践。

4.4.3.1 ConfigMap

（1）ConfigMap 的创建和使用

创建 ConfigMap，可以使用 Kubernetes API 或 kubectl 命令行工具。ConfigMap 可以从文件、目录、字面值或者另一个 ConfigMap 创建。例如，可以从名为 app-config.json 的文件创建一个 ConfigMap：

```
kubectl create configmap app-config --from-file=app-config.json
```

此命令会创建一个新的 ConfigMap，其中的数据来自 app-config.json 文件。可以通过 kubectl get configmaps app-config 命令查看新创建的 ConfigMap，或者使用 kubectl describe configmaps app-config 查看 ConfigMap 的详细信息。

（2）如何在 Pod 中使用 ConfigMap

在 Pod 中，可以环境变量或数据卷的形式使用 ConfigMap。

① 环境变量：可以在 Pod 的定义文件中，使用 env 或 envFrom 字段将 ConfigMap 的数据注入容器的环境变量中。例如：

```
env:
  - name:LOG_LEVEL
    valueFrom:
      configMapKeyRef:
        name:app-config
        key:log_level
```

上述配置会将 ConfigMap app-config 中的 log_level 键对应的值设置为环境变量 LOG_LEVEL。

② 数据卷：可以将 ConfigMap 挂载到 Pod 中的一个或多个容器作为一个数据卷。这种方式能够让 Pod 访问 ConfigMap 中的所有数据，适用于需要读取配置文件的应用。例如：

```
volumes:
  - name:config
    configMap:
      name:app-config
```

上述配置将会将 ConfigMap app-config 挂载为数据卷。

4.4.3.2 Secret

与 ConfigMap 类似，Secret 也可以将配置信息与应用代码分离，但 Secret 更侧重于保护敏感数据。

（1）Secret 的创建和使用

创建 Secret，可以使用 Kubernetes API 或 kubectl 命令行工具。当创建 Secret 时，可以从文件、目录、字面值或者另一个 Secret 创建。

例如，可以使用以下命令从字面值创建一个 Secret：

```
kubectl create secret generic db-secret --from-literal=username=dbuser --
from-literal=password=mypassword
```

这个命令会创建一个名为 db-secret 的 Secret，它包含两个键值对：username=dbuser 和 password=mypassword。可以使用 kubectl get secrets 命令来查看 Secret。但是需注意，Secret 的内容默认是加密的，不能直接查看。要查看 Secret 的详细信息，可以使用 kubectl describe secrets db-secret 命令。

（2）如何在 Pod 中使用 Secret

在 Pod 中使用 Secret 的方式主要有两种：作为环境变量或者作为数据卷。

① 作为环境变量：可以在 Pod 的定义文件中，使用 env 或 envFrom 字段将 Secret 的数据注入容器的环境变量中。例如：

```
env:
  - name:DATABASE_USER
    valueFrom:
      secretKeyRef:
        name:db-secret
        key:username
  - name:DATABASE_PASSWORD
    valueFrom:
      secretKeyRef:
        name:db-secret
        key:password
```

上述配置将会 Secret db-secret 中的 username 和 password 键对应的值设置为环境变量 DATABASE_USER 和 DATABASE_PASSWORD。

② 作为数据卷：可以在 Pod 中将 Secret 挂载为数据卷，然后在应用中直接读取文件中的 Secret 数据。例如：

```
volumes:
  - name:secret-volume
    secret:
      secretName:db-secret
```

上述配置会将 Secret db-secret 挂载为数据卷。

4.4.3.3 environment variables

环境变量（environment variables）是在 Kubernetes 中控制容器行为的关键方式，因为它们允许将配置信息提供给容器。应用程序可以读取这些环境变量，并根据这些变量的值来调整其行为。

（1）如何在 Pod 中设置环境变量

在 Pod 的定义中，可以为每个容器设置环境变量。这些环境变量在容器启动时将被添加到环境中，应用程序可以随时读取它们。为容器设置环境变量，需要在 Pod 的配置文件中的容器部分添加 env 字段。

例如，以下配置将在名为 my-container 的容器中设置一个名为 LOG_LEVEL 的环境变量，其值为 INFO。

```
containers:
- name:my-container
  image:my-image
  env:
```

```
  - name:LOG_LEVEL
    value:INFO
```

（2）如何使用 ConfigMap 和 Secret 设置环境变量

除了直接为容器设置环境变量外，还可以使用 ConfigMap 和 Secret 来设置环境变量。这可以将配置信息与容器镜像和 Pod 定义分离，提高配置的灵活性和可管理性。

① 使用 ConfigMap 设置环境变量：可以使用 ConfigMap 的键值对来设置环境变量。要做到这一点，需要在环境变量定义中使用 valueFrom 字段，并指定 ConfigMap 的名称和键。例如，以下配置将使用 ConfigMap app-config 中的 log_level 键的值作为环境变量 LOG_LEVEL 的值。

```
containers:
- name:my-container
  image:my-image
  env:
  - name:LOG_LEVEL
    valueFrom:
      configMapKeyRef:
        name:app-config
        key:log_level
```

② 使用 Secret 设置环境变量：可以使用 Secret 的键值对来设置环境变量。这是一种在容器中安全地提供敏感信息的方式。例如，以下配置将使用 Secret db-secret 中的 password 键的值作为环境变量 DATABASE_PASSWORD 的值。

```
containers:
- name:my-container
  image:my-image
  env:
  - name:DATABASE_PASSWORD
    valueFrom:
      secretKeyRef:
        name:db-secret
        key:password
```

4.4.4 Kubernetes 的安全性

4.4.4.1 认证和授权

（1）Kubernetes 的认证方式

在 Kubernetes 中，认证是控制谁可以访问集群的过程。Kubernetes 支持多种认证方式，包括证书、密码、令牌和基于 OpenID 的身份验证等。

例如，Kubernetes 可以使用客户端证书进行认证。用户可以为每个用户生成一个证书，然后在 kubectl 配置文件中指定这个证书。

```
users:
- name:my-user
  user:
    client-certificate:/path/to/my-user.crt
    client-key:/path/to/my-user.key
```

（2）Kubernetes 的授权方式

授权是控制认证通过的用户可以对集群做什么的过程。Kubernetes 提供了几种授权方式，包括 Role-based access control（RBAC，基于角色的访问控制）、Attribute-based access control（ABAC，基于属性的访问控制）、Node authorization（节点授权）和 Webhook mode 等。

例如，可以使用 RBAC 定义一个 Role，然后将这个 Role 绑定到一个用户，这样这个用户就有了这个 Role 定义的权限。

```
kind:Role
apiVersion:rbac.authorization.k8s.io/v1
metadata:
  namespace:my-namespace
  name:my-role
rules:
- apiGroups:[""]
  resources:["pods"]
  verbs:["get","watch","list"]
kind:RoleBinding
apiVersion:rbac.authorization.k8s.io/v1
metadata:
  name:my-rolebinding
  namespace:my-namespace
subjects:
- kind:User
  name:my-user
  apiGroup:rbac.authorization.k8s.io
roleRef:
  kind:Role
  name:my-role
  apiGroup:rbac.authorization.k8s.io
```

（3）Role 和 ClusterRole 的概念

在 Kubernetes 中，可以使用 Role（角色）和 ClusterRole（集群角色）来定义权限。Role 用来定义在一个命名空间中的权限，而 ClusterRole 用来定义在整个集群中的权限。

例如，可以定义一个 ClusterRole，然后将这个 ClusterRole 绑定到一个用户，这样这个用户就有了这个 ClusterRole 定义的权限。

```
kind:ClusterRole
apiVersion:rbac.authorization.k8s.io/v1
metadata:
  name:my-clusterrole
rules:
- apiGroups:[""]
  resources:["nodes"]
  verbs:["get","watch","list"]
kind:ClusterRoleBinding
apiVersion:rbac.authorization.k8s.io/v1
metadata:
  name:my-clusterrolebinding
subjects:
- kind:User
  name:my-user
  apiGroup:rbac.authorization.k8s.io
```

```
roleRef:
  kind:ClusterRole
  name:my-clusterrole
  apiGroup:rbac.authorization.k8s.io
```

通过认证和授权，可以精细控制谁可以访问 Kubernetes 集群，以及他们可以做什么，从而提高集群的安全性。

4.4.4.2　网络策略

（1）网络策略的概念

在 Kubernetes 中，网络策略定义 Pod 之间的网络通信规则。默认情况下，Pod 是没有任何网络隔离的，即任何 Pod 都可以与其他 Pod 进行通信。但是，在实际使用中，我们通常需要限制 Pod 之间的通信。例如，我们可能希望只有同一个命名空间内的 Pod 可以相互通信，或者只有特定的 Pod 可以访问数据库 Pod 等。这时，就需要使用网络策略来定义这些规则。

（2）如何定义网络策略

网络策略是通过 NetworkPolicy 对象来定义的。一个 NetworkPolicy 可以定义一组允许通信的 Pod 和允许的通信方式。

下面是一个 NetworkPolicy 的例子，该策略允许同一个命名空间内的所有 Pod 访问名为 my-app 的 Pod。

```
apiVersion:networking.k8s.io/v1
kind:NetworkPolicy
metadata:
  name:my-network-policy
  namespace:my-namespace
spec:
  podSelector:
    matchLabels:
      app:my-app
  ingress:
  - from:
    - podSelector:{}
```

在这个例子中，podSelector 用来选择需要应用网络策略的 Pod，ingress 定义允许的进入流量。from 中的 podSelector：{}表示允许同一个命名空间内的所有 Pod 的流量。

需要注意的是，网络策略是具有隔离性的，即只有定义了网络策略的 Pod 才会被隔离，没有定义网络策略的 Pod 默认是可以与任何 Pod 通信的。因此，我们通常需要为每个需要隔离的 Pod 定义网络策略，以确保集群的安全性。

4.4.4.3　Pod 安全策略

（1）Pod 安全策略的概念

在 Kubernetes 中，Pod 安全策略（Pod security policy，PSP）是一种集群级别的资源，用来控制 Pod 的安全相关的运行参数。通过 PSP，可以限制 Pod 可以使用的 Security Context 和相关的参数，防止 Pod 运行不安全的设置。

例如，可以通过 PSP 来限制 Pod 不能以 root 用户运行，或者限制 Pod 不能使用 host 网络等。

（2）如何定义 Pod 安全策略

Pod 安全策略是通过 PodSecurityPolicy 对象来定义的。一个 PodSecurityPolicy 可以定义

一组 Pod 可以使用的 Security Context 和相关的参数。

以下是一个 PodSecurityPolicy 的例子，该策略禁止 Pod 以 root 用户运行，并禁止 Pod 使用 host 网络。

```
apiVersion:policy/v1beta1
kind:PodSecurityPolicy
metadata:
  name:my-psp
spec:
  privileged:false
  runAsUser:
    rule:MustRunAsNonRoot
  hostNetwork:false
```

在这个例子中，privileged：false 表示禁止 Pod 运行 privileged 容器，runAsUser：rule：MustRunAsNonRoot 表示 Pod 必须以非 root 用户运行，hostNetwork：false 表示禁止 Pod 使用 host 网络。

需要注意的是，PodSecurityPolicy 是集群级别的资源，它对整个集群中的所有 Pod 都生效。对于每个 Pod，Kubernetes 会检查所有的 PodSecurityPolicy，只要有一个 PodSecurityPolicy 允许 Pod 的设置，Pod 就可以被创建。因此，需要谨慎定义 PodSecurityPolicy，以确保集群的安全性。

4.4.5 在 Kubernetes 上的实践

在 Kubernetes 上的实践涵盖了在 Kubernetes 环境中部署和管理应用的各种策略和技术。这包括但不限于创建和管理 Pod、使用服务和 Ingress 进行网络通信、使用 Volume 进行数据持久化，以及使用 Deployment 和 StatefulSet 进行应用部署和更新等。本小节将深入探讨这些主题，同时介绍一些在 Kubernetes 上运行应用的最佳实践和常见问题。

4.4.5.1 如何安装 Kubernetes

在部署应用到 Kubernetes 之前，首先需要安装和配置一个 Kubernetes 集群。以下是在本地环境（使用 minikube）和多节点环境（使用 kubeadm）安装 Kubernetes 的详细步骤。

（1）使用 minikube 安装 Kubernetes

minikube 是一种本地 Kubernetes 解决方案，它在单个虚拟机中启动一个单节点的 Kubernetes 集群。对于学习和日常开发，minikube 是一个非常好的选择。

安装及启动 minikube 需要以下几个步骤：

① 安装虚拟化软件：minikube 需要虚拟化支持，可以选择安装 VirtualBox 或者 VMware 等虚拟化软件。

② 安装和设置 kubectl：kubectl 是用来管理 Kubernetes 的命令行工具。可以按照 Kubernetes 官方指南安装 kubectl。

③ 安装 minikube：在 GitHub 的 minikube 发布页面下载最新版的 minikube，然后添加执行权限并移动到系统的 PATH 中。

④ 启动 minikube：运行 minikube start 命令启动 minikube。这将在虚拟机中启动一个 Kubernetes 集群。

（2）使用 kubeadm 安装 Kubernetes

在本次实践中，我们学习如何使用 kubeadm 安装 Kubernetes。我们在虚拟机环境（以 Ubuntu 系统为例）中安装一个主节点和两个工作节点。

首先，在每个节点上安装 Docker，可以参考 Docker 官方安装指南。

接着，在每个节点上安装 kubeadm、kubelet 和 kubectl。使用以下命令来安装：

```
sudo apt-get update
sudo apt-get install -y apt-transport-https curl
curl -s https://packages.cloud.google.com/apt/doc/apt-key.gpg | sudo
apt-key add -
echo "deb https://apt.kubernetes.io/ kubernetes-xenial main" | sudo tee
-a /etc/apt/sources.list.d/kubernetes.list
sudo apt-get update
sudo apt-get install -y kubelet kubeadm kubectl
sudo apt-mark hold kubelet kubeadm kubectl
```

然后，在主节点上初始化 Kubernetes 集群。使用以下命令来初始化：

```
sudo kubeadm init --pod-network-cidr=10.244.0.0/16
```

在这个命令中，--pod-network-cidr=10.244.0.0/16 参数是用来设置 Pod 网络的，这是 flannel 网络插件所需要的。

初始化成功后，我们可以看到一个 kubeadm join 命令，这个命令用于将工作节点加入到集群中。

接下来，在主节点上设置 kubectl。使用以下命令来设置：

```
mkdir -p $HOME/.kube
sudo cp -i /etc/kubernetes/admin.conf $HOME/.kube/config
sudo chown $(id -u):$(id -g)$HOME/.kube/config
```

然后，在主节点上安装 flannel 网络插件。使用以下命令来安装：

```
kubectl apply -f https://raw.githubusercontent.com/coreos/flannel/master/
Documentation/kube-flannel.yml
```

至此，我们已经可以在主节点上成功安装 Kubernetes，并且能设置好 kubectl 和网络插件。

接下来，我们将工作节点加入到集群中。

在工作节点上，我们使用在主节点初始化时生成的 kubeadm join 命令来将工作节点加入到集群中。以下是一个示例命令：

```
sudo kubeadm join --token <token> <master-ip>:<master-port> --discovery-
token-ca-cert-hash sha256:<hash>
```

在这个命令中，需要替换<token>、<master-ip>、<master-port>和<hash>为实际的值。这个命令是在主节点初始化时生成的，我们可以在主节点的初始化输出中找到。

运行 kubeadm join 命令后，工作节点就会开始下载和安装必要的 Docker 镜像，并加入到 Kubernetes 集群中。

我们可以在主节点上运行以下命令来查看节点的状态：

```
kubectl get nodes
```

如果所有节点的状态都是 Ready，说明集群已经成功创建。

4.4.5.2 如何在 Kubernetes 上部署应用

在 Kubernetes 上部署应用通常涉及以下几个步骤：创建 Pod、配置 Service 以及配置持久化存储（如果需要）。这些步骤通常通过 Kubernetes 的资源定义文件来完成。

以部署一个基础的 Web 应用为例，首先需要创建一个 Deployment 资源。Deployment 是 Kubernetes 中管理无状态应用的主要资源类型，它可以确保在任何时候都有指定数量的 Pod 在运行。以下是一个简单的 Deployment 定义：

```
apiVersion:apps/v1
kind:Deployment
metadata:
  name:webapp-deployment
spec:
  replicas:3
  selector:
    matchLabels:
      app:webapp
  template:
    metadata:
      labels:
        app:webapp
    spec:
      containers:
      - name:webapp
        image:nginx:1.14.2
        ports:
        - containerPort:80
```

在这个 Deployment 定义中，定义了一个名为 webapp 的应用，该应用的容器镜像是 nginx：1.14.2，并且容器的 80 端口被开放。最重要的是，通过设置 replicas：3，Kubernetes 会确保始终有 3 个这样的 Pod 在运行。

接下来，需要创建一个 Service 资源来将应用暴露给外部。Service 是 Kubernetes 中用来暴露应用服务的资源类型。以下是一个简单的 Service 定义：

```
apiVersion:v1
kind:Service
metadata:
  name:webapp-service
spec:
  selector:
    app:webapp
  ports:
  - protocol:TCP
    port:80
    targetPort:80
```

在这个 Service 定义中，定义了一个名为 webapp-service 的 Service。该 Service 通过 TCP 协议在 80 端口提供服务，并将流量转发到标签为 app：webapp 的 Pod 的 80 端口。

使用 kubectl apply -f deployment.yaml 命令应用 Deployment 定义，然后使用 kubectl apply - 1f service.yaml 命令应用 Service 定义，即可完成应用的部署。

图 4-17 是一个简单的 Deployment 部署图示。

在图 4-17 中，Deployment 确保有 3 个 web 应用的副本在运行，而 Service 则为这些副本提供统一的访问接口。

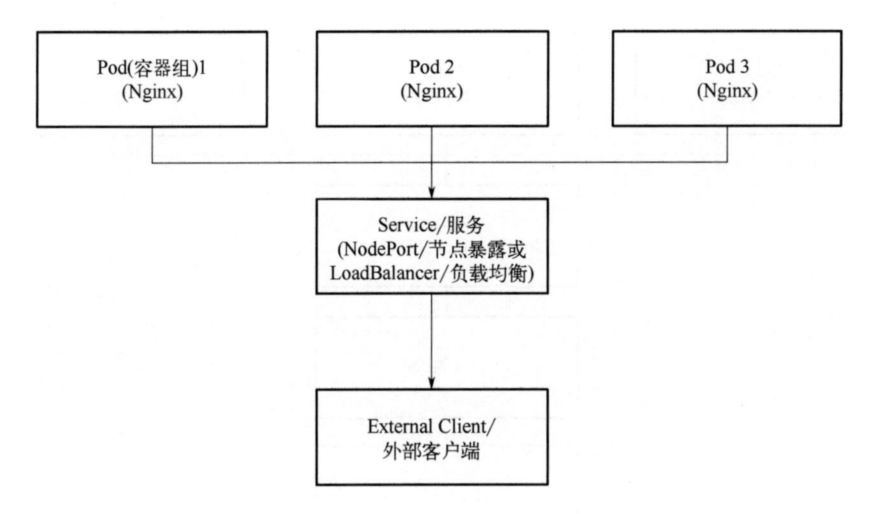

图 4-17　Deployment 部署示意图

以上只是一个简单的例子，实际的应用部署可能会更复杂，可能需要更多的资源类型和配置。例如 Ingress 资源用于配置 HTTP 路由，PersistentVolume 和 PersistentVolumeClaim 用于配置持久化存储，ConfigMap 和 Secret 分别用于管理应用的配置信息和敏感数据等。

4.4.5.3　如何在 Kubernetes 上管理服务

Service 使得 Pod 可以容易地相互发现并进行通信，同时为外部客户端提供稳定的入口。

（1）创建和配置服务

创建 Service 的基本方法是使用 Kubernetes YAML 定义文件，然后使用 kubectl apply -f 命令来创建。以下是一个简单的 Service 定义：

```
apiVersion:v1
kind:Service
metadata:
  name:my-service
spec:
  selector:
    app:my-app
  ports:
  - protocol:TCP
    port:80
    targetPort:8080
```

在这个定义中，my-service 会代理到标签为 app：my-app 的所有 Pod 的 8080 端口，并在 80 端口提供服务。

（2）使用服务发现

在 Kubernetes 中，Service 的名字会被自动解析为其 Cluster IP，因此 Pod 可以通过服务名进行通信。例如，如果一个 Pod 需要访问上面定义的 my-service，只需要连接到 http://my-service:80 即可。

（3）访问服务

如果需要从集群外部访问 Service，可以将 Service 的类型设置为 NodePort 或 LoadBalancer。NodePort 会在每个节点的指定端口上暴露服务，而 LoadBalancer 会使用云服务提供商的负载均衡器来暴露服务。

图 4-18 是一个 Service 部署图示。

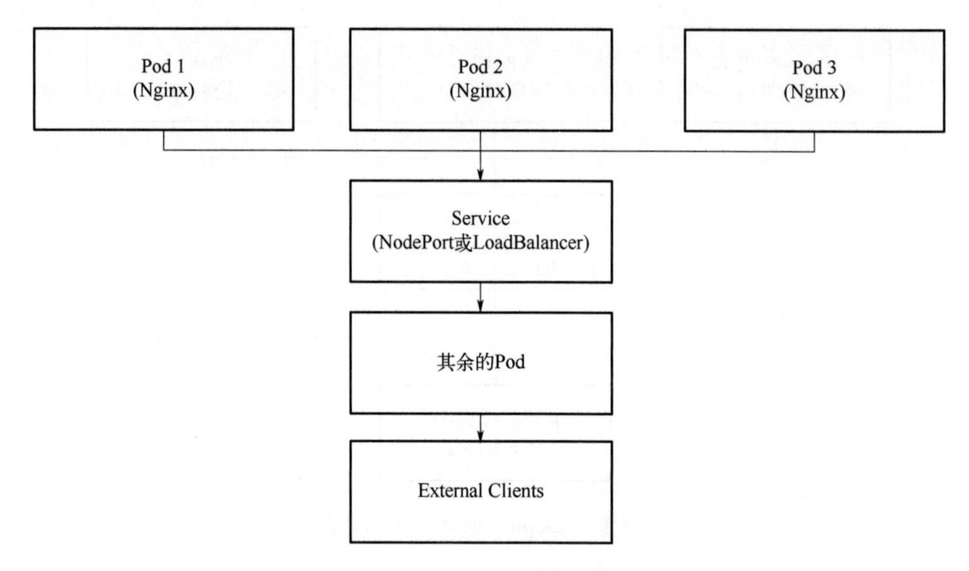

图 4-18　Service 部署示意图

图 4-18 中，my-service 代理到 3 个 Pod 的 8080 端口，并在 80 端口提供服务。其他 Pod 可以通过 http://my-service：80 访问这个服务，而外部客户端可以通过 NodePort 或 LoadBalancer 访问。

4.4.5.4　如何在 Kubernetes 上进行持久化存储

在 Kubernetes 中，数据持久化是通过 Volume、PersistentVolume（PV）以及 PersistentVolume Claim（PVC）实现的。Volume 是 Kubernetes 中的一个组件，它可以将存储挂载到指定的目录中。而 PV 和 PVC 分别是对 Volume 的抽象和封装，它们使得存储可以独立于 Pod 的生命周期而被管理。

（1）创建和使用 Volume

创建 Volume 的方法是在 Pod 定义中添加 volumes 字段，并在需要使用 Volume 的容器中添加 volumeMounts 字段。以下是一个示例：

```
apiVersion:v1
kind:Pod
metadata:
  name:my-pod
spec:
  containers:
  - name:my-container
    image:my-image
    volumeMounts:
    - name:my-volume
      mountPath:/data
  volumes:
  - name:my-volume
    emptyDir:{}
```

在这个 Pod 定义中，一个名为 my-volume 的 Volume 被挂载到 my-container 容器的/data 目录中。这个 Volume 的类型是 emptyDir，这意味着它的生命周期与 Pod 相同，当 Pod 被删除时，Volume 中的数据也会被删除。

（2）创建和使用 PersistentVolume 和 PersistentVolumeClaim

对于需要跨 Pod 生命周期存储数据的情况，可以使用 PV 和 PVC。PV 是集群的一部分资源，它代表一个存储系统的一部分空间。而 PVC 则是用户对这部分资源的请求，它可以被 Pod 像 Volume 一样使用。

首先，需要创建一个 PV。以下是一个简单的 PV 定义：

```
apiVersion:v1
kind:PersistentVolume
metadata:
  name:my-pv
spec:
  capacity:
    storage:1Gi
  accessModes:
    - ReadWriteOnce
  persistentVolumeReclaimPolicy:Retain
  storageClassName:standard
  hostPath:
    path:/tmp/data
```

然后，创建一个 PVC 来请求这个 PV：

```
apiVersion:v1
kind:PersistentVolumeClaim
metadata:
  name:my-pvc
spec:
  storageClassName:standard
  accessModes:
    - ReadWriteOnce
  resources:
    requests:
      storage:1Gi
```

最后，在 Pod 中使用这个 PVC：

```
apiVersion:v1
kind:Pod
metadata:
  name:my-pod
spec:
  containers:
  - name:my-container
    image:my-image
    volumeMounts:
    - name:my-volume
      mountPath:/data
  volumes:
  - name:my-volume
    persistentVolumeClaim:
      claimName:my-pvc
```

在这个 Pod 定义中，my-pvc 的存储被挂载到 my-container 容器的/data 目录中。

图 4-19 是一个 Storage 部署图示。

在图 4-19 中，PV 代表集群中的一部分存储资源，PVC 是对这部分资源的请求，Pod 通过 Volume 使用这部分资源。

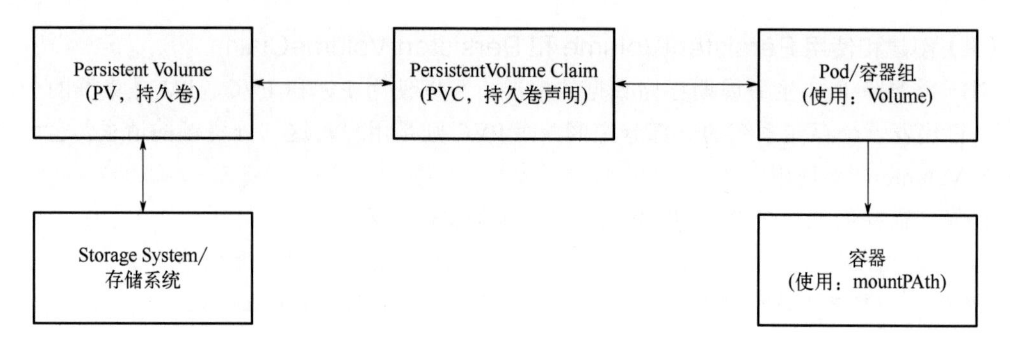

图 4-19　Storage 部署示意图

4.4.5.5　如何在 Kubernetes 上进行监控和日志管理

Kubernetes 提供多种机制来进行应用的监控和日志管理。这对于诊断问题、优化性能和管理集群资源至关重要。

（1）监控

对于基础的资源使用情况监控，Kubernetes 内置资源指标 API，可以通过 kubectl top 命令查看节点和 Pod 的 CPU 和内存使用情况。

对于更详细的监控和报警，可以使用 Prometheus 等开源监控系统。以下是一个简单的 Prometheus 配置例子，用于监控 Kubernetes 集群。

```
apiVersion:monitoring.coreos.com/v1
kind:Prometheus
metadata:
  name:prometheus
spec:
  serviceAccountName:prometheus
  serviceMonitorSelector:
    matchLabels:
      team:frontend
  resources:
    requests:
      memory:400Mi
```

在这个例子中，Prometheus 将监控标签为 team:frontend 的所有服务。

（2）日志管理

在 Kubernetes 中，容器的标准输出和标准错误流被重定向到容器的日志文件。可以使用 kubectl logs 命令查看这些日志。

对于日志的长期存储和查询，可以使用 ELK（Elasticsearch、Logstash、Kibana）或者 EFK（Elasticsearch、Fluentd、Kibana）技术栈。

图 4-20 是一个表示 Kubernetes 的监控和日志管理的示意图。

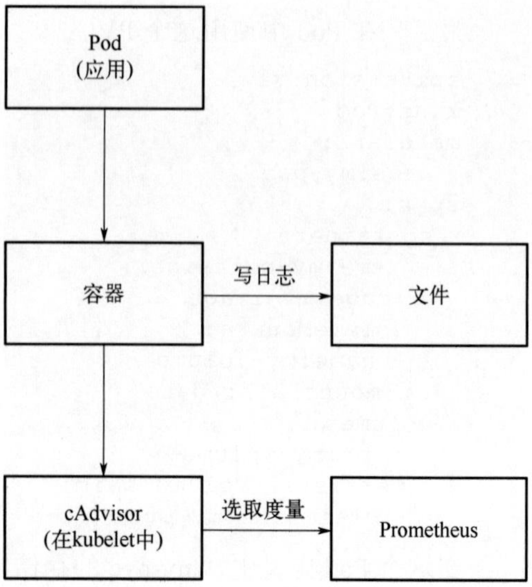

图 4-20　Kubernetes 监控和日志管理的示意图

在图 4-20 中，Pod 运行在 Container 中，Container 的日志被写入文件中，而 cAdvisor（内置在 kubelet 中）收集 Container 的资源使用

情况并提供给 Prometheus。

4.4.5.6　如何在 Kubernetes 上保证安全

在 Kubernetes 中，保证安全主要涉及以下几个方面：认证（authentication）、授权（authorization）、准入控制（admission control）和网络策略（network policies）。

（1）认证

Kubernetes 支持多种认证机制，包括 Service Account Tokens、X509 Client Certificates、Static Token 文件等。这些机制可以确保只有被授权的用户和组件可以访问 Kubernetes API。

（2）授权

一旦用户或组件被认证，Kubernetes 使用 Role-based access control（RBAC，基于角色的访问控制）来决定他们能做什么。可以通过 Role（角色）和 ClusterRole（集群角色）定义权限，然后通过 RoleBinding（角色绑定）和 ClusterRoleBinding（集群角色绑定）授予用户和 ServiceAccount（服务账号）这些权限。

（3）准入控制

准入控制是 Kubernetes API 的一部分，它可以拦截和处理 API 请求。通过使用准入控制器，可以实现一些高级的安全特性，例如 Pod 安全策略、资源配额和节点限制等。

（4）网络策略

网络策略定义 Pod 之间的通信规则，可以用来隔离应用和限制攻击。在 Kubernetes 中，网络策略是通过 NetworkPolicy 对象来定义的。

图 4-21 是 Kubernetes 安全性的示意图。

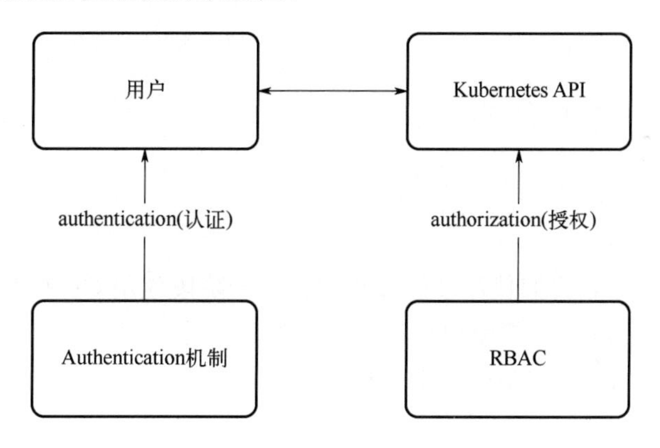

图 4-21　Kubernetes 安全性的示意图

在图 4-21 中，用户或客户端通过认证机制向 Kubernetes API 提供其身份信息，然后 Kubernetes API 使用 RBAC 来决定这个用户或客户端能做什么。

4.4.5.7　Kubernetes 实践的案例

在此部分，我们将通过更多的实践案例，来展示 Kubernetes 在实际环境中的应用。

（1）案例一：部署一个前后端分离的 Web 应用

在本次实践中，我们学习如何在 Kubernetes 上部署一个前后端分离的 Web 应用。这个 Web 应用包括一个 Go 语言编写的后端 API 服务和一个作为前端的静态 HTML 文件。

首先，我们创建后端 API 服务。API 服务是一个简单的 HTTP 服务器，它有一个路径“/api/greeting”，当访问这个路径时，服务器会返回一个“Hello，Kubernetes!”的问候消息。

以下是 API 服务的 Go 代码：

```
package main

import(
    "fmt"
    "net/http"
)

func main(){
    http.HandleFunc("/api/greeting",func(w http.ResponseWriter,r *http.
Request){
        fmt.Fprint(w,"Hello,Kubernetes!")
    })
    http.ListenAndServe(":8080",nil)
}
```

然后，创建一个 Dockerfile 来构建 API 服务的 Docker 镜像：

```
FROM golang:1.16.5-stretch AS builder

WORKDIR /app

COPY main.go .

RUN go build -o main .

FROM debian:stretch-slim

WORKDIR /app

COPY --from=builder /app/main /app

EXPOSE 8080

CMD ["/app/main"]
```

在这个 Dockerfile 中，我们使用多阶段构建。第一阶段使用 Go 的官方镜像来编译 Go 代码，第二阶段使用 Debian 的精简镜像来运行编译好的程序。

接下来，创建前端静态 HTML 文件 index.html：

```
<!DOCTYPE html>
<html>
<head>
    <title>Hello Kubernetes</title>
</head>
<body>
    <h1 id="greeting">Loading...</h1>
    <script>
    fetch('/api/greeting')
        .then(response => response.text())
        .then(text => {
            document.getElementById('greeting').textContent = text;
        });
    </script>
</body>
</html>
```

在这个HTML文件中，我们使用JavaScript的fetch API来获取后端API服务的问候消息，然后将这个消息显示在网页上。

然后，创建一个Dockerfile来构建前端的Docker镜像：

```
FROM nginx:1.21.1

COPY index.html /usr/share/nginx/html
```

在这个Dockerfile中，我们使用Nginx的官方镜像作为基础，然后将HTML文件复制到Nginx默认的静态文件目录中。

至此，我们已经完成了前后端的 Docker 镜像构建。接下来，我们将这两个应用部署到Kubernetes中。

接下来，我们创建两个Deployment和一个Service来部署前后端应用到Kubernetes中。

首先，创建后端API服务的Deployment。以下是API服务的Deployment YAML文件：

```
apiVersion:apps/v1
kind:Deployment
metadata:
  name:backend
spec:
  replicas:3
  selector:
    matchLabels:
      app:backend
  template:
    metadata:
      labels:
        app:backend
    spec:
      containers:
      - name:backend
        image:backend:latest
        ports:
        - containerPort:8080
```

在这个YAML文件中，我们创建了一个名为backend的Deployment，它有3个副本，使用的Docker镜像是之前创建的backend镜像，容器的端口是8080。

然后，创建前端的Deployment。以下是前端的Deployment YAML文件：

```
apiVersion:apps/v1
kind:Deployment
metadata:
  name:frontend
spec:
  replicas:3
  selector:
    matchLabels:
      app:frontend
  template:
    metadata:
      labels:
```

```
        app:frontend
    spec:
      containers:
      - name:frontend
        image:frontend:latest
        ports:
        - containerPort:80
```

在这个 YAML 文件中，我们创建了一个名为 frontend 的 Deployment，它也有 3 个副本，使用的 Docker 镜像是我们之前创建的 frontend 镜像，容器的端口是 80。

接下来，创建一个 Service 来暴露前端应用。以下是 Service 的 YAML 文件：

```
apiVersion:v1
kind:Service
metadata:
  name:frontend
spec:
  type:LoadBalancer
  ports:
  - port:80
  selector:
    app:frontend
```

在这个 YAML 文件中，我们创建了一个名为 frontend 的 Service，它的类型是 LoadBalancer，端口是 80，选择器是 app: frontend，这意味着这个 Service 会将流量转发到标签为 app: frontend 的 Pod。

至此，我们已经完成了前后端应用的部署。我们可以通过运行 kubectl get pods 和 kubectl get services 命令来查看 Pod 和 Service 的状态。如果所有 Pod 的状态都是 Running，且 frontend Service 的 EXTERNAL-IP 不是\<pending\>，那么说明我们的应用已经成功部署。我们可以通过访问 frontend Service 的 EXTERNAL-IP 来访问我们的 Web 应用。

（2）案例二：使用 StatefulSet 部署数据库

在本次实践中，我们学习如何在 Kubernetes 上使用 StatefulSet 部署一个 PostgreSQL 数据库。StatefulSet 是 Kubernetes 中一个特殊的工作负载对象，它用于管理具有持久化状态的应用，比如数据库。

首先，需要创建一个 Docker 镜像来运行 PostgreSQL。这里可以直接使用 PostgreSQL 的官方 Docker 镜像，所以不需要自己创建 Dockerfile。

接着，需要为 PostgreSQL 数据库创建一个 PersistentVolume 和一个 PersistentVolumeClaim 来存储数据。以下是 PersistentVolume 和 PersistentVolumeClaim 的 YAML 文件：

```
apiVersion:v1
kind:PersistentVolume
metadata:
  name:pgdata
spec:
  capacity:
    storage:1Gi
  accessModes:
    - ReadWriteOnce
```

```
  persistentVolumeReclaimPolicy:Retain
  hostPath:
    path:/data/pgdata

---

apiVersion:v1
kind:PersistentVolumeClaim
metadata:
  name:pgdata
spec:
  accessModes:
    - ReadWriteOnce
  resources:
    requests:
      storage:1Gi
```

PersistentVolume 是 Kubernetes 中的持久化存储，PersistentVolumeClaim 是对 PersistentVolume 的申请。在这个 YAML 文件中，我们创建了名为 pgdata 的 PersistentVolume 和 PersistentVolumeClaim，存储大小都是 1GiB。

然后，创建一个 StatefulSet 来运行 PostgreSQL。以下是 StatefulSet 的 YAML 文件：

```
apiVersion:apps/v1
kind:StatefulSet
metadata:
  name:postgres
spec:
  serviceName:postgres
  replicas:1
  selector:
    matchLabels:
      app:postgres
  template:
    metadata:
      labels:
        app:postgres
    spec:
      containers:
      - name:postgres
        image:postgres:13.3
        env:
        - name:POSTGRES_PASSWORD
          value:password
        ports:
        - containerPort:5432
        volumeMounts:
        - name:pgdata
          mountPath:/var/lib/postgresql/data
  volumeClaimTemplates:
  - metadata:
      name:pgdata
```

```
    spec:
      accessModes:[ "ReadWriteOnce" ]
      resources:
        requests:
          storage:1Gi
```

在这个 YAML 文件中，我们创建了一个名为 postgres 的 StatefulSet，它有一个副本，使用的 Docker 镜像是 PostgreSQL 的官方镜像，容器的端口是 5432。我们把之前创建的 PersistentVolumeClaim 挂载到了/var/lib/postgresql/data 目录，这是 PostgreSQL 的默认数据目录。

至此，我们已经完成了数据库的 Docker 镜像获取和 PostgreSQL StatefulSet 的创建。接下来，我们创建一个 Service 来暴露我们的数据库。

创建 Service 是为了提供一个固定的入口来访问或连接到我们的 PostgreSQL 数据库。以下是我们创建 Service 的 YAML 文件：

```
apiVersion:v1
kind:Service
metadata:
  name:postgres
spec:
  ports:
    - port:5432
  selector:
    app:postgres
```

在这个 YAML 文件中，我们创建了一个名为 postgres 的 Service，它的端口是 5432，选择器是 app:postgres，这意味着这个 Service 会将流量转发到标签为 app:postgres 的 Pod。

至此，我们已经完成了 PostgreSQL 数据库在 Kubernetes 上的部署。我们可以使用 kubectl get pods、kubectl get pv、kubectl get pvc 和 kubectl get services 命令来查看 Pod、PersistentVolume、PersistentVolumeClaim 和 Service 的状态。如果所有 Pod 的状态都是 Running，且 postgres Service 的 CLUSTER-IP 不是\<none\>，那么说明我们的数据库已经成功部署。我们可以使用任何 PostgreSQL 客户端，通过 postgres Service 的 CLUSTER-IP 和端口 5432 来连接到我们的数据库。

4.4.5.8 如何对 Kubernetes 进行性能调优

在 Kubernetes 中，性能调优主要涉及以下几个方面：计算资源分配、网络配置和存储优化。

（1）计算资源分配

Kubernetes 允许用户对 Pod 的 CPU 和内存使用进行限制和预留。通过合理的资源分配，用户可以确保应用的性能，并防止资源的浪费。

CPU 和内存的请求和限制可以在 Pod 的定义中设置：

```
apiVersion:v1
kind:Pod
metadata:
  name:my-pod
spec:
  containers:
  - name:my-container
```

```
    image:my-image
    resources:
      requests:
        cpu:"500m"
        memory:"256Mi"
      limits:
        cpu:"1"
        memory:"512Mi"
```

在这个例子中，my-container 的 CPU 请求是 500 毫核，限制是 1 核，内存请求是 256MiB，限制是 512MiB。

（2）网络配置

Kubernetes 的网络性能可以通过多种方式进行优化，例如选择合适的网络插件，配置网络策略和使用网络功能。

（3）存储优化

对于需要持久化存储的应用，选择和配置合适的存储插件对性能至关重要。此外，还应考虑存储的 I/O 性能和容量。

图 4-22 是一个 Kubernetes 的性能调优示意图。

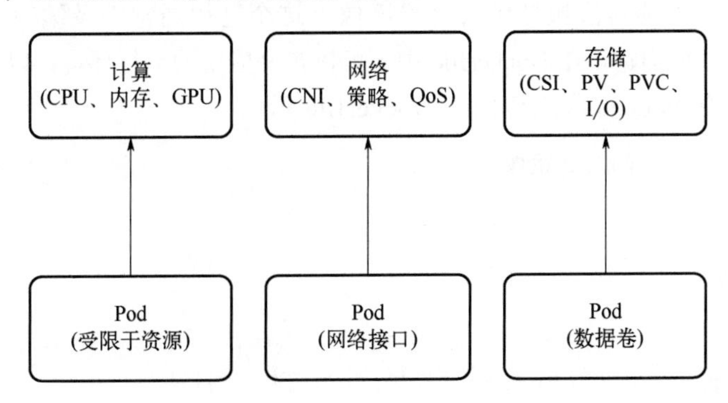

图 4-22　Kubernetes 性能调优示意图

在图 4-22 中，Pod 的计算资源（CPU、内存、GPU）、网络配置和存储配置都可以进行优化，以提高 Pod 和应用的性能。

4.5　容器云平台的最佳实践

要充分利用容器云平台的优势并不是一件简单的事情，需要深入理解平台的工作原理，以及在实践中积累经验。本节将介绍一些在使用容器云平台中的最佳实践，包括应用的设计和开发、资源管理、监控和日志管理、安全和性能调优等方面。

4.5.1　如何选择合适的容器云平台

选择适合需求的容器云平台是成功运行容器化应用的关键一步。通常来说，需要考虑以下几个因素：

① 功能需求：不同的容器云平台功能各不相同。例如，Kubernetes 能提供强大的服务发

现和负载均衡、自动滚动更新、自我修复、水平扩展等功能；而 Docker Swarm 则能提供简单易用的界面和命令行工具，以及对 Docker 原生应用的良好支持。

② 社区活跃度和支持：一个活跃的社区意味着更多的资源和更快的问题解答。此外，大厂的支持通常也是一个加分项。

③ 性能：虽然大多数容器云平台都能提供良好的性能，但在某些特定的场景下，一些平台可能会比其他平台表现得更好。

④ 易用性：有些平台可能更适合初学者，有些平台可能更适合有经验的用户。

⑤ 企业就绪情况：如果打算在生产环境中使用，那么可能需要关注平台的稳定性、安全性、可扩展性和兼容性。

通过了解和比较这些因素，可以选择最适合需求的容器云平台。

4.5.2 如何在容器云平台上部署应用

在容器云平台上部署应用涉及几个关键步骤：准备应用的容器镜像，编写部署描述文件，以及使用容器云平台的工具进行部署。下面详细展开每个步骤。

（1）准备应用的容器镜像

首先，需要将应用及其依赖打包成容器镜像。这个过程通常涉及编写一个 Dockerfile，并使用 Docker 工具进行构建。在 Dockerfile 中，可以定义应用的运行环境，以及如何启动应用。

以下是一个创建 Node.js 应用镜像的 Dockerfile 示例：

```
# 基于官方的 Node.js 12 镜像
FROM node:12

# 设置工作目录
WORKDIR /app

# 复制 package.json 和 package-lock.json 到工作目录
COPY package*.json./

# 安装依赖
RUN npm install

# 复制当前目录下的所有文件到工作目录
COPY..

# 暴露端口
EXPOSE 8080

# 启动应用
CMD [ "node","app.js" ]
```

使用以下命令构建镜像：

```
docker build -t my-app.
```

（2）编写部署描述文件

随后，需要编写一个描述文件来定义如何在容器云平台上部署和运行应用。这个文件通常是一个 YAML 或 JSON 格式的文件，描述如何创建 Pods，以及如何配置网络和存储等资源。

以下是一个 Kubernetes Deployment 的 YAML 文件示例：

```
apiVersion:apps/v1
kind:Deployment
metadata:
  name:my-app-deployment
spec:
  replicas:3
  selector:
    matchLabels:
      app:my-app
  template:
    metadata:
      labels:
        app:my-app
    spec:
      containers:
      - name:my-app
        image:my-app:latest
        ports:
        - containerPort:8080
```

（3）使用容器云平台的工具进行部署

最后，使用容器云平台的命令行工具或 API 来部署应用。这通常涉及创建、更新或删除资源对象，以及查询应用的状态。

例如，在 Kubernetes 中，可以使用 kubectl 工具来部署应用：

```
kubectl apply -f app-deployment.yaml
```

图 4-23 是部署流程的示意图。

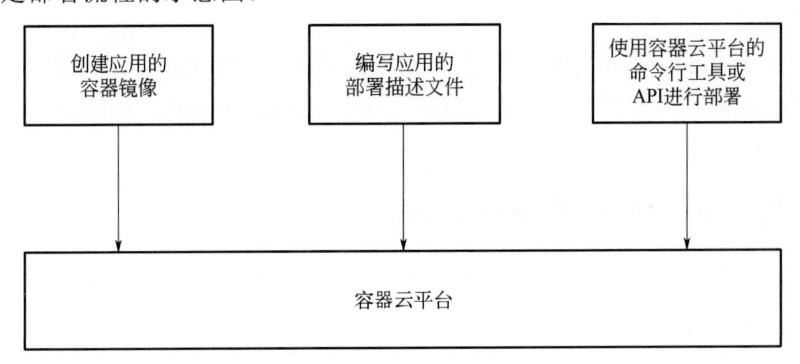

图 4-23　部署流程示意图

4.5.3　如何管理和维护容器云平台

管理和维护容器云平台涵盖一系列的任务，包括定期的健康检查、性能监控、日志管理、故障排查，以及应用和平台的更新等。下面详细介绍每项任务。

（1）定期的健康检查

健康检查是判断应用是否正常运行的重要手段。一般而言，可以通过容器云平台提供的健康检查机制来实现。例如，在 Kubernetes 中，可以使用 Liveness 和 Readiness Probes 来检查 Pod 是否正常运行，以及是否已经准备好处理请求。

（2）性能监控

容器云平台的性能对于运行在其上的应用有直接影响。监控平台的资源使用情况，如 CPU、内存、磁盘和网络的使用情况，对于发现和解决性能问题十分重要。可以利用 Prometheus 等监控工具来收集和分析这些指标。

（3）日志管理

日志是了解应用运行情况的重要信息源。可以使用日志收集工具，如 Fluentd，将日志收集到一个集中的地方，然后使用日志分析工具，如 Elasticsearch 或 Kibana，进行查询和分析。

（4）故障排查

当应用出现问题时，需要进行故障排查。这通常涉及查询和分析日志、复现和定位问题，以及修复问题或回滚更改。容器云平台通常提供一系列的工具和接口，帮助用户进行故障排查。

（5）应用和平台的更新

定期更新应用和平台，可以获取新的功能和改进，以及重要的安全更新。大多数容器云平台都提供了滚动更新的功能，可以在不中断服务的情况下进行更新。

4.5.4 容器云平台的监控和日志管理

对容器云平台进行有效的监控和日志管理是确保应用稳定运行的关键。下面详细介绍每项任务。

（1）监控

监控容器云平台和运行在其上的应用可以帮助我们了解系统的健康状况，发现并解决问题。常见的监控内容包括 CPU、内存、磁盘和网络的使用情况，以及应用的响应时间、错误率等。可以使用 Prometheus、Grafana 等开源工具，或者云服务商提供的监控服务进行监控。

（2）日志管理

日志是了解应用运行情况的重要信息源。对于容器云平台来说，日志管理的主要任务包括收集、存储、查询和分析日志。可以使用 Fluentd、Elasticsearch、Kibana 等开源工具，或者云服务商提供的日志服务进行管理。

4.5.5 容器云平台的安全最佳实践

在使用容器云平台时，需要重视安全问题，遵循一系列的最佳实践来保护应用和数据的安全。下面详细介绍每项最佳实践。

（1）最小权限原则

运行在容器云平台上的应用应该遵循最小权限原则，即具有完成其任务所必需的权限，无论是对于系统资源，还是对于网络服务。

（2）隔离

应该尽可能地隔离运行在容器云平台上的应用。这可以通过使用不同的命名空间、网络策略和安全上下文来实现。

（3）加密

应使用加密来保护敏感数据，无论是存储在容器云平台上的数据，还是通过网络传输的数据。

（4）定期更新

应定期更新容器云平台和应用，以获取最新的安全更新和修复。

（5）安全扫描

应定期进行安全扫描，包括对容器镜像的扫描，以及对运行环境的扫描。

4.5.6 容器云平台最佳实践的案例

在使用容器云平台时，遵循一些最佳实践可以帮助我们更好地利用其强大功能，提高应用的性能和可用性，保证应用和数据的安全。下面通过一个案例来展示如何应用这些最佳实践。

我们以在 Kubernetes 上部署一个 Web 应用为例。这个 Web 应用由一个前端服务和一个后端服务组成，前、后端服务都需要访问一个数据库服务。

（1）创建独立的命名空间

对于每一个应用或者每一组相关的服务，我们都可以为其创建一个独立的命名空间。这样可以隔离这个应用和其他应用的资源，提高安全性。

```
apiVersion:v1
kind:Namespace
metadata:
  name:my-app
```

（2）使用 Deployment 管理 Pods

我们可以使用 Deployment 来管理应用的 Pods。Deployment 可以自动处理 Pods 的创建、更新和删除，提高应用的可用性。

```
apiVersion:apps/v1
kind:Deployment
metadata:
  name:frontend
  namespace:my-app
spec:
  replicas:3
  selector:
    matchLabels:
      app:frontend
  template:
    metadata:
      labels:
        app:frontend
    spec:
      containers:
      - name:frontend
        image:my-frontend:latest
        ports:
        - containerPort:8080
```

（3）使用 Service 提供网络访问

Service 能提供一个稳定的网络地址，让其他 Pods 访问到我们的应用。

```
apiVersion:v1
kind:Service
metadata:
  name:frontend
  namespace:my-app
spec:
  selector:
    app:frontend
  ports:
  - protocol:TCP
    port:80
    targetPort:8080
```

（4）使用 Ingress 处理外部流量

如果应用需要处理来自 Internet 的流量，我们可以使用 Ingress。Ingress 可以处理负载均衡和 SSL 终止等任务。

```
apiVersion:networking.k8s.io/v1
kind:Ingress
metadata:
  name:frontend
  namespace:my-app
spec:
  rules:
  - host:my-app.example.com
    http:
      paths:
      - pathType:Prefix
        path:"/"
        backend:
          service:
            name:frontend
            port:
              number:80
```

（5）使用 ConfigMap 和 Secret 管理配置

我们还可以使用 ConfigMap 和 Secret 来管理应用的配置。ConfigMap 和 Secret 可以将配置从应用代码中分离出来，提高安全性和可维护性。

```
apiVersion:v1
kind:ConfigMap
metadata:
  name:app-config
  namespace:my-app
data:
  DATABASE_URL:"jdbc:postgresql://db.example.com:5432/mydb"
apiVersion:v1
kind:Secret
metadata:
```

```
    name:app-secret
    namespace:my-app
  stringData:
    DATABASE_PASSWORD:"mysecretpassword"
```

4.6　容器云平台的未来展望

随着容器技术和云计算的深入发展，容器云平台的发展趋势也逐渐明确。我们可以从以下几个方面来预见其未来的发展方向。

（1）无服务器架构

无服务器架构（Serverless）是一个新兴的计算范式，它允许开发者无须关心底层的基础设施，只需要关注自己的业务逻辑。这种模式在容器云平台中得到了广泛的应用，例如，Kubernetes 的 Knative 就是一个代表。未来，我们预计无服务器架构将进一步普及，成为容器云平台的重要组成部分。

（2）服务网格

服务网格（Service Mesh）是一种用于处理服务间通信的基础设施层，它能提供负载均衡、故障恢复、服务间通信的加密和认证等功能。在容器云平台中，服务网格可以帮助我们更好地管理微服务架构。目前，Istio 和 Linkerd 是服务网格领域的主要玩家。未来，我们预计服务网格将在容器云平台中发挥更大的作用。

（3）GitOps

GitOps 是一种新的运维模式，它将 Git 作为事实的唯一来源，所有的配置和更改都在 Git 中进行版本控制。这种模式可以提高运维的透明度和可追溯性，同时降低错误的可能性。未来，我们预计 GitOps 将成为容器云平台的主流运维模式。

（4）AI 和机器学习

随着 AI 和机器学习的广泛应用，容器云平台也开始提供针对这些应用的优化。例如，Kubeflow 是一个在 Kubernetes 上运行机器学习工作负载的平台。未来，我们预计容器云平台将提供更多针对 AI 和机器学习的优化和支持。

第 5 章

分布式系统基础与挑战

5.1 分布式系统概述和特性

5.1.1 定义和概述

分布式系统是由多个独立的计算机节点通过网络连接，协同工作以完成一项或多项任务的系统。这些计算机节点可能分布在世界的不同地方，但对于用户来说，它们的行为就像是一个单一的系统。

图 5-1 是一个分布式系统的示意图。

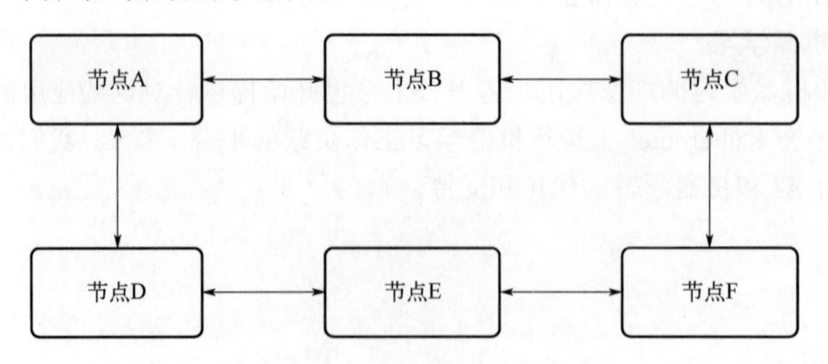

图 5-1　分布式系统示意图

在图 5-1 中，每个节点（节点 A 到节点 F）都是一个独立的计算机，它们通过网络进行通信和协作，共同完成任务。

分布式系统的主要功能是使各个节点能够共享资源，提高系统的整体性能和可靠性，同时保证系统的可扩展性。在分布式系统中，资源可以是硬件（如 CPU、内存和磁盘），也可以是软件（如应用程序和数据库）。分布式系统可以通过复制和分片等技术，将数据和计算任务分布到多个节点上，以提高系统的吞吐量和容错能力。

虽然分布式系统的设计和管理比传统的单机系统复杂得多，但是由于其能够提供的性能和可靠性优势，以及与云计算和大数据等技术的紧密结合，分布式系统已经成为现代

IT 系统的基础。

5.1.2　分布式系统的优点

分布式系统具有一些显著的优点，使其成为处理大规模数据和任务的理想选择。以下是分布式系统的一些主要优点。

① 可扩展性：分布式系统可以很容易地通过增加额外的节点来扩展其容量。这使得分布式系统能够处理大规模的数据和任务，满足不断增长的需求，如图 5-2 所示。

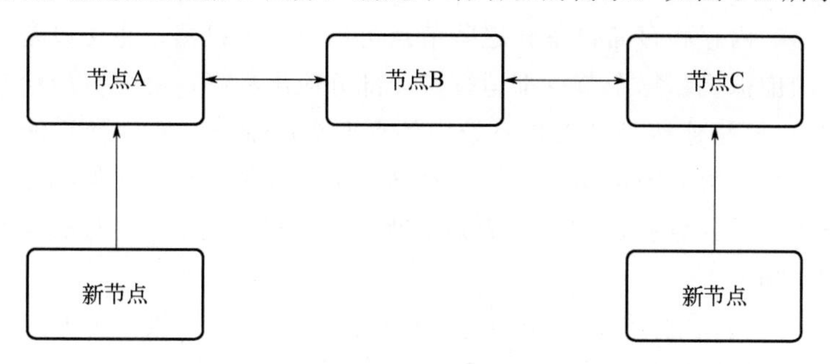

图 5-2　可扩展性的示意图

在图 5-2 中，通过添加新节点，分布式系统的处理能力和存储容量可以轻松扩展。

② 容错性：分布式系统通过数据复制和冗余机制提高系统的容错性。即使某个节点出现故障，其他节点仍然可以继续提供服务，如图 5-3 所示。

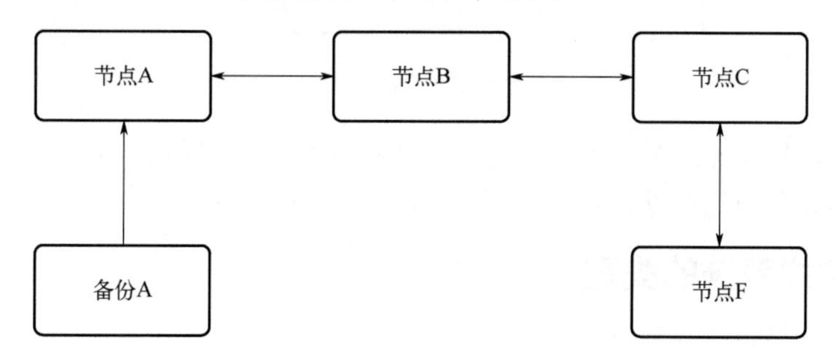

图 5-3　容错性的示意图

在图 5-3 中，节点 A 和节点 C 的数据在其他节点上都有备份，即使这两个节点出现故障，数据也不会丢失。

③ 并发性：分布式系统可以在多个节点上并行处理任务，能大大提高系统的处理能力和响应速度，如图 5-4 所示。

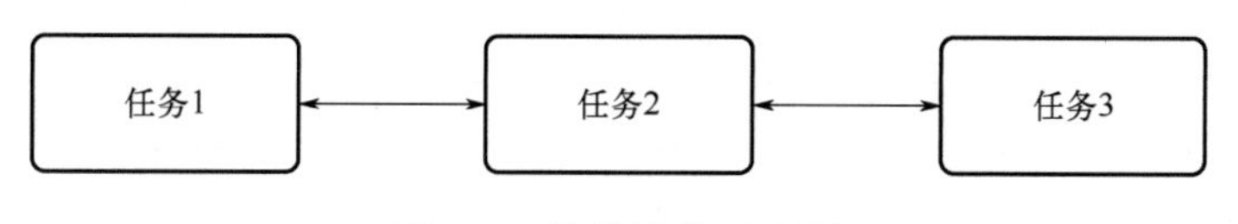

图 5-4　并发性的示意图

在图 5-4 中，任务 1、任务 2 和任务 3 可以在不同的节点上并行执行，能大大提高任务处理的效率。

以上这些优点使分布式系统在许多场景，如大数据处理、高性能计算和云服务等，都得到了广泛应用。然而，分布式系统也带来了一些挑战，如数据一致性、系统管理和网络延迟等，这些挑战需要通过设计和技术来克服。

5.1.3 分布式系统的组成部分

分布式系统由多个组件构成，这些组件共同协作，使得整个系统能够在一个分布式环境中有效地工作。以下是构成分布式系统的主要组件。

① 节点：在分布式系统中，节点是基本的工作单位，每个节点都是一个独立的计算机，拥有自己的处理器、内存和存储设备。这些节点可以是物理机器，也可以是虚拟机器，例如在云计算环境中的虚拟机。每个节点都运行着一部分应用程序，处理分配给它的任务。

② 网络连接：网络连接是分布式系统中的重要组成部分，它连接系统中的所有节点，使得节点之间可以进行数据的传输和通信。网络连接可以是有线的，例如以太网；也可以是无线的，例如 WiFi。网络连接的质量，例如带宽、延迟和丢包率，对分布式系统的性能和可靠性有着重要的影响。

③ 中间件：中间件在分布式系统中起到桥梁的作用，它提供一种方式，使得在分布式环境中的应用程序可以更容易地进行通信和协作。中间件可以提供许多功能，例如消息传递、数据同步、事务处理和负载均衡等。

图 5-5 是一个分布式系统的结构示意图。

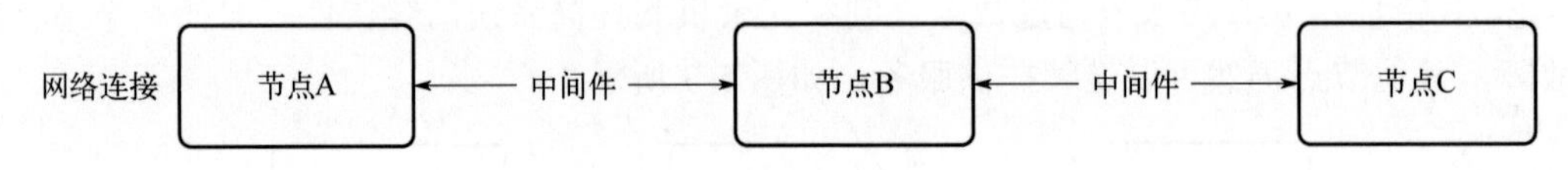

图 5-5 分布式系统结构的示意图

在图 5-5 中，节点 A、节点 B 和节点 C 通过网络连接进行通信，中间件则提供了一种方便的方式，使得这些节点可以相互协作，共享资源，完成任务。

5.1.4 分布式系统的类型

分布式系统的类型多种多样，不同的类型根据其设计目标和应用场景有不同的特点和优势。以下是一些常见的分布式系统类型。

① 计算集群：计算集群是由一组紧密连接的计算机组成的，如图 5-6 所示。它们共同工作，以提供比单个计算机更高的计算能力。每台计算机在集群中都是一个节点，它们共享相同的网络并工作在同一网络子系统下。计算集群通常用于执行需要大量计算资源的任务，例如科学计算、数据分析和图形渲染等。

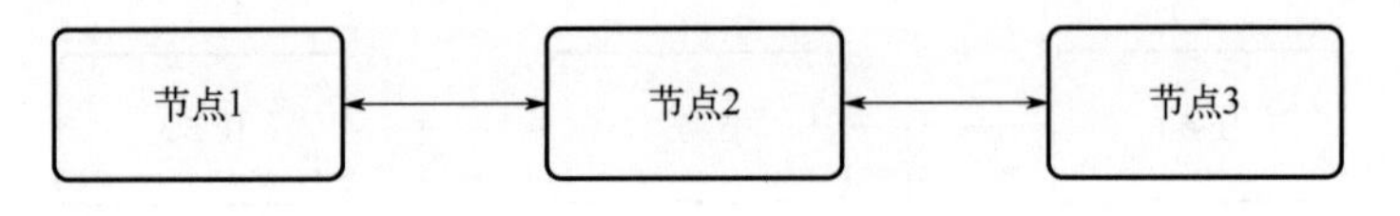

图 5-6 计算集群示意图

② 数据中心：数据中心是一个包含数百或数千台服务器的物理设施，如图 5-7 所示。这些服务器通过高速网络连接，并由中央管理系统进行管理。每台服务器都可以承载一个或多个应用程序或服务。数据中心通常被用来托管各种应用程序和服务，例如网站、数据

库和电子商务平台等。

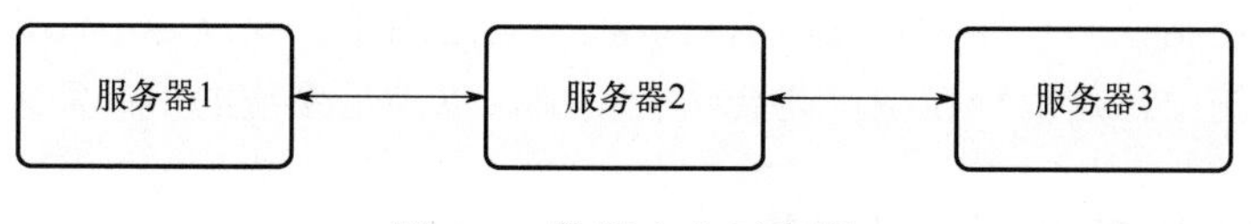

图 5-7　数据中心示意图

③ 云计算环境：云计算环境是一种基于互联网的计算方式，如图 5-8 所示，它能提供按需访问共享计算资源和服务的能力。这些资源包括服务器、存储、应用程序和服务，都可以通过互联网访问。云计算环境可以提供无限的计算能力，按需收费，可以快速部署和调整。

图 5-8　云计算环境示意图

以上各种类型的分布式系统都以多个计算资源（如节点、服务器或虚拟机）为基础，通过网络连接这些资源，实现更高的性能、更大的存储容量和更强的容错能力。

5.1.5　分布式系统的通信模型

在分布式系统中，为了实现协作，其中的节点需要通过网络进行通信。不同的通信模型定义了节点之间如何交换信息，从而影响着系统的结构和行为。以下是两种常用的分布式系统通信模型。

（1）客户端-服务器模型

客户端-服务器模型是一种常见的通信模型，其中一些节点作为服务器提供服务，其他节点作为客户端使用这些服务。在此模型中，客户端发起请求，服务器接收请求并返回响应。这种模型具有明确的角色划分，易于理解和实现。

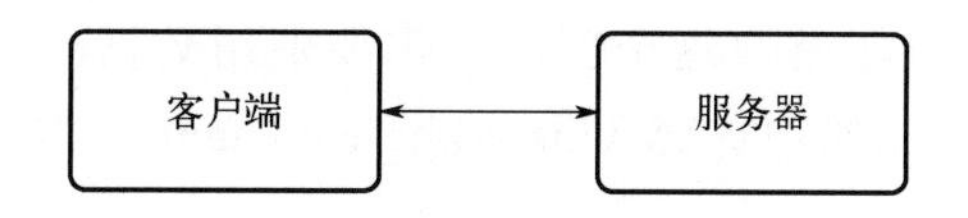

图 5-9　客户端-服务器模型示意图

在图 5-9 中，客户端与服务器之间的箭头表示请求和响应的交换。

（2）对等模型

对等模型是另一种常见的通信模型，其中所有节点都是对等的（如图 5-10 所示），每个节点都可以提供和请求服务。在此模型中，节点之间可以直接进行通信和协作，而无须通过中央服务器。这种模型可以提高系统的弹性和容错能力，因为没有单点故障。

图 5-10　对等模型示意图

在图 5-10 中，每个节点都可以直接与其他节点通信，交换请求和响应。

客户端-服务器模型和对等模型各有优点，分别适用于不同的情况。客户端-服务器模型适用于需要中央控制或一致性的系统，而对等模型更适用于需要高容错性和弹性的系统。在实际的分布式系统中，这两种模型可能会结合使用，以满足系统的不同需求。

5.2 分布式系统的挑战

尽管分布式系统在可扩展性、容错性和并发性等方面具有显著优势，但设计和维护一个高效、稳定且安全的分布式系统并非易事。此节将详细探讨分布式系统中遇到的各种挑战，包括分布式系统的复杂性、网络延迟和分区、一致性问题、容错性和可用性，以及安全性等。

5.2.1 分布式系统的复杂性

分布式系统的复杂性是由多种因素产生的。分布式系统的复杂性主要来自三个方面：多节点管理、同步问题以及数据一致性。

① 多节点管理：分布式系统由多个独立的计算节点组成，这些节点通过网络连接并协同工作。每个节点可能运行不同的操作系统，有不同的硬件配置和软件环境。节点越多，管理的复杂性就越大。管理员需要监控每个节点的状态，处理节点故障，以及进行系统升级等任务。此外，负载均衡也是一个重要的问题，即如何合理地分配任务到各个节点，以避免某些节点过载而其他节点闲置。

② 同步问题：在分布式系统中，各个节点需要协同工作以完成任务。由于每个节点有自己的处理速度和时钟，因此如何保持所有节点的同步是一个挑战。这包括如何同步节点的时钟，以及如何协调节点间的并发操作，以避免竞争条件和死锁等问题。

③ 数据一致性：在分布式系统中，数据可能被复制到多个节点，以增加数据的可用性和容错性。然而，当多个节点同时读写同一份数据时，就可能出现数据不一致的问题。例如，如果两个节点同时读取同一份数据，并各自进行修改和保存，那么最后的结果可能会依赖于这两个操作的执行顺序。为了解决这个问题，需要使用数据一致性算法，如二阶段提交（two-phase commit，2PC）、三阶段提交（three-phase commit，3PC）或者 Paxos 等。

图 5-11 是一个简单的分布式系统示意图，展示了上述的多节点管理、同步和数据一致性问题。

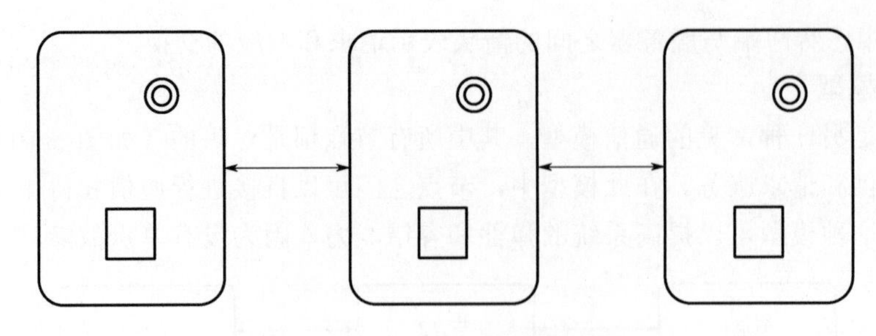

图 5-11 分布式系统示意图

在图 5-11 中，方格表示计算节点，连线表示网络连接，节点内部的方格表示数据存储，双圆圈表示处理单元。每个节点都需要进行数据处理和存储，而且还需要与其他节点进行通信以完成协同任务。这就带来了多节点管理、同步和数据一致性等挑战。例如，如果一个节点的处理速度比其他节点慢，那么就需要协调各个节点的操作顺序以保持同步。同样，如果一个节点的数据存储出现问题，那么就需要通过数据一致性算法来确保所有节点的数据保持一致。

5.2.2 网络延迟和分区

网络延迟和分区是分布式系统中的两个主要挑战。网络延迟是指信息从一个节点传输到另一个节点的时间，而分区则是指网络中的一部分节点由于网络故障而无法与其他节点通信。

① 网络延迟：在分布式系统中，由于节点分布在不同的地理位置，信息在节点间的传输会有一定的延迟。当一个节点需要等待另一个节点的响应时，这个延迟就变得尤为重要。例如，如果一个节点需要从远程节点读取数据，网络延迟就会直接影响这个读取操作的完成时间。对于一些需要实时响应的系统，如在线游戏或者股票交易系统，网络延迟可能会严重影响用户体验。为了减少网络延迟的影响，可以采用一些策略，如使用更快的网络设备，优化网络结构，或者使用更高效的通信协议。

② 分区：网络分区是指在分布式系统中，由于网络故障或者其他原因，使得系统被切割成两个或者多个不能相互通信的部分。在网络分区的情况下，系统需要做出一些特殊的处理，以保证系统的可用性和数据的一致性。例如，一种常见的做法是使用分布式一致性算法，如 Paxos 或者 Raft。这些算法能够在网络分区的情况下，保证系统的一致性。另一种做法是使用故障恢复机制。例如，当检测到某个节点无法访问时，系统会自动切换到备份节点。

图 5-12 是一个示意图，展示了网络延迟和分区的情况。

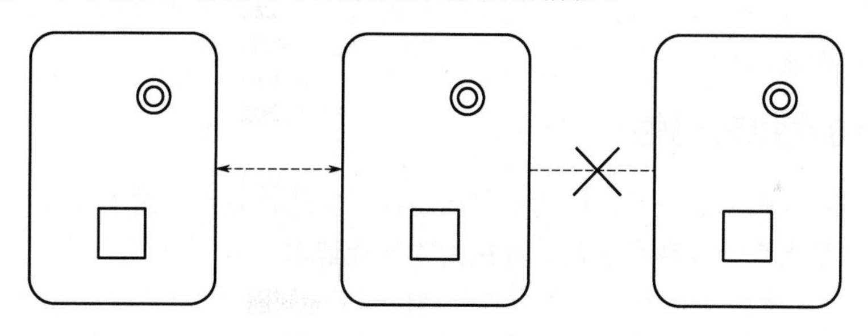

图 5-12　网络延迟和分区的示意图

在图 5-12 中，第一个和第二个节点之间的虚线连接延迟表示为网络延迟，第二个和第三个节点之间的连接断开表示为网络分区。这两种情况都会对分布式系统的性能和正确性产生影响。为了应对这些问题，需要采用一系列的策略和技术，例如优化网络结构和通信协议，使用分布式一致性算法，或者部署故障恢复机制。这些策略和技术能够帮助分布式系统在面对网络延迟和分区的挑战时，保持高效和稳定地运行。

5.2.3 一致性问题

一致性问题是分布式系统中的一个核心挑战，主要包括数据一致性问题和读写一致性问题。

① 数据一致性：数据一致性是指在分布式系统中，所有的副本节点对于同一份数据的视图必须是一致的。由于网络延迟、节点故障和并发更新等因素，维护数据一致性变得非常复杂。例如，当两个节点同时更新同一份数据时，可能会导致数据的不一致。为了解决这个问题，分布式系统通常采用各种一致性协议和算法，如二阶段提交（2PC）、三阶段提交（3PC）、Paxos 和 Raft 等。这些算法通过引入协调节点，使用锁和日志等机制，确保分布式事务的原

子性和一致性。

② 读写一致性：读写一致性是指在分布式系统中，所有的读操作必须返回最近的写操作的结果。这在并发读写环境中尤为重要，否则读操作可能会返回过期或者无效的数据。为了实现读写一致性，分布式系统通常采用一致性哈希、向量时钟、版本控制等技术。这些技术可以确保在任何给定的时间点，对于同一份数据的读操作总是返回最新的写操作的结果。

图 5-13 是一个示意图，展示了这两种一致性问题。

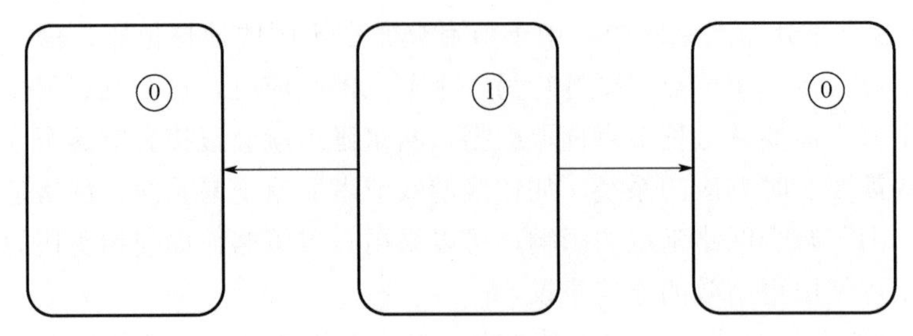

图 5-13　一致性示意图

在图 5-13 中，每个方框代表一个分布式系统的节点，连线代表节点之间的通信路径。在数据一致性问题中，如果中间的节点更新了某份数据（表示为内部圆圈中的 1），则必须确保其他所有节点（左侧和右侧的节点）都能看到这个更新。在读写一致性问题中，如果左侧的节点写入了新的数据，然后右侧的节点进行读操作，那么读操作必须返回左侧节点最新写入的数据。为了解决这些一致性问题，我们需要采用适当的一致性协议和算法，以确保分布式系统的正确性和性能。

5.2.4　容错性和可用性

容错性和可用性是分布式系统的两个重要目标。容错性是指系统能够在出现故障时继续运行，而可用性是指系统能够在任何时候接受并处理请求。

① 容错性：容错性是指系统在面对部分故障时，仍能保持其功能并继续正常运行。为了实现容错性，分布式系统通常采用数据复制和冗余机制。也就是说，系统的每个部分（例如，数据、服务、计算等）都有多个副本分布在不同的节点上。当某个节点发生故障时，系统可以从其他正常运行的节点获取副本，以完成其任务。然而，这种方法也带来了新的挑战，如需保证所有副本数据的一致性，以及有效地检测和恢复故障。

② 可用性：可用性是指系统在任何给定时间都能正常响应用户的请求。为了实现高可用性，分布式系统需要具备快速处理请求和快速恢复故障的能力。这通常通过负载均衡、冗余设计和自动故障恢复等技术来实现。负载均衡是指通过合理地分配请求到各个节点，以确保每个节点的负载均衡，从而提高系统的处理能力。冗余设计是通过在多个节点上复制数据和服务，以提高系统的可用性。自动故障恢复是指当系统检测到某个节点的故障时，能够自动将任务转移到其他正常运行的节点，以保证服务的连续性。

图 5-14 是一个示意图，展示了这两种设计目标的实现方法。

在图 5-14 中，每个方框代表一个分布式系统的节点，连线代表节点之间的通信路径。在每个节点上，都有数据的副本和处理单元（分别表示为内部的方格和双圆圈）。当一个节点（例如中间的节点）出现故障时，系统可以通过其他节点的副本来实现容错。通过合理地分配请求到各个节点（即负载均衡），以及在节点出现故障时自动切换到其他节点（即自动故障恢复），系统能够实现高可用性。

5.2.5 安全性

在分布式系统中，安全性是一个重要的问题，主要包括数据安全、通信安全和访问控制。

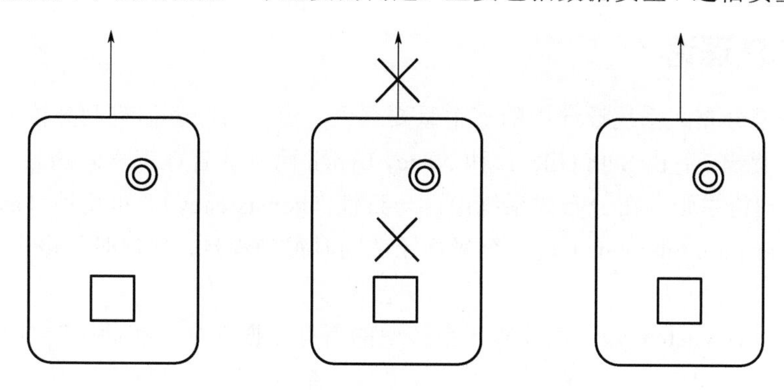

图 5-14　高可用性的示意图

① 数据安全：数据安全是指保护存储在分布式系统中的数据不被未授权地访问、修改或破坏。为了保护数据安全，可以通过多种方法，如使用加密技术来防止未授权的访问和修改，使用冗余和备份技术来防止数据的丢失，以及使用完整性检查和错误恢复技术来防止数据的破坏。

② 通信安全：通信安全是指保护分布式系统中节点之间的通信不被窃听、篡改或中断。为了保护通信安全，可以使用加密通信协议（如 SSL 或 TLS）来防止通信的窃听和篡改，使用身份认证和访问控制技术来防止未授权的访问，以及使用网络安全技术（如防火墙和入侵检测系统）来防止通信的中断。

③ 访问控制：访问控制是指分布式系统需要能够控制谁能访问系统的哪些资源，以及如何访问。这通常通过身份认证和授权两个步骤来实现。身份认证是指确认用户的身份，通常通过用户名和密码、数字证书或者生物特征等方法来实现。授权是指确定用户能访问的资源和操作，通常通过访问控制列表或者角色基础的访问控制等方法来实现。

图 5-15 是一个示意图，展示了分布式系统的安全性问题。

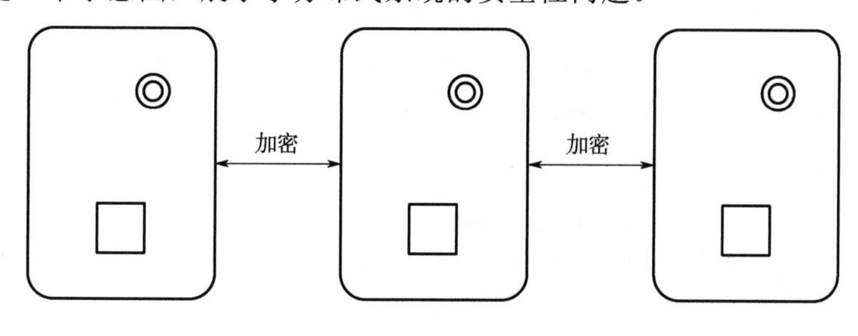

图 5-15　安全性示意图

在图 5-15 中，每个方框代表一个分布式系统的节点，连线代表节点之间的通信路径，在每个节点上，都有数据的副本和处理单元（分别表示为内部的方格和双圆圈）。为了实现数据安全，每个节点需要对数据进行加密，并定期进行备份和完整性检查。为了实现通信安全，节点之间的通信需要通过加密协议进行，同时需要进行身份认证和访问控制，以防止未授权的访问。这些方法共同保障分布式系统的安全性。

5.3 分布式相关理论

5.3.1 CAP 理论

CAP 理论是分布式系统设计中的一个重要理论，由加州大学伯克利分校的 Eric Brewer 教授在 2000 年提出，后由 Seth Gilbert 和 Nancy Lynch 两位麻省理工学院的教授于 2002 年正式证明。CAP 理论主张，在分布式系统中，一致性（consistency）、可用性（availability）和分区容错性（partition tolerance）这三个属性无法同时得到满足，任何时候最多只能满足其中的两项。

① 一致性（consistency）：在分布式系统中的所有数据副本，在同一时刻都是同样的。

② 可用性（availability）：在系统发生故障时，系统仍然能对外提供服务。

③ 分区容错性（partition tolerance）：当网络出现分区后，系统仍能正常提供服务。

根据 CAP 理论，一个分布式系统无法同时满足这三个属性，只能满足其中的两个，这就需要在系统设计时，根据系统的实际需求和应用场景，做出合理的选择。

（1）分布式键值存储设计

现在，我们将设计一个简单的分布式键值存储系统，这个系统需要处理 CAP 理论中的权衡。我们首先需要创建一个基本的键值存储。然后，我们可以在此基础上探讨如何处理 CAP 理论的权衡。

（2）基本键值存储

首先，我们需要创建一个基本的键值存储。这个存储将支持两种操作：PUT 和 GET。在这个简单的示例中，使用 Java 的内置类型 ConcurrentHashMap 来存储键值对。

这是基本的键值存储的代码：

```
import java.util.concurrent.ConcurrentHashMap;

public class KeyValueStore {
    private final ConcurrentHashMap<String,String> store;

    public KeyValueStore(){
        store = new ConcurrentHashMap<>();
    }

    public String get(String key){
        return store.get(key);
    }

    public void put(String key,String value){
        store.put(key,value);
    }
}
```

这个键值存储非常简单，但是它只能在单个节点上运行。如果我们想要创建一个分布式的键值存储，需要解决一些额外的问题，其中最重要的就是如何处理 CAP 理论的权衡。

（3）CAP 理论的权衡

在分布式系统中，一致性（C）、可用性（A）和分区容错性（P）这三个属性无法同时完全满足。在设计分布式系统时，我们需要理解这种权衡，并根据应用的需求来选择合适的权衡。

① 一致性与可用性权衡：在一些系统中，一致性可能比可用性更重要。例如，银行系统必须保证账户之间的转账操作是一致的，即使这意味着在某些情况下，系统可能无法响应用户的请求。在其他系统中，可用性可能更重要。例如，对于一个社交媒体网站，用户可能更希望能够随时发布新的内容，即使这意味着他们的朋友可能不会立即看到这些新内容。

② 一致性与分区容错性权衡：在一些系统中，一致性可能比分区容错性更重要。例如，一个在单个数据中心运行的数据库可能可以容忍网络分区，因为这种情况很少发生。但是，对于一个跨多个数据中心的分布式数据库，网络分区可能是常态，因此分区容错性可能更重要。

③ 可用性与分区容错性权衡：在一些系统中，可用性可能比分区容错性更重要。例如，对于一个内容分发网络（content delivery network，CDN），用户可能更希望能够随时获取内容，即使这意味着在网络分区的情况下，他们可能看到的是旧的或者不一致的内容。在其他系统中，分区容错性可能更重要。例如，对于一个分布式数据库，用户可能希望在任何情况下都能够获取到一致的数据，即使这意味着在网络分区的情况下，数据库可能无法响应请求。

在设计分布式键值存储时，我们需要根据这些权衡来选择合适的设计。例如，如果我们更关心一致性和分区容错性，可能需要使用一种像 Paxos 或者 Raft 这样的一致性算法来保证所有的节点都有相同的数据。如果我们更关心可用性和分区容错性，可能需要使用一种像 Amazon 的 Dynamo 这样的最终一致性模型。

（4）处理一致性和可用性的权衡

当面临一致性（C）和可用性（A）的权衡时，分布式系统的设计者需要根据具体应用的需求来决定应该优先保证哪个属性。如果一个系统需要提供强一致性，那么设计者必须接受在网络分区或其他故障发生时，系统可能无法对外提供服务。反之，如果一个系统需要始终对外提供服务，那么设计者必须接受系统可能只能提供弱一致性或最终一致性。

为了说明这种权衡，我们可以在键值存储系统中添加一个配置选项，用于控制在处理 GET 请求时是否需要保证一致性。当这个选项被设置为 true 时，系统将只返回最新的数据；当这个选项被设置为 false 时，系统将返回任何可用的数据，即使这些数据可能已经过时。

以下是修改后的 KeyValueStore 类，其中添加了一个 ensureConsistency 字段和一个 setEnsure Consistency 方法。

```
import java.util.concurrent.ConcurrentHashMap;

public class KeyValueStore {
    private final ConcurrentHashMap<String,String> store;
    private boolean ensureConsistency;

    public KeyValueStore(){
```

```
        store = new ConcurrentHashMap<>();
        ensureConsistency = true;
    }

    public String get(String key){
        if(ensureConsistency){
            // 确保一致性:返回最新的数据或者不返回任何数据
            return store.get(key);
        } else {
            // 不确保一致性:返回任何可用的数据
            return store.getOrDefault(key,"Data not available");
        }
    }

    public void put(String key,String value){
        store.put(key,value);
    }

    public void setEnsureConsistency(boolean ensureConsistency){
        this.ensureConsistency = ensureConsistency;
    }
}
```

此外，我们还需要修改 GetHandler 类，使其在处理 GET 请求时遵循 ensureConsistency 选项。

```
class GetHandler implements HttpHandler {
    @Override
    public void handle(HttpExchange t)throws IOException {
        String query = t.getRequestURI().getQuery();
        String key = null;
        if(query != null){
            String[] params = query.split("=");
            if(params.length > 1){
                key = params[1];
            }
        }

        String response;
        if(key != null){
            response = store.get(key);
            if(response == null){
                response = "Key not found";
            }
        } else {
            response = "Invalid request";
        }

        t.sendResponseHeaders(200,response.length());
        OutputStream os = t.getResponseBody();
        os.write(response.getBytes());
        os.close();
```

```
        }
    }
```

在这个修改后的代码中，GetHandler 类的 handle 方法首先检查 ensureConsistency 选项。如果这个选项被设置为 true，那么该方法将只返回最新的数据；否则，它将返回任何可用的数据。

这样，我们就可以通过设置 ensureConsistency 选项来控制系统在一致性和可用性之间的权衡。例如，如果我们更关心一致性，那么可以将 ensureConsistency 设置为 true；如果我们更关心可用性，那么可以将 ensureConsistency 设置为 false。

（5）处理一致性和分区容错性的权衡

在分布式系统中，一致性（C）和分区容错性（P）通常是有冲突的，因为在分布式系统中发生网络分区时，要么只能提供一部分节点的服务从而保持一致性，要么提供所有节点的服务但只能保证最终一致性。

在我们的键值存储案例中，可以通过引入多个副本（replica）来进行演示。假设我们有三个副本，当一个 PUT 请求到达时，有两种策略：

① 一致性优先（CP）：我们需要在大多数（在本例中是两个）副本写入成功后才认为这个请求成功。这样可以保证每个 GET 请求（至少访问一个最新写入的副本）返回的都是最新的结果。但是，如果发生网络分区，导致一个副本无法访问，那么我们的服务就无法对外提供服务。

② 可用性优先（AP）：只要有一个副本写入成功，我们就认为这个请求成功。这样可以保证在任何情况下，我们的服务都可以对外提供服务。但是，如果发生网络分区，导致某些副本没有接收到最新的写入，那么 GET 请求可能返回过时的数据。

在真实的系统中，我们可能会使用一些更复杂的策略来找到一种适合的平衡，比如在多数副本写入成功后返回成功，但是允许 GET 请求在访问任何一个副本后返回结果，或者使用一些复杂的一致性协议（如 Paxos、Raft 等）来保证一致性。

以上描述的是 CAP 理论在分布式键值存储系统中的应用和决策。接下来，我们将使用 Docker 来部署我们的服务，并且说明如何使用 Docker 进行分布式部署。

（6）使用 Docker 进行部署

首先，我们整合一下之前的代码：

```
import com.sun.net.httpserver.HttpServer;
import com.sun.net.httpserver.HttpHandler;
import com.sun.net.httpserver.HttpExchange;

import java.io.IOException;
import java.io.OutputStream;
import java.net.InetSocketAddress;
import java.util.Map;
import java.util.concurrent.ConcurrentHashMap;

public class KeyValueStore {
    private final Map<String,String> store;

    public KeyValueStore(){
```

```
        store = new ConcurrentHashMap<>();
    }

    public static void main(String[] args)throws Exception {
        KeyValueStore kvStore = new KeyValueStore();
        HttpServer server = HttpServer.create(new InetSocketAddress(8000),0);
        server.createContext("/get",kvStore.new GetHandler());
        server.createContext("/put",kvStore.new PutHandler());
        server.setExecutor(null);// creates a default executor
        server.start();
    }

    class GetHandler implements HttpHandler {
        @Override
        public void handle(HttpExchange t)throws IOException {
            String query = t.getRequestURI().getQuery();
            String key = null;
            if(query != null){
                String[] params = query.split("=");
                if(params.length > 1){
                    key = params[1];
                }
            }

            String response = "Key not found";
            if(key != null && store.containsKey(key)){
                response = store.get(key);
            }

            t.sendResponseHeaders(200,response.length());
            OutputStream os = t.getResponseBody();
            os.write(response.getBytes());
            os.close();
        }
    }

    class PutHandler implements HttpHandler {
        @Override
        public void handle(HttpExchange t)throws IOException {
            String query = t.getRequestURI().getQuery();
            String key = null;
            String value = null;
            if(query != null){
                String[] params = query.split("&");
                for(String param :params){
                    String[] keyValue = param.split("=");
                    if(keyValue.length > 1){
                        if(keyValue[0].equals("key")){
                            key = keyValue[1];
                        } else if(keyValue[0].equals("value")){
                            value = keyValue[1];
```

```
                        }
                    }
                }
            }

            String response = "Error";
            if(key != null && value != null){
                store.put(key,value);
                response = "OK";
            }

            t.sendResponseHeaders(200,response.length());
            OutputStream os = t.getResponseBody();
            os.write(response.getBytes());
            os.close();
        }
    }
}
```

接着，我们需要编译程序，并创建一个Dockerfile，以便在Docker容器中运行我们的键值存储服务。以下是一个基本的Dockerfile，它基于OpenJDK镜像，并包含了运行Java应用所需的所有依赖项。

```
# 从包含 Java 运行时的基础镜像开始
FROM openjdk:8-jdk-alpine

# 添加维护者信息
LABEL maintainer="example@example.com"

# 添加一个指向/tmp 的卷
VOLUME /tmp

# 将容器的 8000 端口对外开放
EXPOSE 8000

# 应用的 jar 文件
ARG JAR_FILE=target/my-application.jar

# 将应用的 jar 文件添加到容器中
ADD ${JAR_FILE} my-application.jar

# 运行 jar 文件
ENTRYPOINT ["java","-jar","/my-application.jar"]
```

在这个Dockerfile中：

① 使用FROM openjdk：8-jdk-alpine指令从OpenJDK镜像创建一个新的镜像。这个OpenJDK镜像包含运行Java应用所需的所有依赖项。

② 使用LABEL maintainer="example@example.com"指令添加了一个维护者信息。

③ 使用VOLUME /tmp指令在容器中创建了一个临时文件夹。

④ 使用EXPOSE 8000指令将容器的8000端口暴露出来，以便外界可以访问我们的应用。

⑤ 使用ARG JAR_FILE=target/my-application.jar指令定义了一个构建参数，用于指定应

用的 jar 文件。

⑥ 使用 ADD ${JAR_FILE} my-application.jar 指令将应用的 jar 文件添加到容器中。

⑦ 使用 ENTRYPOINT ["java"，"-jar"，"/my-application.jar"]指令设置了容器的入口点，也就是当容器启动时执行的命令。

接下来，我们可以使用以下命令来构建和运行 Docker 容器：

```
docker build -t my-application .
docker run -p 8000:8000 my-application
```

这些命令将创建一个新的 Docker 容器，并在容器中运行键值存储服务。至此，我们可以通过 localhost 的 8000 端口访问服务。

（7）使用 Docker Compose 进行分布式部署

为了在多个节点上部署键值存储服务，我们可以使用 Docker Compose。Docker Compose 是一个用于定义和运行多容器 Docker 应用的工具。通过创建一个 docker-compose.yml 文件，可以定义服务、网络和卷，然后使用单个命令将这些启动。

以下是一个 docker-compose.yml 文件的示例，它定义了三个键值存储服务的节点。

```
version:'3'
services:
  node1:
    image:my-application
    ports:
      - 8001:8000
  node2:
    image:my-application
    ports:
      - 8002:8000
  node3:
    image:my-application
    ports:
      - 8003:8000
```

在这个配置文件中，我们定义了三个服务：node1、node2 和 node3。每个服务都使用 my-application 镜像，并将容器的 8000 端口映射到主机的 8001、8002 和 8003 端口。

然后，我们可以使用以下命令来启动这些服务：

```
docker-compose up
```

这个命令将启动三个键值存储服务的节点，我们可以通过 localhost 的 8001、8002 和 8003 端口访问这些服务。

这是一个基本的分布式部署，但是它并没有处理一致性和分区容错性的问题。为了处理这些问题，我们需要在键值存储服务中实现一种一致性协议，比如 Paxos 或 Raft。然而，实现这些协议超出了本章的范围。

以下是一个简单的示例，展示了如何在 CAP 理论中处理一致性和可用性的权衡。在这个例子中，键值存储系统通过设置 ensureConsistency 标志来控制在处理 GET 请求时是否需要保证一致性。

① 首先，我们需要启动服务：

```
docker-compose up
```

② 然后，我们可以使用 curl 命令向服务发送一个 PUT 请求，将一个键值对存入存储系统：

```
curl -X PUT -d "value=Hello,World!" localhost:8001/put?key=mykey
```

③ 接下来，我们可以发送一个 GET 请求，尝试获取存储的键值对：

```
curl localhost:8001/get?key=mykey
```

如果 ensureConsistency 标志被设置为 true，那么这个请求将返回最新的数据；如果 ensureConsistency 标志被设置为 false，那么这个请求将返回任何可用的数据，即使这些数据可能已经过时。

④ 最后，我们可以通过改变 ensureConsistency 标志的值，来观察一致性和可用性之间的权衡。例如，如果我们更关心一致性，那么可以将 ensureConsistency 设置为 true：

```
curl -X POST -d "ensureConsistency=true" localhost:8001/setEnsureConsistency
```

然后，我们再发送 GET 请求，将看到请求始终返回最新的数据。反之，如果我们更关心可用性，那么可以将 ensureConsistency 设置为 false：

```
curl -X POST -d "ensureConsistency=false" localhost:8001/setEnsureConsistency
```

然后，我们再发送 GET 请求，将看到请求始终能返回数据，即使这些数据可能已经过时。

这样，我们就可以通过观察 GET 请求的行为，来理解一致性和可用性之间的权衡。这就是 CAP 理论的含义。

总的来说，通过理解 CAP 理论和使用合适的工具，我们可以设计和实现能够处理一致性、可用性和分区容错性权衡的分布式系统。

5.3.2 BASE 理论

在分布式系统设计中，除了 CAP 理论之外，还有一个非常重要的理论，那就是 BASE 理论。BASE 是基本可用（basically available）、软状态（soft state）和最终一致性（eventually consistent）的缩写，它是对 CAP 中一致性和可用性权衡的一种策略。

① 基本可用（basically available）：系统始终对请求响应，但是在极端情况下（例如，网络分区），响应可能会降级（返回部分结果，或者延迟响应等）。

② 软状态（soft state）：系统的状态可能会改变（由于非用户的操作），即使没有输入，系统状态也可能发生改变。

③ 最终一致性（eventually consistent）：系统在没有新的更新操作后，经过一段时间，所有副本数据都将达到一致。

BASE 理论的核心思想是：即使无法做到强一致性（CAP 理论的 C），但系统的设计应确保最终一致性，使系统保持高可用性（CAP 理论的 A）和对网络分区的容忍（CAP 理论的 P）。

（1）分布式键值存储设计

我们可以通过修改分布式键值存储，使其符合 BASE 理论的原则。首先，可以引入一些延迟，以模拟网络延迟和副本同步延迟。其次，可以修改 GET 和 PUT 操作，使其满足基本可用和最终一致性的需求。

首先，我们需要添加一个 delay 参数，用于模拟网络延迟：

```
public class KeyValueStore {
    private final ConcurrentHashMap<String,String> store;
    private final int delay;

    public KeyValueStore(int delay){
        store = new ConcurrentHashMap<>();
        this.delay = delay;
    }

    // Other methods...
}
```

然后，可以修改 put 方法，使其在写入数据后等待“delay”毫秒，以模拟网络延迟：

```
public void put(String key,String value){
    store.put(key,value);
    try {
        Thread.sleep(delay);
    } catch(InterruptedException e){
        Thread.currentThread().interrupt();
    }
}
```

接下来，可以修改 get 方法，使其在读取数据前等待“delay”毫秒，以模拟副本同步延迟：

```
public String get(String key){
    try {
        Thread.sleep(delay);
    } catch(InterruptedException e){
        Thread.currentThread().interrupt();
    }
    return store.get(key);
}
```

至此，我们的键值存储对 GET 和 PUT 请求的响应时间取决于 delay 参数。当 delay 参数较大时，我们的键值存储将表现出基本可用和最终一致性的特性：尽管 GET 和 PUT 请求可能不会立即返回结果，但是在没有新的 PUT 请求后，所有的 GET 请求最终都将返回最新的结果。这就是 BASE 理论的含义。

（2）使用 Docker 进行部署

我们将继续使用 Docker 来部署基于 BASE 理论的键值存储服务。Dockerfile 不需要进行修改，因为 Java 应用仍然是单个的 jar 文件，所以我们可以使用相同的 Dockerfile 来创建 Docker 镜像。

如果要在 Docker 容器中模拟网络延迟，我们可以在启动容器时设置 delay 环境变量。例如，如果想要模拟 100 毫秒的网络延迟，我们可以使用以下命令来启动容器：

```
docker run -p 8000:8000 -e "DELAY=100" my-application
```

在这个命令中，-e "DELAY=100"参数设置 DELAY 环境变量的值为 100。

然后，我们需要修改 Java 应用，使其从 DELAY 环境变量读取网络延迟的值。这可以通过调用 System.getenv()方法来实现：

```
public class KeyValueStore {
    private final ConcurrentHashMap<String,String> store;
```

```
    private final int delay;

    public KeyValueStore(){
        store = new ConcurrentHashMap<>();
        String delayString = System.getenv("DELAY");
        delay = delayString != null ? Integer.parseInt(delayString):0;
    }

    // Other methods...
}
```

在这个修改后的代码中，KeyValueStore 类的构造函数首先尝试从 DELAY 环境变量获取网络延迟的值。如果这个环境变量存在，那么它将其解析为一个整数并存储在 delay 字段中；否则，它将 delay 字段设置为 0。

至此，键值存储服务已经准备好在 Docker 容器中运行，并且可以模拟网络延迟。这使得我们可以在一个真实的环境中观察 BASE 理论的效果。

（3）使用 Docker Compose 进行分布式部署

为了在分布式环境中部署我们的键值存储服务，我们可以使用 Docker Compose。以下是一个 docker-compose.yml 文件的示例，它定义了三个键值存储服务的节点，并设置了不同的网络延迟。

```
version:'3'
services:
  node1:
    image:my-application
    ports:
      - 8001:8000
    environment:
      - DELAY=100
  node2:
    image:my-application
    ports:
      - 8002:8000
    environment:
      - DELAY=200
  node3:
    image:my-application
    ports:
      - 8003:8000
    environment:
      - DELAY=300
```

在这个配置文件中，我们定义了三个服务：node1、node2 和 node3。每个服务都使用 my-application 镜像，并将容器的 8000 端口映射到主机的 8001、8002 和 8003 端口。此外，每个服务都设置了 DELAY 环境变量，用于模拟网络延迟。

然后，我们可以使用以下命令来启动这些服务：

```
docker-compose up
```

这个命令将启动三个键值存储服务的节点，我们可以通过 localhost 的 8001、8002 和 8003 端口访问这些服务。

这种设置可以模拟一个真实的分布式环境，在这个环境中，不同的节点可能有不同的网络延迟。我们可以通过观察这些节点的行为，来理解 BASE 理论的含义。

（4）运行案例

为了展示 BASE 理论的效果，我们可以进行以下操作。

① 首先，启动三个服务节点：

```
docker-compose up
```

② 然后，我们可以向一个节点发送 PUT 请求，将一个键值对存储到键值存储中。例如，可以使用 curl 命令向 node1 发送一个 PUT 请求：

```
curl -X PUT -d "value=Hello,World!" localhost:8001/put?key=mykey
```

由于我们设置了网络延迟，所以这个请求可能不会立即返回结果。

③ 接下来，我们可以向所有节点发送 GET 请求，获取刚才存储的键值对。例如，可以使用 curl 命令向所有节点发送 GET 请求：

```
curl localhost:8001/get?key=mykey
curl localhost:8002/get?key=mykey
curl localhost:8003/get?key=mykey
```

由于我们设置了网络延迟，所以这些请求可能不会立即返回结果，或者可能返回过时的结果。

④ 最后，我们可以在一段时间后再次向所有节点发送 GET 请求。此时，由于没有新的 PUT 请求，所有的 GET 请求都应该返回最新的结果，即“Hello，World!”。

总的来说，通过理解 BASE 理论和使用合适的工具，我们可以设计和实现能够处理一致性、可用性和分区容错性权衡的分布式系统。

5.3.3 二阶段提交和三阶段提交

在分布式系统中，事务处理是一个重要的问题。为了保证事务的原子性和一致性，通常会使用一些协议，其中最常用的是二阶段提交（2PC）和三阶段提交（3PC）。

（1）二阶段提交（2PC）

二阶段提交是一种在分布式系统中实现事务的原子性和一致性的协议。它分为两个阶段：准备阶段和提交阶段。

在准备阶段，协调者节点向所有参与者节点发送准备请求，询问它们是否准备好提交事务。参与者节点在接收到准备请求后，如果它们准备好提交事务，那么就会回复同意；否则，就会回复拒绝。

在提交阶段，如果协调者节点从所有参与者节点都收到了同意的回复，那么它就会向所有参与者节点发送提交请求，让它们提交事务；否则，它就会向所有参与者节点发送中止请求，让它们中止事务。

二阶段提交协议确保了事务的原子性和一致性，但是它也有一些缺点。最大的问题是，如果在提交阶段的过程中，协调者节点发生故障，那么参与者节点可能会无限期地等待它们的决定。这会导致系统的可用性下降。

（2）三阶段提交（3PC）

为了解决二阶段提交中的阻塞问题，三阶段提交协议被提出。它在二阶段提交的基础上增加了一个预提交阶段。

在预提交阶段，协调者节点向所有参与者节点发送预提交请求。参与者节点在接收到预提交请求后，如果它们准备好提交事务，那么就会回复同意；否则，就会回复拒绝。

然后，剩下的步骤与二阶段提交相同：协调者节点根据参与者节点的回复决定是否提交事务，然后向所有参与者节点发送相应的请求。

三阶段提交协议能解决二阶段提交中的阻塞问题，但是它也会增加通信的开销。此外，它假设系统的网络是可靠的，如果网络出现问题，那么它可能无法正确工作。

接下来，我们创建一个分布式事务处理系统，来实现二阶段提交和三阶段提交协议。

为了实现一个完整的分布式事务处理系统，需要实际的业务逻辑。比如，Participant 类的 prepare 方法可以执行一些数据库操作来准备事务，commit 方法可以根据决定来提交或者中止事务。同时，可能需要实现网络通信，使 Coordinator 和 Participant 能够在不同的服务器上运行。

我们将提供一个简单的场景来说明二阶段提交（2PC）。考虑一个银行转账的情况。张三想从他在银行 A 的账户中转账 100 元到他在银行 B 的账户。这个操作可以被看作是一个事务：从银行 A 的账户减少 100 元和向银行 B 的账户增加 100 元应该是一个原子操作，要么两个操作都成功，要么都失败。

在这个场景中，我们可以看到二阶段提交的运作：

① 准备阶段：协调者（可能是一个中心银行或者支付平台）向银行 A 和银行 B 发送准备请求。银行 A 检查张三的账户中是否有足够的钱，如果有，那么就准备扣除 100 元并回复同意；否则，回复拒绝。银行 B 检查是否可以接受转账，如果可以，那么就准备增加 100 元并回复同意；否则，回复拒绝。

② 提交阶段：如果协调者从所有银行收到了同意的回复，那么它就会向所有银行发送提交请求，让它们完成事务；否则，它就会向所有银行发送中止请求，让它们中止事务。

这就是二阶段提交的基本过程。要注意，这个过程并没有考虑可能发生的故障。在实际的系统中，我们需要考虑各种故障情况，并可能需要使用如三阶段提交（3PC）这样更复杂的协议来防止系统阻塞。

为了模拟银行转账的场景，我们可以创建一个主程序来实施二阶段提交。以下是示例代码：

```
public class Bank {
    private int balance;

    public Bank(int balance){
        this.balance = balance;
    }

    public boolean prepare(int amount){
        // 检查是否有足够的钱
        return balance >= amount;
    }

    public void commit(boolean decision,int amount){
        // 如果决定为真,提交事务
        if(decision){
```

```
            balance -= amount;
        }
    }
}

public class CentralBank {
    private Bank bankA;
    private Bank bankB;

    public CentralBank(Bank bankA,Bank bankB){
        this.bankA = bankA;
        this.bankB = bankB;
    }

    public void transfer(int amount){
        // 准备阶段
        boolean decision = bankA.prepare(amount)&& bankB.prepare(amount);

        // 提交阶段
        bankA.commit(decision,amount);
        bankB.commit(decision,-amount);
    }
}

public class Main {
    public static void main(String[] args){
        Bank bankA = new Bank(200);
        Bank bankB = new Bank(100);
        CentralBank centralBank = new CentralBank(bankA,bankB);

        centralBank.transfer(100);
    }
}
```

在这个示例中，Bank 类有一个 prepare 方法，用于准备事务，并检查是否有足够的钱来完成转账；有一个 commit 方法，根据协调者的决定来提交或中止事务。

CentralBank 类有一个 transfer 方法，用于执行二阶段提交。在准备阶段，它调用所有银行的prepare方法，并根据结果来决定是否要提交事务；在提交阶段，它调用所有银行的commit方法，让它们根据决定来提交或中止事务。

Main 类是主程序，创建了两个 Bank 对象和一个 CentralBank 对象，然后执行了一次转账操作。

这个示例模拟了二阶段提交协议的基本过程，但并没有考虑可能发生的故障。

接下来我们讨论如何使用 Docker 来部署这个 Java 应用。首先，需要编写一个 Dockerfile，它是一个文本文件，包含了一系列的命令，用于创建 Docker 镜像。

以下是示例 Dockerfile：

```
# 使用官方的 Java 开发镜像作为基础镜像
FROM openjdk:8-jdk

# 设置工作目录
WORKDIR /app

# 将编译好的 jar 文件复制到工作目录
```

```
COPY./target/transaction.jar /app

# 设置启动命令
CMD ["java","-jar","/app/transaction.jar"]
```

这个 Dockerfile 使用了官方的 Java 开发镜像 openjdk：8-jdk 作为基础镜像。然后，将编译好的 jar 文件复制到工作目录，并设置了启动命令。

接着，可以使用以下命令来创建 Docker 镜像：

```
docker build -t transaction-app.
```

这个命令会读取当前目录下的 Dockerfile，并创建一个名为 transaction-app 的 Docker 镜像。

最后，可以使用以下命令来运行 Docker 容器：

```
docker run -it --rm transaction-app
```

这个命令会启动一个 transaction-app 的 Docker 容器，并在容器内运行主程序。

以上就是如何使用 Docker 部署这个 Java 应用的基本步骤。需要注意的是，这只是一个基本示例，实际的部署过程可能更复杂，需要考虑网络配置、数据持久化、服务发现等问题。

5.4　分布式系统的发展趋势

5.4.1　云计算和边缘计算

云计算和边缘计算是近年来计算领域的两个重要趋势，它们对分布式系统的设计和实现产生了深远的影响。

（1）云计算

云计算是一种提供按需计算的模型，其核心是通过网络提供广泛的计算资源（如处理器、存储和应用程序等），并能够快速部署和释放这些资源。云计算的兴起极大地推动了分布式系统的发展，它提供了一种集中式的资源管理和服务提供方式，使得企业和个人可以更加灵活和高效地使用计算资源。然而，云计算也给分布式系统的设计和实现带来了新的挑战，例如如何有效地管理和调度大量的计算资源，如何保证服务的高可用性和可靠性，以及如何保护数据的安全性和隐私性等。

（2）边缘计算

与云计算相比，边缘计算是一种更为分散的计算模型，它将数据处理和分析的任务放在靠近数据源的设备或网络边缘上进行，从而减少数据传输的延迟和带宽消耗。边缘计算的出现提供了一种新的分布式系统设计和实现方式，它强调的是在网络边缘进行数据处理和决策，以提高服务的响应速度和用户体验。然而，边缘计算也给分布式系统的设计和实现带来了新的挑战，例如如何管理和协调大量的边缘设备，如何处理边缘设备的动态性和不稳定性，以及如何在边缘环境下保证数据的一致性和安全性等。

5.4.2　容器化和服务网格

容器化和服务网格是近年来分布式系统领域的两个重要趋势，它们对分布式系统的设计和实现产生了深远的影响。

（1）容器化

容器化是一种轻量级的虚拟化技术，它能够在操作系统级别提供隔离的环境，用于运行和管理应用程序。与传统的虚拟机技术相比，容器化技术（如 Docker）能提供更高的性能和更低的资源消耗，使得应用程序可以更快地启动和停止，并且可以在不同的环境中无缝迁移。这为分布式系统的部署和运维提供了极大的便利，同时也提出了新的挑战，例如如何管理和调度大量的容器，如何保证容器的安全性和隔离性，以及如何处理跨容器的数据共享和通信等问题。

（2）服务网格

服务网格是一种用于处理服务间通信的基础设施层，它能提供一种透明的方式来管理、控制和监控分布式系统中的微服务。服务网格技术（如 Istio）提供了一种集中式的方式来处理微服务的发现、路由、负载均衡、故障恢复、安全和监控等问题，从而极大地简化微服务的开发和运维。然而，服务网格也给分布式系统的设计和实现带来了新的挑战，例如如何有效地管理和监控大量的微服务，如何处理服务间的依赖和交互，以及如何保证服务的质量和性能等问题。

5.4.3 自动化和智能化

自动化和智能化是近年来分布式系统领域的两个重要趋势，它们对分布式系统的管理和运维产生了深远的影响。

（1）自动化

自动化是指通过使用软件工具和脚本，自动执行一些常见的管理和运维任务，如部署、配置、监控和故障恢复等。自动化技术的出现，如 DevOps 和自动化运维工具（如 Ansible、Chef、Puppet 等），使得分布式系统的管理和运维变得更加简单和高效。自动化不仅可以减少人为错误，提高操作的一致性和可重复性，还可以释放人力资源，使其用于处理更复杂的问题。然而，自动化也给分布式系统的管理和运维带来了新的挑战，例如如何设计和实现自动化脚本，如何处理自动化过程中的异常和错误，以及如何保证自动化操作的安全性和可控性等。

（2）智能化

智能化是指通过使用人工智能和机器学习技术，自动分析和处理复杂的管理和运维问题，如性能调优、故障预测和安全防护等。智能化技术的出现，如 AIOps（artificial intelligence for IT operations，用于 IT 运维的人工智能），使得分布式系统的管理和运维变得更加智能和精准。通过使用机器学习算法，可以从大量的运维数据中学习和提取知识，用于预测和解决未来的问题。然而，智能化也给分布式系统的管理和运维带来了新的挑战，例如如何收集和处理运维数据，如何选择和使用机器学习算法，以及如何解释和验证机器学习的结果等。

5.5 分布式系统的案例分析

在本节中，我们将通过几个具体的案例，深入探讨分布式系统的设计和实现。这些案例涵盖云计算、大数据处理、微服务架构等多个关键领域，能展示分布式系统在处理大规模数据、提供高可用服务、支持复杂业务逻辑等方面的能力，希望这些案例能为分布式系统的研究和应用提供宝贵的经验和启示。

5.5.1 大型分布式系统的案例分析

（1）Google

Google 作为世界上应用甚广的搜索引擎和云服务提供商之一，其底层的分布式系统支持各种各样的服务，如搜索、广告、地图、邮件等。Google 的分布式系统强调扩展性、可靠性和效率。为此，Google 设计并使用了一系列创新的技术和工具，如 GFS（Google File System，Google 文件系统）用于存储海量数据，Bigtable 作为高性能的分布式存储系统，MapReduce 为处理大规模数据提供了一个简单而通用的编程模型。Google 的这些技术在很大程度上塑造了如今的大数据和云计算领域。

（2）Facebook

Facebook 作为著名的社交网络平台，其底层的分布式系统需要支持百亿级别的用户和信息流。为了满足这样的需求，Facebook 的分布式系统强调实时性、一致性和个性化。Facebook 使用 Memcached 来缓存用户数据，从而加速数据的读取速度；使用 Cassandra 作为分布式存储系统来存储用户的社交信息；并引入 GraphQL 作为一种高效的数据查询语言，使得客户端可以更加灵活地获取所需数据。

（3）阿里巴巴

阿里巴巴集团电商平台的底层的分布式系统需要支持数亿的用户和千亿级别的交易数据。阿里巴巴的分布式系统强调稳定性、扩展性和实时性。阿里巴巴自主研发了一系列分布式技术和工具，如 OceanBase（分布式关系型数据库）用于存储和处理海量用户和交易数据，HSF（高速服务框架）用于支持微服务架构和提供 RPC（远程过程调用）功能，以及 Sentinel（流量控制组件）用于保证系统的稳定性和可靠性。

（4）腾讯

腾讯底层的分布式系统需要支持海量的用户和实时的互动游戏。腾讯的分布式系统强调实时性、一致性和高可用性。腾讯采用了一系列创新的技术和工具，如 TARS（腾讯微服务框架）用于支持微服务架构和提供 RPC 功能，TFS（腾讯文件系统）用于存储和处理海量用户和游戏数据，以及 PhxSQL（分布式关系型数据库）用于保证数据的一致性和高可用性。

5.5.2 中小型分布式系统的案例分析

（1）Stack Overflow

Stack Overflow 是一个为开发者提供问答服务的平台，其底层运行着一个中小型的分布式系统。为了处理全球开发者的请求，Stack Overflow 需要确保其服务的高可用性和快速响应。它主要依赖于 Microsoft 的技术栈，包括.NET Framework 和 SQL Server。尽管 Stack Overflow 的系统规模相对较小，但它仍然需要解决许多分布式系统的常见问题。例如，如何保证数据的一致性，如何处理故障，以及如何进行性能优化等。

（2）Shopify

Shopify 是一个为商家提供在线商店服务的平台，其底层也运行着一个中小型的分布式系统。为了处理大量的商业交易，Shopify 需要保证其服务的可靠性和安全性。Shopify 的系统主要基于 Ruby on Rails 框架，并使用 MySQL 作为其主要的数据库系统。Shopify 的分布式系统需要解决的问题包括如何处理大量的交易数据，如何保证服务的可靠性，以及如何防止安全攻击等。

（3）知乎

知乎是我国的问答社区平台，其底层运行着一个中小型的分布式系统。知乎需要处理海量的用户提问和回答，确保快速准确地为用户推荐相关问题和答案。知乎的系统主要基于Python语言开发，并使用了MySQL和Redis等数据存储系统。知乎在处理分布式系统问题上，如如何保持数据一致性，如何处理高并发读写，如何实现服务的高可用性，都有着其独特的经验和解决方案。

（4）喜马拉雅

喜马拉雅是我国的音频分享平台，其底层同样运行着一个中小型的分布式系统。为了处理大量的音频数据和用户请求，喜马拉雅需要保证其服务的可靠性和快速响应。喜马拉雅的系统主要基于Java语言开发，并使用了MySQL和HBase等数据存储系统。喜马拉雅在处理分布式系统问题上，如如何快速检索和流式传输大文件，如何保证服务的高可用性和容错性，以及如何进行系统的性能优化等方面，都有着丰富的实践和经验。

5.6 本章小结

在本章中，我们深入探讨了分布式系统的基本概念、特性、挑战以及发展趋势。我们首先介绍了分布式系统的定义和特性，包括其优点、组成部分、类型以及通信模型。随后，我们对分布式系统设计和管理的复杂性、网络延迟和分区、一致性问题、容错性和可用性，以及安全性等挑战进行了深入探讨。

接着，我们探讨了分布式系统的发展趋势，包括云计算和边缘计算的发展、容器化和服务网格技术的影响，以及自动化和智能化的趋势。最后，通过分析大型分布式系统（如Google、Facebook等）和中小型分布式系统的案例，我们进一步理解了分布式系统的实践应用和挑战。

第 6 章 分布式数据存储和计算

6.1 分布式数据存储

6.1.1 分布式文件系统

分布式文件系统是一种网络构架，其中文件分布在多个磁盘上，但对于用户来说，看起来就像存储在一个磁盘上的文件。这使得用户可以访问到非本地存储的文件，就如同访问本地文件一样。分布式文件系统处理的主要问题包括：如何组织这些文件，如何保持其一致性，以及在节点或网络故障时如何恢复。

谷歌文件系统（Google File System，GFS）和 Hadoop 分布式文件系统（Hadoop Distributed File System，HDFS）是两个广泛使用的分布式文件系统，它们都是为大数据处理和存储设计的。

图 6-1 显示了一个典型的分布式文件系统的结构。在这个系统中，文件被切分为多个部分，

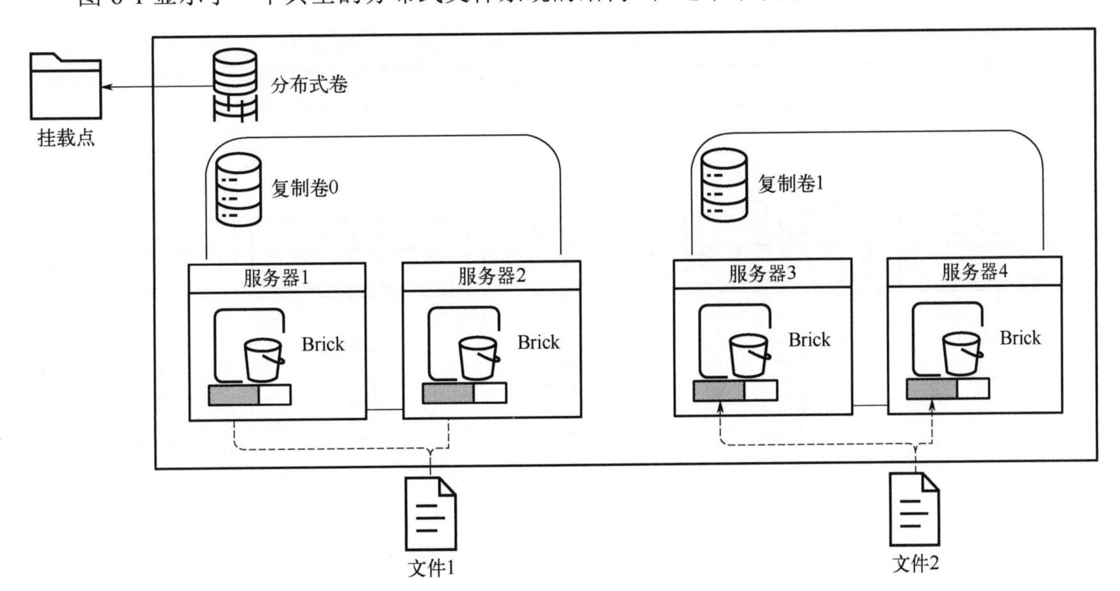

图 6-1　分布式文件系统结构示意图

然后分别存储在不同的节点上。当一个文件被请求时，系统会找到存储这个文件各部分的节点，然后将这些部分组合起来返回给用户。这种方式可以使得大文件的读写更高效，同时，通过复制机制，可以提高数据的可靠性。

接下来，我们详细介绍 HDFS 和 GFS 的设计原理和工作机制，并对比它们的优点和缺点。HDFS 和 GFS 都是设计用于处理大规模数据的分布式文件系统，但它们的设计原理和工作机制有很大的不同。

HDFS 的设计理念主要是提供高吞吐量的数据访问。它将每个文件分成固定大小的块（默认 64MB 或 128MB），然后将这些块分布到集群中的节点上。HDFS 有两种类型的节点：NameNode 和 DataNode。NameNode 负责管理文件系统的元数据，包括文件和块的映射信息，以及块到 DataNode 的映射信息。DataNode 负责存储和检索数据块。这种设计使得 HDFS 能够很好地处理大文件，适合批量处理和只读应用。

GFS 的设计理念是优化大规模数据处理的性能和可靠性。它的文件也被分为固定大小的块（默认 64MB），在实际使用时块的大小会设置得比 HDFS 大得多，这可以减少管理大量小文件时的开销。GFS 有三种类型的节点：Master、Chunkserver 和 Client。Master 负责管理元数据，Chunkserver 负责存储数据块，Client 负责读写数据。GFS 使用了一种称为“惰性空间回收（lazy space reclamation）”的技术，当文件被删除时，它的空间不会立即被回收，而是在后台慢慢回收，这可以提高系统的性能。

下面比较一下 HDFS 和 GFS 的架构，图 6-2 是 HDFS 架构示意图，图 6-3 是 GFS 架构示意图。

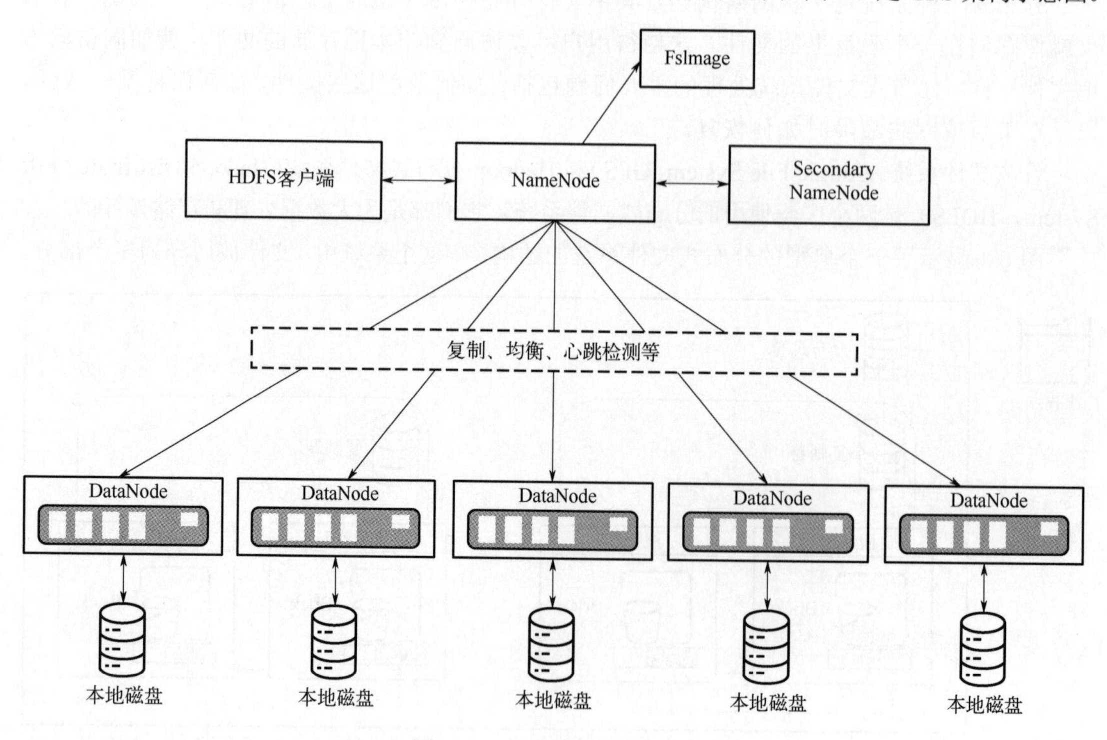

图 6-2　HDFS 架构示意图

从图 6-2 和图 6-3 中，可以看出 HDFS 和 GFS 的主要组件，以及它们是如何工作的。在 HDFS 中，客户端通过 NameNode 获取文件的块信息，然后直接从 DataNode 读写数据。在

GFS 中，客户端通过 Master 获取文件的块信息，然后直接从 Chunkserver 读写数据。

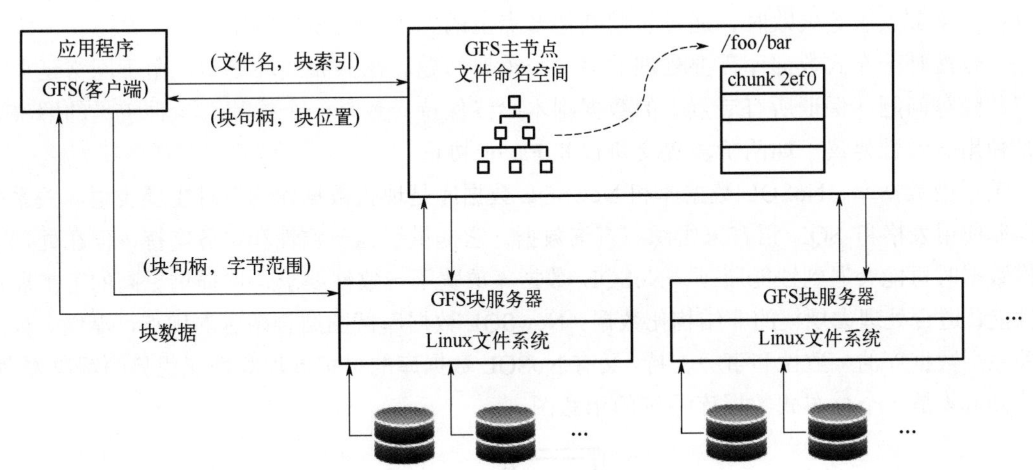

图 6-3 GFS 架构示意图

HDFS 和 GFS 都是为了处理大规模数据而设计的分布式文件系统，但它们各有优势和缺点。

HDFS 的优点在于它的高吞吐量数据访问能力，这使得它非常适合运行批处理任务。例如，在处理大规模数据集的 MapReduce 任务时，HDFS 能够提供快速的数据访问。另外，HDFS 的另一个优点是它的容错能力。HDFS 通过在集群中复制每个数据块，以防止单点故障。

然而，HDFS 也有一些缺点。首先，HDFS 不适合处理小文件。由于 HDFS 的 NameNode 需要保存文件系统的元数据，如果有大量的小文件，NameNode 可能会耗尽内存。其次，HDFS 的写入操作只能追加，不支持随机写入。这意味着如果需要修改文件的中间部分，就需要重写整个文件。

相比之下，GFS 的优点在于它的可扩展性和性能。GFS 的 Master 节点只需要保存少量的元数据，这使得 GFS 能够扩展到非常大的规模。此外，GFS 的 Chunkserver 可以并行读写数据，这可以提供很高的数据访问性能。

但是，GFS 也有一些缺点。首先，GFS 的元数据存储在 Master 节点，如果 Master 节点故障，那么整个文件系统将无法工作。虽然 GFS 提供了 Master 节点的备份，但是在 Master 节点切换过程中，文件系统将暂时不可用。其次，GFS 的数据一致性较弱。在多个客户端并行写入同一文件的情况下，GFS 不能保证数据的一致性。

在选择分布式文件系统时，需要考虑数据的大小、访问模式以及系统的可用性和一致性需求。如果主要处理大文件，并且需要高吞吐量的数据访问，那么 HDFS 可能是一个更好的选择。如果需要处理大规模的数据，并且需要高性能的数据访问，那么 GFS 可能更适合。总的来说，选择哪种文件系统需要根据实际的需求和场景来决定。

6.1.2 分布式数据库

分布式数据库是一种数据库管理系统，它使得存储在物理上分离的多个位置的数据可以被视为一个整体进行管理。无论数据位于何处，分布式数据库都通过网络将数据联系起来，使得用户可以透明地访问。

在进行数据分布时，需要考虑如何将数据分配到各个节点上，使得查询效率最高。主要的数据分布策略有哈希分布、范围分布和列表分布等。

数据复制则是创建数据的副本并存储在其他节点上，以增加数据的可用性和持久性。这可以在一个节点服务失败时，通过访问其他节点上的副本来继续提供服务。

一致性是分布式数据库需要处理的另一个重要问题。在分布式环境中，由于网络延迟和节点故障等问题，保证所有节点上的数据副本始终保持一致是一个挑战。一种常见的解决方案是使用一致性协议，如两阶段提交协议和 Paxos 协议。

关系型数据库、NoSQL 数据库和 NewSQL 数据库是现代数据库的三种主要类型。关系型数据库使用表格和 SQL 语言来组织和查询数据，它提供了强一致性和事务支持，但在处理大规模数据时可能会遇到性能瓶颈。NoSQL 数据库放宽了一致性要求，以提供更高的可扩展性和性能，适合处理大规模的非结构化数据。NewSQL 数据库试图结合两者的优点，提供一种既有关系型数据库的一致性和事务支持，又有 NoSQL 数据库的可扩展性和性能优势的解决方案。

图 6-4 是一个分布式数据库系统的示意图。

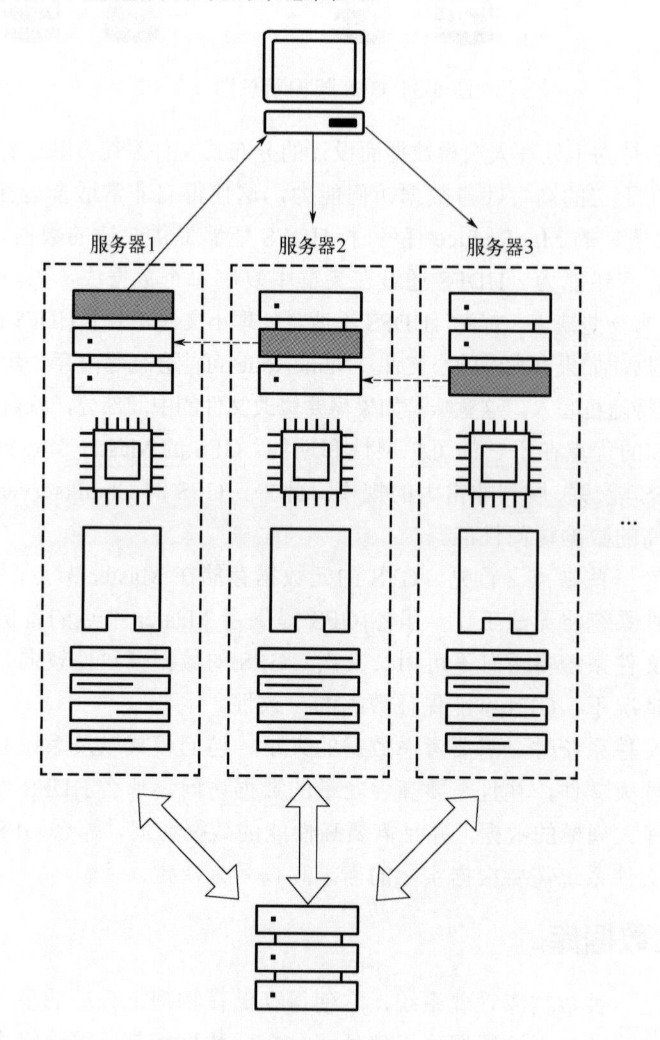

图 6-4　分布式数据库系统示意图

图 6-4 中展示了一个分布式数据库的基本架构。在这个架构中，数据库被分割成多个片，并分布在多个站点（服务器）上。用户可以通过任一站点访问全局数据库。

接下来的内容将详细介绍关系型数据库、NoSQL 数据库、NewSQL 数据库的设计原理和应用场景，并对比它们的优点和缺点。在分布式数据库中，关系型数据库（SQL）、NoSQL 数据库和 NewSQL 数据库是三种主要的数据库类型，它们各自适用于不同的应用场景。

关系型数据库，如 MySQL、PostgreSQL 和 Oracle，是最常见的数据库类型。它们基于表和 SQL 查询，能提供强一致性、事务支持和复杂查询能力。这使得关系型数据库非常适合需要严格一致性和复杂查询的应用，如银行系统、库存管理系统等。

然而，关系型数据库在处理大规模数据和高并发访问时，可能会遇到性能瓶颈。此外，关系型数据库的水平扩展也相对困难。

NoSQL 数据库，如 MongoDB、Cassandra 和 Redis，是为了解决这些问题而设计的。NoSQL 数据库通常能提供键值存储、文档存储、列族存储和图存储等数据模型。这些数据模型比关系模型更加灵活，能够支持更高的写入和读取性能，以及更好的水平扩展性。

然而，NoSQL 数据库通常牺牲了一定的一致性，以获得更高的性能和可扩展性。这使得 NoSQL 数据库更适合需要大规模数据存储和高性能查询，但对一致性要求不那么严格的应用，如社交网络、实时分析等。

NewSQL 数据库，如 CockroachDB、TiDB 和 VoltDB，是最新的一种数据库类型。NewSQL 数据库试图结合关系型数据库和 NoSQL 数据库的优点，即提供 SQL 查询和强一致性，同时支持高性能和水平扩展。

这使得 NewSQL 数据库非常适合需要一致性、性能和可扩展性的应用，如电商网站、在线游戏等。

在了解了分布式数据库的基本分类后，接下来我们深入探讨这些数据库的工作原理以及如何在实际的分布式系统中使用它们。

首先，我们来看关系型数据库。在分布式环境中，关系型数据库通常使用主从复制或多主复制的方式来提高数据的可用性和持久性。在主从复制中，主数据库负责处理写操作并将数据改变同步到从数据库，而从数据库只处理读操作。这种方式可以提高读性能并提供一定级别的容错，但写性能受限于单个主数据库。在多主复制中，每个数据库节点既可以处理读操作也可以处理写操作，并将数据改变同步到其他节点。这种方式可以提高写性能并提供更高级别的容错，但数据一致性的维护更为复杂。

NoSQL 数据库则提供了更多的数据模型和数据分布策略。例如，在键值存储中，数据根据其键值被分布到不同的节点，每个节点只负责处理一部分键的读写操作。这种方式可以提供高性能的读写操作并提供良好的水平扩展性，但查询功能较弱。在文档存储和列族存储中，数据根据其属性或列族被分布到不同的节点，这种方式能提供更强的查询功能，但数据一致性的维护更为复杂。

NewSQL 数据库通常使用分布式事务和全局一致性的协议来维护数据一致性，例如两阶段提交协议和 Paxos 协议。这种方式可以提供一致性、高性能和可扩展性，但实现的复杂性较高。

在选择分布式数据库时，需要根据应用的需求和场景来决定。例如，如果需要处理大量的读操作和复杂的查询，那么关系型数据库可能是一个更好的选择。如果需要处理大规模的数据和高并发的写操作，那么 NoSQL 数据库可能更适合。如果需要一致性、高性能和可扩展性，那么 NewSQL 数据库可能是一个更好的选择。总的来说，选择哪种数据库需要根据实际的需求和场景，以及开发团队的技术背景和经验来进行权衡和选择。

6.1.3 数据一致性

在分布式系统中，一致性是一个核心问题。它能确保不论何时访问数据，无论访问哪个副本，用户都能获取到最新且正确的数据。为了保证一致性，研究者们提出了多种一致性模型，包括强一致性、弱一致性和最终一致性等。

强一致性模型要求所有操作在全局都是有序的。这意味着如果一个操作在另一个操作之后发生，那么在所有节点上，这两个操作都会按照这个顺序执行。弱一致性模型则放宽了这个要求，允许在不同节点上看到不同的操作顺序。最终一致性模型则进一步放宽了要求，只保证在没有新的更新操作后，所有的副本最终会达到一致。

为了实现这些一致性模型，研究者们设计了多种一致性协议，如两阶段提交（2PC）、Paxos、Raft 等。这些协议通过在节点之间传递消息，来协调节点间的操作，以达到一致性。

图 6-5 是一个两阶段提交协议的示意图。

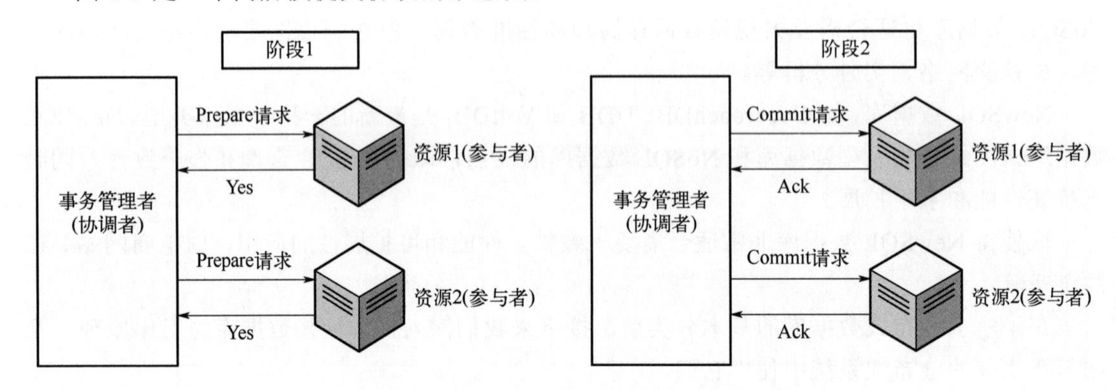

图 6-5　两阶段提交协议示意图

在图 6-5 中，可以看到两阶段提交协议包括两个阶段：准备阶段和提交阶段。在准备阶段，协调者节点向所有参与者节点发送 Prepare 请求，参与者节点在接收到 Prepare 请求后，决定是否同意提交，然后向协调者节点回复 Yes 或 No。在提交阶段，如果协调者节点收到所有参与者节点的 Yes 回复，那么它就会向所有参与者节点发送 Commit 请求，让它们提交操作；否则，它会发送 Abort 请求，让它们放弃操作。

Paxos 协议是一种解决分布式系统一致性问题的经典算法。它是由 Leslie Lamport 于 1990 年提出的，用于解决分布式系统中的一致性和容错问题。

Paxos 协议包括两个阶段：Prepare（提议）阶段和 Accept（批准）阶段。在 Prepare 阶段，Proposer 向所有 Acceptor 发送 Prepare 请求，请求中包含一个提案编号。Acceptor 收到 Prepare 请求后，如果提案编号大于它之前看到的所有提案编号，那么它就会接受这个请求，并向 Proposer 返回它之前接受的提案（如果有）。在 Accept 阶段，Proposer 根据 Prepare 阶段 Acceptor 的回复，选择一个值作为提案值，然后向所有 Acceptor 发送 Accept 请求。Acceptor 收到 Accept 请求后，如果请求中的提案编号没有过期，那么它就会接受这个请求。

图 6-6 是一个 Paxos 协议的示意图。

在图 6-6 中，可以看到 Paxos 协议的两个阶段：Prepare 阶段和 Accept 阶段。Proposer 首先发送 Prepare 请求，然后根据 Acceptor 的回复，选择一个值，发送 Accept 请求。如果所有的 Acceptor 都接受了 Accept 请求，那么这个值就是一致的值。

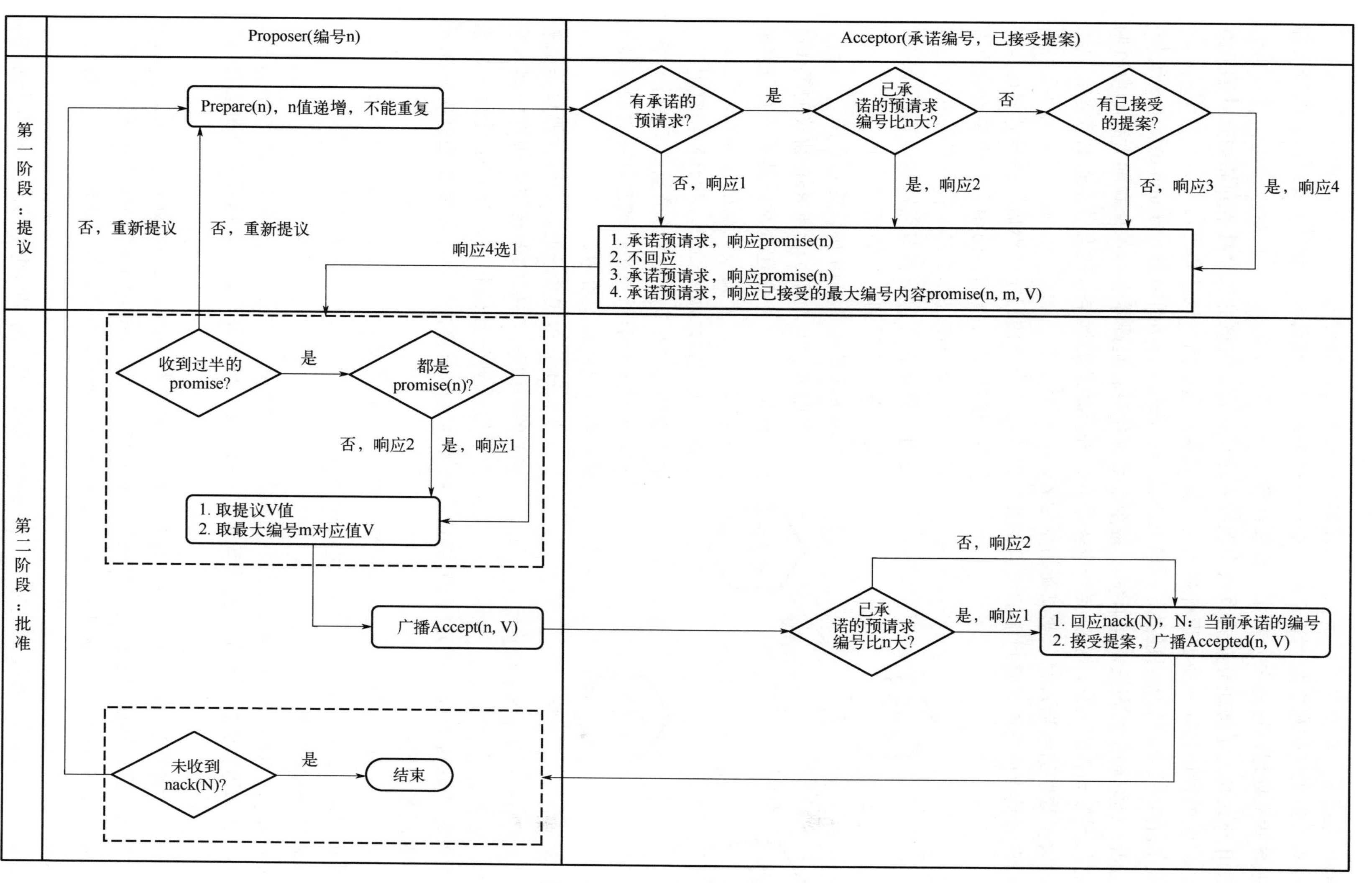

图 6-6　Paxos 协议示意图

Raft 协议是一种更易于理解的一致性协议，它将问题分解为几个相对独立的子问题：领导者选举、日志复制和安全性等。Raft 保证在任何时刻，都只有一个领导者，所有的请求都通过领导者来处理，这能大大简化一致性问题。

Raft 协议是为了解决分布式系统中领导者选举、日志复制和安全性等问题而设计的一致性协议。它的设计目标是易于理解和实现，同时保证系统的一致性和可用性。

在 Raft 协议中，节点可能处于三种状态之一：Follower（跟随者）、Candidate（候选人）或 Leader（领导者）。在正常运行时，每个节点开始时都是跟随者。如果跟随者在一段时间内没有收到领导者的消息，它就会变成候选人，并开始新的选举。所有节点都会投票，第一个得到大多数票的候选人就会变成新的领导者。

领导者负责处理所有客户端的请求，并将操作写入自己的日志。然后，领导者将这些操作复制到其他节点的日志中。当大多数节点都写入了某个操作，那么这个操作就被认为是提交的。领导者会向所有节点发送消息，让它们将这个操作应用到自己的状态机中。

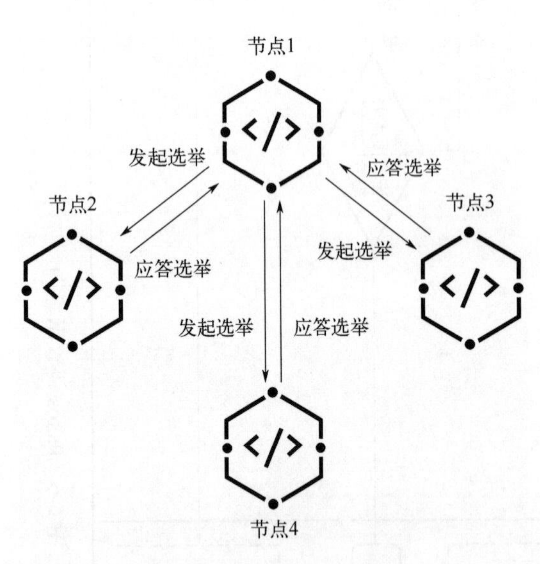

图 6-7　Raft 协议示意图

图 6-7 是一个 Raft 协议的示意图。

在图 6-7 中，可以看到 Raft 协议的工作过程。首先，节点 1 发起选举，然后所有节点都投票给节点 1，使其成为新的领导者。然后，节点 1 处理客户端的请求，并将操作复制到其他节点的日志中。当大多数节点都写入了操作，节点 1 就向所有节点发送消息，让它们将操作应用到自己的状态机中。

在构建分布式系统时，一致性协议是至关重要的一部分，它们确保系统中所有的副本节点能够达到一致的状态。在这个过程中，无论使用的是 Paxos 协议，还是 Raft 协议，或者其他的一致性协议，都需要根据实际的系统需求和场景来选择。

Paxos 协议的主要优点是它可以提供一种在任何网络条件下，包括网络分区和延迟等，都能保证数据一致性的算法。但是，Paxos 协议的复杂性使得它在实践中的应用较为困难，很难正确地实现和理解。

相比之下，Raft 协议更加易于理解和实现。它通过领导者选举、日志复制和安全性等子问题的方式，将复杂的一致性问题分解为几个相对独立的部分。这使得 Raft 协议更适合教学和小型项目。

然而，无论选择哪种协议，都需要考虑其在实际系统中的应用。例如，如果系统中的节点数量很大，那么可能需要使用更复杂的一致性协议，如 Multi-Paxos 协议或者 Zab 协议。如果系统需要处理的读写请求非常多，那么可能需要使用具有良好读写性能的一致性协议，如 EPaxos 协议。

总的来说，选择一致性协议时，需要根据系统的实际需求和场景，以及开发团队的技术背景和经验，来进行权衡和选择。

6.1.4　数据分片和复制

数据分片是分布式数据库中的一种常见策略，它将大量的数据分为多个较小的部分，称为分片，每个分片存储在不同的服务器上。数据分片可以提高查询性能，因为查询只需要在一个或少数几个分片上执行。同时，数据分片也可以提高数据的可用性和容错性，因为每个分片可以独立于其他分片进行恢复。

数据复制是另一种常见策略，它在多个服务器上保存数据的副本。数据复制可以提高数据的可用性，因为当某个服务器发生故障时，可以从其他服务器上的副本中恢复数据。同时，数据复制也可以提高查询性能，因为查询可以在多个副本上并行执行。

图 6-8 是一个数据分片和复制的示意图。

图 6-8　数据分片和复制示意图

在图 6-8 中，数据库的数据被分为三个分片（分别用交叉线、锯齿线条和纯色填充表示），每个分片的数据又被复制到两个服务器上。当执行查询时，查询可以在一个或少数几个分片上执行。当某个服务器发生故障时，可以从其他服务器上的副本中恢复数据。

数据分片和复制的策略通常根据数据的特性和查询的需求来选择。例如，如果数据的访问模式是随机的，那么可以使用哈希分片策略，将数据根据哈希函数分布到多个分片上。如果数据的访问模式是有范围的，那么可以使用范围分片策略，将数据根据范围分布到多个分片上。数据复制的策略通常包括主从复制和多主复制，主从复制中，一个服务器作为主服务器处理写操作，其他服务器作为从服务器处理读操作；多主复制中，每个服务器都可以处理读写操作。

6.1.4.1　在分布式数据库中实现数据分片和复制策略

为了实现数据分片，通常需要定义一个分片函数，该函数根据数据的键值将数据映射到特定的分片。分片函数的选择对查询性能和负载均衡有重要影响。例如，哈希分片函数可以将数据均匀地分布到所有分片，但可能导致范围查询的性能下降；范围分片函数可以提高范围查询的性能，但可能导致数据分布不均。

为了实现数据复制，通常需要定义一个复制协议，该协议描述如何在服务器之间同步数据副本。复制协议的选择对数据的一致性和可用性有重要影响。例如，异步复制协议可以提高写入性能，但可能导致数据的临时不一致；同步复制协议可以保证数据的强一致性，但可能导致写入性能下降。

在分布式数据库中，数据分片和复制带来的主要挑战是如何保证数据的一致性。为了解决这个问题，可以使用各种一致性协议，如两阶段提交协议、Paxos 协议等。这些协议可以保证在服务器之间同步数据副本，确保所有的副本都能反映最新的数据状态。

以下公式描述了数据分片和复制对查询性能的影响。

$$Q_{\text{total}} = \frac{Q_{\text{single}}}{N_{\text{shard}} \times N_{\text{replica}}}$$

式中，Q_{total} 是总的查询性能；Q_{single} 是单个服务器的查询性能；N_{shard} 是分片数量；N_{replica} 是每个分片的副本数量。这个公式表明，通过增加分片数量和副本数量，可以线性地提高查询性能。

6.1.4.2 在分布式系统中实现数据分片和复制策略

在分布式数据库中，合理的数据分片和复制策略对于提升系统性能和数据可用性至关重要。接下来，我们将详细探讨一些常见的数据分片和复制策略。

（1）数据分片策略

① 范围分片：按照数据的键值范围进行分片。例如，用户 ID 1～1000 的数据存储在分片 1，1001～2000 的数据存储在分片 2，等等。这种方法适合处理范围查询，但可能导致数据负载不均衡。

② 哈希分片：使用哈希函数将数据的键值映射到分片。这种方法可以将数据均匀地分布到各个分片，但对于范围查询可能需要查询所有分片。

（2）数据复制策略

① 主从复制：主节点负责处理写操作，并将数据改变同步到从节点。从节点处理读操作。这种方法可以提高读性能，但如果主节点出现故障，可能会导致数据丢失。

② 多主复制：每个节点都可以处理读写操作，并将数据改变同步到其他节点。这种方法可以提高写性能，但可能导致数据一致性问题。

图 6-9 演示了数据分片和复制的过程。

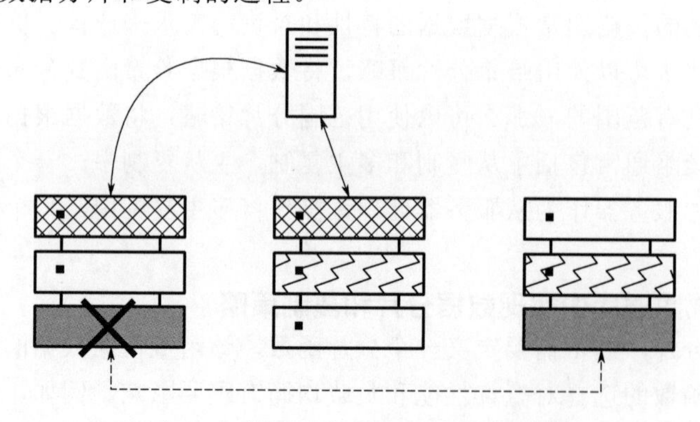

图 6-9 数据分片和复制过程示意图

在图 6-9 中，数据库的数据被分为三个分片，每个分片的数据又被复制到两个节点上。当执行查询时，查询可以在一个或少数几个分片上执行（用实线表示）。当某个节点发生故障时，可以从其他节点上的副本中恢复数据（用虚线表示）。

在实践中，选择合适的数据分片和复制策略，可以显著提高分布式数据库的查询性能和数据可用性。然而，也需要注意处理由数据分片和复制引入的数据一致性问题。

6.1.4.3 实践环节：实现数据的分发和复制

在进行实践环节之前，我们需要理解以下几个概念：

① 数据分片：将数据分布在多个节点上，以增加存储容量和处理速度。

② 数据复制：保证数据的稳定性和可用性，即使某些节点出现故障，系统依然可以保

持运行。

③ Docker：用于自动部署应用在可移植的容器中，我们将使用 Docker 来部署我们的分布式存储系统。

首先，使用 Java 和 Spring Boot 创建一个简单的分布式存储系统，并使用 Docker 进行部署。这个分布式存储系统包含一个主节点和两个数据节点。主节点负责调度和管理数据节点，数据节点负责存储数据。我们需要创建一个基础的 Spring Boot 项目，并添加必要的依赖项。在项目的 pom.xml 文件中，我们需要添加 Spring Boot 的 starter 和 Docker 的 maven 插件，如下所示：

```
<dependencies>
    <dependency>
        <groupId>org.springframework.boot</groupId>
        <artifactId>spring-boot-starter-web</artifactId>
    </dependency>
</dependencies>

<build>
    <plugins>
        <plugin>
            <groupId>com.spotify</groupId>
            <artifactId>docker-maven-plugin</artifactId>
            <version>1.2.0</version>
            <configuration>
                <imageName>${project.artifactId}</imageName>
                <dockerDirectory>docker</dockerDirectory>
                <resources>
                    <resource>
                        <targetPath>/</targetPath>
                        <directory>${project.build.directory}</directory>
                        <include>${project.build.finalName}.jar</include>
                    </resource>
                </resources>
            </configuration>
        </plugin>
    </plugins>
</build>
```

接下来，我们需要创建一个 Dockerfile 文件，用于构建 Docker 镜像。Dockerfile 文件应放在项目的 docker 目录下，内容如下：

```
FROM openjdk:8-jdk-alpine
VOLUME /tmp
ADD *.jar app.jar
ENTRYPOINT ["java","-jar","/app.jar"]
```

在这个 Dockerfile 文件中，我们使用 openjdk：8-jdk-alpine 这个基础镜像，并将 Spring Boot 应用的 jar 文件添加到镜像中。最后，我们指定了当容器启动时，运行 java -jar /app.jar 这个命令。

这样，我们就完成了基础的项目设置和 Docker 镜像的构建。在下一步中，我们将开始实现数据分片和复制的功能。这里，我们使用模拟的方式来实现。在主节点上创建一个接口，该接口负责接收数据，并将数据分发到不同的数据节点上。同时，主节点也会负责将数据复制到其他的数据节点，以实现数据的备份。

首先，我们在主节点上创建一个 Controller：

```
package com.example.distributedstorage.controller;

import org.springframework.web.bind.annotation.PostMapping;
import org.springframework.web.bind.annotation.RequestBody;
import org.springframework.web.bind.annotation.RestController;

@RestController
public class DataController {

    @PostMapping("/data")
    public String saveData(@RequestBody String data){
        // TODO:分发数据到不同的数据节点,并复制数据到其他的数据节点
        return "Data saved";
    }
}
```

然后我们需要实现数据的分发和复制。这里，我们可以使用 HTTP 客户端（如 RestTemplate 或 OkHttp）向数据节点发送 POST 请求，以将数据保存到数据节点。

```
package com.example.distributedstorage.controller;

import org.springframework.web.bind.annotation.PostMapping;
import org.springframework.web.bind.annotation.RequestBody;
import org.springframework.web.bind.annotation.RestController;
import org.springframework.web.client.RestTemplate;

@RestController
public class DataController {

    private RestTemplate restTemplate = new RestTemplate();
    private String[] dataNodes = {"http://data-node-1:8080/data","http://
data-node-2:8080/data"};

    @PostMapping("/data")
    public String saveData(@RequestBody String data){
        for(String dataNode :dataNodes){
            restTemplate.postForEntity(dataNode,data,String.class);
        }
        return "Data saved";
    }
}
```

在这段代码中，我们创建了一个 RestTemplate 实例，并定义了两个数据节点的 URL。在 saveData 方法中，我们遍历了所有的数据节点，将数据通过 POST 请求发送到每个数据节点。

为了在 Docker 中运行这个分布式存储系统，我们还需要创建一个 docker-compose.yml 文件来定义服务。在这个文件中，需要定义主节点和两个数据节点，如下所示：

```
version:'3'
services:
```

```
    master-node:
      build:.
      ports:
        - "8080:8080"
    data-node-1:
      build:.
      ports:
        - "8081:8080"
    data-node-2:
      build:.
      ports:
        - "8082:8080"
```

在这个配置文件中，我们定义了三个服务：master-node、data-node-1 和 data-node-2。每个服务都使用了前面创建的Dockerfile来构建镜像，并映射了容器的8080端口到主机的8080、8081 和 8082 端口。

至此，我们的分布式存储系统已经完成。通过运行 docker-compose up 命令，可以启动整个系统，并通过访问 http://localhost：8080/data 来使用分布式存储系统。

要运行这个案例，首先需要在本地安装 Docker 和 Docker-compose。一旦这些工具安装完成，可以按照以下步骤来运行和验证这个案例：

① 在项目根目录下运行 mvn package 命令，这个命令会构建项目，并生成一个可执行的 jar 文件。

② 然后，运行 docker-compose up 命令来启动所有的服务。这个命令会构建 Docker 镜像，并启动所有定义在 docker-compose.yml 文件中的服务。

③ 一旦所有服务都启动完成，可以通过 POST 请求向 http://localhost：8080/data 发送数据，例如使用 curl 命令：

```
    curl -X POST -H "Content-Type:text/plain" -d "Hello,distributed storage!"
http://localhost:8080/data
```

④ 如果数据成功保存，这个请求会返回“Data saved”的消息。

⑤ 为了验证数据是否被正确地分发和复制，可以直接访问数据节点的 URL 来获取数据，例如：

```
curl http://localhost:8081/data
curl http://localhost:8082/data
```

这两个请求应该都返回“Hello，distributed storage!”，这表明数据已经被成功地分发和复制到两个数据节点。

这个案例的期望输出是，无论访问哪个数据节点，都可以获取到相同的数据。这能证明我们的分布式存储系统已经可以实现数据的分片和复制。

6.1.5　分布式存储系统的案例

HBase 是一个开源的分布式非关系型数据库，它的设计模型是 Google 的 Bigtable。HBase 支持海量稀疏数据的存储，提供强一致性读写，适用于构建大规模的结构化存储应用。

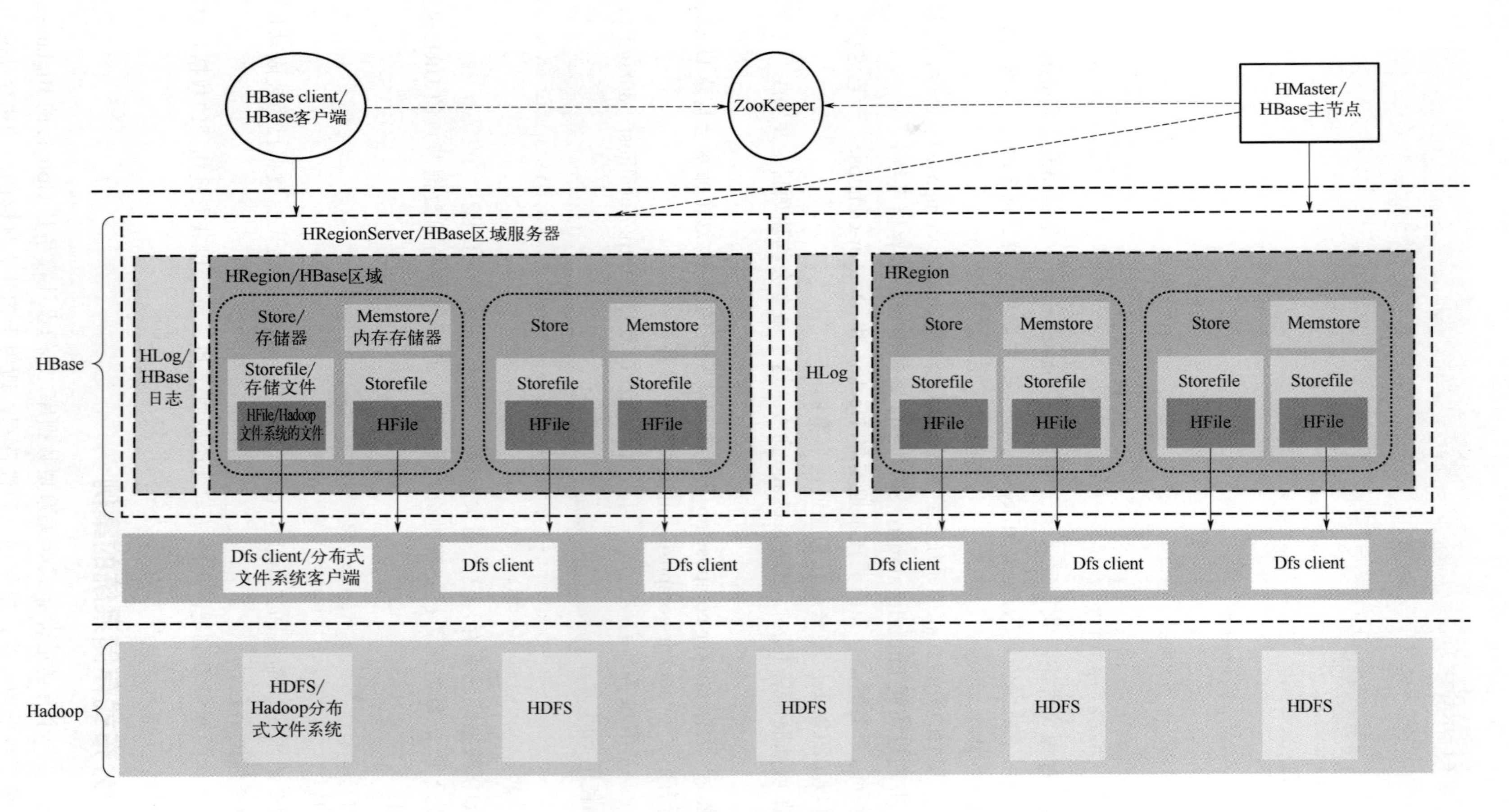

图 6-10　HBase 架构示意图

在 HBase 的架构中（如图 6-10 所示），HMaster 负责协调 HRegionServer，HRegionServer 负责处理数据的读写请求。数据按行键进行分片，每个分片被称为一个 HRegion，由一个 HRegionServer 管理。HBase 使用 Zookeeper 进行集群管理和协调。

Cassandra 是一个开源的分布式非关系型数据库，它的设计模型是 Amazon 的 Dynamo 和 Google 的 Bigtable 的混合体。Cassandra 能提供高可用性和无单点故障，适用于构建在线高可用性服务。

在 Cassandra 的架构（如图 6-11 所示）中，所有节点是对等的，每个节点都可以接受读写请求。数据按哈希分片，每个分片被复制到多个节点，以提高数据的可用性。Cassandra 使用 Gossip 协议进行节点发现和故障检测。

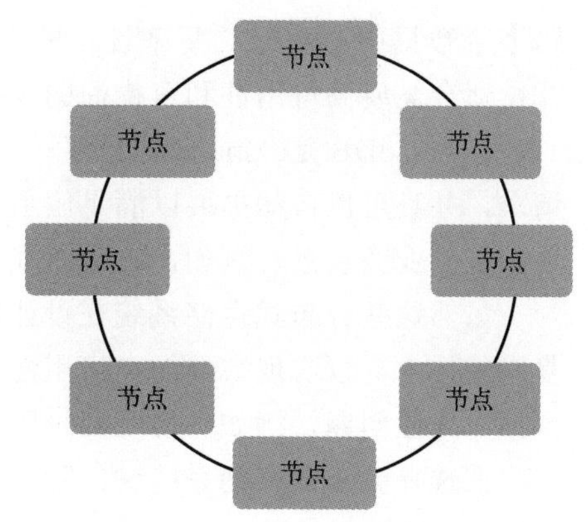

图 6-11　Cassandra 架构示意图

DynamoDB 是 Amazon 的商业分布式键值和文档数据库，它的设计模型是 Amazon 的 Dynamo。DynamoDB 能提供单毫秒级的延迟，适用于构建高性能的实时应用。

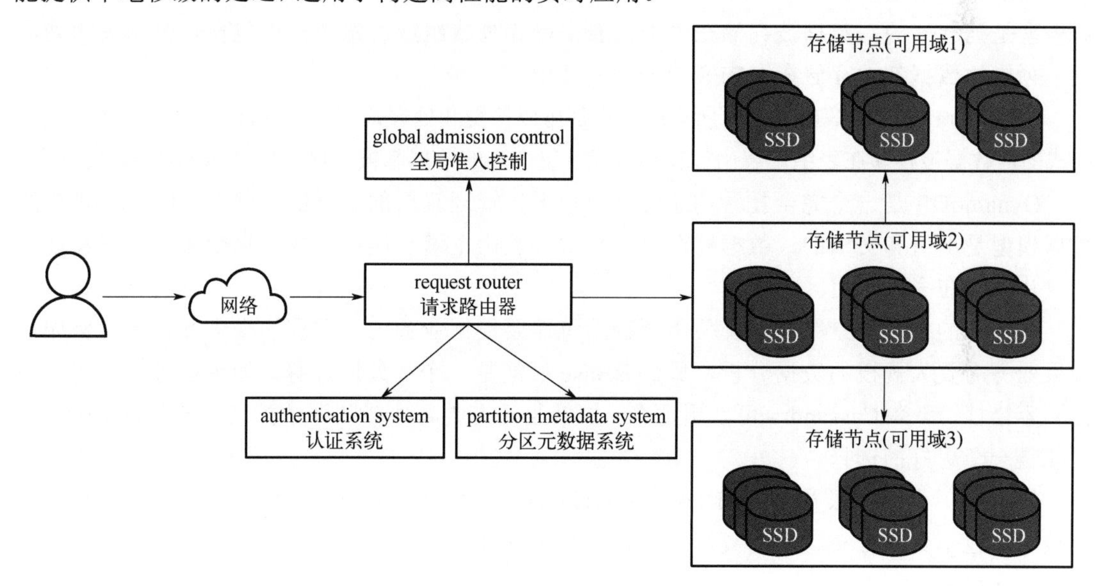

图 6-12　DynamoDB 架构示意图

在 DynamoDB 的架构（如图 6-12 所示）中，数据按键值进行分片，并在多个节点上进行复制。DynamoDB 使用一致性哈希进行数据分片，使用 Quorum 协议进行数据复制。

以上就是 HBase、Cassandra、DynamoDB 这三种分布式存储系统的概述。虽然它们的设计理念和架构有所不同，但都是为了解决大规模数据存储和处理的问题。在选择使用哪种分布式存储系统时，需要根据应用的需求和场景，例如数据的规模、访问模式、一致性和可用性需求等因素进行考虑。

在 HBase、Cassandra 和 DynamoDB 这三种分布式存储系统中，每一种都有其独特的设计理念和适用场景。

HBase 以 Google Bigtable 为蓝本，提供针对大规模数据的稀疏、分布式和持久化的存储。

它以列族的形式存储数据，支持海量数据的存储，因此非常适合需要大规模数据存储和分析的业务场景，例如，用户行为分析、搜索引擎等。

Cassandra 结合 Amazon 的 Dynamo 和 Google Bigtable 的设计理念，旨在处理大规模数据跨多个数据中心和云的复杂性，提供高可用性和无单点故障的解决方案。因此，Cassandra 非常适合需要高可用性和容错性的业务场景，例如，电商网站、社交应用等。

DynamoDB 是 Amazon 的全托管 NoSQL 数据库服务，它可以处理超过 10 万次/s 的读写请求，并且可以自动扩展以满足应用流量需求。因此，DynamoDB 非常适合需要高性能和弹性扩展的业务场景，例如，在线游戏、物联网等。

虽然这些分布式存储系统在设计理念和适用场景上有所不同，但它们都采用数据分片和复制的技术，以实现数据的高可用性和高查询性能。并且，这些系统都提供一种机制来处理数据一致性问题，例如，使用两阶段提交协议或 Paxos 协议来保证数据的一致性。

在选择分布式存储系统时，除了考虑系统的功能和性能，还需要考虑系统的可用性、可扩展性、数据一致性，以及系统的运维复杂性等因素。总的来说，选择哪种分布式存储系统需要根据实际的业务需求和场景，以及团队的技术背景和经验进行权衡和选择。

HBase 采用 Master-Slave 的架构，HMaster 负责管理和协调 HRegionServer。HBase 的数据模型是列族式的，数据被存储在表中，表由行和列族组成。每个列族包含一组相关的列，每个列族的数据都被存储在 HDFS 的一个文件中。

Cassandra 采用对等的架构，所有的节点都可以接受和处理请求。Cassandra 的数据模型是列族式的，数据被存储在表中，表由行和列组成。每个列的数据都被存储在本地的 SSTable 文件中。

DynamoDB 是一个完全托管的服务，用户无须管理底层的服务器和硬件。DynamoDB 的数据模型是键值和文档的，数据被存储在表中，表由主键和属性组成。每个表的数据都被自动分片，并在多个可用区中复制。

在实际的业务场景中，选择使用哪种系统需要根据业务的需求和场景进行权衡。例如，如果业务需要大规模的数据分析，那么 HBase 可能是一个更好的选择。如果业务需要高可用性和容错性，那么 Cassandra 可能更适合。如果业务需要高性能和弹性扩展，那么 DynamoDB 可能是一个更好的选择。

接下来，我们将深入分析 HBase、Cassandra 和 DynamoDB 这三种分布式存储系统的关键技术，包括数据分布、数据复制、一致性和事务处理。

（1）HBase

HBase 的数据分布采用的是范围分片，每个表的行按照行键的字典顺序进行排序，然后分配到不同的 HRegionServer 上。每个 HRegionServer 管理一组分片（HRegion），并负责处理这些分片的读写请求。

HBase 的数据复制主要通过 HDFS 实现，每个 HRegion 的数据存储在 HDFS 的一个文件中，通过 HDFS 的数据复制机制，可以将数据复制到多个 DataNode 上，提高数据的可用性。

HBase 支持强一致性的读写操作，当一个写操作完成时，读操作能立即看到最新的数据。HBase 的事务处理主要通过 RowLock 和 Write Ahead Log（WAL）实现，RowLock 保证行级别的原子性，WAL 保证故障恢复的一致性。

（2）Cassandra

Cassandra 的数据分布采用的是哈希分片，数据的键值通过哈希函数映射到一致性哈希环上，然后分配到不同的节点上。每个节点管理一段哈希范围的分片，并负责处理这些分片的读写请求。

Cassandra 的数据复制是通过 Gossip 协议和 Hinted Handoff 机制实现的。当一个写操作到达时，会被复制到多个节点上，如果某个节点暂时不可用，会在其他节点上留下 Hint，待该节点恢复后，再进行数据同步。

Cassandra 支持调整一致性级别的读写操作，可以在一致性和性能之间进行权衡。Cassandra 的事务处理主要通过批处理和 Lightweight Transaction（LWT，轻量级事务）实现。批处理保证多个写操作的原子性，LWT 保证跨节点的一致性。

（3）DynamoDB

DynamoDB 的数据分布和复制都是由 AWS 全自动管理的，用户无须进行配置。DynamoDB 的数据模型是键值和文档的，数据的主键通过哈希函数映射到不同的分片上。

DynamoDB 支持强一致性和最终一致性的读操作，写操作采用的是 Quorum 协议，能确保数据的一致性。DynamoDB 的事务处理通过 TransactWriteItems 和 TransactGetItems API 实现，可以保证多个操作的原子性和一致性。

在实际业务中，选择和使用合适的分布式存储系统需要考虑多个因素，包括业务的数据模型、访问模式、一致性需求、可用性需求，以及系统的运维成本等。下面我们将通过一些实例来说明如何在实际业务中使用 HBase、Cassandra 和 DynamoDB。

（1）HBase 实例

假设我们正在开发一个用户行为分析的应用，需要存储和查询大量的用户行为日志。这个应用的数据模型是列族式的，每个用户的所有行为都存储在一行中，每种行为是一个列族。这个应用的访问模式是读多写少，大部分是按用户查询行为。这个应用的一致性需求较高，需要保证用户的行为日志在写入后立即可查询。这种情况下，HBase 是一个合适的选择，因为 HBase 支持列族式的数据模型，适合存储大量的行为日志，而且 Hbase 还能提供强一致性的读写，可以满足一致性的需求。

（2）Cassandra 实例

假设我们正在开发一个社交应用，需要存储和查询用户的好友关系和动态。这个应用的数据模型是列式的，每个用户的所有好友和动态都存储在一行中。这个应用的访问模式是读写均衡，大部分是按用户查询好友和动态，并频繁更新动态。这个应用的一致性需求较低，但可用性需求较高，需要保证在节点故障时仍能提供服务。这种情况下，Cassandra 是一个合适的选择，因为 Cassandra 支持列式的数据模型，适合存储用户的好友关系和动态，而且 Cassandra 能提供高可用性和容错性，可以满足可用性的需求。

（3）DynamoDB 实例

假设我们正在开发一个在线游戏，需要存储和查询玩家的游戏状态和排行榜。这个应用的数据模型是键值和文档的，每个玩家的游戏状态存储在一个键值对中，排行榜存储在一个文档中。这个应用的访问模式是读少写多，大部分是更新玩家的游戏状态和排行榜。这个应用的一致性需求较低，但性能需求较高，需要在短时间内处理大量的写请求。这种情况下，DynamoDB 是一个合适的选择，因为 DynamoDB 支持键值和文档的数据模型，适合存储玩家的游戏状态和排行榜，而且 DynamoDB 能提供高性能和弹性扩展，可以满足性能的需求。

下面我们进一步探讨分布式存储系统的一些高级主题，包括数据迁移、故障恢复，以及安全和隐私等。

（1）数据迁移

数据迁移是分布式系统中的一个重要问题。在系统的生命周期中，可能需要将数据从一个存储系统迁移到另一个存储系统，或者在同一个存储系统中进行数据重分布。数据迁移需要保证数据的完整性和一致性，同时尽可能减少对业务的影响。

HBase、Cassandra 和 DynamoDB 都提供了数据迁移的支持。例如，HBase 提供了 snapshot 和 export 功能，可以将数据导出到文件，然后在另一个 HBase 集群中导入。Cassandra 提供了 nodetool utility，可以用于数据的备份和恢复。DynamoDB 提供了 Data Pipeline 服务，可以用于数据的导入和导出。

（2）故障恢复

故障恢复也是分布式系统中的一个重要问题。在分布式系统中，节点故障是常态，系统需要能够在节点故障后自动恢复。

HBase、Cassandra 和 DynamoDB 都提供了故障恢复的支持。例如，HBase 通过 HDFS 的数据复制机制，可以在 DataNode 故障后从其他 DataNode 恢复数据。Cassandra 通过 Hinted Handoff 和 Read Repair 机制，可以在节点故障后从其他节点恢复数据。DynamoDB 作为托管服务，故障恢复由 AWS 自动处理。

（3）安全和隐私

安全和隐私是分布式系统中的一个重要问题。系统需要保护数据的安全，防止未授权的访问和篡改，同时保护用户的隐私。

HBase、Cassandra 和 DynamoDB 都提供了安全和隐私的支持。例如，HBase 通过 Kerberos 和 ACL，可以实现用户的认证和授权。Cassandra 通过 PasswordAuthenticator 和 AllowAllAuthorizer，可以实现用户的认证和授权。DynamoDB 通过 IAM，可以实现细粒度的访问控制。

6.2 分布式计算模型

分布式计算是一种计算模型，通过将计算任务分布到多个节点上并行处理，以实现高效的数据处理和分析。在分布式计算模型中，计算节点通常通过网络互相连接，每个节点都有自己的内存和计算资源，节点之间通过消息传递进行通信和协调。

分布式计算模型的设计和实现面临许多挑战，包括如何分解和调度任务，如何管理和同步节点，如何处理故障和保证数据的一致性等。为了解决这些问题，研究者们提出了许多分布式计算模型，如 MapReduce、Spark、MPI 等。

MapReduce 是一种简单但强大的分布式计算模型，通过两个基本操作 Map 和 Reduce，可以处理大规模的数据集。Spark 是一种内存中的分布式计算模型，通过提供一个高级的 API 和内存计算，可以实现高性能的数据处理和分析。MPI 是一种消息传递的分布式计算模型，通过提供一组标准的通信函数，可以实现精细的任务调度和同步。

6.2.1 MapReduce

MapReduce 是一种简单但强大的分布式计算模型，它由两个基本操作组成：Map 操作和 Reduce 操作。Map 操作接收输入数据，将其分解成一系列的键值对。Reduce 操作则接收 Map

操作的输出，对具有相同键的值进行聚合。

MapReduce 的工作流程可以分为以下四个步骤：

① 输入：输入数据被分割成多个块，每个块被分配给一个 Map 任务进行处理。

② Map：Map 任务将输入数据转换成一系列的键值对。

③ Shuffle：系统将所有的键值对按键排序，然后将相同键的值发送到同一个 Reduce 任务。

④ Reduce：Reduce 任务将收到的值进行聚合，然后输出结果。

图 6-13 展示了 MapReduce 的工作流程。

在图 6-13 中，输入数据被分割成多个块，每个块被一个 Map 任务处理。Map 任务产生的键值对经过 Shuffle 阶段，发送到 Reduce 任务。Reduce 任务进行聚合后，输出结果。

Hadoop MapReduce 是一个开源的 MapReduce 实现，它提供了一种可扩展和容错的方式来处理大规模的数据集。Hadoop MapReduce 的工作流程和基本的 MapReduce 模型相同，但它还包括一些优化技术，如数据局部性优化、备份任务、Speculative Execution 等，以提高系统的性能和可用性。

6.2.1.1 Hadoop MapReduce 工作流程

Hadoop MapReduce 工作流程主要由以下步骤组成：

① 切分（splitting）和调度（scheduling）：在 MapReduce 计算开始时，输入数据会根据预定义的大小，被切分成多个块，每个块通常在 HDFS 上存储，大小默认为 64MB 或 128MB。然后，JobTracker（主节点）会为每个数据块分配一个 Map 任务，这些任务被调度到集群中的空闲节点上运行。

② Map 阶段：在 Map 阶段，每个 Map 任务都会处理一个数据块，将输入数据分解成键值对，然后对每个键值对执行用户定义的 Map 函数。

③ Shuffle 阶段：在 Shuffle 阶段，系统会自动将所有 Map 任务产生的键值对按键进行排序，然后把相同键的键值对发送到同一个 Reduce 任务。

④ Reduce 阶段：在 Reduce 阶段，每个 Reduce 任务会处理一组具有相同键的键值对，对这些键值对执行用户定义的 Reduce 函数，然后输出结果。

6.2.1.2 Hadoop MapReduce 优化技术

Hadoop MapReduce 优化技术主要有：

① 数据局部性优化（data locality optimization）：为了减少数据传输的开销，Hadoop 会尽可能地在数据所在的节点上调度 Map 任务，这被称为数据局部性优化。

② 备份任务（backup tasks）：为了处理慢节点（slow nodes）问题，Hadoop 会为已经运行了很长时间但还没有完成的任务启动备份任务，这可以加快计算速度。

③ 投机执行（speculative execution）：Hadoop 还会启用投机执行，当某个任务运行慢或者失败时，会在其他节点上启动相同的任务，以增加系统的容错性。

在实际的业务中，Hadoop MapReduce 可以处理大规模的数据集，适用于日志分析、数据挖掘、机器学习等场景。通过合理的优化，可以使 Hadoop MapReduce 更好地适应业务需求，提高数据处理的效率。

6.2.1.3 Hadoop MapReduce 数据处理实例

在本部分中，我们将使用 MapReduce 来处理大量的数据。具体来说，我们将创建一个简单的 WordCount 应用，该应用可以读取文本文件，对文本进行分词，然后统计每个单词出现的次数。

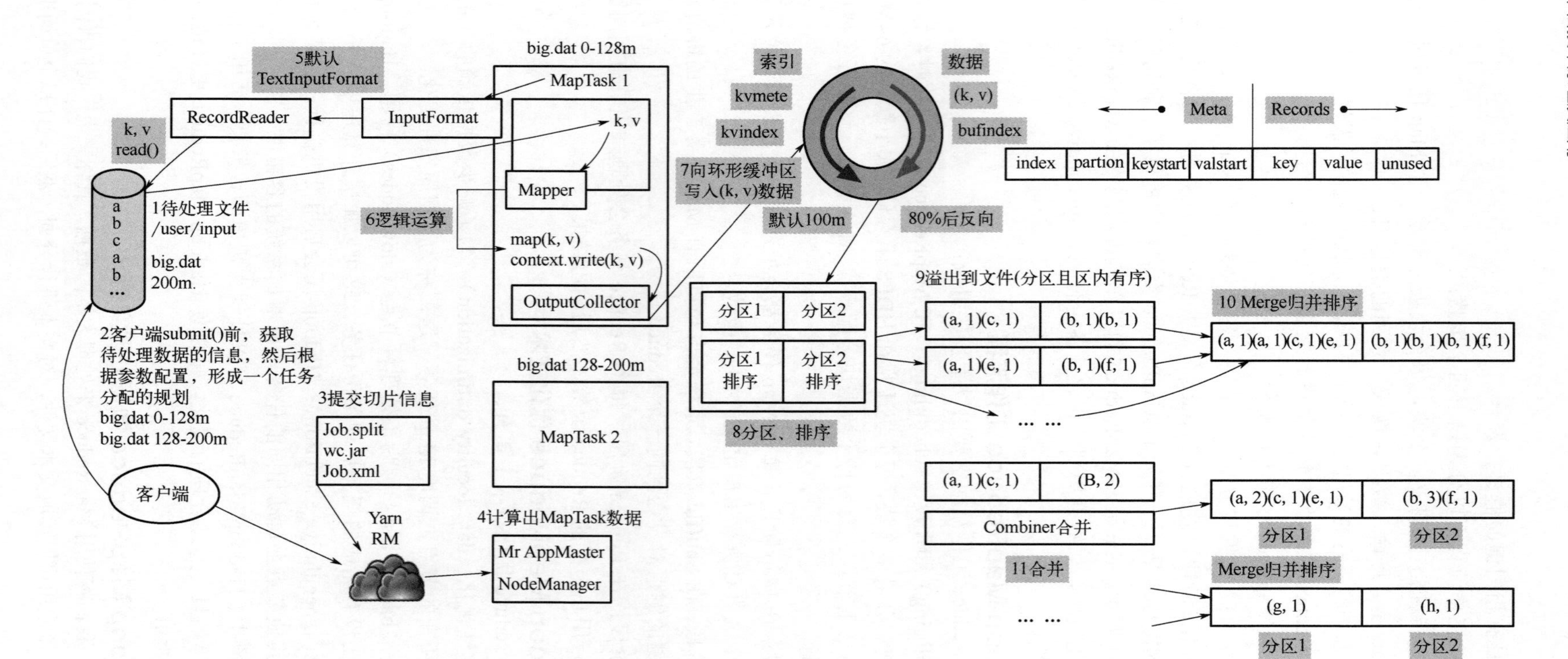

图 6-13　MapReduce 工作流程

首先，定义 Map 和 Reduce 函数。在 MapReduce 中，Map 函数负责处理输入数据，并生成一系列的键值对；Reduce 函数则负责处理 Map 函数生成的键值对，对相同的键进行聚合操作。

以下是 WordCount 应用的 Java 代码：

```
public class WordCount {

    public static class TokenizerMapper
       extends Mapper<Object,Text,Text,IntWritable>{

        private final static IntWritable one = new IntWritable(1);
        private Text word = new Text();

        public void map(Object key,Text value,Context context
                        )throws IOException,InterruptedException {
            StringTokenizer itr = new StringTokenizer(value.toString());
            while(itr.hasMoreTokens()){
                word.set(itr.nextToken());
                context.write(word,one);
            }
        }
    }

    public static class IntSumReducer
       extends Reducer<Text,IntWritable,Text,IntWritable> {
        private IntWritable result = new IntWritable();

        public void reduce(Text key,Iterable<IntWritable> values,
                           Context context
                           )throws IOException,InterruptedException {
            int sum = 0;
            for(IntWritable val :values){
                sum += val.get();
            }
            result.set(sum);
            context.write(key,result);
        }
    }

    public static void main(String[] args)throws Exception {
        Configuration conf = new Configuration();
        Job job = Job.getInstance(conf,"word count");
        job.setJarByClass(WordCount.class);
        job.setMapperClass(TokenizerMapper.class);
        job.setCombinerClass(IntSumReducer.class);
        job.setReducerClass(IntSumReducer.class);
        job.setOutputKeyClass(Text.class);
        job.setOutputValueClass(IntWritable.class);
        FileInputFormat.addInputPath(job,new Path(args[0]));
        FileOutputFormat.setOutputPath(job,new Path(args[1]));
        System.exit(job.waitForCompletion(true)? 0 :1);
    }
}
```

我们将这段 Java 代码保存为 WordCount.java 文件。

接下来，创建一个 Dockerfile 来创建 Docker 镜像。在这个 Dockerfile 中，使用 openjdk 的官方镜像，并在此基础上安装 Hadoop 客户端和编译 WordCount.java 代码。

```
# 使用 openjdk 的官方镜像
FROM openjdk:8-jdk

# 安装 wget
RUN apt-get update && apt-get install -y wget

# 下载并解压 Hadoop
RUN  wget  https://archive.apache.org/dist/hadoop/core/hadoop-2.7.7/hadoop-
2.7.7.tar.gz && \
     tar -xvf hadoop-2.7.7.tar.gz && \
     mv hadoop-2.7.7 /usr/local/hadoop && \
     rm hadoop-2.7.7.tar.gz

# 设置环境变量
ENV HADOOP_HOME=/usr/local/hadoop
ENV PATH=$PATH:/usr/local/hadoop/bin:/usr/local/hadoop/sbin

# 将 WordCount.java 添加到镜像中
COPY WordCount.java /home/

# 设置工作目录
WORKDIR /home/

# 编译 Java 代码
RUN javac -classpath $HADOOP_HOME/bin/hadoop classpath WordCount.java

# 打包 Java 代码
RUN jar cf wc.jar WordCount*.class
```

然后，在 Dockerfile 所在的目录下运行以下命令来构建 Docker 镜像：

```
docker build -t my-hadoop:latest.
```

在这个命令中，my-hadoop：latest 是创建的 Docker 镜像的名字和标签。

接下来，创建一个 Docker 容器来运行 MapReduce 应用。我们可以通过以下命令来创建并启动容器：

```
docker run -it --name myhadoop my-hadoop:latest /bin/bash
```

在容器中，可以通过以下命令来运行 MapReduce 应用：

```
hadoop jar wc.jar WordCount /input /output
```

在这个命令中，/input 是输入数据的 HDFS 路径，/output 是输出数据的 HDFS 路径。

6.2.2 流处理

流处理是一种处理无限数据流的计算模型，相比批处理模型（如 MapReduce），流处理可以提供近实时的数据分析，适合需要实时数据处理的场景。

流处理的核心是流计算引擎，它将输入数据流分解成多个数据项，然后通过一系列的操作对数据项进行处理。这些操作可以是简单的数据转换，也可以是复杂的聚合计算。最后，处理结果被输出到外部系统。

下面我们详细介绍 Storm 和 Flink 这两个流处理框架。

（1）Storm

Storm 是一个分布式实时计算系统，它支持多种数据源，可以处理无边界的数据流。Storm 的核心是拓扑（Topology），它由多个 Spout 和 Bolt 组成。Spout 负责从外部系统读取数据流，Bolt 负责处理数据项。Storm 的拓扑可以形象地表示为一个有向图，如图 6-14 所示。

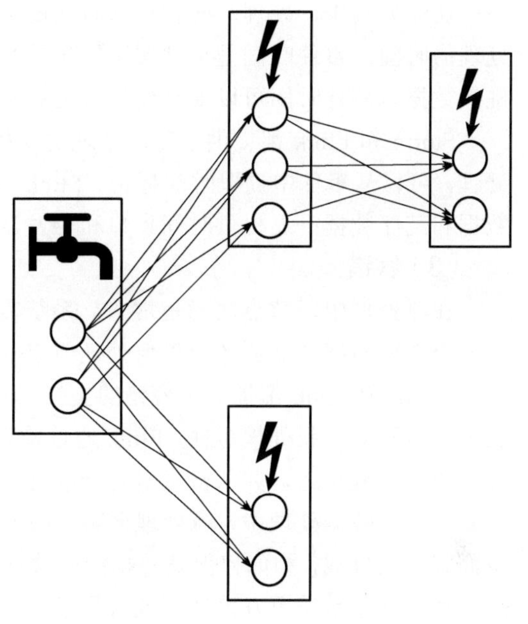

图 6-14　Storm 拓扑示意图

在图 6-14 中，水龙头代表 Spout，闪电代表 Bolt，箭头代表数据流。数据从 Spout 开始流动，经过各个 Bolt 进行处理，最后输出到外部系统。

（2）Flink

Flink 是一个分布式流处理和批处理框架，它支持事件时间处理和窗口函数，可以处理有界和无界的数据流。Flink 的核心是 DataStream API，它提供了一种高级的抽象，可以方便地对数据流进行转换和聚合。图 6-15 展示了 Flink 的数据流图。

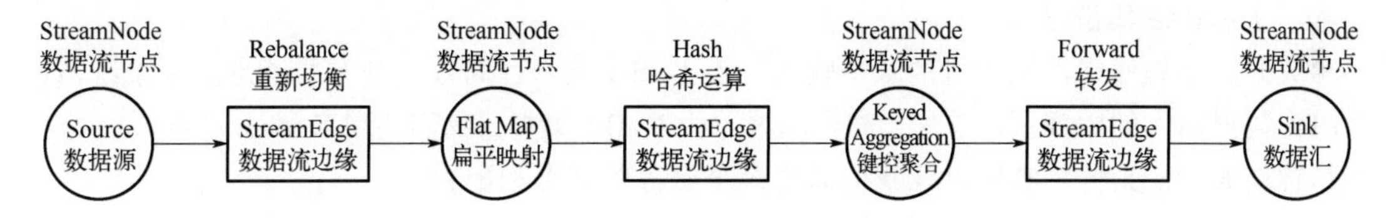

图 6-15　Flink 数据流示意图

在图 6-15 中，圆圈代表数据源和数据汇，方块代表转换操作。数据从数据源开始流动，经过各个转换操作进行处理，最后输出到数据汇。

6.2.2.1　状态管理、时间处理和容错

接下来，我们将详细讨论流处理中的一些高级主题，包括状态管理、时间处理和容错等。

（1）状态管理

在流处理中，很多计算需要维护状态，例如，计算窗口函数需要维护窗口的数据，计算累积和需要维护之前的和。状态管理是流处理中的一个重要问题，需要考虑如何存储和更新状态，如何在故障后恢复状态。

Storm 和 Flink 都提供了状态管理的支持。Storm 通过 Trident API 提供状态管理，可以在分布式的数据库中存储和查询状态。Flink 通过状态后端（state backend）提供状态管理，可以将状态存储在内存或文件系统中，还提供保存点（savepoint）和检查点（checkpoint）机制，

可以在故障后恢复状态。

（2）时间处理

在流处理中，处理时间和事件时间的区别是一个重要问题。处理时间是事件在系统中被处理的时间，事件时间是事件实际发生的时间。处理时间简单易用，但不能处理延迟数据和乱序数据。事件时间可以处理延迟数据和乱序数据，但需要额外的时间标记和水位线。

Storm 和 Flink 都提供了时间处理的支持。Storm 通过 Timestamp Extractor 提供事件时间处理，可以从事件中提取时间标记。Flink 通过 Watermark 提供事件时间处理，可以处理延迟数据和乱序数据；还提供时间窗口和触发器，可以灵活地处理时间相关的计算。

（3）容错

在流处理中，节点故障是常态，系统需要能够在节点故障后自动恢复。容错是流处理中的一个重要问题，需要考虑如何处理节点故障，如何保证数据的一致性。

Storm 和 Flink 都提供了容错的支持。Storm 通过 Acker 提供至少一次处理的语义，可以在节点故障后重新处理事件。Flink 通过检查点和保存点提供精确一次处理的语义，可以在节点故障后恢复状态，并从检查点处继续处理。

在实时数据处理中，流处理框架，如 Storm 和 Flink，能提供实时性和可扩展性，但同时也面临一些挑战，如如何保证数据的一致性，如何处理延迟数据等。通过合理的设计和优化，可以使流处理系统更好地适应业务需求，提高数据处理的效率。

6.2.2.2 流处理的实际应用案例

在实际业务中，流处理框架被广泛应用于各种实时数据处理的场景，如实时日志分析、实时监控、实时推荐等。下面，我们将详细展示如何使用 Storm 和 Flink 进行实时流处理的应用案例。整个案例将基于 Docker 进行部署，涉及的软件和服务都将以 Docker 镜像的形式提供，并通过 Dockerfile 进行构建和配置。

（1）Kafka 集群部署

数据流处理通常涉及大量的数据输入，而 Kafka 是一种高效的分布式消息队列系统，适合用作数据输入的中间层。首先，需要部署一个 Kafka 集群。我们使用 Docker Compose 来部署和管理 Kafka 集群，它可以让我们简化多个服务的部署和配置。

以下是 Docker Compose 文件的内容：

```
version:'3'
services:
  zookeeper:
    image:confluentinc/cp-zookeeper:latest
    environment:
      - ZOOKEEPER_CLIENT_PORT=2181

  kafka:
    image:confluentinc/cp-kafka:latest
    depends_on:
      - zookeeper
    environment:
      - KAFKA_ZOOKEEPER_CONNECT=zookeeper:2181
      - KAFKA_ADVERTISED_LISTENERS=PLAINTEXT://localhost:9092
      - KAFKA_OFFSETS_TOPIC_REPLICATION_FACTOR=1
    ports:
      - 9092:9092
```

在这个文件中，我们定义了两个服务：zookeeper 和 kafka。zookeeper 是用于 Kafka 的协调服务，kafka 是 Kafka 的 broker（消息代理）。

接下来，需要将数据发送到 Kafka。这可以通过 Kafka 的生产者 API 来实现。以下是一个简单的生产者应用的 Java 代码：

```
public class ProducerDemo {
    public static void main(String[] args){
        Properties properties = new Properties();
        properties.setProperty("bootstrap.servers","localhost:9092");
        properties.setProperty("key.serializer",
"org.apache.kafka.common. serialization.StringSerializer");
        properties.setProperty("value.serializer",
"org.apache.kafka.common. serialization.StringSerializer");
        KafkaProducer<String,String> producer = new KafkaProducer<>(properties);
        for(int i = 0;i < 10;i++){
            ProducerRecord<String,String> record = new ProducerRecord<>("my-
topic","hello world " + i);
            producer.send(record);
        }
        producer.close();
    }
}
```

在这段代码中，我们首先创建了一个 KafkaProducer，然后发送了 10 条消息到"my-topic"主题。

（2）Storm 应用

Storm 是一个能够进行实时流数据处理的框架。在 Storm 应用中，实时数据处理逻辑被封装在 Topology 中。Topology 由一系列的 Spout 和 Bolt 组成。Spout 负责从数据源接收数据并生成数据流，Bolt 负责处理数据流。

下面创建一个基于 Storm 的实时词频统计应用。首先，需要创建一个 Spout，这个 Spout 使用 Storm 的 KafkaSpout 类从 Kafka 中消费数据。然后，定义两个 Bolt："split" Bolt 对句子进行分词，"count" Bolt 统计每个单词的出现次数。

以下是 Storm 应用的 Java 代码：

```
public class WordCountTopology {
    public static void main(String[] args){
        // 1.定义一个 TopologyBuilder,用于构建拓扑
        TopologyBuilder builder = new TopologyBuilder();
        // 2.设置 Spout 和 Bolt
        builder.setSpout("spout",new KafkaSpout(new SpoutConfig(new
ZkHosts ("localhost:2181"),"my-topic","/storm/kafka","kafkaSpout")),1);
        builder.setBolt("split",new  SplitSentenceBolt(),8).shuffleGrouping
("spout");
        builder.setBolt("count",new  WordCountBolt(),12).fieldsGrouping
("split", new Fields("word"));
        // 3.创建配置
        Config conf = new Config();
        conf.setDebug(true);
        // 4.提交拓扑
```

```
            if(args != null && args.length > 0){
                conf.setNumWorkers(3);
                StormSubmitter.submitTopologyWithProgressBar(args[0],conf,
builder.createTopology());
            } else {
                conf.setMaxTaskParallelism(3);
                LocalCluster cluster = new LocalCluster();

cluster.submitTopology("word-count",conf,builder.createTopology());
            }
        }
    }
```

在这段代码中，我们首先创建了一个TopologyBuilder对象，然后设置了Spout和Bolt，并指定了它们的并行度和分组策略。最后，我们创建了一个Config对象，并提交了拓扑。

接下来，创建一个Dockerfile来构建Storm应用的Docker镜像。我们将使用openjdk的官方镜像，并在此基础上安装Storm和编译Java代码。

以下是Dockerfile文件的内容：

```
# 使用 openjdk 的官方镜像
FROM openjdk:8-jdk

# 安装 wget
RUN apt-get update && apt-get install -y wget

# 下载并解压 Storm
RUN wget http://apache.mirrors.tds.net/storm/apache-storm-1.2.3/apache-
storm-1.2.3.tar.gz && \
    tar -xvf apache-storm-1.2.3.tar.gz && \
    mv apache-storm-1.2.3 /usr/local/storm && \
    rm apache-storm-1.2.3.tar.gz

# 设置环境变量
ENV STORM_HOME=/usr/local/storm
ENV PATH=$PATH:/usr/local/storm/bin

# 将 Java 代码添加到镜像中
COPY WordCountTopology.java /home/

# 设置工作目录
WORKDIR /home/

# 编译 Java 代码
RUN javac -classpath $STORM_HOME/bin/storm classpath WordCountTopology.java

# 打包 Java 代码
RUN jar cf wc.jar WordCountTopology*.class
```

然后，在Dockerfile所在的目录下运行以下命令来构建Docker镜像：

```
docker build -t my-storm:latest.
```

在这个命令中，my-storm:latest 是创建的 Docker 镜像的名字和标签。

（3）Storm 集群部署

接下来，创建一个Docker Compose文件来部署Storm集群和实时词频统计应用。在Docker Compose 文件中，使用刚刚创建的 Docker 镜像。

以下是 Docker Compose 文件的内容：

```
version:'3'
services:
  zookeeper:
    image:zookeeper:latest
    ports:
      - "2181:2181"

  nimbus:
    image:my-storm:latest
    command:storm nimbus
    depends_on:
      - zookeeper
    ports:
      - "6627:6627"

  supervisor:
    image:my-storm:latest
    command:storm supervisor
    depends_on:
      - nimbus
    links:
      - "nimbus:nimbus"

  ui:
    image:my-storm:latest
    command:storm ui
    depends_on:
      - nimbus
    ports:
      - "8080:8080"

  topology:
    image:my-storm:latest
    command:storm jar /home/wc.jar WordCountTopology
    depends_on:
      - nimbus
    environment:
      - STORM_NIMBUS_HOST=nimbus
```

在这个 Docker Compose 文件中，我们创建了五个服务：zookeeper、nimbus、supervisor、ui 和 topology。zookeeper 是 Storm 的协调服务，nimbus 是 Storm 的主节点，supervisor 是 Storm 的工作节点，ui 是 Storm 的用户界面，topology 是实时词频统计应用。

至此，我们已经完成了 Storm 集群的部署，可以通过运行 docker-compose up 命令来启动集群。

（4）Flink 应用

接下来，我们创建一个基于 Flink 的实时词频统计应用。Flink 是一个用于批处理和流处理的开源平台。在 Flink 中，实时数据处理逻辑被封装在 DataStream API 中。

以下是 Flink 应用的 Java 代码：

```
public class WordCount {
    public static void main(String[] args)throws Exception {
        final StreamExecutionEnvironment env = StreamExecutionEnvironment.
getExecutionEnvironment();
        Properties properties = new Properties();
        properties.setProperty("bootstrap.servers","localhost:9092");
        properties.setProperty("group.id","flink-group");
        FlinkKafkaConsumer<String> myConsumer = new FlinkKafkaConsumer<>
("my-topic",new SimpleStringSchema(),properties);
        DataStream<String> text = env.addSource(myConsumer);

        DataStream<Tuple2<String,Integer>> counts = text.flatMap(new
Tokenizer()). keyBy(0).sum(1);

        counts.print();

        env.execute("WordCount");
    }

    public static final class Tokenizer implements FlatMapFunction<String,
Tuple2<String,Integer>> {
        @Override
        public void flatMap(String value,Collector<Tuple2<String,Integer>>
out){
            String[] words = value.toLowerCase().split("\\W+");

            for(String word :words){
                if(word.length()> 0){
                    out.collect(new Tuple2<>(word,1));
                }
            }
        }
    }
}
```

在这段代码中，我们首先获取 ExecutionEnvironment，然后创建了一个基于 FlinkKafka Consumer 的数据流。接着我们将数据流进行 flatMap 操作以分词，然后按单词进行分组，对每个单词出现的次数进行统计。最后将结果打印出来。

接下来，创建一个 Dockerfile 来创建 Flink 应用的 Docker 镜像。我们将使用 openjdk 的官方镜像，并在此基础上安装 Flink 和编译 Java 代码。

以下是 Dockerfile 文件的内容：

```
# 使用 openjdk 的官方镜像
FROM openjdk:8-jdk
```

```
# 安装 wget
RUN apt-get update && apt-get install -y wget

# 下载并解压 Flink
RUN  wget  https://archive.apache.org/dist/flink/flink-1.7.2/flink-1.7.2-
bin- scala_2.11.tgz && \
    tar -xvf flink-1.7.2-bin-scala_2.11.tgz && \
    mv flink-1.7.2 /usr/local/flink && \
    rm flink-1.7.2-bin-scala_2.11.tgz

# 设置环境变量
ENV FLINK_HOME=/usr/local/flink
ENV PATH=$PATH:/usr/local/flink/bin

# 将 Java 代码添加到镜像中
COPY WordCount.java /home/

# 设置工作目录
WORKDIR /home/

# 编译 Java 代码
RUN javac -classpath $FLINK_HOME/bin/flink classpath WordCount.java

# 打包 Java 代码
RUN jar cf wc.jar WordCount*.class
```

然后，在 Dockerfile 所在的目录下运行以下命令来构建 Docker 镜像：

```
docker build -t my-flink:latest.
```

在这个命令中，my-flink:latest 是创建的 Docker 镜像的名字和标签。

（5）Flink 集群部署

接下来，创建一个 Docker Compose 文件来部署 Flink 集群和实时词频统计应用。在这个 Docker Compose 文件中，使用刚刚创建的 Docker 镜像。

以下是 Docker Compose 文件的内容：

```
version:'3'
services:
  jobmanager:
    image:my-flink:latest
    ports:
      - "8081:8081"
    command:jobmanager
    environment:
      - JOB_MANAGER_RPC_ADDRESS=jobmanager

  taskmanager:
    image:my-flink:latest
    depends_on:
```

```
      - jobmanager
    command:taskmanager
    links:
      - "jobmanager:jobmanager"
    environment:
      - JOB_MANAGER_RPC_ADDRESS=jobmanager

  wordcount:
    image:my-flink:latest
    depends_on:
      - jobmanager
    command:flink run -c WordCount /home/wc.jar
    environment:
      - JOB_MANAGER_RPC_ADDRESS=jobmanager
```

在这个 Docker Compose 文件中，我们创建了三个服务：jobmanager、taskmanager 和 wordcount。jobmanager 是 Flink 的主节点，taskmanager 是 Flink 的工作节点，wordcount 是实时词频统计应用。

至此，我们已经完成了 Flink 集群的部署。我们可以通过运行 docker-compose up 命令来启动集群。

（6）运行案例

要运行此案例，需要按照以下步骤进行：

① 部署 Kafka 集群：在 Docker Compose 文件（kafka-compose.yml）所在的目录下，运行 docker-compose -f kafka-compose.yml up -d 命令来启动 Kafka 集群。

② 运行生产者应用：在 ProducerDemo.java 所在的目录下，运行 java ProducerDemo 命令来启动生产者应用，发送消息到 Kafka。

③ 部署 Storm 集群和应用：在 Docker Compose 文件（storm-compose.yml）所在的目录下，运行 docker-compose -f storm-compose.yml up -d 命令来启动 Storm 集群和应用。

④ 部署 Flink 集群和应用：在 Docker Compose 文件（flink-compose.yml）所在的目录下，运行 docker-compose -f flink-compose.yml up -d 命令来启动 Flink 集群和应用。

运行案例后期望的输出如下：

对于 Storm 应用，可以通过 Storm UI（http://localhost：8080）查看拓扑的运行状态和数据处理的结果。在“Topology summary”页面，可以看到已经部署的拓扑，包括拓扑的名称、状态、已经处理的元组数量等信息。在“WordCountTopology”拓扑的详情页面，可以查看拓扑的拓扑图和 Spout/Bolt 的详细信息，包括每个 Spout/Bolt 的并行度、已经处理的元组数量、处理速率等信息。

对于 Flink 应用，可以通过 Flink Web Dashboard（http://localhost：8081）查看作业的运行状态和数据处理的结果。在“Overview”页面，可以看到已经部署的作业，包括作业的名称、状态、已经处理的记录数量等信息。在“WordCount”作业的详情页面，可以查看作业的作业图和操作符的详细信息，包括每个操作符的并行度、已经处理的记录数量、处理速率等信息。

在控制台输出中，可以看到每个单词的出现次数，例如：

```
(hello,10)
(world,10)
```

这表示“hello”和“world”各出现了10次。

6.2.2.3　Storm和Flink的区别

在继续探索流处理系统的高级主题之前，让我们先对比一下Storm和Flink，这两个流处理框架在设计理念、功能和性能上都有一些不同，了解这些差异可以帮助我们在实际业务中做出更好的选择。

① 设计理念：Storm主要设计为实时计算框架，支持事件驱动模型，适合需要快速处理和低延迟的场景。而Flink旨在成为统一的批处理和流处理框架，支持事件时间和处理时间，适合需要处理有界和无界数据流的场景。

② 数据模型：Storm使用元组（Tuple）作为数据模型，提供基于元组的流计算API。而Flink使用记录（Record）作为数据模型，提供基于记录的DataStream API和DataSet API。

③ 时间处理：Storm支持处理时间，但对事件时间的支持较弱。而Flink支持事件时间和处理时间，提供Watermark和窗口机制，可以处理延迟数据和乱序数据。

④ 容错机制：Storm通过Acker机制提供至少一次处理的语义，但无法提供精确一次处理的语义。而Flink通过检查点和保存点机制提供精确一次处理的语义。

⑤ 性能：Storm的性能主要取决于网络和磁盘的IO，适合需要快速处理的场景。而Flink通过内存计算和优化器，可以提供更高的性能，适合需要复杂计算和大数据处理的场景。

总的来说，Storm和Flink各有优势，根据业务的具体需求和场景，我们需要选择合适的流处理框架。

6.2.2.4　流处理的最佳实践

（1）设计和优化流处理系统

① 理解业务需求：在设计流处理系统时，首先需要理解业务的需求，包括数据的规模、处理的复杂度、实时性的需求等，这将直接影响到流处理框架的选择和系统的设计。

② 选择合适的流处理框架：如前所述，Storm和Flink各有优势和特点，需要根据业务的具体需求和场景，选择合适的流处理框架。

③ 优化数据流：在流处理系统中，数据流是核心，需要合理地设计数据流，包括数据的划分、操作的并行度、窗口的设置等，以提高系统的性能。

④ 管理状态：状态是流处理中的一个重要概念，需要注意状态的存储和更新，以及在故障后如何恢复状态。

⑤ 选择时间：处理时间和事件时间的选择，将影响到系统的实时性和准确性，需要根据业务的需求，合理地选择时间。

（2）处理常见的流处理问题

① 数据倾斜：数据倾斜是指数据的分布不均匀，导致某些节点的负载过大。可以通过重新设计键或使用扩展键来解决。

② 延迟数据：延迟数据是指比正常时间晚到达的数据。可以通过调整窗口参数或使用事件时间来处理。

③ 系统故障：系统故障是指系统中的节点出现故障。可以通过设置备份节点或使用检查点和保存点来恢复。

总的来说，流处理是一种强大的计算模型，可以处理大规模的实时数据。但在实际使用中，还需要根据业务的具体需求和场景，合理地设计和优化流处理系统，以提高系统的性能和可用性。

6.2.3 批处理

批处理是一种处理大规模数据的计算模型，它将一组数据作为一个整体进行处理，适合需要进行复杂计算和大数据处理的场景。批处理的核心是分布式文件系统和计算框架，分布式文件系统用于存储大规模的数据，计算框架用于对数据进行并行处理。

在批处理模型中，一个典型的工作流程包括以下几个步骤：

① 输入：从分布式文件系统中读取数据。

② 计算：通过计算框架对数据进行并行处理。

③ 输出：将处理结果写入分布式文件系统。

下面我们详细介绍 Spark，它是一个被广泛使用的批处理框架。

Spark 是一个分布式计算框架，它提供了一种内存中的计算模型，可以处理大规模的数据集。Spark 的核心是弹性分布式数据集（resilient distributed datasets，RDD），它是一个分布式的数据集合，可以在集群的节点上进行并行处理。Spark 还提供了一系列的操作，如 map、filter、reduce 等，可以对 RDD 进行转换和动作。

图 6-16 展示了 Spark 的架构，包括一个驱动程序（driver program）、一个集群管理器（cluster manager）和多个执行器（executor）。驱动程序负责定义作业，并将作业分解成多个任务，然后通过集群管理器将任务分配给执行器进行处理。在大数据环境中，Spark 可以高效地进行批量计算，适用于数据挖掘、机器学习、图计算等场景。

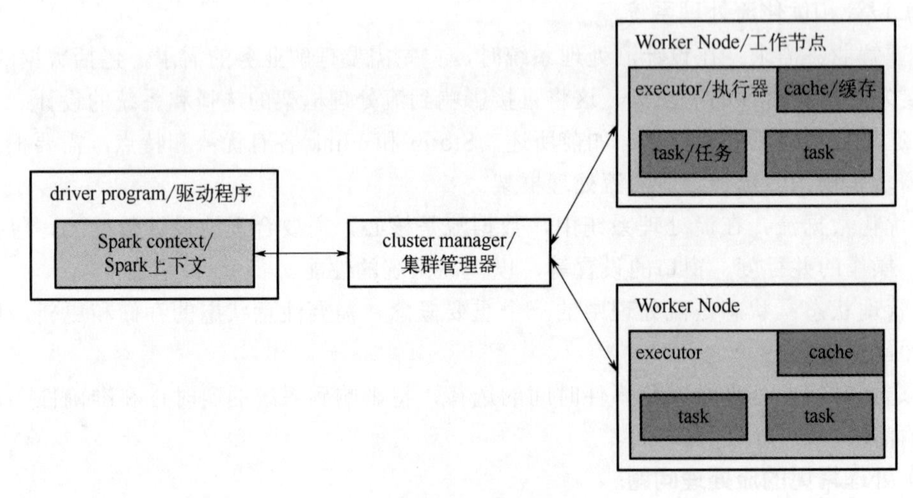

图 6-16 Spark 架构示意图

6.2.3.1 Spark 工作原理

Spark 工作原理主要包括：

① 弹性分布式数据集（RDD）：RDD 是 Spark 的核心抽象，它是一个只读的、分区的数据集，可以在不同的节点上并行处理。RDD 通过一系列的转换操作（如 map、filter 等）和动作操作（如 count、collect 等）进行处理。

② 有向无环图（directed acyclic graph，DAG）：Spark 将一系列的 RDD 操作组织成一个 DAG，然后通过 DAG Scheduler 将 DAG 分解成多个阶段（stage），每个阶段包含一组可以并行执行的任务。

③ 任务调度：Spark 通过 Task Scheduler 将任务分配给合适的执行器进行处理。执行器在本地节点上处理任务，然后将结果返回给驱动程序。

6.2.3.2 Spark 优化技术

Spark 优化技术主要有：

① 内存计算：Spark 通过内存计算，可以避免磁盘 IO 的开销，提高计算速度。当内存不足时，Spark 可以通过溢出到磁盘来处理大数据集。

② 数据本地性：Spark 通过数据本地性优化，可以尽可能地在数据所在的节点上处理任务，减少数据传输的开销。

③ 持久化：Spark 通过持久化机制，可以将经常使用的 RDD 保存在内存或磁盘中，避免重复计算。

④ 分区调优：Spark 通过分区调优，可以将数据均匀地分配到各个节点上，避免数据倾斜。

6.2.3.3 Spark 应用实例

在实际业务中，批处理框架如 Spark 被广泛应用于各种批量数据处理的场景，如离线数据分析、机器学习、图计算等。下面我们通过一些实例来说明如何在实际业务中使用 Spark。

为了演示如何使用 Spark 进行批处理，我们创建一个简单的 WordCount 应用。这个应用将读取文本数据，对文本进行分词，然后统计每个单词出现的次数。

首先，我们需要创建一个 Docker 镜像来运行 Spark。可以直接使用 Spark 的官方 Docker 镜像，所以不需要自己创建 Dockerfile。

然后，创建 Spark 的 RDD。在 Spark 中，RDD 是一个包含多个元素的集合，这些元素可以分布在集群的多个节点上进行并行处理。

以下是 WordCount 应用的 Scala 代码：

```
val textFile = spark.textFile("hdfs://...")
val counts = textFile.flatMap(line => line.split(" "))
                 .map(word =>(word,1))
                 .reduceByKey(_ + _)
counts.saveAsTextFile("hdfs://...")
```

在这段代码中，我们创建了一个 RDD，这个 RDD 从 HDFS 中读取数据，然后对数据进行 flatMap、map 和 reduce 操作，从而计算出每个单词出现的次数。

至此，我们已经完成了 Spark 应用的编程和 Docker 镜像的获取。接下来，我们将创建一个 Docker Compose 文件来部署应用。

首先，我们需要创建一个 Docker Compose 文件，其内容如下：

```
version:'3'
services:
  master:
    image:bitnami/spark:3
    environment:
```

```
      - SPARK_MODE=master
    ports:
      - 8080:8080
  worker:
    image:bitnami/spark:3
    environment:
      - SPARK_MODE=worker
      - SPARK_MASTER_URL=spark://master:7077
    depends_on:
      - master
```

在这个 Docker Compose 文件中，我们创建了两个服务：master 和 worker。master 是 Spark 的主节点，worker 是 Spark 的工作节点。我们使用了 Bitnami 的 Spark Docker 镜像，这个镜像包含 Spark 的所有依赖，所以不需要自己创建 Dockerfile。

至此，我们已经完成了 Spark 应用的部署，可以通过运行 docker-compose up 命令来启动应用。然后，我们可以通过访问 Spark master 的 8080 端口来查看应用的运行状态。

最后，可以通过以下步骤运行 WordCount 应用。

① 首先，编写 build.sbt 文件，其内容如下：

```
name := "WordCount"
version := "1.0"
scalaVersion := "2.12.10"
libraryDependencies += "org.apache.spark" %% "spark-core" % "3.0.1"
```

将 Scala 代码和 build.sbt 文件打包成一个.tar 或.zip 文件，比如 wordcount.tar.gz。

② 然后，将这个.tar 或.zip 文件复制到 Spark master 容器中。这可以通过以下命令实现：

```
docker cp wordcount.tar.gz <master_container_id>:/opt/bitnami/spark/
```

其中，<master_container_id>是 Spark master 容器的 ID，可以通过 docker ps 命令查看。

③ 接着，进入 Spark master 容器中，可以通过以下命令实现：

```
docker exec -it <master_container_id> /bin/bash
```

④ 在容器中解压.tar 或.zip 文件，然后运行 sbt package 命令来编译和打包 Scala 代码：

```
tar -xzf wordcount.tar.gz
cd wordcount
sbt package
```

⑤ 最后，运行 spark-submit 命令来提交 Spark 应用：

```
/opt/bitnami/spark/bin/spark-submit --class "WordCount" --master
spark:// localhost:7077 target/scala-2.12/wordcount_2.12-1.0.jar
```

此处的 spark://localhost: 7077 是 Spark master 的地址和端口，target/scala-2.12/wordcount_2.12-1.0.jar 是之前打包的 JAR 文件的路径。

注意，这里的步骤假设已经在 Spark master 容器中安装了 sbt。如果没有安装，需要先安装 sbt。另外，这里的 Scala 代码和 build.sbt 需要根据实际情况修改。

6.2.3.4 批处理中的挑战及解决方案

在批处理中，我们经常面临一些挑战，如数据倾斜、内存不足、计算效率低等。以下是解决这些挑战的一些方法。

① 数据倾斜：数据倾斜是指数据的分布不均匀，导致某些节点的负载过大。我们可以通过重新设计键，或者使用扩展键（例如，将键与随机数结合）来解决。

② 内存不足：内存不足是指数据量过大，超出了可用的内存。我们可以通过调整存储级别，将部分数据溢出到磁盘，或者使用更大的节点来解决。

③ 计算效率低：计算效率低是指计算速度不满足需求。我们可以通过内存计算和数据本地性优化，以及合理的调度和分区，来提高计算效率。

在实际业务中，往往同时存在批处理和流处理的需求。例如，实时分析需要处理实时数据，但同时也需要基于历史数据进行模型训练；报表生成需要处理历史数据，但同时也需要基于实时数据进行更新。因此，批处理和流处理的结合是一个重要的主题。

批处理和流处理的结合可以通过以下两种方式实现。

① Lambda 架构：Lambda 架构通过并行的批处理层和流处理层来处理数据，然后在服务层将批处理结果和流处理结果进行合并。Lambda 架构可以同时处理历史数据和实时数据，但需要维护两套计算逻辑。

② Kappa 架构：Kappa 架构通过统一的流处理层来处理数据，可以将批处理作为一种特殊的流处理来处理。Kappa 架构简化了计算逻辑，但需要流处理框架支持事件时间处理和有界数据流处理。

总之，批处理是一种强大的计算模型，可以处理大规模的数据集。随着大数据技术的发展，批处理将继续发挥重要的作用，并面临新的挑战和机遇。

6.2.4　分布式计算的挑战与解决方法

（1）资源管理

在分布式计算中，资源管理是一个重要的问题，需要合理地分配和调度计算资源，如 CPU、内存、磁盘、网络等。资源管理的目标是提高资源利用率，保证任务的公平性和优先级，满足服务的可用性和可扩展性。

图 6-17 展示了一个典型的资源管理器的架构，包括一个中心的资源调度器和多个节点的资源管理器。资源调度器负责全局的资源管理和任务调度，资源管理器负责节点的资源管理和任务执行。

（2）任务调度

在分布式计算中，任务调度是一个重要的问题，需要按照一定的策略将任务分配给合适的节点进行处理。任务调度的目标是提高任务的处理速度，保证任务的顺序和依赖，满足服务的响应时间和吞吐量。

（3）容错处理

在分布式计算中，容错处理是一个重要的问题，需要能够在节点故障后自动恢复服务。容错处理的目标是提高服务的可用性和可靠性，保证数据的一致性和完整性。

在分布式计算中，我们面临着资源管理、任务调度、容错处理等挑战，需要通过合理的设计和优化，以提高系统的性能和可用性。

接下来，我们将详细介绍分布式计算的一些解决方法，包括资源调度算法、容错机制等。

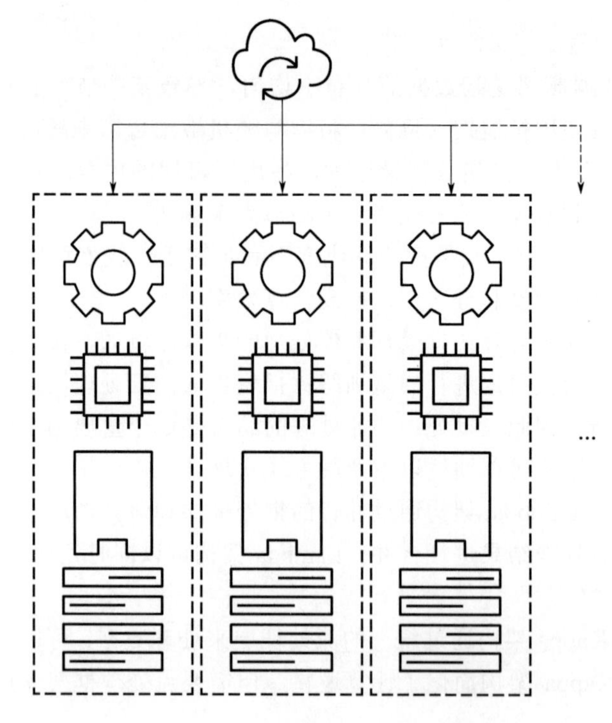

图 6-17　资源管理器架构示意图

(1) 资源调度算法

资源调度算法是解决资源管理问题的重要方法，主要有以下几种：

① FIFO（first in first out，先进先出）算法：FIFO 算法是一种简单的调度算法，按照任务到达的顺序进行处理。FIFO 算法易于实现，但可能导致优先级高的任务被阻塞。

② SJF（shortest job first，最短作业优先）算法：SJF 算法是一种优先处理短任务的调度算法。SJF 可以减少短任务的响应时间，但可能导致长任务被饿死。

③ fair scheduler（公平调度器）算法：fair scheduler 算法是一种公平的调度算法，通过权重和份额来分配资源。fair scheduler 算法可以保证公平性，但需要预设权重和份额。

④ capacity scheduler（容量调度器）算法：capacity scheduler 算法是一种按容量分配资源的调度算法。capacity scheduler 算法可以支持多租户，但需要预设容量。

(2) 容错机制

容错机制是解决容错处理问题的重要方法，主要有以下几种：

① 备份恢复：备份恢复是一种通过备份节点来恢复服务的机制。备份恢复可以快速恢复服务，但需要额外的备份节点。

② 重试：重试是一种通过重新执行任务来恢复服务的机制。重试易于实现，但可能增加任务的执行时间。

③ 副本：副本是一种通过复制数据来恢复服务的机制。副本可以提高数据的可用性和可靠性，但需要额外的存储资源。

④ 检查点（checkpoint）：检查点是一种通过保存状态来恢复服务的机制。检查点可以提高任务的可恢复性，但需要额外的存储资源和处理时间。

合理的资源调度算法和容错机制，可以有效地解决分布式计算中的挑战，提高系统的性能和可用性。接下来，我们将深入探讨分布式计算的研究方向和新技术发展。

（1）分布式计算的研究方向

随着大数据技术的不断发展和深入应用，分布式计算的研究方向主要集中在以下几个方面：

① 弹性计算：随着云计算的发展，如何利用云环境的弹性资源进行高效计算成为一个重要的研究方向。相关研究主要关注如何根据负载变化动态调整计算资源，以及如何在保证计算性能的同时，降低计算成本。

② 实时计算：随着物联网、5G等技术的发展，如何进行大规模的实时计算成为一个重要的研究方向。相关研究主要关注如何提高计算的实时性，以及如何处理实时数据流中的各种挑战，如数据的时序性、延迟性等。

③ 安全可靠的计算：随着数据安全和隐私保护的重要性日益突出，如何进行安全可靠的分布式计算成为一个重要的研究方向。相关研究主要关注如何在分布式环境中保证数据的安全和隐私，以及如何提高计算的可靠性。

（2）新技术发展

① 边缘计算：边缘计算是一种新的计算模式，它将计算任务从中心节点移动到网络边缘的节点，能够更快地处理数据，降低网络延迟，提高服务的实时性。

② Serverless 计算（无服务器计算）：Serverless 计算是一种新的云计算模式，它允许用户无须关心服务器的管理和运维，只需关注业务逻辑和数据处理，能够降低运维成本，提高开发效率。

③ 量子计算：量子计算是一种新的计算模式，它利用量子力学的特性进行计算，有望解决传统计算机难以解决的问题，但目前仍处于研究阶段。

分布式计算作为大数据处理的基础，其发展趋势和新技术的出现都将对大数据领域产生深远影响。接下来，我们将深入探讨分布式计算的高级主题，包括大数据处理的最佳实践和实际应用案例。

（1）大数据处理的最佳实践

在大数据处理中，有一些公认的最佳实践，可帮助我们更有效地设计和实施分布式计算解决方案。

① 明确需求：在进行大数据处理前，首先要明确业务需求，包括数据的规模、处理的复杂度、实时性的需求等，这将直接影响到分布式计算框架的选择和系统设计。

② 优化数据流：在分布式计算中，数据流是核心，需要合理地设计数据流，包括数据的划分、操作的并行度、窗口的设置等，以提高系统的性能。

③ 管理状态：状态是分布式计算中的一个重要概念，需要注意状态的存储和更新，以及在故障后如何恢复状态。

④ 选择时间：处理时间和事件时间的选择，将影响到系统的实时性和准确性，需要根据业务的需求，合理地处理时间。

（2）实际应用案例

分布式计算在各行各业都有广泛的应用，以下是一些典型的应用案例：

① 电商推荐：电商网站通过分布式计算技术，可以处理大量的用户行为数据，通过机器学习算法生成个性化的商品推荐，提高用户的购物体验。

② 社交网络分析：社交网络公司通过分布式计算技术，可以分析大规模的社交网络数

据，发现用户的社交行为和社区结构，提供更好的社交服务。

③ 金融风险控制：金融机构通过分布式计算技术，可以处理大量的交易数据，通过复杂的模型和算法进行风险评估和控制，提高金融服务的安全性。

6.2.5 分布式计算系统的案例

（1）Hadoop

Hadoop 是大数据处理的先驱，它的设计理念是将计算带到数据所在的地方，而不是将大量数据移动到计算节点，这样可以有效地解决大规模数据处理的瓶颈问题。

Hadoop 由以下两个主要组件构成：

① Hadoop Distributed File System（HDFS，Hadoop 分布式文件系统）：HDFS 是 Hadoop 的存储组件，它是一个分布式文件系统，能够在廉价硬件上存储大规模的数据集。

② MapReduce：MapReduce 是 Hadoop 的计算组件，它是一个编程模型，用于并行处理存储在 HDFS 上的大规模数据。

Hadoop 的优势在于其稳定性和成熟性，以及对于大规模批处理任务的优秀处理能力。其适用场景包括离线批处理、大规模数据分析等。

（2）Spark

Spark 的设计理念是在内存中进行大规模数据处理，以实现更快的计算速度。Spark 对于迭代式计算和交互式查询非常有效，这些特性使其在机器学习和数据挖掘等领域中得到广泛应用。

Spark 的核心概念是 RDD。RDD 通过一系列的转换和动作进行操作。

Spark 的优势在于其快速处理能力和灵活的计算模型。适用场景包括机器学习、图计算、流处理等。

（3）Flink

Flink 的设计理念是无缝地整合批处理和流处理。它提供了统一的计算模型，可以在同一套框架下处理有界数据和无界数据。

Flink 的核心概念是：

① DataStream：用于处理无界数据流。

② DataSet：用于处理有界数据集。

Flink 的优势在于其实时流处理能力以及对于事件时间处理的支持。适用场景包括实时分析、事件驱动应用等。

Hadoop、Spark 和 Flink 都是优秀的分布式计算框架，但在设计理念、核心组件以及适用场景上各有侧重。在选择分布式计算框架时，需要根据业务的具体需求和场景，选择最合适的框架。

当然，除了 Hadoop、Spark 和 Flink 之外，还有其他一些分布式计算系统也值得关注，包括 HBase、Cassandra、Storm 等。

（1）HBase

HBase 是一个开源的非关系型分布式数据库，它是 Google BigTable 的开源实现，与 Hadoop 紧密集成。HBase 主要用于大规模结构化存储，它能够提供快速的随机访问。

① 设计理念：HBase 的设计理念主要是为了解决大数据存储问题，它支持快速访问大规

模的数据。

② 核心组件：HBase 主要由 HMaster、RegionServer、Zookeeper 等组件构成。

③ 优势和适用场景：HBase 的优势在于其能够提供快速的随机访问，尤其适用于实时查询和分析大规模结构化数据的场景。

（2）Cassandra

Cassandra 是一个开源的分布式数据库，它能提供高可用性和无单点故障的特性。Cassandra 适合处理大规模的数据存储，并且能够提供高性能的写操作。

① 设计理念：Cassandra 的设计理念主要是提供高可用性和无单点故障的数据存储服务。

② 核心组件：Cassandra 主要由 Coordinator、Replica 等组件构成。

③ 优势和适用场景：Cassandra 的优势在于其高可用性和高性能的写操作，尤其适用于需要高并发写入的场景。

（3）Storm

Storm 是一个开源的分布式实时计算系统，它可以处理大规模的实时数据流。

① 设计理念：Storm 的设计理念主要是处理大规模的实时数据流。

② 核心组件：Storm 主要由 Nimbus、Supervisor、Zookeeper 等组件构成。

③ 优势和适用场景：Storm 的优势在于其能够提供实时的数据处理，尤其适用于事件驱动的实时分析场景。

6.3　分布式系统的性能和优化

在分布式系统中，性能是评价系统优劣的重要指标，它包括处理速度、吞吐量、延迟、扩展性等多个方面。然而，由于分布式系统的复杂性，提高性能并非易事，需要对系统的工作原理有深入的理解，并通过合理的设计和优化来实现。

6.3.1　性能监控与分析

（1）性能监控

性能监控是收集和记录系统运行信息的过程，包括 CPU 使用率、内存使用量、磁盘 I/O、网络 I/O 等。在分布式系统中，这需要在多个节点上进行，以获取全局的性能信息。

常用的性能监控工具有以下几种：

① Prometheus：Prometheus 是一个开源的监控与告警工具，它可以收集、存储和处理各种类型的性能指标数据，如时间序列数据。

② Grafana：Grafana 是一个开源的指标分析和可视化工具，它可以与 Prometheus 等数据源结合使用，创建实时的性能图表。

③ Nagios：Nagios 是一个开源的 IT 基础设施监控工具，它可以监控系统、网络和应用程序的性能，生成详细的报告，发出告警等。

（2）性能分析

性能分析是理解和解释性能信息的过程，包括找出性能瓶颈，分析性能问题的原因，提出性能优化的策略。

在分布式系统中，性能分析需要考虑多个因素，如资源竞争、网络延迟、数据分布等。

通过性能分析，我们可以找出性能问题的根源，提出针对性的优化策略。

常用的性能分析方法有以下几种：

① 统计分析：统计分析是分析性能数据的基本方法，它可以帮助我们理解性能数据的分布和变化，如平均值、中位数、百分位等。

② 时间序列分析：时间序列分析是分析随时间变化的性能数据的方法，它可以帮助我们发现性能数据的趋势和周期性，如移动平均、指数平滑等。

③ 关联分析：关联分析是分析多个性能指标之间的关系的方法，它可以帮助我们发现性能指标的相关性和因果性，如散点图、回归分析等。

性能分析是一个迭代的过程，它需要反复进行性能监控和分析，以逐步优化系统的性能。图 6-18 展示了性能分析的一般过程。

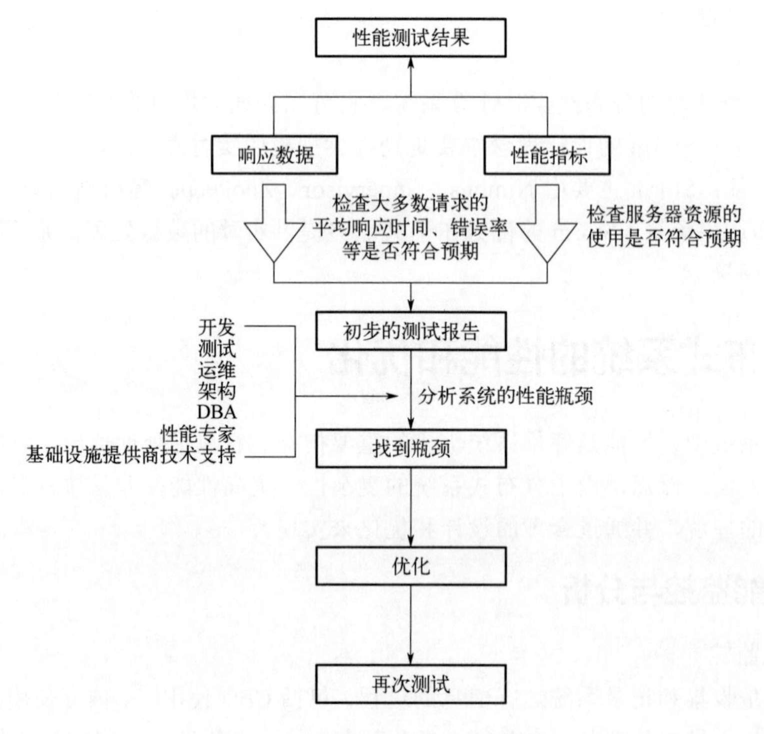

图 6-18 性能分析流程示意图

综上，性能监控和分析是优化分布式系统性能的关键步骤，有效的性能监控和分析，可以提高分布式系统的性能，使其提供更好的服务。

6.3.2 性能优化

在分布式系统中，性能优化是提高系统效率和响应速度的关键。以下是一些常见的性能优化策略和技术。

① 负载均衡：负载均衡是将工作负载分配到多个节点的技术，以避免单个节点过载，提高系统响应速度和吞吐量。负载均衡可以在不同的层次进行，如服务器层次、网络层次、应用层次等。负载均衡器根据策略（如轮询、最少连接数、最短响应时间）将请求分配到后端服务器。

图 6-19 展示了负载均衡的基本概念。负载均衡器接收到来自客户端的请求，然后根据某

种策略，如轮询、最少连接数、最短响应时间等，将请求分配到后端的服务器。

② 缓存优化：缓存是存储频繁访问数据的技术，可以减少访问延迟，提高系统响应速度。在分布式系统中，缓存可以使用在客户端、服务器、数据库等不同位置。当客户端发出请求时，系统首先检查缓存中是否有请求的数据。如果有，则直接返回数据；如果没有，则从源头获取数据，并存储到缓存中以供后续访问。

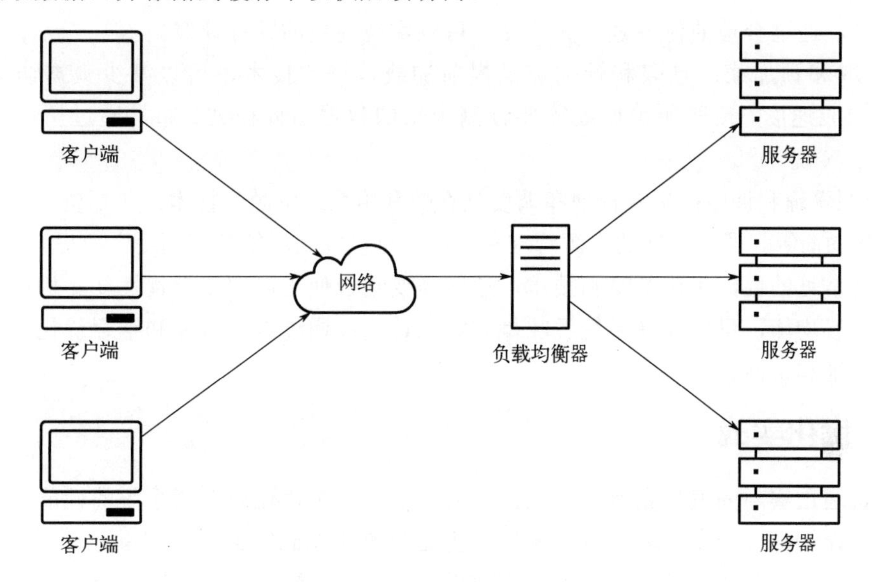

图 6-19　负载均衡示意图

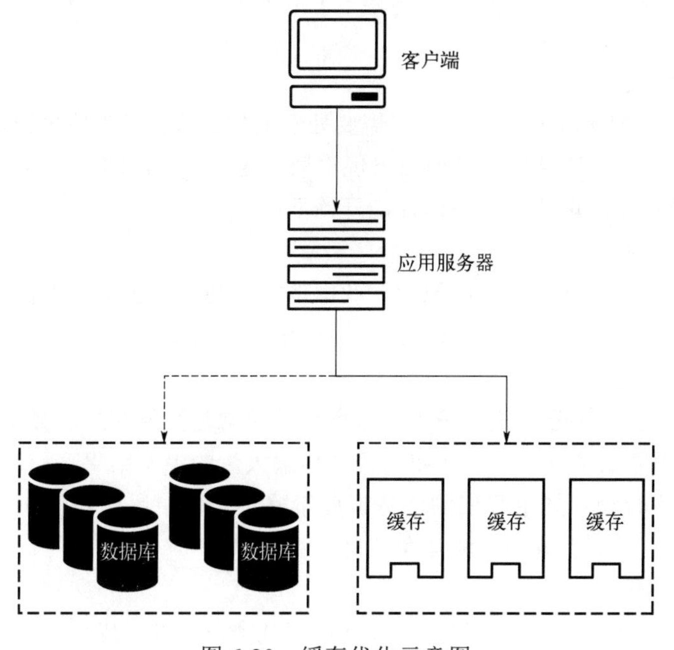

图 6-20　缓存优化示意图

图 6-20 展示了缓存优化的基本概念。当客户端发出请求时，系统首先检查缓存是否有请求的数据。如果有，则直接返回数据（如图 6-20 的实线）；如果没有，则从源头获取数据（如图 6-20 的虚线），然后存储到缓存，以便后续的访问。

③ 数据压缩：数据压缩是减少数据存储或传输大小的技术，可以有效减少存储需求和网络延迟，提高系统性能。数据压缩可以在不同层次进行，如文件层次、块层次、行层次等。

④ 查询优化：查询优化是提高查询性能的技术，包括查询重写、索引选择、连接顺序选择等。通过查询优化可以大大减少查询时间，提高系统响应速度。

⑤ 并行计算：并行计算是同时处理多个任务的技术，可以有效提高系统吞吐量。在分布式系统中，通过合理的任务划分和调度，可以实现高效的并行计算。

⑥ 预取和预加载：预取和预加载是提前加载数据的技术，可以减少数据访问延迟，提高系统响应速度。预取和预加载需要预测未来的数据访问模式，通常通过历史数据和机器学习算法实现。

⑦ 资源管理和调度：资源管理和调度是有效利用系统资源的技术，包括资源分配、任务调度、负载均衡等。通过合理的资源管理和调度，可以提高系统资源利用率，提升系统性能。

这些是常见的性能优化策略和技术，通常需要结合使用以实现最优性能。例如，通过并行计算和负载均衡，可以提高系统吞吐量和响应速度：通过数据压缩和缓存优化，可以同时减少存储需求和访问延迟。

6.3.3 优化实战

本节将通过实际的编程案例，深入探讨如何在实践中优化分布式系统的性能。在这一部分，我们将详细探讨一个具体的编程案例：优化分布式 MapReduce 任务。

MapReduce 是一种处理和生成大数据集的编程模型。在一个 MapReduce 任务中，输入数据被分成多个块，每个块被一个 Map 任务处理，然后所有的中间结果被传递给 Reduce 任务进行最后的处理。

（1）场景设定

假设我们有一个 MapReduce 任务，它需要处理大量的数据。具体来说，我们有数百万的文本文档，我们的任务是计算每个单词的出现次数。这是一个标准的 MapReduce 应用，但是我们发现，随着数据量的增加，任务的性能开始下降。

（2）性能问题分析

首先，我们需要找出性能问题的原因。此案例中，性能问题可能来自以下几个方面：

① 计算资源不足：如果我们只有一个或几个节点，那么我们可能无法充分利用 MapReduce 的并行处理能力。

② 数据传输过多：在分布式系统中，数据传输通常是性能瓶颈。如果我们的 Map 任务和 Reduce 任务在不同的节点上，那么我们需要传输大量的中间结果。

③ 任务调度不合理：如果我们的任务调度策略不合理，比如我们在一个节点上运行了太多的任务，那么这可能会导致资源竞争，降低性能。

（3）性能优化策略

在理解了性能问题的原因后，我们可以从以下几个方面进行优化：

① 增加并行度：MapReduce 任务的一个关键特性是它能够在多个节点上并行处理数据。如果我们有更多的可用节点，可以增加 Map 任务和 Reduce 任务的数量，从而提高并行度和吞吐量。

② 优化数据本地性：在一个分布式系统中，数据传输往往是性能瓶颈。为了减少数据

传输，我们可以尽可能地在数据所在的节点上运行 Map 任务，这被称为优化数据本地性。

③ 使用 Combiner 函数：在 MapReduce 中，Combiner 函数是一种可以在 Map 阶段进行局部聚合的函数，它可以减少 Map 任务和 Reduce 任务之间的数据传输。

经过上述优化，我们的 MapReduce 任务的性能得到了显著提高。这个案例显示了在实际的编程实践中优化分布式系统性能的过程，包括性能问题分析、性能优化策略设计，以及优化策略的实现和验证。

6.4　分布式系统的容错和恢复

在这一部分，我们将介绍一些常见的容错和恢复方法，如冗余、复制、检查点和日志，以及如何在具体的分布式系统中应用这些方法。我们也将讨论如何通过设计和实现恰当的容错和恢复机制，提高分布式系统的可用性和可靠性。

6.4.1　容错机制

（1）副本备份

副本备份是一种常见的容错机制，用于防止数据丢失和单点故障。通过这种机制，数据被复制并存储在多个节点上，使得即使其中一个或多个节点发生故障，数据仍然可以从其他节点获取。

在实现副本备份时，需要考虑两个关键问题：副本的数量和副本的一致性。副本的数量决定系统能够容忍的故障数量，但副本数量的增加会增加存储和维护的开销。副本的一致性要求所有的副本必须保持同步，这通常需要通过一致性协议来实现。

图 6-21 展示了副本备份的基本概念。在这个例子中，数据被复制到三个节点，当一个节点发生故障时，可以从其他节点获取数据的副本。

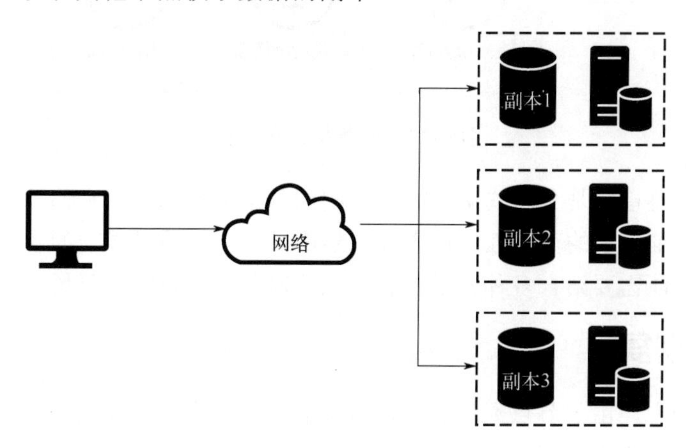

图 6-21　副本备份示意图

（2）心跳检测

心跳检测是另一种常见的容错机制，用于检测节点的健康状态。通过这种机制，节点定期发送心跳消息，表示它仍然正常运行。如果一个节点在一段时间内未收到另一个节点的心跳消息，那么它就认为该节点已经发生故障。

在实现心跳检测时，需要考虑两个关键问题：心跳的频率和故障的判定。心跳的频率决定故障检测的速度和网络开销，两者需要进行权衡。故障的判定通常需要考虑网络延迟和节点的处理能力，以避免误判。

图 6-22 展示了心跳检测的基本概念。在这个例子中，节点 A 定期发送心跳消息到节点 B，节点 B 通过接收心跳消息来检测节点 A 是否正常运行。

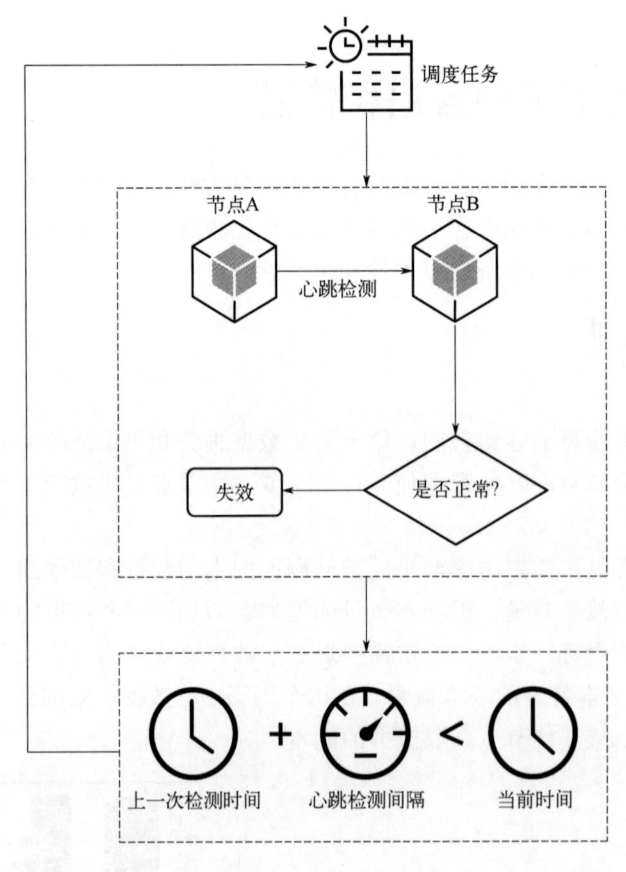

图 6-22　心跳检测示意图

副本备份和心跳检测是分布式系统容错机制的两个关键部分，它们可以保护系统免受单点故障的影响，保证系统的可用性和可靠性。然而，它们并不是唯一的容错机制。在实际的分布式系统中，可能需要结合多种容错机制，以应对各种复杂的故障场景。

6.4.2　系统恢复

在分布式系统中，由于节点数量众多，故障的发生是常态而非例外。因此，一个健壮的分布式系统需要具备恢复机制，以便在故障发生后，能够恢复正常运行。

（1）故障检测

故障检测是系统恢复的第一步。其目标是尽可能快并准确地检测到故障的发生。在分布式系统中，故障检测通常涉及两种主要的机制：心跳检测和租约机制。

心跳检测是通过节点间定期发送心跳消息，来检测节点是否正常运行的容错机制。在这种机制下，如果在一定时间内没有收到某个节点的心跳消息，那么就认为该节点发生了故障。

心跳检测的效率和准确性，会受到心跳消息发送的频率以及网络条件的影响。

租约机制则是通过设置租约期限来检测节点是否还在正常运行。在这种机制下，如果在租约期限内，某个节点没有更新租约，那么系统就会认为该节点发生了故障。租约机制的效率和准确性，会受到租约期限的设置和节点之间的时间同步情况的影响。

（2）数据恢复

在故障检测之后，系统恢复的下一步是数据恢复。数据恢复的目标是尽可能快地恢复故障节点的数据，并保证数据的一致性，以便系统能够继续提供服务。在分布式系统中，数据恢复通常涉及数据的副本以及一致性协议。

数据的副本是为了防止数据丢失而在多个节点上复制的数据。在数据恢复阶段，可以从健康节点上的数据副本中，复制数据到替代故障节点的新节点上。这个过程可能涉及大量的数据传输，因此需要高效的数据传输和存储策略。

一致性协议是为了保证所有的数据副本都是一致的而设计的协议。在数据恢复阶段，一致性协议需要确保新节点上的数据，与健康节点上的数据保持一致。这个过程可能涉及复杂的同步和冲突解决策略，因此需要高效和可靠的一致性协议。

通过以上的故障检测和数据恢复机制，分布式系统能够在故障发生后，快速恢复正常运行，并且保证数据的安全性和一致性。然而，这些机制并不是独立的，通常需要在系统设计阶段就进行综合考虑和设计，以达到最优的恢复效果。

6.4.3 容错与恢复实战

本小节将通过实际的编程案例，深入探讨如何在实践中实现分布式系统的容错和恢复。在这一部分，我们将介绍 Kafka 的工作原理，并探讨一个具体的编程案例：使用 Kafka 实现容错和恢复。

6.4.3.1 Kafka 工作原理

Kafka 是一种流行的分布式消息队列系统，它具有高吞吐量、可扩展性和容错性等特性。在 Kafka 中，消息被存储在主题（topic）中，每个主题可以有多个分区（partition），每个分区可以有多个副本（replica）。

假设我们有一个 Kafka 集群，它需要处理大量的消息，但是性能很差，我们可以从以下几个方面进行优化：

（1）副本备份

在 Kafka 中，每个分区的数据都会被复制到多个副本中，以防止数据丢失。当一个副本发生故障时，Kafka 会自动从其他副本中复制数据，恢复该副本。这是一种常见的容错机制，可以保证数据的安全性。

（2）故障检测

Kafka 使用 Zookeeper 进行故障检测。每个 Kafka 节点会在 Zookeeper 中创建一个临时节点，如果一个 Kafka 节点发生故障，其在 Zookeeper 中的临时节点会被删除，从而通知其他节点该节点已经发生故障。

（3）数据恢复

当 Kafka 检测到一个节点发生故障后，它会从其他健康节点上的副本中，复制数据到新节点上，以恢复故障节点的数据。这个过程需要保证数据的一致性，Kafka 使用一种称为 ISR

（In-Sync Replicas，同步副本）的机制来保证数据的一致性。

6.4.3.2 实践环节：使用 Kafka 实现容错和恢复

（1）Kafka 集群部署

首先，我们需要部署一个 Kafka 集群。我们使用 Docker Compose 来部署和管理 Kafka 集群，它可以让我们简化多个服务的部署和配置。

以下是 Docker Compose 文件的内容：

```
version:'3'
services:
  zookeeper:
    image:confluentinc/cp-zookeeper:latest
    environment:
      - ZOOKEEPER_CLIENT_PORT=2181

  kafka:
    image:confluentinc/cp-kafka:latest
    depends_on:
      - zookeeper
    environment:
      - KAFKA_ZOOKEEPER_CONNECT=zookeeper:2181
      - KAFKA_ADVERTISED_LISTENERS=PLAINTEXT://localhost:9092
      - KAFKA_OFFSETS_TOPIC_REPLICATION_FACTOR=1
    ports:
      - 9092:9092
```

在这个文件中，我们定义了两个服务：zookeeper 和 kafka。zookeeper 是用于 Kafka 的协调服务，kafka 是 Kafka 的 broker。

接下来，我们需要将数据发送到 Kafka。这可以通过 Kafka 的生产者 API 来实现。以下是一个简单的生产者应用的 Java 代码：

```
public class ProducerDemo {
    public static void main(String[] args){
        Properties properties = new Properties();
        properties.setProperty("bootstrap.servers","localhost:9092");
        properties.setProperty("key.serializer","org.apache.kafka.common.
serialization.StringSerializer");
        properties.setProperty("value.serializer","org.apache.kafka.common.
serialization.StringSerializer");
        KafkaProducer<String,String> producer = new KafkaProducer<>(properties);
        for(int i = 0;i < 10;i++){
            ProducerRecord<String,String> record = new ProducerRecord<>
("my- topic","message " + i);
            producer.send(record);
        }
        producer.close();
    }
}
```

在这段代码中，我们首先创建了一个 KafkaProducer，然后发送了 10 条消息到"my-topic"

主题。

（2）Kafka 消费者

接下来，我们将创建一个 Kafka 消费者来从 Kafka 中读取数据。以下是一个简单的消费者应用的 Java 代码：

```
public class ConsumerDemo {
    public static void main(String[] args){
        Properties properties = new Properties();
        properties.setProperty("bootstrap.servers","localhost:9092");
        properties.setProperty("group.id","test");
        properties.setProperty("key.deserializer",
        "org.apache.kafka.common. serialization.StringDeserializer");
        properties.setProperty("value.deserializer",
        "org.apache.kafka.common. serialization.StringDeserializer");
        KafkaConsumer<String,String> consumer = new KafkaConsumer<>(properties);
        consumer.subscribe(Collections.singletonList("my-topic"));
        while(true){
            ConsumerRecords<String,String> records = consumer.poll(Duration.
ofMillis(100));
            for(ConsumerRecord<String,String> record :records){
                System.out.println(record.value());
            }
        }
    }
}
```

在这段代码中，我们首先创建了一个 KafkaConsumer，然后订阅了"my-topic"主题，并在一个无限循环中不断地从 Kafka 中拉取新的消息并打印出来。

（3）容错和恢复

在生产环境中，我们需要考虑到服务可能会出现的故障和异常。Kafka 提供了一些机制来处理这些问题，例如主题的副本和分区。

在 Kafka 中，每个主题可以有多个副本，这样当某个 broker 出现故障时，其他的 broker 可以接管其工作。同时，每个主题也可以被分为多个分区，每个分区可以在不同的 broker 上，这样可以提高数据的并行处理能力。

为了实现容错和恢复，我们可以在创建主题时指定其副本和分区的数量。例如，以下的命令创建了一个名为"my-topic"的主题，它有 3 个副本和 10 个分区：

```
kafka-topics --create --bootstrap-server localhost: 9092 --replication-
factor 3 --partitions 10 --topic my-topic
```

这样，当某个 broker 出现故障时，其他的 broker 可以接管其工作，保证数据的可用性。同时，我们也可以通过增加分区的数量来提高数据的并行处理能力。

（4）Kafka 生产者和消费者的 Docker 化

接下来我们会将 Kafka 生产者和消费者应用进行 Docker 化，以方便在不同的环境中运行。我们将使用 Dockerfile 来创建 Docker 镜像。

首先，创建一个基于 openjdk 的 Dockerfile 来构建 Kafka 生产者应用。以下是 Dockerfile 的内容：

```
# 使用 openjdk 的官方镜像
FROM openjdk:8-jdk

# 将 Java 代码添加到镜像中
COPY ProducerDemo.java /home/

# 设置工作目录
WORKDIR /home/

# 编译 Java 代码
RUN javac ProducerDemo.java

# 封装 Java 代码为 jar 文件
RUN jar cvf producer.jar ProducerDemo.class
```

然后，在 Dockerfile 所在的目录下运行以下命令来构建 Docker 镜像：

```
docker build -t producer:latest.
```

在这个命令中，producer：latest 是创建的 Docker 镜像的名字和标签。

同样地，创建一个 Dockerfile 来构建 Kafka 消费者应用。以下是 Dockerfile 的内容：

```
# 使用 openjdk 的官方镜像
FROM openjdk:8-jdk

# 将 Java 代码添加到镜像中
COPY ConsumerDemo.java /home/

# 设置工作目录
WORKDIR /home/

# 编译 Java 代码
RUN javac ConsumerDemo.java

# 封装 Java 代码为 jar 文件
RUN jar cvf consumer.jar ConsumerDemo.class
```

然后，在 Dockerfile 所在的目录下运行以下命令来构建 Docker 镜像：

```
docker build -t consumer:latest.
```

在这个命令中，consumer：latest 是创建的 Docker 镜像的名字和标签。

（5）部署应用

接下来，创建一个 Docker Compose 文件来部署 Kafka 集群和应用。在这个 Docker Compose 文件中，使用如上所述创建的 Docker 镜像。

以下是 Docker Compose 文件的内容：

```
version:'3'
services:
  zookeeper:
    image:confluentinc/cp-zookeeper:latest
    environment:
      - ZOOKEEPER_CLIENT_PORT=2181
```

```
  kafka:
    image:confluentinc/cp-kafka:latest
    depends_on:
      - zookeeper
    environment:
      - KAFKA_ZOOKEEPER_CONNECT=zookeeper:2181
      - KAFKA_ADVERTISED_LISTENERS=PLAINTEXT://localhost:9092
      - KAFKA_OFFSETS_TOPIC_REPLICATION_FACTOR=1
    ports:
      - 9092:9092

  producer:
    image:producer:latest
    depends_on:
      - kafka
    command:java -cp /home/producer.jar ProducerDemo

  consumer:
    image:consumer:latest
    depends_on:
      - kafka
    command:java -cp /home/consumer.jar ConsumerDemo
```

在这个 Docker Compose 文件中，我们创建了四个服务：zookeeper、kafka、producer 和 consumer。zookeeper 是用于 Kafka 的协调服务；kafka 是 Kafka 的 broker；producer 是 Kafka 生产者应用；consumer 是 Kafka 消费者应用。

至此，我们已经完成了 Kafka 集群的部署和应用的 Docker 化。我们可以通过运行 docker-compose up 命令来启动集群和应用。

（6）运行实例

要使用此案例，需要按照以下步骤进行：

① 在 Docker Compose 文件（docker-compose.yml）所在的目录下，运行 docker-compose up -d 命令来启动 Zookeeper、Kafka，以及生产者应用和消费者应用。

② 查看 Kafka 生产者应用和消费者应用的日志，可以通过运行 docker logs <container_id> 命令，其中<container_id>是生产者应用或消费者应用的 Docker 容器 ID。

运行实例后期望的输出如下：

对于生产者应用，可以在日志中看到每次发送的消息，例如：

```
Sending message 0
Sending message 1
...
Sending message 9
```

这表示生产者应用已经成功地将 10 条消息发送到 Kafka。

对于消费者应用，可以在日志中看到从 Kafka 接收到的消息，例如：

```
Received message 0
Received message 1
...
```

```
Received message 9
```

这表示消费者应用已经成功地从 Kafka 接收到 10 条消息。

如果出现了故障，例如 Kafka 的某个 broker 宕机，由于设置了主题的副本，其他的 broker 可以接管其工作，保证数据的可用性。当故障的 broker 恢复后，它可以从其他的 broker 同步数据，恢复到故障发生前的状态。

6.5 实战分布式系统的设计与实现

6.5.1 设计思路

设计分布式系统时，我们需要根据系统的需求和特性，选择合适的设计策略。以下是几个关键的设计原则和思路。

（1）数据分布

在分布式系统中，数据的分布是一个关键的设计因素。我们需要决定如何将数据分布到多个节点上，以便优化数据访问的性能，提高系统的可扩展性，同时保证系统在部分节点发生故障时仍然可以运行。

数据分布的策略通常取决于数据的访问模式、数据的大小、网络带宽等因素。例如，如果数据的访问模式是随机的，那么可以使用哈希函数将数据均匀地分布在所有节点上。如果数据的访问模式是有局部性的，那么可以使用范围分区或者目录服务将数据分布在节点上。

以下是一个使用哈希函数进行数据分布的 Python 代码示例：

```
# 使用哈希函数进行数据分布
data = "some data"
node_id = hash(data)% num_nodes
```

以上代码将数据通过哈希函数分配到不同的节点上，通过这种方式，我们可以实现数据的均匀分布，提高系统的扩展性和负载均衡。

（2）服务分解

在分布式系统中，服务通常被分解成多个微服务，每个微服务可以独立地运行在一个或多个节点上。服务分解可以提高系统的可扩展性，允许系统更加灵活地响应不同服务的负载需求。

服务分解的策略通常取决于服务的复杂性、服务的负载特性、服务间的依赖关系等因素。例如，如果一个服务的负载特性是高并发读取，那么可以将这个服务分解成一个读取服务和一个写入服务。读取服务可以运行在多个节点上以提高并发处理能力，写入服务可以运行在单个节点上以保证数据的一致性。

以下是一个使用微服务进行服务分解的 Python 代码示例：

```
# 使用微服务进行服务分解
class ReadService:
    def read_data(self,key):
        # read data from database
        pass
```

```
class WriteService:
    def write_data(self,key,value):
        # write data to database
        pass
```

以上代码将一个服务分解为读取服务和写入服务，通过这种方式，我们可以独立地优化每个服务的性能，提高系统的可用性和可靠性。

6.5.2　系统实现

本小节将详细讲解如何使用主流的技术和工具，如 Hadoop、Spark、Kubernetes 等，来构建分布式系统。

（1）Hadoop

Hadoop 是一个由 Apache 基金会开发的开源软件，用于在大量的硬件节点上进行分布式处理和存储大数据。Hadoop 主要由两个组件构成：Hadoop Distributed File System（HDFS）和 MapReduce。

① HDFS：Hadoop 的分布式文件系统，能够将大型数据文件分割成多个部分，并将这些部分分布到整个集群中。这种方式能提供数据冗余，并允许用户从任何节点访问整个文件系统。

② MapReduce：Hadoop 的计算模型。它将大数据处理任务分解为两个步骤：Map 步骤和 Reduce 步骤。Map 步骤负责处理输入数据并生成一组中间键值对。Reduce 步骤则将所有具有相同键的中间键值对组合在一起。

以下是一个使用 Hadoop 实现词频统计的 Java 代码示例：

```
public class WordCount {

    public static class Map extends Mapper<LongWritable,Text,Text,IntWritable> {
        private final static IntWritable one = new IntWritable(1);
        private Text word = new Text();

        public void map(LongWritable key,Text value,Context context)
            throws IOException,InterruptedException {
            String line = value.toString();
            StringTokenizer tokenizer = new StringTokenizer(line);
            while(tokenizer.hasMoreTokens()){
                word.set(tokenizer.nextToken());
                context.write(word,one);
            }
        }
    }

    public static class Reduce extends Reducer<Text,IntWritable,Text,
IntWritable> {
        public void reduce(Text key,Iterable<IntWritable> values,Context
context)
            throws IOException,InterruptedException {
            int sum = 0;
            for(IntWritable val :values){
                sum += val.get();
```

```
            }
            context.write(key,new IntWritable(sum));
        }
    }
}
```

（2）Spark

Spark 是一个用于大数据处理的开源集群计算系统。与 Hadoop 相比，Spark 提供了更为高级的计算模型，允许用户对数据进行多级别的转换和聚合操作。

Spark 的主要优势在于其能够将大部分数据保存在内存中，从而大大提高数据处理的速度。此外，Spark 提供了一套强大的 API，支持 Scala、Java、Python 和 R 等多种语言。

以下是一个使用 Spark 进行词频统计的 Python 代码示例：

```
from pyspark import SparkContext

sc = SparkContext("local","count app")
words = sc.textFile("hdfs://localhost:9000/user/hadoop/input.txt").
flatMap (lambda line:line.split(" "))
wordCounts = words.countByValue()

for word,count in wordCounts.items():
    print("{} :{}".format(word,count))
```

（3）Kubernetes

Kubernetes 是一个开源的容器编排系统，用于自动化部署、扩展和管理容器化应用程序。Kubernetes 提供了一个平台，使得我们可以在集群环境中运行和管理多个服务或应用。

Kubernetes 的主要优势在于其能够自动管理和扩展服务，以满足服务的负载需求。此外，Kubernetes 还能提供服务发现、负载均衡、自动恢复等多种功能，大大简化服务管理的复杂性。

以下是一个使用 Kubernetes 部署一个 Nginx 服务的 YAML 配置文件示例：

```
apiVersion:apps/v1
kind:Deployment
metadata:
  name:nginx-deployment
spec:
  selector:
    matchLabels:
      app:nginx
  replicas:3
  template:
    metadata:
      labels:
        app:nginx
    spec:
      containers:
      - name:nginx
        image:nginx:1.14.2
        ports:
        - containerPort:80
```

6.5.3 编程实战

在本小节中，我们将通过一个完整的编程实例，展示如何从零开始设计和实现一个分布式系统。

（1）系统组件

我们将创建一个简单的分布式键值存储系统，这个系统将包含以下几个组件：节点（Node）和协调器（Coordinator）。

① 节点（Node）：节点是存储数据的基本单位。在分布式系统中，数据被分布在多个节点上，每个节点都存储一部分数据。为了管理这些数据，我们需要在每个节点上实现一些基本的数据操作，如插入数据（put）、获取数据（get）等。

下面是一个 Python 代码示例，定义了一个 Node 类。

```
class Node:
    def __init__(self,id):
        self.id = id
        self.data = {}

    def put(self,key,value):
        self.data[key] = value

    def get(self,key):
        return self.data.get(key)
```

在这个代码示例中，我们首先定义了 Node 类。这个类有两个属性：id 和 data。id 是节点的唯一标识符，用来区分不同的节点；data 是一个字典，用来存储节点上的数据。此外，我们还定义了两个方法：put 和 get。put 方法用来插入数据；get 方法用来获取数据。

② 协调器（Coordinator）：协调器是分布式系统中的一个重要组件，它负责管理和协调节点。协调器需要知道系统中所有节点的状态，包括哪些节点是活跃的，哪些节点是有故障的。此外，协调器还负责处理节点的加入和离开，以及在节点发生故障时进行恢复。

下面是一个 Python 代码示例，定义了一个 Coordinator 类。

```
class Coordinator:
    def __init__(self):
        self.nodes = {}

    def add_node(self,id):
        self.nodes[id] = Node(id)

    def remove_node(self,id):
        del self.nodes[id]

    def recover_node(self,id):
        self.nodes[id] = Node(id)
```

在这个代码示例中，我们定义了 Coordinator 类。这个类有一个属性：nodes。这是一个字典，用来存储系统中所有的节点。此外，我们还定义了三个方法：add_node、remove_node 和 recover_ node。add_node 方法用来添加新的节点，remove_node 方法用来删除已有的节点，

recover_node 方法用来恢复故障的节点。

至此，我们已经完成了分布式键值存储系统的基本设计。但是，我们的系统还很简单，有许多功能没有实现。我们需要逐步添加这些功能，使系统更加完善。

（2）数据分布功能

接下来，我们添加数据分布的功能。

在系统中，我们将采用一种简单的数据分布策略：使用哈希函数将数据均匀地分布在所有节点上。具体来说，我们将使用数据的键作为哈希函数的输入，然后使用哈希函数的输出模上节点的数量，得到数据应该存储的节点 id。

下面是一个 Python 代码示例，展示如何在 Coordinator 类中添加数据分布的功能。

```
class Coordinator:
    def __init__(self):
        self.nodes = {}

    def add_node(self,id):
        self.nodes[id] = Node(id)

    def remove_node(self,id):
        del self.nodes[id]

    def recover_node(self,id):
        self.nodes[id] = Node(id)

    def get_node_id_for_key(self,key):
        hash_value = hash(key)
        node_id = hash_value % len(self.nodes)
        return node_id
```

在这个代码示例中，我们首先在 Coordinator 类中添加了一个新的方法：get_node_id_for_key。这个方法首先使用 Python 内置的 hash 函数计算键的哈希值，然后使用这个哈希值模上节点的数量，得到节点的 id。

接下来，我们需要修改 Node 类的 put 和 get 方法，使它们能够根据数据的键决定数据应该存储在哪个节点上。为了实现这个功能，需要在 Node 类中添加一个对 Coordinator 的引用，然后在 put 和 get 方法中使用这个引用来调用 Coordinator 的 get_node_id_for_key 方法。

下面是一个 Python 代码示例，展示如何在 Node 类中添加数据分布的功能。

```
class Node:
    def __init__(self,id,coordinator):
        self.id = id
        self.data = {}
        self.coordinator = coordinator

    def put(self,key,value):
        node_id = self.coordinator.get_node_id_for_key(key)
        if node_id == self.id:
            self.data[key] = value
        else:
            self.coordinator.nodes[node_id].put(key,value)
```

```
    def get(self,key):
        node_id = self.coordinator.get_node_id_for_key(key)
        if node_id == self.id:
            return self.data.get(key)
        else:
            return self.coordinator.nodes[node_id].get(key)
```

在这个代码示例中，我们首先在 Node 类的构造函数中添加了一个新的参数。coordinator。这是一个对 Coordinator 的引用。然后，我们修改了 put 和 get 方法，使它们首先计算数据应该存储在哪个节点上，然后根据这个结果决定是在当前节点上操作数据，还是在其他节点上操作数据。

至此，我们已经添加了数据分布的功能。下一步，我们将添加数据复制的功能，以提高系统的可靠性。

（3）数据复制功能

数据复制是分布式系统中提高数据可用性和容错性的重要手段。通过在多个节点上存储数据的副本，我们可以确保当某个节点发生故障时，数据仍然可以从其他节点上获得。

为实现数据复制，需要在每个节点上存储一份数据的副本。在数据写入时，除了在负责存储数据的节点上写入数据外，还需要在其他节点上写入数据的副本。在数据读取时，如果负责存储数据的节点发生故障，可以从其他节点上读取数据的副本。

下面是一个 Python 代码示例，展示如何修改 Node 类和 Coordinator 类，以实现数据复制功能。

```
class Node:
    def __init__(self,id,coordinator):
        self.id = id
        self.data = {}
        self.coordinator = coordinator

    def put(self,key,value):
        node_id = self.coordinator.get_node_id_for_key(key)
        if node_id == self.id:
            self.data[key] = value
        # replicate data on all other nodes
        for other_node in self.coordinator.nodes.values():
            if other_node.id != self.id:
                other_node.data[key] = value

    def get(self,key):
        return self.data.get(key)

class Coordinator:
    def __init__(self):
        self.nodes = {}

    def add_node(self,id):
        self.nodes[id] = Node(id,self)
```

```
    def remove_node(self,id):
        del self.nodes[id]

    def recover_node(self,id):
        self.nodes[id] = Node(id,self)

    def get_node_id_for_key(self,key):
        hash_value = hash(key)
        node_id = hash_value % len(self.nodes)
        return node_id
```

在这个代码示例中，我们修改了 Node 类的 put 方法，使其除了在当前节点上写入数据外，还在所有其他节点上写入数据的副本。这样，每个节点都有一份数据的副本，当某个节点发生故障时，我们仍然可以从其他节点上读取数据。

（4）故障检测和恢复功能

在分布式系统中，由于系统由多个节点组成，节点可能由于网络故障、硬件故障或其他原因而无法正常工作。当节点发生故障时，我们需要有机制能够检测到这种故障，并采取相应的恢复措施，以确保系统的正常运行。

故障检测通常通过心跳机制实现。每个节点定期向协调器发送心跳消息，表明它仍然在运行。如果协调器在一段时间内没有收到某个节点的心跳消息，就会认为该节点发生了故障。

故障恢复则需要根据系统的具体需求来设计。我们的系统将采取最简单的恢复策略：当检测到节点发生故障时，立即重启该节点。这可以通过调用 Coordinator 类的 recover_node 方法实现。

下面是一个 Python 代码示例，展示如何修改 Coordinator 类，以添加故障检测和恢复的功能。

```
import time

class Coordinator:
    def __init__(self):
        self.nodes = {}
        self.last_heartbeat = {}

    def add_node(self,id):
        self.nodes[id] = Node(id,self)
        self.last_heartbeat[id] = time.time()

    def remove_node(self,id):
        del self.nodes[id]
        del self.last_heartbeat[id]

    def recover_node(self,id):
        self.nodes[id] = Node(id,self)
        self.last_heartbeat[id] = time.time()

    def get_node_id_for_key(self,key):
        hash_value = hash(key)
        node_id = hash_value % len(self.nodes)
```

```
        return node_id

    def receive_heartbeat(self,id):
        self.last_heartbeat[id] = time.time()

    def check_heartbeat(self):
        current_time = time.time()
        for id,last_heartbeat in self.last_heartbeat.items():
            if current_time - last_heartbeat > 10: # 如果 10 秒没有心跳
                self.recover_node(id) # 假设节点已经失败并恢复它
```

在这个代码示例中，我们首先在 Coordinator 类中添加了一个新的属性：last_heartbeat。这是一个字典，用来存储每个节点最后一次发送心跳消息的时间。然后，我们添加了两个新的方法：receive_heartbeat 和 check_heartbeat。receive_heartbeat 方法用来接收心跳消息并更新最后一次心跳时间。check_heartbeat 方法用来检查每个节点的心跳时间，如果发现某个节点在一段时间内没有发送心跳消息，就认为该节点发生了故障，并调用 recover_node 方法进行恢复。

（5）一致性保证功能

在分布式系统中，一致性是一个非常重要的问题。由于数据被分布在多个节点上，当数据发生变化时，我们需要确保所有节点上的数据都能够反映这个变化，这就是一致性。

我们的系统将采用最简单的一致性模型：强一致性。在强一致性模型中，任何写入操作都必须在所有节点上完成，才能被认为是完成的。这意味着，任何读取操作都能够看到最近的写入操作的结果，无论这个读取操作在哪个节点上执行。

为实现强一致性，我们需要修改 Node 类的 put 方法，使其在修改数据时，等待所有节点都完成修改。这可以通过使用 Python 的 threading 模块实现。

下面是一个 Python 代码示例，展示如何修改 Node 类，以添加一致性保证的功能。

```
import threading

class Node:
    def __init__(self,id,coordinator):
        self.id = id
        self.data = {}
        self.coordinator = coordinator

    def put(self,key,value):
        node_id = self.coordinator.get_node_id_for_key(key)
        if node_id == self.id:
            self.data[key] = value
        # replicate data on all other nodes
        threads = []
        for other_node in self.coordinator.nodes.values():
            if other_node.id != self.id:
                thread  =  threading.Thread(target=self.replicate_data,
args= (other_node,key,value))
                thread.start()
                threads.append(thread)
        # wait for all replication threads to finish
```

```
        for thread in threads:
            thread.join()

    def replicate_data(self,node,key,value):
        node.data[key] = value

    def get(self,key):
        return self.data.get(key)
```

在这个代码示例中，我们首先引入了 Python 的 threading 模块。然后，我们修改了 Node 类的 put 方法，使其在复制数据时，为每个复制操作启动一个新的线程，并将这些线程存储在一个列表中。最后，我们增加在所有数据都复制完成之前，等待所有线程结束的命令。

（6）负载均衡功能

在分布式系统中，负载均衡是确保系统性能和稳定性的关键。通过将工作负载均匀分配到多个节点上，负载均衡能够防止某个节点过载而影响整个系统的性能。

我们的系统将采用一种简单的负载均衡策略：轮询。在轮询策略中，每个新的请求都会被发送到下一个节点。这种策略简单而有效，能够在没有其他信息的情况下，将负载均匀分配到所有节点上。

下面是一个 Python 代码示例，展示如何修改 Coordinator 类，以添加负载均衡的功能。

```
class Coordinator:
    def __init__(self):
        self.nodes = {}
        self.last_heartbeat = {}
        self.current_node_index = 0

    def add_node(self,id):
        self.nodes[id] = Node(id,self)
        self.last_heartbeat[id] = time.time()

    def remove_node(self,id):
        del self.nodes[id]
        del self.last_heartbeat[id]

    def recover_node(self,id):
        self.nodes[id] = Node(id,self)
        self.last_heartbeat[id] = time.time()

    def get_node_id_for_key(self,key):
        hash_value = hash(key)
        node_id = hash_value % len(self.nodes)
        return node_id

    def receive_heartbeat(self,id):
        self.last_heartbeat[id] = time.time()

    def check_heartbeat(self):
        current_time = time.time()
        for id,last_heartbeat in self.last_heartbeat.items():
```

```
            if current_time - last_heartbeat > 10: # if no heartbeat for 10
seconds
                self.recover_node(id) # assume the node has failed and recover it

    def get_next_node_id(self):
        node_id_list = list(self.nodes.keys())
        node_id = node_id_list[self.current_node_index]
        self.current_node_index = (self.current_node_index + 1) % len(self.
nodes)
        return node_id
```

在这个代码示例中，我们首先在 Coordinator 类中添加了一个新的属性：current_node_index。这是一个整数，用来记录下一个要发送请求的节点的索引。然后，我们添加了一个新的方法：get_next_node_id。这个方法首先获取所有节点的 id 列表，然后返回当前索引对应的节点 id，并将索引加 1。如果索引超过了节点的数量，就将其重置为 0。

（7）服务发现功能

在分布式系统中，服务发现是一个关键的问题。由于系统由多个独立的节点组成，这些节点需要有一种机制来发现和连接其他节点。服务发现通常通过一个中心化的服务注册表来实现，每个节点在启动时都会向注册表注册自己的地址和端口，其他节点可以查询注册表来发现其他服务。

我们的系统将使用 Coordinator 作为服务注册表。当一个新的节点启动时，它会调用 Coordinator 的 add_node 方法将自己添加到系统中。然后，其他节点可以通过查询 Coordinator 的 nodes 属性来发现其他节点。

下面是一个 Python 代码示例，展示如何在 Node 类中添加服务发现的功能。

```
class Node:
    def __init__(self,id,coordinator):
        self.id = id
        self.data = {}
        self.coordinator = coordinator

    def put(self,key,value):
        node_id = self.coordinator.get_node_id_for_key(key)
        if node_id == self.id:
            self.data[key] = value
        else:
            self.coordinator.nodes[node_id].put(key,value)

    def get(self,key):
        node_id = self.coordinator.get_node_id_for_key(key)
        if node_id == self.id:
            return self.data.get(key)
        else:
            return self.coordinator.nodes[node_id].get(key)

    def discover_services(self):
        return self.coordinator.nodes
```

在这个代码示例中，我们在 Node 类中添加了一个新的方法：discover_services。这个方法返回 Coordinator 的 nodes 属性，这是一个包含所有节点的字典，可以用来发现其他节点。

（8）数据压缩功能

在分布式系统中，数据压缩可以有效减少存储和网络传输的成本。当数据量非常大时，数据压缩尤为重要。

我们的系统将使用 Python 的内置模块 zlib 进行数据压缩和解压。每次写入数据时，将数据压缩后再存储；每次读取数据时，将数据解压后再返回。

下面是一个 Python 代码示例，展示如何在 Node 类中添加数据压缩的功能。

```
import zlib

class Node:
    def __init__(self,id,coordinator):
        self.id = id
        self.data = {}
        self.coordinator = coordinator

    def put(self,key,value):
        compressed_value = zlib.compress(value.encode())
        node_id = self.coordinator.get_node_id_for_key(key)
        if node_id == self.id:
            self.data[key] = compressed_value
        else:
            self.coordinator.nodes[node_id].put(key,compressed_value)

    def get(self,key):
        node_id = self.coordinator.get_node_id_for_key(key)
        if node_id == self.id:
            compressed_value = self.data.get(key)
            if compressed_value is not None:
                return zlib.decompress(compressed_value).decode()
        else:
            return self.coordinator.nodes[node_id].get(key)
```

在这个代码示例中，我们首先引入了 Python 的 zlib 模块。然后，我们修改了 Node 类的 put 和 get 方法。在 put 方法中，我们使用 zlib.compress 方法将数据压缩后再存储。在 get 方法中，我们使用 zlib.decompress 方法将数据解压后再返回。

（9）安全措施功能

在分布式系统中，安全是一个非常重要的问题。我们需要确保只有经过认证的用户才能访问和修改数据，防止未经授权的访问。

我们的系统将通过一个简单的身份验证机制实现安全控制。我们将给每个节点分配一个密钥，只有知道密钥的用户才能访问节点的数据。

下面是一个 Python 代码示例，展示如何在 Node 类中添加安全措施的功能。

```
class Node:
    def __init__(self,id,coordinator,key):
        self.id = id
        self.data = {}
```

```
        self.coordinator = coordinator
        self.key = key

    def put(self,key,value,user_key):
        if user_key != self.key:
            raise PermissionError("Invalid key")

        compressed_value = zlib.compress(value.encode())
        node_id = self.coordinator.get_node_id_for_key(key)
        if node_id == self.id:
            self.data[key] = compressed_value
        else:
            self.coordinator.nodes[node_id].put(key,compressed_value,user_
key)

    def get(self,key,user_key):
        if user_key != self.key:
            raise PermissionError("Invalid key")

        node_id = self.coordinator.get_node_id_for_key(key)
        if node_id == self.id:
            compressed_value = self.data.get(key)
            if compressed_value is not None:
                return zlib.decompress(compressed_value).decode()
        else:
            return self.coordinator.nodes[node_id].get(key,user_key)
```

在这个代码示例中，我们首先在 Node 类的构造函数中添加了一个新的参数：key。这是节点的密钥。然后，我们修改了 put 和 get 方法，使它们在执行操作前，先检查用户提供的密钥是否与节点的密钥匹配。如果密钥不匹配，就抛出一个 PermissionError 异常。

（10）日志记录功能

在分布式系统中，日志记录是一个非常重要的功能。通过日志，我们可以了解系统的运行情况，发现和调试问题。

我们的系统将使用 Python 的内置模块 logging 进行日志记录。我们将为每个节点创建一个日志记录器，并记录所有的操作和事件。

下面是一个 Python 代码示例，展示如何在 Node 类中添加日志记录的功能。

```
import logging

class Node:
    def __init__(self,id,coordinator,key):
        self.id = id
        self.data = {}
        self.coordinator = coordinator
        self.key = key
        self.logger = logging.getLogger(f'Node-{id}')
        handler = logging.StreamHandler()
        formatter = logging.Formatter('%(asctime)s - %(name)s - %(leve-
lname)s - %(message)s')
        handler.setFormatter(formatter)
```

```
        self.logger.addHandler(handler)
        self.logger.setLevel(logging.INFO)

    def put(self,key,value,user_key):
        if user_key != self.key:
            self.logger.warning(f'Invalid key provided by user for put operation
on key:{key}')
            raise PermissionError("Invalid key")

        compressed_value = zlib.compress(value.encode())
        node_id = self.coordinator.get_node_id_for_key(key)
        if node_id == self.id:
            self.data[key] = compressed_value
            self.logger.info(f'Successfully put value for key:{key}')
        else:
            self.coordinator.nodes[node_id].put(key,compressed_value,user_
2key)

    def get(self,key,user_key):
        if user_key != self.key:
            self.logger.warning(f'Invalid key provided by user for get operation
on key:{key}')
            raise PermissionError("Invalid key")

        node_id = self.coordinator.get_node_id_for_key(key)
        if node_id == self.id:
            compressed_value = self.data.get(key)
            if compressed_value is not None:
                self.logger.info(f'Successfully got value for key:{key}')
                return zlib.decompress(compressed_value).decode()
        else:
            return self.coordinator.nodes[node_id].get(key,user_key)
```

在这个代码示例中，我们首先引入了 Python 的 logging 模块。然后，我们在 Node 类的构造函数中创建了一个日志记录器，并设置了日志的格式和级别。最后，我们在 put 和 get 方法中添加了日志记录语句，记录了操作的结果和关键信息。

（11）性能监控功能

在分布式系统中，性能监控可以帮助我们了解系统的运行状况，发现和解决性能问题。

我们的系统将使用 Python 的内置模块 time 来进行性能监控。我们将在每个操作开始和结束时记录时间，然后计算操作的执行时间。

下面是一个 Python 代码示例，展示如何在 Node 类中添加性能监控的功能。

```
import time

class Node:
    def __init__(self,id,coordinator,key):
        # ...之前实现的代码...

    def put(self,key,value,user_key):
        start_time = time.time()
```

```
        # ...之前实现的代码...
        end_time = time.time()
        self.logger.info(f'put operation took {end_time - start_time} seconds')

    def get(self,key,user_key):
        start_time = time.time()
        # ...之前实现的代码...
        end_time = time.time()
        self.logger.info(f'get operation took {end_time - start_time} seconds')
```

在这个代码示例中，我们首先引入了 Python 的 time 模块。然后，我们在 put 和 get 方法中添加了性能监控代码。在操作开始时记录当前时间，在操作结束时再次记录当前时间，然后计算两者之间的差，得到操作的执行时间。

（12）数据备份和恢复功能

在分布式系统中，由于系统由多个分布式节点组成，数据备份和恢复是一个非常重要的问题。如果某个节点发生故障，我们需要能够从备份中恢复数据。

我们的系统将使用 Python 的 pickle 模块来进行数据的序列化和反序列化。我们将在每个节点上定期将数据备份到磁盘上，在节点启动时从磁盘上恢复数据。

下面是一个 Python 代码示例，展示如何在 Node 类中添加数据备份和恢复的功能。

```
import pickle

class Node:
    def __init__(self,id,coordinator,key):
        self.id = id
        self.data = {}
        self.coordinator = coordinator
        self.key = key
        self.logger = logging.getLogger(f'Node-{id}')
        handler = logging.StreamHandler()
        formatter = logging.Formatter('%(asctime)s - %(name)s - %(levelname)s
- %(message)s')
        handler.setFormatter(formatter)
        self.logger.addHandler(handler)
        self.logger.setLevel(logging.INFO)
        self.load_data_from_disk()

    def put(self,key,value,user_key):
        start_time = time.time()
        if user_key != self.key:
            self.logger.warning(f'Invalid key provided by user for put
operation on key:{key}')
            raise PermissionError("Invalid key")

        compressed_value = zlib.compress(value.encode())
        node_id = self.coordinator.get_node_id_for_key(key)
        if node_id == self.id:
```

```
            self.data[key] = compressed_value
            self.logger.info(f'Successfully put value for key:{key}')
            self.save_data_to_disk()
        else:
            self.coordinator.nodes[node_id].put(key,compressed_value,user_key)
        end_time = time.time()
        self.logger.info(f'put operation took {end_time - start_time} seconds')

    def get(self,key,user_key):
        start_time = time.time()
        if user_key != self.key:
            self.logger.warning(f'Invalid key provided by user for get 
operation on key:{key}')
            raise PermissionError("Invalid key")

        node_id = self.coordinator.get_node_id_for_key(key)
        if node_id == self.id:
            compressed_value = self.data.get(key)
            if compressed_value is not None:
                self.logger.info(f'Successfully got value for key:{key}')
                end_time = time.time()
                self.logger.info(f'get operation took {end_time - start time}
seconds')
                return zlib.decompress(compressed_value).decode()
        else:
            return self.coordinator.nodes[node_id].get(key,user_key)

    def save_data_to_disk(self):
        with open(f'node_{self.id}_data.pkl','wb')as f:
            pickle.dump(self.data,f)

    def load_data_from_disk(self):
        try:
            with open(f'node_{self.id}_data.pkl','rb')as f:
                self.data = pickle.load(f)
        except FileNotFoundError:
            pass
```

在这个代码示例中，我们在 Node 类中添加了两个新的方法：save_data_to_disk 和 load_data_ from_disk。save_data_to_disk 方法使用 pickle 模块将当前节点的数据保存到磁盘上。load_data_ from_disk 方法尝试从磁盘上加载数据。如果数据文件不存在，这个方法将不做任何事情。

（13）运行案例

首先，我们需要一个主程序来创建 Coordinator 和 Node 对象并进行操作。下面是一个简单的例子：

```
def main():
    coordinator = Coordinator()

# 将节点添加到系统中
for id in range(5):
    coordinator.add_node(id)

    # 选择一个要操作的节点
    node = coordinator.nodes[0]

    # 存储一些数据
    node.put("hello","world",node.key)

    # 获取数据
    print(node.get("hello",node.key))

    # 发现服务
    print(node.discover_services())
```

可以将上述代码保存为一个 Python 文件，如 main.py，然后在命令行中通过以下命令运行它：

python main.py

这个程序首先创建了一个 Coordinator 对象，然后添加了 5 个 Node 对象。接着，它选择了第一个节点进行操作，写入了一些数据，然后读取并打印出这些数据。最后，它调用 discover_services 方法，打印出所有的服务。

这个例子是非常基础的，只能在单个进程中运行。在真实的分布式系统中，每个节点通常都运行在一个单独的进程或者服务器上。可以修改这个程序，使其能够在多个进程或者服务器上运行。例如，可以使用 Python 的 multiprocessing 模块，或者利用网络通信库如 socket、requests 等。

验证程序的正确性，可以检查输出是否符合预期，也可以添加一些测试用例来进行更复杂的验证。例如，可以检查数据是否被正确地复制到所有的节点上，检查负载均衡是否正确地工作，等等。

请注意，以上代码仅供参考，并未考虑异常处理、错误检查等实际应用中的情况，实际使用时需根据具体需求进行相应的修改和优化。

要使用 Docker 模拟分布式环境运行，我们需要对代码做一些修改，以便于在 Docker 容器中运行。在实际的分布式系统中，每个节点都会在单独的机器或容器中运行，并通过网络进行通信。因此，我们需要添加一些网络通信的代码。我们可以使用 Python 的 Flask 库来提供一个简单的 HTTP 服务器，用于处理来自其他节点的请求。

首先，需要修改我们的 Node 类，使其可以作为一个 Flask 应用运行。

```
from flask import Flask,request

app = Flask(__name__)
node = Node(id,coordinator,key)

@app.route('/put',methods=['PUT'])
```

```
def put():
    key = request.args.get('key')
    value = request.args.get('value')
    user_key = request.args.get('user_key')
    node.put(key,value,user_key)
    return 'Success',200

@app.route('/get',methods=['GET'])
def get():
    key = request.args.get('key')
    user_key = request.args.get('user_key')
    return node.get(key,user_key)

if __name__ == '__main__':
    app.run(host='0.0.0.0',port=8080)
```

然后，需要创建一个 Dockerfile，来构建 Docker 镜像。

```
# 使用官方的 Python 运行时作为父镜像
FROM python:3.9-slim-buster

# 在容器内设置工作目录为/app
WORKDIR /app

# 将当前目录的内容添加到容器的/app 目录
ADD. /app

# 安装在 requirements.txt 中指定的任何需要的包
RUN pip install --trusted-host pypi.python.org -r requirements.txt

# 让容器的 8080 端口可以被外部访问
EXPOSE 8080

# 当容器启动时运行 node.py
CMD ["python","node.py"]
```

接下来，可以使用 docker build 命令来构建 Docker 镜像，使用 docker run 命令来启动 Docker 容器。

请注意，以上代码仅供参考，并未考虑异常处理、错误检查等实际应用中的情况，实际使用时需根据具体需求进行相应的修改和优化。

模拟分布式环境的过程如下：

① 启动多个 Docker 容器来模拟分布式节点。可以使用 docker run 命令来启动节点，并将容器的 8080 端口映射到主机的不同端口。例如：

```
docker run -d -p 4000:8080 --name node1 my-node
docker run -d -p 4001:8080 --name node2 my-node
docker run -d -p 4002:8080 --name node3 my-node
```

② 利用 Python 的 requests 库来模拟客户端操作，例如向一个节点发送 PUT 请求：

```
import requests
requests.put('http://localhost:4000/put?key=hello&value=world&user_key=
```

```
secret')
```

③ 发送 GET 请求来获取数据：

```
requests.get('http://localhost:4001/get?key=hello&user_key=secret')
```

④ 使用 Docker 命令来模拟节点的故障和恢复。例如，可以使用 docker stop 命令来停止一个节点，然后使用 docker start 命令来重新启动它。

```
docker stop node2
docker start node2
```

⑤ 通过观察请求的返回结果和每个节点的日志输出，可以验证分布式系统是否正常工作。

请注意，以上代码仅供参考，并未考虑异常处理、错误检查等实际应用中的情况，实际使用时需根据具体需求进行相应的修改和优化。

第 7 章

分布式协调服务与设计模式

7.1 分布式协调服务概述

7.1.1 分布式协调服务的定义

分布式协调服务是分布式系统中一种关键的服务，它的主要任务是协调和管理分布式系统中的服务器节点，能够提供服务发现、配置管理、分布式锁、领导者选举等一系列功能，以实现整个系统的高效、稳定和可靠运行。

图 7-1 是一个基本的分布式协调服务示意图。

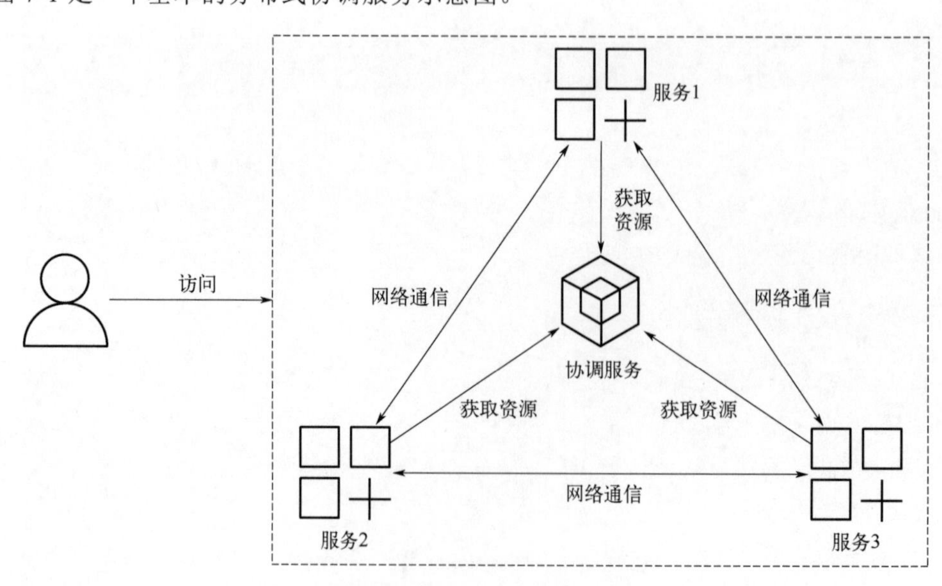

图 7-1 分布式协调服务示意图

在图 7-1 中，协调服务作为中心节点，与其他的服务节点进行通信，协调它们的行为。

这些功能使得分布式协调服务成为分布式系统的基础设施，对于保证分布式系统的一致性、可用性和容错性起着关键的作用。

下面将通过一个具体的例子来进一步说明分布式协调服务的作用。

假设有一个分布式系统，它由多个服务节点组成，这些服务节点需要共享一些配置信息。在没有分布式协调服务的情况下，可能需要将配置信息复制到每个服务节点，当配置信息发生变化时，需要手动更新每个节点的配置信息，这样既不方便，也容易出错。而有了分布式协调服务，就可以将配置信息存储在协调服务中，服务节点可以从协调服务中读取配置信息。当配置信息发生变化时，只需要更新协调服务中的信息，服务节点就能获取到最新的配置信息。

```
# 示例代码
class Service:
    def __init__(self,coord_service):
        self.coord_service = coord_service
        self.config = self.coord_service.get_config()

    def do_something(self):
        if self.config['option']:
            # do something
            pass

class CoordService:
    def __init__(self):
        self.config = {
            'option':True
        }

    def get_config(self):
        return self.config

coord_service = CoordService()
service = Service(coord_service)
service.do_something()
```

在上面的代码中，Service 类代表一个服务节点，它从 CoordService（代表分布式协调服务）中读取配置信息。当需要改变配置信息时，只需要更新 CoordService 中的信息即可。

7.1.2　分布式协调服务的作用和重要性

分布式协调服务在分布式系统中起着重要的作用，下面进一步介绍其主要作用和重要性。

① 服务发现：在分布式系统中，服务节点可能会在不同的机器上运行，甚至会因为各种原因（如扩容、故障转移等）而动态变化。服务发现功能使得服务节点能够动态地发现其他服务节点，从而无须硬编码服务的位置信息。这能极大地提高分布式系统的灵活性和可扩展性。

② 配置管理：在分布式系统中，通常需要共享一些配置信息（如数据库连接字符串、服务地址等）。配置管理功能提供了一个中心化的配置存储，使得服务节点可以方便地读取和更新配置信息，而无须手动复制配置信息到每个节点。

③ 分布式锁：在分布式系统中，多个服务节点可能需要访问同一个资源（如数据库、文件等）。分布式锁功能保证在同一时间，只有一个服务节点可以访问该资源，从而避免资源

冲突，确保数据的一致性。

④ 领导者选举：在分布式系统中，某些操作可能需要由单个服务节点来完成（如数据写入、任务调度等）。领导者选举功能保证在服务节点中，始终有一个领导者节点负责执行这些操作，从而避免操作的冲突。

以上各项功能使得分布式协调服务成为分布式系统的重要组成部分。它们确保分布式系统的一致性、可用性和容错性，为构建和管理复杂的分布式系统提供强大的支持。

为了让读者更深入地理解分布式协调服务的作用和重要性，以下通过一个具体的场景来进行说明。

假设有一个分布式系统，由多个服务节点组成，这些服务节点需要访问一个共享的数据库。在这种情况下，如果没有分布式协调服务，可能会出现多个服务节点同时写入数据库的情况，这可能导致数据不一致。而有了分布式协调服务，就可以使用分布式锁功能来保证在同一时间，只有一个服务节点可以写入数据库。

图 7-2 是一个简单的示意图。

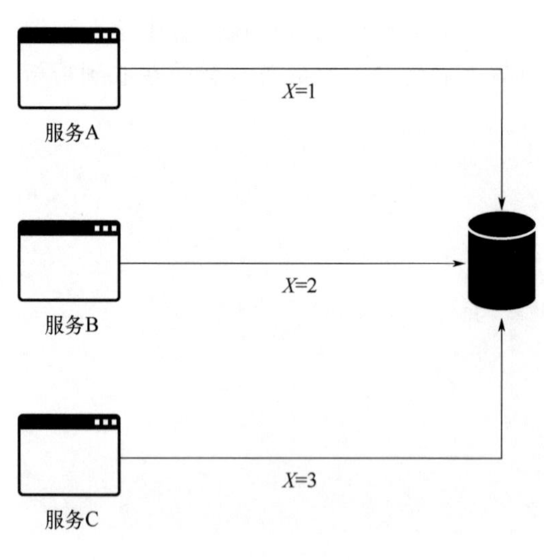

图 7-2　数据不一致的示意图

在图 7-2 中，服务节点 A、B 和 C 需要访问同一个数据库。在没有分布式协调服务的情况下，可能会出现多个服务节点同时写入数据库的情况，导致数据不一致。而有了分布式协调服务，服务节点在写入数据库之前，会先向协调服务请求分布式锁，只有获取到锁的服务节点才能写入数据库。这样就可以避免数据不一致的问题。

以下是一个示例代码：

```
class Service:
    def __init__(self,coord_service):
        self.coord_service = coord_service

    def write_data(self,data):
        # 请求分布式锁
        if self.coord_service.acquire_lock():
            # 写入数据库
            # ...
            # 释放分布式锁
            self.coord_service.release_lock()

class CoordService:
    def __init__(self):
        # 初始化锁未被获取
        self.lock = False

    def acquire_lock(self):
        # 如果锁未被获取,则获取锁并返回 True
```

```
        if not self.lock:
            self.lock = True
            return True
        # 否则返回 False
        return False

    def release_lock(self):
        # 释放锁
        self.lock = False

coord_service = CoordService()
serviceA = Service(coord_service)
serviceB = Service(coord_service)
serviceA.write_data('data')
serviceB.write_data('data')
```

在上面的代码中，Service 类代表一个服务节点，它在写入数据库之前，会先向 CoordService（代表分布式协调服务）请求分布式锁。只有获取到锁的服务节点才能写入数据库，这样就能避免数据不一致的问题。

7.2　分布式协调系统 Zookeeper

7.2.1　Zookeeper 系统的概述

Zookeeper 是一个开源的分布式协调服务，它提供了一种高效、可靠的方式，用于管理和协调分布式系统中的服务。Zookeeper 的设计目标是将复杂的分布式协调技术隐藏在简单的接口后面，使得开发者可以专注于自己的业务逻辑，而无须过多关注分布式协调的问题。

Zookeeper 提供了一些基本的服务，如命名服务、配置管理、分布式锁、领导者选举、队列管理等。这些服务都是分布式应用最常见的需求，有了 Zookeeper，开发者可以很容易地实现这些功能。

Zookeeper 的数据模型是一个层次化的命名空间，类似于文件系统。每个节点（称为 znode）都可以有数据，也可以有子节点。Zookeeper 的 API 提供了对 znode 的创建、删除、读取和更新等操作。

图 7-3 是一个 Zookeeper 的示意图。

在图 7-3 中，每个 znode 都可以有数据，也可以有子 znode。客户端可以通过 Zookeeper 的 API 操作 znode。

以下是一个简单的示例代码，展示如何使用 Zookeeper 的 API 操作 znode。

```
from kazoo.client import KazooClient

zk = KazooClient(hosts='127.0.0.1:2181')
zk.start()

# 创建一个 znode,路径为"/my_node",数据为"my_data"
zk.create("/my_node",b"my_data")
```

```
# 读取 znode 的数据
data,stat = zk.get("/my_node")
print("Data:",data.decode("utf-8"))

# 更新 znode 的数据
zk.set("/my_node",b"new_data")

# 删除 znode
zk.delete("/my_node")

zk.stop()
```

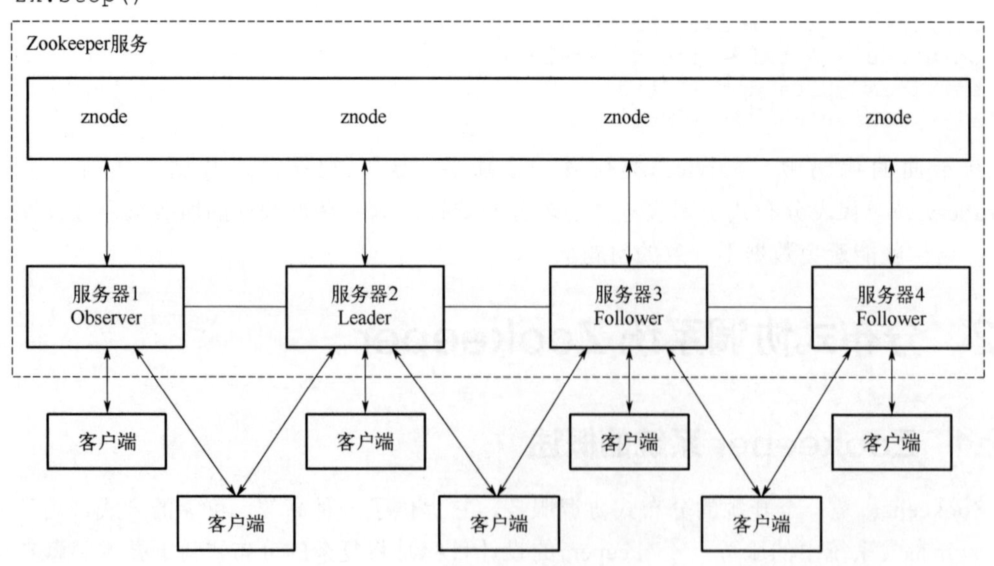

图 7-3 Zookeeper 架构示意图

以上代码使用了 Kazoo，这是一个 Python 的 Zookeeper 客户端库。代码首先创建一个 KazooClient 对象，然后通过这个对象的 create、get、set 和 delete 方法操作 znode。通过这个例子，可以看到 Zookeeper 提供了一种高效、可靠的方式来管理和协调分布式系统中的服务。

7.2.2 Zookeeper 系统的核心功能

Zookeeper 作为一种分布式协调服务，提供了一系列的核心功能，用于解决分布式系统中的常见问题。以下是 Zookeeper 的核心功能。

① 命名服务：Zookeeper 允许用户在分布式环境中存储和操作数据，这些数据存储在一个层次化的命名空间中，类似于文件系统。每个节点（称为 znode）都可以有数据，也可以有子节点。Zookeeper 的 API 提供了对 znode 的创建、删除、读取和更新等操作。

② 配置管理：Zookeeper 可以用于集中管理分布式系统中的配置信息。通过 Zookeeper，可以将配置信息存储在 znode 中，服务节点可以从 znode 中读取和更新配置信息。

③ 分布式锁：Zookeeper 通过 znode 来实现分布式锁功能。服务节点可以创建一个 znode 来表示锁，当其他服务节点试图创建同一个 znode 时，会失败，从而实现锁功能。

④ 领导者选举：Zookeeper 可以用于实现领导者选举。服务节点可以通过创建 znode 并观察其他 znode 的状态来选出一个领导者。

⑤ 队列管理：Zookeeper可以用于实现分布式队列。服务节点可以创建znode来表示队列中的元素，通过监视znode的变化来实现队列的入队和出队操作。

以下是一个示例代码，展示如何使用Zookeeper的API实现分布式锁。

```
from kazoo.client import KazooClient
from kazoo.exceptions import NodeExistsError

zk = KazooClient(hosts='127.0.0.1:2181')
zk.start()

# 尝试获取锁
try:
    zk.create("/my_lock")
    # 获取锁成功,执行业务逻辑
    # ...
except NodeExistsError:
    # 获取锁失败,等待或重试
    pass

# 释放锁
zk.delete("/my_lock")

zk.stop()
```

在上面的代码中，服务节点通过创建一个名为/my_lock的znode来尝试获取锁。如果创建成功，则表示获取锁成功；如果出现NodeExistsError错误，则表示锁已经被其他服务节点获取。完成业务逻辑后，服务节点通过删除znode来释放锁。

⑥ 同步：Zookeeper提供了一些原语，如barrier（屏障）和queue（队列），用于在分布式环境中进行同步。例如，可以使用Zookeeper实现一个分布式barrier，使得一个服务节点需要等待其他所有服务节点都到达barrier之后才能继续执行。

⑦ 通知：当Zookeeper中的某个znode发生变化时，关注该znode的服务节点可以接收到通知。这种机制允许服务节点在znode的数据发生变化时，能够快速地获取到新的数据。

下面是一个示例代码，展示如何使用Zookeeper的API实现通知功能。

```
from kazoo.client import KazooClient

zk = KazooClient(hosts='127.0.0.1:2181')
zk.start()

# 定义一个回调函数,当 znode 发生变化时被调用
def my_callback(event):
    print("Znode has changed")

# 注册回调函数
zk.DataWatch("/my_node",my_callback)

# 等待一段时间,让回调函数有机会被调用
import time
time.sleep(10)
```

```
zk.stop()
```

在上面的代码中，服务节点定义了一个回调函数 my_callback，并通过 DataWatch 方法将其注册到一个 znode。当这个 znode 的数据发生变化时，my_callback 函数将被调用。

7.2.3 Zookeeper 系统的工作原理

Zookeeper 是一个复制的、有序的服务，它通过一个主-从架构以及 ZAB（Zookeeper Atomic Broadcast，Zookeeper 原子广播）协议来保证其数据的一致性和可靠性。

Zookeeper 集群通常由奇数个服务器节点组成，每个节点都存储着一份完整的数据副本以及一个事务日志。其中，有一个节点会被选举为领导者，其余的节点都是跟随者。所有的写操作都会首先发送到领导者，由领导者决定操作的顺序，然后将操作以 ZAB 协议的形式广播到所有的跟随者。

ZAB 协议是一种原子广播协议，它保证所有的服务器节点都能看到相同的操作顺序。ZAB 协议包括两个阶段：发现和广播。在发现阶段，服务器节点通过选举算法选择一个领导者，并且同步它们的状态到领导者的状态；在广播阶段，领导者将操作广播到所有的跟随者。

图 7-4 是一个简单的 Zookeeper 集群的示意图。

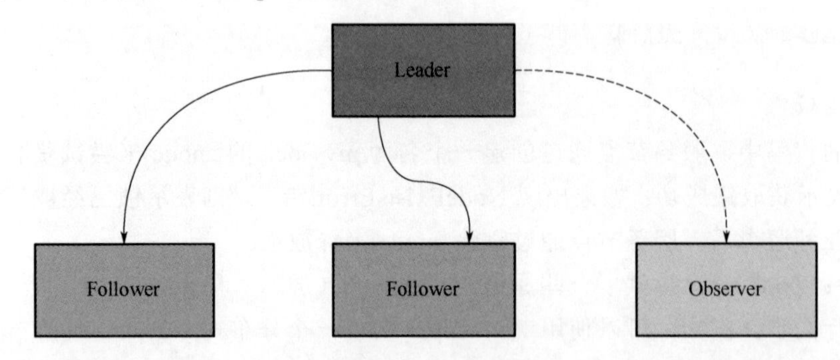

图 7-4　Zookeeper 集群示意图

在图 7-4 中，Leader 节点负责处理所有的写操作，然后将操作广播到所有的 Follower 节点；Follower 节点只处理读操作。在 Zookeeper 中，Observer 是一种特殊类型的 Zookeeper 服务器角色，其作用是提供读取请求的负载均衡和性能优化。具体而言，Observer 的作用如下：

① 提供更好的读取性能：Zookeeper 集群中的所有写操作都需要通过多数派投票来达成一致，这会对写操作的性能产生一定的影响。而 Observer 只参与投票过程，不参与写操作，因此能够减轻 Zookeeper 集群中 Leader 节点的负载压力，提高读取性能。

② 降低写操作的延迟：由于 Observer 不参与写操作，所以在写操作时不需要等待多数派的投票结果，从而减少写操作的延迟。

③ 减轻 Leader 节点的压力：Observer 的存在可以分担 Leader 节点的负载，使得 Leader 节点能够更好地处理写操作。

④ 提供高可用性：Observer 可以接收客户端的读取请求，并且能够与其他服务器同步数据，因此即使 Leader 节点不可用，Observer 仍然可以提供读取服务。

Observer 的作用是提供读取负载均衡和性能优化，同时增加 Zookeeper 集群的可用性。

以下是一个简单的示例代码，展示如何使用 Zookeeper 的 API 操作 znode。

```
from kazoo.client import KazooClient
from kazoo.exceptions import NoNodeError

# 连接到 Zookeeper 服务器
zk = KazooClient(hosts='127.0.0.1:2181')
zk.start()

# 创建一个父节点
zk.ensure_path('/my_parent')

# 创建子节点,并设置数据
zk.create('/my_parent/child1',b'data1')
zk.create('/my_parent/child2',b'data2')

# 获取子节点列表
children = zk.get_children('/my_parent')
print(f 'Children nodes:{children}")

# 读取子节点的数据
for child in children:
      try:
          data,stat = zk.get(f/my_parent/{child}’)
                print(f"Node(child} data:{data.decode()}")
          except NoNodeError:
                print(f"Node {child} does not exist")

# 更新子节点的数据
zk.set('/my_parent/child1',b'new_data1')
zk.set('/my_parent/child2',b'new data2')

# 删除子节点
zk.delete('/my_parent/child1')
zk.delete('/my_parent/child2')

# 删除父节点
zk.delete('/my_parent')

#关闭与 Zookeeper 服务器的连接
zk.stop()
```

在该案例中，我们通过编写代码连接到 Zookeeper 服务器，首先创建一个名为 my_parent 的父节点。然后在该父节点下创建两个子节点 child1 和 child2，并分别设置数据为 data1 和 data2。接着获取父节点下的子节点列表，并逐个读取子节点的数据，并输出到控制台。然后将子节点的数据分别更新为 new_data1 和 new_data2。接着，删除子节点 child1 和 child2，以及父节点 my_parent。最后，关闭与 Zookeeper 服务器的连接。

Zookeeper 的一致性模型是基于 ZAB 协议的，它能保证在整个 Zookeeper 集群中，所有的客户端无论连接到哪一个 Zookeeper 服务器，看到的服务状态都是一致的。这是通过以下几种机制实现的：

① 全局有序：Zookeeper保证所有的更新操作都是全局有序的，也就是说，如果一个更新操作在另一个更新操作之前发生，那么所有的客户端都会先看到第一个更新操作的结果。

② 偏斜时间：Zookeeper没有使用物理时钟来定义操作的顺序，而是使用了一个逻辑时钟，称为Zxid（Zookeeper Transaction ID，Zookeeper事务ID）。每一个更新操作都会有一个唯一的Zxid，客户端可以通过比较Zxid来确定操作的顺序。

③ 持久性：一旦一个更新操作被应用到Zookeeper的状态，并且该操作的响应被发送给客户端，那么该操作的效果就会持久存在，即使在此后的服务器崩溃或网络分区。

④ 可靠性：Zookeeper保证如果一个更新操作成功，那么该操作的效果将被所有的服务器看到；如果一个操作失败，那么该操作的效果将被所有的服务器忽略。

⑤ 原子性：所有的更新操作都是原子的，也就是说，一个更新操作要么完全应用，要么完全不应用。

Zookeeper的这些一致性保证使得开发者可以更加安全和方便地构建分布式应用。

7.2.4 实践环节：使用Zookeeper进行服务注册和发现

在分布式系统中，服务注册和发现是非常重要的一环。通过服务注册，服务可以将自己的地址和其他元数据注册到一个服务注册表中；通过服务发现，客户端可以从服务注册表中查找服务的地址，然后直接与服务进行通信。Zookeeper正是提供了这样的功能。

在本小节中，我们将通过实际的例子来学习如何使用Zookeeper进行服务注册和发现。首先，需要在本地环境安装Zookeeper。这里使用Docker进行安装。

（1）安装Zookeeper

首先，确保当前机器上已经安装了Docker。然后，运行以下命令来启动一个Zookeeper的Docker容器：

```
docker run --name zookeeper -p 2181:2181 --restart always -d zookeeper
```

运行上述命令后，Zookeeper将在宿主机上启动，并监听2181端口。

（2）服务注册

服务注册是指服务将自己的地址和其他元数据注册到Zookeeper。在Python中，我们可以使用Kazoo来进行服务注册。这是一个Python的Zookeeper客户端库。

以下是一个简单的示例代码：

```
from kazoo.client import KazooClient

zk = KazooClient(hosts='127.0.0.1:2181')
zk.start()

# 创建一个 znode,路径为"/my_service",数据为服务的地址
zk.create("/my_service",b"http://127.0.0.1:5000")

zk.stop()
```

在上面的代码中，服务通过创建一个名为/my_service 的 znode，将自己的地址注册到

Zookeeper。

（3）服务发现

服务发现是指客户端从 Zookeeper 中查找服务的地址，然后直接与服务进行通信。在 Python 中，我们可以使用 Kazoo 来进行服务发现。

以下是一个简单的示例代码：

```
from kazoo.client import KazooClient

zk = KazooClient(hosts='127.0.0.1:2181')
zk.start()

# 读取 znode 的数据,即服务的地址
data,stat = zk.get("/my_service")
print("Service address:",data.decode("utf-8"))

zk.stop()
```

在上述代码中，客户端通过读取名为/my_service 的 znode 的数据，获取服务的地址。

（4）服务列表

在一些复杂的场景中，可能有多个相同的服务提供相同的功能，这时候我们可以使用 Zookeeper 的子节点来存储所有服务的地址，然后客户端可以获取一个服务列表。

以下是一个简单的示例代码：

```
from kazoo.client import KazooClient

zk = KazooClient(hosts='127.0.0.1:2181')
zk.start()

# 创建一个父 znode
zk.create("/services",b"")

# 分别创建两个子 znode,代表两个服务
zk.create("/services/service1",b"http://127.0.0.1:5000")
zk.create("/services/service2",b"http://127.0.0.1:5001")

# 获取服务列表
services = zk.get_children("/services")
for service in services:
    data,stat = zk.get("/services/" + service)
    print("Service address:",data.decode("utf-8"))

zk.stop()
```

在上述代码中，两个服务分别将自己的地址注册到 Zookeeper 的不同子节点。客户端通过获取父 znode 的所有子节点，得到一个服务列表。

在实际的分布式系统中，我们通常会使用一些成熟的服务注册和发现框架，这些框架通常都会使用 Zookeeper 作为其底层的服务注册中心。

7.3 分布式协调系统 etcd

7.3.1 etcd 系统的概述

etcd 是一个开源的、高可用的分布式键值存储系统，它是由 CoreOS 开发并维护的，主要用于共享配置和服务发现。etcd 是专为分布式系统设计的，因此它具有分布式系统所需的一些重要特性，如高可用性、强一致性、分布式锁、领导者选举等。

etcd 内部采用 Raft 一致性算法来复制和管理日志，这使得 etcd 在网络分区或者服务器崩溃后仍能保持数据的一致性。Raft 算法是一种为了管理复制日志设计的一致性算法，它和 Paxos 算法一样，都可以处理在异步网络中的机器故障，但是相比 Paxos 算法，Raft 算法更加简单和易于理解。

etcd 的 API 是基于 HTTP 和 JSON 的，它支持多种语言的客户端。通过 etcd 的 API，用户可以执行键值的读写，观察键值的变化，对键值进行加锁和解锁等操作。

在 etcd 中，所有的数据都是存储在键值对中的，键值对是 etcd 的基本数据单元。每一个键值对都有一个相关联的版本号和生存时间（time to live，TTL），版本号用于表示键值对的版本，生存时间则用于控制键值对的生命周期。

以下是一个简单的示例代码，展示如何使用 etcd 的 Python 客户端进行键值的读写。

```
from etcd3 import Etcd3Client

# 创建一个 etcd 客户端
client = Etcd3Client(host='localhost',port=2379)

# 写入一个键值对
client.put('/my_key','my_value')

# 读取一个键值对
value,metadata = client.get('/my_key')
print('Value:',value)

# 删除一个键值对
client.delete('/my_key')
```

在上述代码中，首先创建了一个 Etcd3Client 对象，然后通过这个对象对键值进行操作。通过这个例子，我们可以看到 etcd 提供了一种简单且强大的方式来管理和协调分布式系统中的数据。

在实际应用中，etcd 常被用作服务发现的基础设施，例如在 Kubernetes 中作为存储所有集群数据的后端存储系统。它支持高可用性以确保系统的正常运行，即使部分服务器节点发生故障，etcd 依然可以保证数据的一致性和可用性。

etcd 的键值存储模型非常灵活，可以用来存储各种类型的数据，例如配置文件、状态信息、元数据等。每个键值对都是强一致和隔离的，这意味着在并发环境中，多个客户端可以安全地同时读写 etcd 的数据。

etcd 支持 TTL 机制，可以对存储的键值对设置过期时间，当键值对到达其生存时间后，

etcd 会自动删除它。这个特性使得 etcd 非常适合实现分布式锁：客户端可以创建一个有生存时间的键，这个键就代表了一个锁，当键过期时，锁就被自动释放。

etcd 的 API 支持事务操作，可以在一个事务中执行多个操作。如果所有操作都成功，则事务提交，所有操作的结果都被应用；如果有任何一个操作失败，则事务回滚，所有操作的结果都被忽略。

etcd 还提供观察者（watcher）模式，允许客户端监视一个或多个键，并在这些键的值发生变化时接收通知。这个特性使得 etcd 非常适合实现服务发现：服务可以将自己的地址注册到 etcd，客户端可以监视服务的键，当服务的地址发生变化时，客户端可以立即得到通知。

7.3.2 etcd 系统的核心功能

etcd 作为一个用于构建分布式系统的键值存储系统，具有以下几个核心功能：

① 高可用和强一致性：etcd 使用 Raft 一致性算法来复制和管理日志。etcd 集群中的每个成员都存储了所有的数据和历史记录，所以即使集群中的一部分成员失效，etcd 仍然可以继续提供服务。

② 键值存储：etcd 提供了一个持久化的键值存储。每个键值对都有一个相关联的版本号和生存时间（TTL）。版本号用于表示键值对的版本，每次键值改变时，版本号都会递增。生存时间则用于控制键值对的生命周期，当键值对的生存时间到期后，etcd 会自动删除它。

③ 观察者模式：etcd 支持观察者模式，允许客户端监听一个或多个特定的键，并在这些键的值发生变化时接收通知。这个特性对于服务发现以及配置管理非常有用：当服务的状态发生改变或者配置项被更新时，相关的客户端可以立刻得到通知，并做出相应的处理。

④ 事务操作：etcd 的 API 支持事务操作，这意味着客户端可以在一个原子操作中执行一组读写操作。例如，客户端可以在一个事务中读取一个键的当前值，然后根据这个值来更新这个键或者其他键的值。

⑤ 分布式锁：etcd 的 API 提供了分布式锁的功能。这个特性常常用于保护分布式系统中的关键资源。

以下是一个示例代码，展示如何使用 etcd 的 Python 客户端进行键值的读写、设置 TTL 和事务操作。

```
from etcd3 import Etcd3Client

# 创建一个 etcd 客户端
client = Etcd3Client(host='localhost',port=2379)

# 写入一个键值对,设置 TTL 为 5s
lease = client.lease(5)
client.put('/my_key','my_value',lease)

# 读取一个键值对
value,metadata = client.get('/my_key')
print('Value:',value)

# 事务操作:如果键存在,那么删除它
txn = client.transactions().compare(
```

```
    client.transactions().value('/my_key')!= ''
).success(
    client.transactions().delete('/my_key')
).commit()

# 检查键是否被删除
value,metadata = client.get('/my_key')
print('Value after transaction:',value)
```

在上述代码中，客户端首先创建了一个有生存时间的键；然后读取这个键的值；接着在一个事务中检查这个键是否存在，如果存在则删除它；最后再次读取这个键的值。

⑥ 租约：etcd 支持租约概念。租约是一个可以附加到键上的时间计数器。当租约到期时，所有附加到该租约的键都将被删除。一个租约可以通过发送心跳来保持活跃。这种机制在实现某些功能（如服务注册和发现）等方面非常有用。

⑦ 集群管理：etcd 提供了一套 API 和命令行工具来管理集群的成员，例如添加成员、删除成员、查看成员状态等。这使得操作人员可以方便地管理和维护 etcd 集群。

⑧ 安全性：etcd 支持安全套接字层（SSL）和用户认证，可以保护数据的安全性和隐私性。

以下是一个示例代码，展示如何使用 etcd 的 Python 客户端进行租约的操作。

```
from etcd3 import Etcd3Client
import time

# 创建一个 etcd 客户端
client = Etcd3Client(host='localhost',port=2379)

# 创建一个租约,租约的生存时间为 5 秒
lease = client.lease(5)

# 写入一个键值对,并附加租约
client.put('/my_key','my_value',lease)

# 读取一个键值对
value,metadata = client.get('/my_key')
print('Value:',value)

# 等待租约到期
time.sleep(5)

# 检查键是否被自动删除
value,metadata = client.get('/my_key')
print('Value after lease expired:',value)
```

在上述代码中，客户端首先创建了一个租约，并在写入键值对时附加了这个租约，然后读取这个键的值，接着等待租约到期，最后检查这个键是否被自动删除。

7.3.3 etcd 系统的工作原理及使用 etcd 进行服务注册和发现

etcd 作为一个为分布式系统设计的一致性键值存储，其工作原理主要包括数据存储方式、

Raft 一致性算法的应用以及集群成员的管理等。

（1）数据存储方式

在 etcd 中，所有的数据都存储在键值对中，并且按照键的字典顺序进行排序，形成了一个大的有序键值空间。这个键值空间是扁平的，但是键通常包含路径分隔符（例如“/”），看起来就像是有层级结构。这种数据存储方式使得 etcd 可以高效地支持范围查询操作，例如获取一个路径下所有的子键。

（2）Raft 一致性算法

etcd 使用 Raft 一致性算法来复制和管理日志，以实现数据的一致性。Raft 算法将所有的修改操作（例如 put、delete）封装成一条日志，然后复制给集群中的所有成员。当大多数成员都保存了这条日志时，日志才被提交，修改操作就被应用到 etcd 的状态机。通过这种方式，etcd 能保证即使在网络分区或者服务器崩溃的情况下，所有的客户端看到的数据都是一致的。

（3）集群成员管理

一个 etcd 集群通常包含几个（通常是奇数个）成员，每个成员都存储了所有的数据和历史记录。当集群中的一个成员失效时，其他的成员会自动选举出一个新的领导者并继续提供服务。当一个新的成员加入到集群时，它会从其他成员那里复制所有的数据和历史记录。这种机制使得 etcd 可以动态地调整集群的大小，以适应不同的负载和容灾需求。

（4）租约和 TTL

租约是 etcd 中的一种重要机制，它允许客户端创建一个有生存时间的租约，并将键绑定到这个租约上。当租约到期时，所有绑定到这个租约的键都会被自动删除。客户端可以通过发送心跳来刷新租约的生存时间。这种机制在实现服务注册和发现、分布式锁等功能时非常有用。

（5）事务

etcd 支持事务操作，允许客户端在一个原子操作中执行一组读写操作。etcd 的事务操作包括一个或多个条件（比较操作）和两个操作列表（一个用于条件为真时执行，另一个用于条件为假时执行）。这意味着，客户端可以基于 etcd 中的某个或多个键的当前值来执行一组操作。

（6）watcher

etcd 支持 watcher 机制，允许客户端监听一个或多个键，并在这些键的值发生变化时接收通知。

以下是一个示例代码，展示如何使用 etcd 的 Python 客户端进行 watcher 操作：

```
from etcd3 import Etcd3Client

# 创建一个 etcd 客户端
client = Etcd3Client(host='localhost',port=2379)

# 写入一个键值对
client.put('/my_key','my_value')

# 创建一个 watcher
watch_id  =  client.add_watch_callback('/my_key',lambda  event:print("Key
changed:", event))
```

```
# 修改键值
client.put('/my_key','new_value')

# 取消 watcher
client.cancel_watch(watch_id)
```

在上述代码中，客户端首先写入一个键值对，然后创建一个 watcher 来监听这个键的变化。当键的值被修改时，watcher 的回调函数会被调用，输出“Key changed:”。最后，客户端取消 watcher。这个例子展示了如何使用 etcd 进行 watcher 操作。

7.3.4 Raft 算法

Raft 算法是一种解决分布式系统中数据一致性问题的算法。其设计目标是实现一种简单易懂且实用的分布式一致性算法。下面我们将详细介绍 Raft 算法的工作原理。

在 Raft 算法中，每个节点可以处于以下三种状态之一：

① Leader：负责处理所有客户端交互、日志复制等，一般一次只有一个 Leader。

② Follower：主要负责接收 Leader 的日志条目，接收 Leader 的心跳，并在没有收到心跳的时候发起选举。

③ Candidate：可成为一个新的领导者。

在任何时候，一个节点可以作为 Follower、Candidate 或 Leader。

Raft 算法的主要工作原理包括：

（1）领导者选举

当一个 Follower 在一段时间内没有收到 Leader 的心跳，或者是没有收到已经确定的 Proposal（提议），就会变成 Candidate。这个 Candidate 会增加当前的 Term（任期）并向其他节点发出选举自己为 Leader 的请求。其他节点在收到请求后，如果 Candidate 的日志和自己一样新，就会投票给 Candidate。如果 Candidate 收到了大多数节点（包括自己）的投票，那么就会成为 Leader。

（2）日志复制

Leader 需要将自己的日志复制到其他 Follower 上，这个过程是有一定顺序的，只有当 Follower 的日志和 Leader 的日志一致时，Leader 才会将新的日志发送给 Follower。这样就可以保证整个集群的一致性。

（3）安全性

Raft 算法的安全性主要指：在任何时候，任何已经被提交的日志，都不能被覆盖或者删除，并且 Leader 已经应用的日志，Follower 一定也能应用。这样可以保证系统的一致性和数据的安全性。

（4）日志压缩

由于日志会随着系统运行不断地增长，为了避免存储空间不足，Raft 算法支持日志压缩。日志压缩是通过创建快照来实现的，快照保存某一时刻的系统状态及所有已提交的日志的索引和任期信息。创建快照之后，就可以安全地删除快照之前的所有日志。

在实践中，Raft 算法被广泛应用于各种分布式系统中，例如 etcd、Consul 等，它们都依赖 Raft 算法来保证系统的高可用性和一致性。

7.3.5　实践环节：使用 etcd 存储和管理配置信息

在这个实践环节中，我们将学习如何使用 etcd 存储和管理应用的配置信息。

（1）安装 etcd

我们可以使用 Docker 来快速安装和运行 etcd。打开终端，然后运行以下命令：

```
docker run -d -p 2379:2379 -p 2380:2380 --name etcd quay.io/coreos/etcd:v3.4.9 /usr/local/bin/etcd --advertise-client-urls http://0.0.0.0:2379 --listen-client- urls http://0.0.0.0:2379
```

这个命令会从 Docker Hub 下载 etcd 的镜像，然后运行一个新的 etcd 容器。etcd 的客户端 API 会监听在 2379 端口。

（2）编写 Python 脚本

接下来，我们编写一个 Python 脚本来向 etcd 写入和读取配置信息。首先，需要安装 etcd 的 Python 客户端库。打开终端，运行以下命令：

```
pip install etcd3
```

然后，我们可以编写以下 Python 脚本：

```
from etcd3 import Etcd3Client

# 连接到 etcd
client = Etcd3Client(host='localhost',port=2379)

# 写入配置信息
client.put('/config/database','mysql')
client.put('/config/user','root')
client.put('/config/password','password')

# 读取配置信息
database,_ = client.get('/config/database')
user,_ = client.get('/config/user')
password,_ = client.get('/config/password')

print('Database:',database)
print('User:',user)
print('Password:',password)
```

这个脚本首先连接到 etcd，然后向 etcd 写入一些配置信息，最后读取这些配置信息并打印出来。

在实际开发中，我们可以将应用的各种配置信息存储在 etcd 中，这样就可以方便地在集群的各个节点中共享这些配置信息。

（3）更新和监听配置信息

有时候，我们可能需要更新应用的配置信息。在 etcd 中，更新配置信息和写入配置信息是一样的，只需要使用相同的键来写入新的值即可。

以下是一个 Python 脚本，演示如何更新配置信息：

```
from etcd3 import Etcd3Client
```

```
# 连接到 etcd
client = Etcd3Client(host='localhost',port=2379)

# 更新配置信息
client.put('/config/database','postgresql')

# 读取配置信息
database,_ = client.get('/config/database')
print('Database:',database)
```

当运行这个脚本时，原来的配置信息（mysql）将被新的配置信息（postgresql）替换。

在一些情况下，我们可能希望在配置信息发生变化时得到通知，这样就可以立即应用新的配置信息。etcd 提供一种称为 watcher 的机制，允许我们监听一个或多个键的变化。

以下是一个 Python 脚本，演示如何使用 watcher：

```
from etcd3 import Etcd3Client
import time

# 连接到 etcd
client = Etcd3Client(host='localhost',port=2379)

# 创建一个 watcher
def callback(event):
   print('配置已改变:',event.key,event.value)
watch_id = client.add_watch_callback('/config',callback)

# 在这里,我们可以修改配置信息,然后观察 watcher 的输出
client.put('/config','new_value')

# 等待一会,让 watcher 有时间接收到变化
time.sleep(5)

# 最后,我们需要清理 watcher
client.cancel_watch(watch_id)
```

当运行这个脚本时，每当/config 路径下的任何配置信息发生变化，watcher 的回调函数就会被调用，并打印出变化的信息。

（4）删除配置信息

在某些情况下，我们可能需要删除一些不再需要的配置信息。etcd 提供了删除键值对的操作。以下是一个 Python 脚本，演示如何删除配置信息：

```
from etcd3 import Etcd3Client

# 连接到 etcd
client = Etcd3Client(host='localhost',port=2379)

# 删除配置信息
client.delete('/config/database')

# 尝试读取已删除的配置信息
```

```
database,_ = client.get('/config/database')
print('Database:',database) # 输出:Database:None
```

当运行这个脚本时，/config/database 的配置信息将被删除。然后，读取已删除的配置信息，结果将是 None。

（5）事务操作

etcd 支持事务操作，允许在一个原子操作中执行一组读写操作。这在一些复杂的情形下非常有用，比如读取一些配置信息并根据这些信息的值来更新其他配置信息的情况。

以下是一个 Python 脚本，演示如何使用事务操作：

```
from etcd3 import Etcd3Client

# 连接到 etcd
client = Etcd3Client(host='localhost',port=2379)

# 事务操作:如果数据库是 mysql,那么将用户改为 admin
txn_response = client.transaction(
    compare=[client.transactions().value('/config/database')==
'mysql'],
    success=[client.transactions().put('/config/user','admin')],
    failure=[client.transactions().put('/config/user','root')]
)

# 读取用户配置信息
user,_ = client.get('/config/user')
print('User:',user)
```

在这个脚本中，我们首先创建了一个事务。这个事务的条件是/config/database 的值是否等于 mysql。如果条件为真，那么将/config/user 的值改为 admin；否则将/config/user 的值改为 root。

（6）租约和过期配置

在实际使用中，我们可能有一些临时的配置，这些配置只在一段时间内有效，之后就应该被自动删除。etcd 提供了租约（Lease）机制，可以让我们创建有生存时间（TTL）的键值对。当租约到期时，与之关联的所有键值对都会被自动删除。

以下是一个 Python 脚本，演示如何使用租约：

```
from etcd3 import Etcd3Client
import time

# 连接到 etcd
client = Etcd3Client(host='localhost',port=2379)

# 创建一个租约,生存时间为 5 秒
lease = client.lease(5)

# 使用租约写入配置信息
client.put('/config/tmp','temp value',lease)

# 等待租约到期
```

```
time.sleep(5)

# 尝试读取已过期的配置信息
tmp,_ = client.get('/config/tmp')
print('Temp:',tmp) # 输出:Temp:None
```

在这个脚本中，我们首先创建了一个生存时间为 5 秒的租约，然后使用这个租约写入了一个临时配置信息。当等待 5 秒后，这个临时配置信息将自动过期并被删除。

至此，我们已经详细介绍了如何使用 etcd 存储和管理应用的配置信息，包括基本的读写操作、更新和监听配置信息、事务操作、租约和过期配置等功能。在实际的系统设计和开发中，我们可以灵活地使用 etcd 来管理应用的配置信息，实现高可用性和高灵活性的系统配置管理。

7.4 Paxos 协议

Paxos 协议是一种解决分布式系统中一致性问题的经典算法。它由著名的计算机科学家 Leslie Lamport 在 1980 年提出，并因其高效、可靠和理论严谨而被广泛应用于各种分布式系统中。

Paxos 协议的主要目标是在一个分布式系统中，即使在部分节点失效的情况下，也能够达成所有非失效节点之间的一致性。为了达到这个目标，Paxos 协议引入了多轮投票（multi-round voting）的机制，并且严格定义了每一轮投票的过程。

Paxos 协议在实际应用中的版本有很多，包括基础的 Paxos 协议、Multi-Paxos 协议、Fast Paxos 协议等。这些版本在基础的 Paxos 协议的基础上，进行了各种优化，以适应不同的应用场景。

7.4.1 Paxos 协议的基本概念

Paxos 协议是一种基于消息传递的一致性算法，它解决的问题是分布式系统中的一致性问题。在 Paxos 协议中，有几个重要的概念：

① Proposer：提出提案的角色，可以有一个或多个 Proposer。

② Acceptor：接受提案的角色，可以有一个或多个 Acceptor。

③ Learner：学习已达成一致的提案的角色，可以有一个或多个 Learner。

④ Proposal：由编号和提案值组成的提案，编号是全局唯一且递增的。

⑤ Promise：Acceptor 对 Proposer 的承诺，承诺不再接受编号小于等于 n 的提案。

⑥ Accept：Acceptor 接受编号为 n 的提案。

Paxos 协议的过程大致可以分为两个阶段：Prepare 阶段和 Accept 阶段。

（1）Prepare 阶段

在 Prepare 阶段，Proposer 选择一个提案编号 n，并将 Prepare 请求（携带提案编号 n）发送给 Acceptor。Acceptor 收到 Prepare 请求后，如果请求中的提案编号 n 大于此前收到的所有 Prepare 请求中的提案编号，那么 Acceptor 就会发送 Promise 给 Proposer。Promise 中包含该 Acceptor 已经接受的提案中编号最大的提案的值。

（2）Accept 阶段

在 Accept 阶段，Proposer 收到大多数 Acceptor 的 Promise 后，会从 Promise 中选择一个编号最大的提案作为本次要达成一致的提案，然后将该提案（编号和值）作为 Accept 请求发送给 Acceptor。Acceptor 收到 Accept 请求后，如果请求中的提案编号等于自己承诺的提案编号，那么就会接受这个提案。

虽然 Paxos 协议看起来比较复杂，但是它实际上只是通过一系列的消息交换和比较操作，确保分布式系统中的一致性。

7.4.2　Paxos 协议的工作原理

Paxos 协议的工作原理主要可以分为两个阶段：Prepare 阶段和 Accept 阶段。我们将通过一个具体的例子来详细解释这两个阶段。

假设有两个 Proposer（P1 和 P2）、三个 Acceptor（A1、A2 和 A3）和两个 Learner（L1 和 L2）。

（1）Prepare 阶段

在 Prepare 阶段，每一个 Proposer 都会选择一个提案编号，并将这个编号发送给所有的 Acceptor。例如，P1 选择编号 1，P2 选择编号 2。然后，P1 和 P2 分别发送 Prepare（1）和 Prepare（2）给 A1、A2 和 A3。

当 Acceptor 收到 Prepare（*n*）请求时，如果 *n* 大于此前收到的所有 Prepare 请求中的提案编号，那么它就会发送 Promise 给 Proposer。在此例中，A1、A2 和 A3 都会向 P1 和 P2 发送 Promise。

（2）Accept 阶段

在 Accept 阶段，Proposer 需要等待大多数 Acceptor 的 Promise。一旦收到大多数 Acceptor 的 Promise，Proposer 就会从这些 Promise 中选择一个编号最大的提案，并将其作为本次要达成一致的提案。

在此例中，P1 和 P2 都收到了所有 Acceptor 的 Promise。然后，P1 选择提案 1，P2 选择提案 2。接着，P1 和 P2 分别发送 Accept（1）和 Accept（2）给 A1、A2 和 A3。

当 Acceptor 收到 Accept（*n*）请求时，如果 *n* 等于自己承诺的提案编号，那么它就会接受这个提案，并将接受的结果通知给所有的 Learner。在此例中，A1、A2 和 A3 都会接受提案 2，因为 2 是最大的提案编号。然后，它们将接受的结果通知给 L1 和 L2。

虽然这个过程看起来很复杂，但是它能够确保在一个分布式系统中，即使有节点失败，也能够达成所有节点的一致性。这是因为在任何时候，只有大多数 Acceptor 接受的提案才能被确定。并且，只有拥有最大编号的提案能够被 Acceptor 接受。因此，只要大多数 Acceptor 正常工作，就能保证系统的一致性。

7.4.3　Paxos 协议的应用案例

Paxos 协议广泛应用于分布式系统领域，特别是需要保证一致性的系统中。以下是一些典型的应用案例。

（1）分布式数据库

在分布式数据库中，Paxos 协议常用于保证数据库的一致性。例如，Google 的 Spanner

就使用了 Paxos 协议。当数据库需要进行读写操作时，会通过 Paxos 协议确保所有的副本都达到一致。这样，即使部分副本失效，也能保证剩下的副本数据一致，从而保证整个系统的可用性和一致性。

（2）分布式事务

在分布式事务中，Paxos 协议可以用于协调事务的提交。例如，一个事务需要修改多个数据项，这些数据项可能分布在不同的节点上。我们可以发起一个 Paxos 过程，将事务的提交看作是一个提案。只有当大多数节点都同意提交事务，事务才会被提交，否则事务就会被回滚。这样就可以保证在分布式环境下，事务要么全部提交，要么全部回滚，从而保证事务的一致性。

（3）分布式配置服务

在分布式配置服务中，Paxos 协议可以用于同步配置信息。例如，我们有一个全局的配置信息，这个信息需要被所有的节点共享。我们可以发起一个 Paxos 过程，将更新配置信息看作是一个提案。只有当大多数节点都同意更新配置，配置才会被更新。这样，我们就可以保证在分布式环境下，所有的节点都能看到一致的配置信息。

通过这些案例，我们可以看到，Paxos 协议是解决分布式系统一致性问题的一个强大工具。无论是分布式数据库、分布式事务，还是分布式配置服务，都可以通过 Paxos 协议来保证系统的一致性和可用性。

7.4.4 实践环节：模拟 Paxos 协议的工作流程

在本实践环节中，我们将使用 Docker 和 Python 的异步 I/O 库 asyncio，模拟在多节点环境下 Paxos 协议的工作流程。

首先，需要创建一个 Paxos 类，该类包含 Proposer、Acceptor 和 Learner 的角色，并实现 Paxos 协议的 Prepare、Accept 阶段。

```
class Paxos:
    def __init__(self,id,nodes):
        self.id = id
        self.nodes = nodes
        self.proposal_id = None
        self.accepted_proposal_id = None
        self.proposal_value = None
        self.accepted_proposal_value = None

    async def prepare(self,proposal_id,proposal_value):
        self.proposal_id = proposal_id
        self.proposal_value = proposal_value
        responses = await asyncio.gather(*[n.promise(self.id,proposal_id) 
for n in self.nodes])
        if len(responses)>= len(self.nodes)// 2 + 1:
            await self.accept(proposal_id,proposal_value)

    async def promise(self,proposer_id,proposal_id):
        if proposal_id > self.proposal_id:
            self.proposal_id = proposal_id
            return
```

```
self.accepted_proposal_id,self.accepted_proposal_value

        async def accept(self,proposal_id,proposal_value):
            responses = await asyncio.gather(*[n.accept(self.id,proposal_id,
proposal_value)for n in self.nodes])
            if len(responses)>= len(self.nodes)// 2 + 1:
                await self.learn(proposal_id,proposal_value)

        async def accept(self,proposer_id,proposal_id,proposal_value):
            if proposal_id >= self.proposal_id:
                self.proposal_id = proposal_id
                self.accepted_proposal_id = proposal_id
                self.accepted_proposal_value = proposal_value
                return True

        async def learn(self,proposal_id,proposal_value):
            await asyncio.gather(*[n.learn(self.id,proposal_id,proposal_value)
for n in self.nodes])

        async def learn(self,proposer_id,proposal_id,proposal_value):
            if proposal_id == self.accepted_proposal_id:
                print(f'Node {self.id} accepted proposal {proposal_id} with
value {proposal_value}')
```

然后，创建一个 Dockerfile：

```
FROM python:3.8
WORKDIR /paxos
COPY . .
RUN pip install asyncio
CMD ["python","paxos.py"]
```

接下来，创建一个 paxos.py 文件，这个文件将使用命令行参数来指定节点的 ID，并根据 ID 来设定节点的角色。前三个节点（ID 为 0、1、2）将作为 Proposer，其余的节点作为 Acceptor 和 Learner。

```
import asyncio
import sys

class Paxos:
    # 之前定义的 Paxos 类

async def main():
    node_id = int(sys.argv[1])
    nodes = [Paxos(i,[])for i in range(9)]
    for node in nodes:
        node.nodes = [n for n in nodes if n != node]
    proposals = [(i,f'Value {i}')for i in range(3)]
    if node_id < 3: # 假设前三个节点是 Proposer
    await nodes[node_id].prepare(proposals[node_id])

if __name__ == '__main__':
    asyncio.run(main())
```

然后，使用 Docker 来创建和运行节点。首先，需要构建 Docker 镜像：

```
docker build -t paxos .
```

在构建成功后，创建和运行节点：

```
for i in {0..8};do
   docker run -d --name node-$i paxos python paxos.py $i
done
```

这个命令将创建 9 个 Docker 容器，每个容器都运行一个 Paxos 节点。我们可以通过查看每个容器的日志，来观察 Paxos 协议的工作流程：

```
docker logs node-0
```

在完成实验后，我们可以停止和删除所有节点：

```
for i in {0..8};do
   docker rm -f node-$i
done
```

这个实践环节通过实际的网络环境和分布式节点，模拟了 Paxos 协议的工作流程。通过这个实践，我们可以更深入地理解 Paxos 协议的工作原理和过程。

在上述实践环节中，我们模拟了在 9 个节点的分布式环境下 Paxos 协议的工作流程。从中可以注意到：只有前三个节点（ID 为 0、1、2）作为 Proposer 发起了提议，而其余的节点作为 Acceptor 和 Learner 对提议进行了处理。

实际上，每个节点都实现了 Paxos 协议的所有角色和阶段，因此它们可以在任何时候作为 Proposer、Acceptor 或 Learner。这种设计可以增强系统的灵活性和容错性。例如，如果一个 Proposer 节点出现故障，系统可以选择其他节点作为新的 Proposer，从而确保系统的正常运行。

同时，我们也可以看到，虽然每个节点都可以提出一个提议，但是只有当一个提议被大多数节点接受时，该提议才会被确定并通知给所有的 Learner。这也体现了 Paxos 协议的核心原理，即在分布式系统中，只有通过大多数节点的一致同意，才能达成一致性。

在实际应用中，我们可能需要处理和调整更多的细节，例如提议的冲突解决、节点的动态添加和删除、消息的丢失和重传等等。这个实践环节已经提供了一个基本的框架和流程，我们可以在此基础上进行拓展和优化。

7.5 分布式系统的设计模式

7.5.1 分布式系统设计模式的概述

分布式系统设计模式是一套经过时间验证和广泛接受的解决特定问题的最佳实践方法。这些模式可以帮助我们更好地设计和组织分布式系统，以提高系统的可扩展性、可靠性、性能和安全性。

分布式系统的设计模式可以应用于各种场景和需求，如数据一致性、服务发现、负载均衡、容错与恢复、数据分片等。

以下是一些常见的分布式系统设计模式：

① 主从模式（Master Slave pattern）：在主从模式中，有一个主节点（Master Node）和一个或多个从节点（Slave Node）。主节点负责处理写操作和复杂的计算任务，从节点负责处理读操作和备份数据。这种模式可以提高系统的性能和可用性，但是需要处理主节点故障和数据一致性问题。

② 副本模式（replication pattern）：副本模式是一种将数据或服务复制到多个节点，以提高系统的可用性和性能的模式。根据数据一致性的要求和网络延迟，副本可以是严格一致的（如 Paxos 协议）或最终一致的（如 Amazon 的 Dynamo）。

③ 分片模式（sharding pattern）：分片模式是一种将数据分布到多个节点，以提高系统的性能和扩展性的模式。每个节点只存储一部分数据，通过数据分片的键来确定数据应该存储在哪个节点。

④ 负载均衡模式（load balancing pattern）：负载均衡模式是一种将请求或任务分配给多个节点，以平衡系统的负载和提高性能的模式。负载均衡可以根据节点的负载、请求的类型、用户的地理位置等因素进行。

⑤ 发布-订阅模式（publish-subscribe pattern）：发布-订阅模式是一种异步消息传递模式，允许多个发布者向多个订阅者发送消息，而不需要知道对方的存在。这种模式可以提高系统的解耦和扩展性。

在设计和实现分布式系统时，我们可以根据系统的需求和限制，选择和组合这些设计模式。理解这些设计模式，并知道如何在实际项目中应用，是成为一名成功的分布式系统工程师的关键。

7.5.2　常见的分布式系统设计模式

（1）主从模式

在主从模式中，主节点负责接受和处理所有写请求，同时将这些改变同步到从节点。从节点则主要用来处理读请求，从而分担主节点的读负载。这种模式通常用于提高系统的读性能和可用性。

为了模拟主从模式，我们可以创建两个脚本：一个为 MasterNode，另一个为 SlaveNode。每个节点都会运行在一个独立的 Docker 容器中。

首先，创建一个名为 master.py 的 Python 脚本，该脚本用于实现主节点（MasterNode）：

```
class MasterNode:
    def __init__(self,id):
        self.id = id
        self.data = {}

    def write(self,key,value):
        self.data[key] = value

master = MasterNode(0)
master.write('key','value')
```

然后，创建一个名为 slave.py 的 Python 脚本，该脚本用于实现从节点（SlaveNode）：

```
class SlaveNode:
    def __init__(self,id):
        self.id = id
        self.data = {}

    def read(self,key):
        return self.data.get(key)

slave = SlaveNode(1)
print(slave.read('key')) # 输出:None
```

接下来，创建一个 Dockerfile 来构建 Docker 镜像。Dockerfile 内容如下：

```
FROM python:3.8
WORKDIR /node
COPY . .
CMD ["python","master.py"]
```

然后，使用 Docker 来构建和运行主节点：

```
docker build -t master-node .
docker run -d --name master master-node
```

接下来修改 Dockerfile，以便用于构建和运行从节点：

```
FROM python:3.8
WORKDIR /node
COPY . .
CMD ["python","slave.py"]
```

然后，使用 Docker 来构建和运行从节点：

```
docker build -t slave-node .
docker run -d --name slave slave-node
```

这样，我们就创建了主节点和从节点，并在独立的 Docker 容器中运行。然而，这两个节点目前还无法进行通信。在实际的系统中，主节点和从节点通常会通过网络进行通信，例如使用 TCP/IP。主节点在处理写请求时，需要将数据同步到所有的从节点。从节点在处理读请求时，可以直接从本地数据读取。

理解了主从模式的运行逻辑后，我们继续改进代码，使案例能正确运行。

首先，改进 master.py 脚本，该脚本用于实现主节点（MasterNode）：

```
import time
from flask import Flask,request

app = Flask(__name__)

data = {}

@app.route('/write',methods=['POST'])
def write():
    key = request.form.get('key')
    value = request.form.get('value')
    data[key] = value
```

```
    return 'OK'

@app.route('/read',methods=['GET'])
def read():
    key = request.args.get('key')
    return data.get(key)

if __name__ == '__main__':
    app.run(host='0.0.0.0',port=8080)
```

然后，改写 slave.py 脚本，该脚本用于实现从节点（SlaveNode）：

```
import requests

def read_from_master(key):
    response = requests.get('http://master:8080/read',params={'key':
key})
    return response.text

print(read_from_master('key'))
```

接下来，创建一个名为 docker-compose.yml 的文件，用于定义主节点和从节点的配置：

```
version:'3'
services:
  master:
    build:
      context:.
      dockerfile:Dockerfile
    container_name:master
    ports:
      - 8080:8080

  slave:
    build:
      context:.
      dockerfile:Dockerfile
    container_name:slave
    depends_on:
      - master
```

最后，可以使用 Docker Compose 来构建和运行主节点和从节点：

```
docker-compose up -d
```

这样，我们就创建了主节点和从节点，并在独立的 Docker 容器中运行，并且它们可以通过网络进行通信。主节点提供“/write”接口用于写入数据，从节点使用 read_from_master 函数从主节点读取数据。

（2）副本模式

副本模式的目的是通过在多个节点上存储数据的多个副本，以提高数据的可用性和读取性能。副本可以是主动的（即每次写操作都写入所有副本）或被动的（即只在主副本上写入，然后异步复制到其他副本）。

为了模拟副本模式，我们可以使用Python的字典（Map）来实现数据的副本，并通过etcd实现数据副本节点之间的同步。

首先，创建一个名为data_node.py的Python脚本，该脚本用于实现数据副本节点（DataNode）：

```
import os
import requests
from flask import Flask,request
from etcd import Client

app = Flask(__name__)

# 连接到etcd
etcd_host = os.getenv('ETCD_HOST','localhost')
etcd_port = int(os.getenv('ETCD_PORT',2379))
etcd_client = Client(host=etcd_host,port=etcd_port)

# 数据副本节点之间的数据同步
data_nodes = {}

class DataNode:
    def __init__(self,id):
        self.id = id
        self.data = {}

    def write(self,key,value):
        self.data[key] = value
        # 同步数据到其他数据副本节点
        for node_id,node in data_nodes.items():
            if node_id != self.id:
                node_url = f'http://{node.host}:{node.port}/write'
                requests.post(node_url,json={'key':key,'value':value})

    def read(self,key):
        return self.data.get(key)

@app.route('/write',methods=['POST'])
def write():
    key = request.json.get('key')
    value = request.json.get('value')
    for node_id,node in data_nodes.items():
        node.write(key,value)
    return 'OK'

@app.route('/read',methods=['GET'])
def read():
    key = request.args.get('key')
    data = {}
    for node_id,node in data_nodes.items():
        data[node_id] = node.read(key)
    return data
```

```
if__name__ == '__main__':
    # 获取当前节点的配置
    data_node_id = int(os.getenv('DATA_NODE_ID'))
    data_node_host = os.getenv('DATA_NODE_HOST','localhost')
    data_node_port = int(os.getenv('DATA_NODE_PORT',8080))

    # 注册当前数据副本节点到 etcd
    etcd_client.put(f'/data_nodes/{data_node_id}',f'{{"host":"{data
_node_ host}","port":{data_node_port}}}')

    # 获取所有数据副本节点的配置
    for item in etcd_client.get_prefix('/data_nodes').items:
        node_id = int(item.key.split('/')[-1])
        node_config = eval(item.value.decode())
        data_nodes[node_id] = DataNode(node_id)
        data_nodes[node_id].host = node_config['host']
        data_nodes[node_id].port = node_config['port']

    app.run(host='0.0.0.0',port=data_node_port)
```

然后，创建一个名为 docker-compose.yml 的文件，包括数据副本节点和 etcd 的配置：

```
version:'3'
services:
  etcd:
    image:quay.io/coreos/etcd
    container_name:etcd
    command:etcd  -advertise-client-urls=http://etcd:2379  -listen-client-
urls=http://0.0.0.0:2379
    ports:
      - 2379:2379
    networks:
      - my-network

  data_node1:
    build:
      context:.
      dockerfile:Dockerfile
    container_name:data_node1
    ports:
      - 8001:8080
    environment:
      - ETCD_HOST=etcd
      - DATA_NODE_ID=1
    depends_on:
      - etcd
    networks:
      - my-network

  data_node2:
    build:
```

```
      context:.
      dockerfile:Dockerfile
    container_name:data_node2
    ports:
      - 8002:8080
    environment:
      - ETCD_HOST=etcd
      - DATA_NODE_ID=2
    depends_on:
      - etcd
    networks:
      - my-network

  data_node3:
    build:
      context:.
      dockerfile:Dockerfile
    container_name:data_node3
    ports:
      - 8003:8080
    environment:
      - ETCD_HOST=etcd
      - DATA_NODE_ID=3
    depends_on:
      - etcd
    networks:
      - my-network

networks:
  my-network:
    driver:bridge
```

确保在与 docker-compose.yml 文件相同的目录下创建名为 Dockerfile 的文件，用于构建数据副本节点的镜像。以下是 Dockerfile 示例：

```
FROM python:3.8

WORKDIR /app

COPY requirements.txt .
RUN pip install --no-cache-dir -r requirements.txt

COPY data_node.py .

CMD ["python","data_node.py"]
```

在完成上述配置后，可以使用以下命令来启动数据副本节点和 etcd 服务：

```
docker-compose up -d
```

然后，可以使用以下命令来测试数据的写入和读取。

```
# 写入数据
curl -X POST -H "Content-Type:application/json" -d '{"key":"name","value":
```

```
"LiLei"}' http://localhost:8001/write
```

这将向数据副本节点 1 发送一个 HTTP POST 请求,将键为“name”、值为“LiLei”的数据写入。

```
# 读取数据
curl -X GET http://localhost:8002/read?key=name
curl -X GET http://localhost:8003/read?key=name
```

这将向数据副本节点 2 和 3 发送一个 HTTP GET 请求，读取键为“name”的数据，期望的输出是“LiLei”，这就是键为“name”的数据的值。

（3）分片模式

分片模式是一种数据分区方法，将数据分布到多个节点，从而可以并行处理数据，提高性能。每个分片都是数据的一个子集，可以独立于其他分片进行处理。

为了模拟分片模式，我们可以创建一个示例脚本。该示例演示如何使用分片模式来存储和访问数据。在这个示例中，我们使用哈希函数将数据分布到多个节点，并使用一致性哈希算法来确定数据在节点之间的分布。

```
import hashlib

# 数据分片节点
class ShardNode:
    def __init__(self,node_id):
        self.node_id = node_id
        self.data = {}

    def write(self,key,value):
        self.data[key] = value

    def read(self,key):
        return self.data.get(key)

# 分片模式管理器
class ShardManager:
    def __init__(self,num_shards):
        self.num_shards = num_shards
        self.shard_nodes  =  [ShardNode(node_id)for  node_id  in  range(num_
shards)]

    def get_shard_node(self,key):
        # 使用哈希函数将键映射到节点
        hash_value = hashlib.sha256(key.encode()).hexdigest()
        shard_index = int(hash_value,16)% self.num_shards
        return self.shard_nodes[shard_index]

    def write(self,key,value):
        shard_node = self.get_shard_node(key)
        shard_node.write(key,value)

    def read(self,key):
        shard_node = self.get_shard_node(key)
```

```
        return shard_node.read(key)

# 创建分片模式管理器
shard_manager = ShardManager(num_shards=4)

# 写入数据
shard_manager.write('name','LiLei')
shard_manager.write('age','30')
shard_manager.write('city','Harbin')

# 读取数据
name = shard_manager.read('name')
age = shard_manager.read('age')
city = shard_manager.read('city')

print(f"Name:{name}")
print(f"Age:{age}")
print(f"City:{city}")
```

在这个示例代码中，我们创建了一个 ShardNode 类来表示每个数据分片节点，每个节点都有一个唯一的 node_id 和一个存储数据的字典。然后，我们创建了一个 ShardManager 类作为分片模式的管理器，它负责将数据分布到多个节点，并提供写入和读取数据的方法。在 ShardManager 类中，我们使用哈希函数将键映射到特定的节点，并使用一致性哈希算法来确定数据在节点之间的分布。最后，我们通过 shard_manager.write()方法将数据写入分片模式中，并通过 shard_manager.read()方法从分片模式中读取数据。

请注意，这只是一个简单的示例代码，用于演示分片模式的基本概念。在实际应用中，可能需要更复杂的哈希函数和一致性哈希算法来满足特定的需求。

（4）负载均衡模式

负载均衡模式通过分散工作负载到多个节点，防止单个节点变得过于繁忙，从而提高系统的性能和可靠性。

为了模拟负载均衡模式，我们可以创建一个示例脚本。该示例演示如何使用负载均衡模式来分发工作负载到多个节点。在这个示例中，使用轮询算法来选择要处理工作负载的节点。

```
# 工作负载节点
class WorkerNode:
    def __init__(self,node_id):
        self.node_id = node_id

    def process_workload(self,workload):
        print(f"Worker Node {self.node_id} is processing workload: {workload}")

# 负载均衡器
class LoadBalancer:
    def __init__(self,worker_nodes):
        self.worker_nodes = worker_nodes
        self.num_workers = len(worker_nodes)
        self.current_worker = 0
```

```
    def balance_workload(self,workload):
        worker_node = self.worker_nodes[self.current_worker]
        worker_node.process_workload(workload)
        self.current_worker =(self.current_worker + 1)% self.num_workers

# 创建工作负载节点
worker_node1 = WorkerNode(node_id=1)
worker_node2 = WorkerNode(node_id=2)
worker_node3 = WorkerNode(node_id=3)

# 创建负载均衡器
load_balancer = LoadBalancer(worker_nodes=[worker_node1,worker_node2,worker_
node3])

# 模拟工作负载
workloads = ['Workload A','Workload B','Workload C','Workload D']

# 分发工作负载到节点
for workload in workloads:
    load_balancer.balance_workload(workload)
```

在这个示例代码中，我们创建了一个 WorkerNode 类来表示每个工作负载节点，每个节点都有一个唯一的 node_id。然后，我们创建了一个 LoadBalancer 类作为负载均衡器，它负责选择要处理工作负载的节点。在 LoadBalancer 类中，我们使用轮询算法来选择下一个要处理工作负载的节点，并通过调用 process_workload()方法来处理工作负载。最后，我们模拟了一些工作负载，并通过 load_balancer.balance_workload()方法将工作负载分发到不同的节点。

请注意，这只是一个简单的示例代码，用于演示负载均衡模式的基本概念。在实际应用中，可能需要更复杂的负载均衡算法和更多的节点来满足特定的需求。

（5）发布-订阅模式

发布-订阅模式是一种消息传递模式，其中发送者（发布者）不会直接发送消息给特定的接收者（订阅者）。相反，发布的消息被归类为一类，然后订阅者可以订阅他们感兴趣的消息类别，而不用知道哪些发布者存在。

为了模拟发布-订阅模式，我们可以创建一个示例脚本。该示例演示如何使用发布-订阅模式来发送和接收消息。在这个示例中，我们使用一个消息代理（message-broker）作为中介，发布者（publishers）将消息发送到代理，订阅者（subscribers）从代理订阅感兴趣的消息类别。

```
# 消息代理
class MessageBroker:
    def __init__(self):
        self.subscriptions = {}

    def subscribe(self,category,subscriber):
        if category not in self.subscriptions:
            self.subscriptions[category] = []
        self.subscriptions[category].append(subscriber)

    def publish(self,category,message):
```

```
        if category in self.subscriptions:
            subscribers = self.subscriptions[category]
            for subscriber in subscribers:
                subscriber.receive_message(category,message)

# 发布者
class Publisher:
    def __init__(self,message_broker):
        self.message_broker = message_broker

    def publish_message(self,category,message):
        self.message_broker.publish(category,message)

# 订阅者
class Subscriber:
    def __init__(self,name):
        self.name = name

    def receive_message(self,category,message):
        print(f"{self.name} received message in category {category}:
{message}")

# 创建消息代理
message_broker = MessageBroker()

# 创建发布者和订阅者
publisher1 = Publisher(message_broker)
publisher2 = Publisher(message_broker)

subscriber1 = Subscriber("Subscriber 1")
subscriber2 = Subscriber("Subscriber 2")

# 订阅感兴趣的消息类别
message_broker.subscribe("category1",subscriber1)
message_broker.subscribe("category2",subscriber2)

# 发布消息
publisher1.publish_message("category1","Message 1 in category 1")
publisher2.publish_message("category2","Message 2 in category 2")
```

在这个示例代码中，我们创建了一个 MessageBroker 类作为消息代理，它维护了一个订阅列表。然后，我们创建了一个 Publisher 类作为发布者，它可以将消息发布到特定的消息类别。最后，我们创建了一个 Subscriber 类作为订阅者，它可以订阅感兴趣的消息类别，并在接收到消息时执行相应的操作。

在主程序中，我们创建了一个消息代理实例 message_broker，以及两个发布者 publisher1 和 publisher2。发布者可以使用 publish_message()方法将消息发布到特定的消息类别。我们还创建了两个订阅者 subscriber1 和 subscriber2，它们可以使用 subscribe()方法订阅感兴趣的消息类别。

当发布者使用 publish_message()方法发布消息时，消息会被发送到消息代理 message_broker。

消息代理会根据消息的类别，将消息传递给订阅了相应类别的订阅者。订阅者会执行相应的操作，例如在控制台上输出收到的消息。

这个示例演示了发布-订阅模式的基本概念。通过使用消息代理作为中介，发布者和订阅者之间解耦，发布者只需将消息发布到特定的类别，而不需要直接知道订阅者的存在。订阅者可以选择订阅感兴趣的消息类别，从而只接收与其相关的消息。

请注意，这只是一个简单的示例代码，实际应用中可能需要更复杂的消息代理和更多的发布者和订阅者，以满足特定的需求。

（6）请求-应答模式

这是一种常见的交互模式，客户端发送请求到服务器，并等待服务器的响应。HTTP 协议就是典型的请求-应答（Request-Response）模式的例子。

为了模拟请求-应答模式，我们可以创建一个示例脚本。该示例演示如何使用请求-应答模式进行客户端和服务器之间的交互。在这个示例中，我们使用 Python 的 http.server 模块创建一个简单的 HTTP 服务器，客户端使用 requests 库发送 HTTP 请求并接收服务器的响应。

服务器端代码（server.py）：

```
from http.server import BaseHTTPRequestHandler,HTTPServer

# HTTP 请求处理器
class RequestHandler(BaseHTTPRequestHandler):
    def do_GET(self):
        # 设置响应状态码
        self.send_response(200)

        # 设置响应头部
        self.send_header('Content-type','text/html')
        self.end_headers()

        # 构造响应内容
        response = "Hello,World!"

        # 发送响应内容
        self.wfile.write(response.encode())

        return

# 创建 HTTP 服务器
def run():
    server_address =('',8000)
    httpd = HTTPServer(server_address,RequestHandler)
    print('Starting server...')
    httpd.serve_forever()

# 启动 HTTP 服务器
run()
客户端代码(client.py):
import requests
```

```
# 发送 HTTP 请求
response = requests.get('http://localhost:8000')

# 打印服务器的响应内容
print(response.text)
```

在这个示例代码中，我们创建了一个简单的HTTP服务器，使用BaseHTTPRequestHandler类来处理客户端的HTTP请求。在do_GET()方法中，我们设置了响应状态码、响应头部和响应内容，并使用self.wfile.write()方法将响应内容发送给客户端。

在客户端代码中，我们使用requests库发送一个GET请求到服务器的地址，并通过response.text属性获取服务器的响应内容。

请注意，这只是一个简单的示例代码，用于演示请求-应答模式的基本概念。在实际应用中，可能需要更复杂的请求处理和响应处理逻辑来满足特定的需求。

（7）心跳模式

在分布式系统中，节点需要定期发送心跳消息，以表明它们仍然可用。如果在一段时间内没有收到节点的心跳，系统将假定该节点已经失效。心跳（Heartbeat）模式常用于节点的健康检查和故障检测。

为了模拟心跳模式，我们可以创建一个示例脚本。该示例演示如何使用心跳模式来实现节点的健康检查和故障检测。在这个示例中，我们使用Python的threading模块创建一个心跳线程，定期发送心跳消息到其他节点，并通过检查最后一次收到心跳的时间来判断节点的健康状态。

```
import threading
import time

# 节点类
class Node:
    def __init__(self,node_id):
        self.node_id = node_id
        self.last_heartbeat_time = time.time()

    def receive_heartbeat(self):
        self.last_heartbeat_time = time.time()

    def is_alive(self):
        # 判断节点是否存活,如果最后一次收到心跳的时间超过阈值,则认为节点已失效
        return time.time()- self.last_heartbeat_time < 5

# 心跳线程
def heartbeat_thread(node,other_nodes):
    while True:
        # 发送心跳消息到其他节点
        for other_node in other_nodes:
            other_node.receive_heartbeat()

        time.sleep(1)

# 创建节点
```

```
    node1 = Node(node_id=1)
    node2 = Node(node_id=2)
    node3 = Node(node_id=3)

    # 创建心跳线程
    heartbeat_thread = threading.Thread(target=heartbeat_thread,args=
(node1,[node2,node3]))
    heartbeat_thread.start()

    # 模拟节点失效
    time.sleep(6)
    print(f"Node {node2.node_id} is alive:{node2.is_alive()}")
```

在这个示例代码中，我们创建了一个 Node 类来表示每个节点，每个节点有一个唯一的 node_id 和一个记录最后一次收到心跳的时间的属性。然后，创建了一个心跳线程（heartbeat_thread），在该线程中定期发送心跳消息到其他节点，并通过调用 receive_heartbeat() 方法来更新最后一次收到心跳的时间。

在主程序中，我们创建了三个节点，并创建了一个心跳线程，将节点 1 与节点 2 和节点 3 进行心跳通信。然后，我们模拟了节点 2 失效的情况，等待一段时间后检查节点 2 的健康状态。根据最后一次收到心跳的时间与阈值的比较，可以判断节点是否存活。

请注意，这只是一个简单的示例代码，用于演示心跳模式的基本概念。在实际应用中，可能需要更复杂的心跳机制和故障检测逻辑来满足特定的需求。

（8）租约模式

租约（Lease）模式是一种用于保持资源或服务的所有权的方式。一个节点可以请求一个租约，当在租约有效期内，该节点对资源或服务有独占的使用权。租约模式常用于保持会话状态、限制并发访问等。

为了模拟租约模式，我们可以创建一个示例脚本。该示例演示如何使用租约模式来实现资源或服务的独占使用。在这个示例中，我们创建一个 Lease 类来表示租约，节点可以请求租约并在租约有效期内独占使用资源。

```
import time

# 租约类
class Lease:
    def __init__(self,resource,duration):
        self.resource = resource
        self.duration = duration
        self.start_time = None

    def acquire(self):
        # 如果租约已经被其他节点持有,则无法获取租约
        if self.start_time is not None:
            return False

        # 获取租约并记录开始时间
        self.start_time = time.time()
        return True
```

```
    def release(self):
        # 释放租约
        self.start_time = None

    def is_valid(self):
        # 判断租约是否有效
        if self.start_time is None:
            return False
        return time.time()- self.start_time < self.duration

# 创建租约
lease = Lease(resource="Resource A",duration=5)

# 节点 1 请求租约
acquired = lease.acquire()
print(f"Node 1 acquired lease:{acquired}")

# 节点 2 请求租约
acquired = lease.acquire()
print(f"Node 2 acquired lease:{acquired}")

# 休眠一段时间,超过租约有效期
time.sleep(6)

# 节点 3 请求租约
acquired = lease.acquire()
print(f"Node 3 acquired lease:{acquired}")
```

在这个示例代码中，我们创建了一个 Lease 类来表示租约，每个租约有一个资源名称和一个持续时间。在 acquire()方法中，检查租约是否已经被其他节点持有，如果未被持有，则获取租约并记录开始时间。在 release()方法中，释放租约，将开始时间设置为 None。在 is_valid()方法中，判断租约是否有效，通过比较当前时间与开始时间和持续时间来确定。

在主程序中，我们创建了一个租约实例，并模拟了三个节点请求租约的情况。节点 1 成功获取租约后，节点 2 再次请求租约将失败，因为租约已经被其他节点持有。然后，休眠了一段时间，超过了租约的有效期，节点 3 再次请求租约将成功。

请注意，这只是一个简单的示例代码，用于演示租约模式的基本概念。在实际应用中，可能需要更复杂的租约管理和资源分配逻辑来满足特定的需求。

（9）队列模式

在队列（Queue）模式中，消息或任务被放入队列，然后由一个或多个工作节点从队列中取出并处理。队列模式可以用于实现异步处理、任务调度、负载均衡等。

为了模拟队列模式，我们可以创建一个示例脚本。该示例演示如何使用队列模式来实现消息的异步处理。在这个示例中，我们使用 Python 的 queue 模块创建一个消息队列，生产者将消息放入队列，消费者从队列中取出消息并进行处理。

```
import queue
import threading
import time
```

```
# 消费者线程
def consumer_thread(queue):
    while True:
        # 从队列中获取消息
        message = queue.get()

        # 处理消息
        print(f"Processing message:{message}")
        time.sleep(1)

        # 标记消息为已处理
        queue.task_done()

# 创建消息队列
message_queue = queue.Queue()

# 创建消费者线程
consumer = threading.Thread(target=consumer_thread,args=(message_queue,))
consumer.start()

# 生产者放入消息到队列
for i in range(5):
    message = f"Message {i}"
    message_queue.put(message)
    print(f"Produced message:{message}")

# 等待所有消息被处理完成
message_queue.join()
```

在这个示例代码中，我们使用 queue.Queue 类创建了一个消息队列。然后，创建了一个消费者线程（consumer_thread），它不断从队列中获取消息，并进行处理。在主程序中，通过调用 message_queue.put()方法将消息放入队列，然后消费者线程从队列中取出消息并进行处理。最后，我们使用 message_queue.join()方法等待所有消息被处理完成。

请注意，这只是一个简单的示例代码，用于演示队列模式的基本概念。在实际应用中，可能需要更复杂的消息处理逻辑和多个消费者线程来满足特定的需求。

（10）事件驱动模式

在事件驱动（event-driven）模式中，节点根据接收到的事件来改变状态或执行操作。事件可以由其他节点生成，也可以由外部输入（如用户操作）生成。事件驱动模式可以提高系统的响应性和灵活性。

为了模拟事件驱动模式，我们可以创建一个示例脚本。该示例演示如何使用事件驱动模式来处理节点的状态改变和操作执行。在这个示例中，我们使用 Python 的 threading 模块创建一个事件循环，节点根据接收到的事件来改变状态或执行操作。

```
import threading
import time
```

```
# 节点类
class Node:
    def __init__(self,node_id):
        self.node_id = node_id
        self.state = "Idle"

    def handle_event(self,event):
        if event == "Start":
            self.state = "Running"
        elif event == "Stop":
            self.state = "Stopped"

    def execute_operation(self):
        if self.state == "Running":
            print(f"Node {self.node_id} is executing operation...")
            time.sleep(1)
            print(f"Node {self.node_id} finished executing operation.")

# 事件循环线程
def event_loop(node):
    while True:
        # 等待接收事件
        event = input(f"Node {node.node_id} - Enter event(Start/Stop):")

        # 处理事件
        node.handle_event(event)

        # 执行操作
        node.execute_operation()

# 创建节点
node1 = Node(node_id=1)
node2 = Node(node_id=2)

# 创建事件循环线程
event_loop_thread1 = threading.Thread(target=event_loop,args=(node1,))
event_loop_thread2 = threading.Thread(target=event_loop,args=(node2,))

# 启动事件循环线程
event_loop_thread1.start()
event_loop_thread2.start()
```

在这个示例代码中，我们创建了一个 Node 类来表示每个节点，每个节点有一个唯一的 node_id 和一个状态属性 state。在 handle_event()方法中，根据接收到的事件来改变节点的状态。在 execute_operation()方法中，根据节点的状态来执行相应的操作。

在主程序中，我们创建了两个节点并为每个节点创建一个事件循环线程。在事件循环线程中，我们等待用户输入事件，并通过调用 handle_event()方法来处理事件，然后调用 execute_operation()方法来执行相应的操作。

请注意，这只是一个简单的示例代码，用于演示事件驱动模式的基本概念。在实际应用中，可能需要更复杂的事件处理逻辑和多个事件循环线程来满足特定的需求。

以上是分布式系统中常见的一些设计模式。在设计和实现分布式系统时，我们可以选择和组合这些模式，以满足系统的需求和约束。理解这些模式，以及它们的优点和使用场景，可以帮助我们更有效地设计和实现分布式系统。

7.5.3　分布式系统设计模式的应用案例

（1）主从模式在数据库系统中的应用

主从模式是数据库系统中常用的一种设计模式。在这种模式中，主数据库处理所有的写操作，并将这些写操作的数据同步到从数据库。从数据库负责处理读操作，从而分担主数据库的读负载。

例如，我们可以使用 MySQL 数据库的主从复制功能，来实现主从模式。在主从复制中，主数据库在每次修改数据时，都会在二进制日志（Binary Log）中记录这次修改。从数据库定期从主数据库获取这些日志，并在本地应用这些修改，从而保持与主数据库的数据一致。

在配置 MySQL 主从复制时，需要在主数据库的配置文件（my.cnf）中启用二进制日志，并指定一个唯一的服务器 ID。然后，在从数据库的配置文件中指定主数据库的地址和服务器 ID，以及用于复制的用户名和密码。

通过主从模式，我们可以提高数据库的读性能和可用性。如果主数据库出现故障，我们也可以快速切换到从数据库，以保持服务的连续性。

（2）发布-订阅模式在消息队列系统中的应用

发布-订阅模式是消息队列系统中常用的一种设计模式。在这种模式中，生产者发布消息到队列，消费者订阅队列并接收消息。生产者和消费者不需要知道对方的存在，从而实现解耦。

例如，我们可以使用 RabbitMQ 消息队列服务，来实现发布-订阅模式。在 RabbitMQ 中，生产者将消息发布到交换器（Exchange），交换器根据路由规则，将消息路由到一个或多个队列。消费者从队列中获取并处理消息。

在配置 RabbitMQ 发布-订阅模式时，需要定义一个交换器，并指定交换器的类型（如 direct、topic、fanout 等）。然后，生产者将消息发布到交换器，消费者创建队列并绑定到交换器。

通过发布-订阅模式，我们可以实现消息的异步处理，提高系统的响应性和扩展性。如果需要处理大量的消息，我们也可以增加消费者的数量，从而提高处理的并发性。

（3）负载均衡模式在 web 服务器中的应用

负载均衡模式在 web 服务器或者云计算中被广泛应用。例如，我们可以使用 Nginx 作为反向代理服务器来实现负载均衡，将用户的请求分发到后端的多个服务器。

在 Nginx 中，我们可以在配置文件中定义一个 upstream 模块，里面包含多个服务器地址。然后在 server 模块中，通过 proxy_pass 指令将请求转发到 upstream 模块定义的服务器。Nginx 支持多种负载均衡策略，如轮询（默认）、最少连接、IP 哈希等。

下面是一个简单的 Nginx 负载均衡配置例子。

```
http {
    upstream backend {
        server backend1.example.com;
        server backend2.example.com;
        server backend3.example.com;
    }
```

```
        server {
            listen 80;
             location / {
                proxy_pass http://backend;
            }
        }
    }
```

（4）副本模式在分布式文件系统中的应用

副本模式在分布式文件系统中很常见，如Google的GFS和Hadoop的HDFS。在这类系统中，文件被划分为多个块，每个块在多个节点上存储多份副本。当某个节点失效时，可以从其他节点上的副本读取数据，从而提高系统的可用性和耐久性。

比如在HDFS中，文件被划分为固定大小（默认64MB）的块，每个块默认在三个节点上存储副本。块的副本策略是：一个副本在本地机架节点，一个副本在本地机架的另一个节点，一个副本在其他机架的节点。这种策略既考虑了数据的可用性和耐久性，也考虑了机架的故障和网络带宽的利用。

7.5.4 实践环节：设计一个微服务架构

微服务架构是一种将大型复杂应用分解为一组独立的小型服务的方法，每个服务都运行在其自身的进程中，服务之间通过API进行通信。每个微服务都有自己的独立任务，可以独立进行部署和升级。微服务架构充分利用分布式系统的特性，如模块化、可扩展性、容错性等。

在本实践环节中，我们将设计一个简单的电商微服务架构。这个架构包含以下几个业务服务：

① 用户服务：负责处理与用户相关的操作，如用户注册、登录、个人信息查询和修改等。

② 商品服务：负责处理与商品相关的操作，如商品查询、添加、修改和删除等。

③ 订单服务：负责处理与订单相关的操作，如订单创建、查询、修改和删除等。

④ 支付服务：负责处理与支付相关的操作，如支付请求和支付状态查询等。

⑤ 通知服务：负责处理与通知相关的操作，如邮件通知和短信通知等。

除了以上的业务服务，我们还需要一些基础服务：

① 服务发现：微服务架构中的服务可能会动态变化，服务发现能够自动发现和注册新的服务实例。

② API网关：API网关是所有微服务的统一入口，提供请求路由、负载均衡、认证、限流、熔断等功能。

③ 配置中心：提供统一的配置管理，各个微服务可以从配置中心获取和更新配置。

④ 链路追踪：提供分布式请求链路追踪，帮助我们定位和解决问题。

我们可以使用不同的技术和工具来实现这个架构，例如使用Spring Cloud和Docker。在实现过程中，我们需要应用多种分布式系统设计模式，如服务发现模式、负载均衡模式、发布-订阅模式等。

注意：这个架构只是一个基本的模型，实际的微服务架构可能会根据业务需求和技术选择进行调整。例如，我们可能需要添加缓存服务、搜索服务、日志服务等。

在设计微服务架构时，我们还需要考虑数据一致性、服务间通信、服务治理等问题。以下是这个电商微服务架构的一些设计细节：

① 数据一致性：在微服务架构中，每个服务都有自己的数据库，这可能会导致数据的一致性问题。我们可以使用 Saga 模式或者两阶段提交（2PC）等方法来保证数据的一致性。

② 服务间通信：服务间通信通常使用 HTTP/REST 或者 RPC。HTTP/REST 简单易用，但性能较低；RPC 性能高，但使用复杂。我们可以根据具体的需求和场景选择合适的通信方式。

③ 服务治理：服务治理包括服务注册与发现、负载均衡、熔断降级、限流熔断等。我们可以使用 Netflix OSS、Spring Cloud 等框架来实现服务治理。

④ 容错性：微服务架构需要具备容错性，当某个服务出现故障时，不应影响整个系统的运行。我们可以使用 Hystrix 等工具来实现服务的熔断和降级。

⑤ 安全性：微服务架构需要考虑安全性问题，如服务间的认证和授权、数据的加密和隐私保护等。我们可以使用 OAuth、JWT 等技术来实现服务的安全性。

⑥ 监控和日志：在微服务架构中，有大量的服务和调用，我们需要有有效的监控和日志系统来监控服务的状态和性能，以及收集和分析日志。我们可以使用 Prometheus、ELK 等工具来实现。

以上只是设计微服务架构的一些基本考虑，实际的设计可能会更复杂。设计微服务架构需要深入理解业务需求和技术选型以及分布式系统。

7.6 微服务的设计与部署

7.6.1 微服务的概念和特性

微服务架构，简而言之，是一种软件开发技术，其中应用程序构建为一组小型的服务，每个服务都运行在其独立的进程中，服务之间通过定义明确的接口（通常为 HTTP-based APIs）进行通信。每个服务都实现特定的业务功能，并可独立于其他服务进行开发、部署和扩展。

以下是微服务的一些主要特性。

（1）服务独立性

在微服务架构中，每个服务都是独立的，具有自己的业务逻辑和数据库。这使得服务可以独立地进行开发、测试和部署，而不会影响其他服务。这种特性使得微服务架构能够支持多种编程语言和技术栈，为开发团队提供更高的灵活性。

```
# user_service.py
from fastapi import FastAPI

app = FastAPI()

@app.get("/users/{user_id}")
def read_user(user_id:int):
```

```
        return {"user_id":user_id}
```

上述代码展示了一个用户服务的简单实现，这是一个独立的 FastAPI 应用，可以单独进行开发和部署，与其他服务如商品服务、订单服务等完全独立。

（2）分布式开发

微服务架构将大型复杂应用分解为一组小型服务，这使得开发工作可以在多个小团队之间进行分配。每个团队负责一个或几个服务的开发，这有助于提高开发效率和质量。

（3）弹性和容错性

由于每个服务都是独立的，因此一个服务的失败不会直接影响其他服务。同时，通过使用负载均衡和服务熔断等技术，可以进一步提高系统的可用性和容错性。

（4）易于扩展和维护

由于服务的独立性，每个服务可以根据需要进行独立的扩展，这使得微服务架构能够很好地支持大规模和高并发的应用。同时，小型的服务也更易于维护和理解，有助于提高软件的质量。

7.6.2 微服务的设计原则

微服务的设计原则是指导我们设计和构建微服务系统的基本规则和理念。这些设计原则揭示微服务的核心思想和优点，帮助我们避开在设计和实现微服务系统时的常见陷阱。

以下是一些常见的微服务设计原则：

① 单一职责原则：每个服务应该有一个明确、有限的职责，只做一件事，并做好它。这是微服务设计中最重要的原则之一。单一职责原则使服务更小、更轻、更易于理解和管理。

② 自治原则：每个微服务都应该是自治的，有自己的业务逻辑和数据存储，可以独立于其他服务进行开发、测试和部署。服务的自治性是微服务架构的一个重要特性，它使得服务可以独立地进行演化和扩展，提高系统的灵活性和可维护性。

③ 去中心化原则：在微服务架构中，应该避免使用中心化的服务或数据存储，而应该推广使用分布式的服务和数据存储。去中心化原则有助于提高系统的可用性和容错性。

④ 服务隔离原则：服务应该被设计成隔离的，一个服务的失败不应该影响其他服务。服务隔离原则有助于提高系统的稳定性和可用性。

⑤ 持续交付和自动化原则：微服务应该支持持续集成和持续部署，以实现快速和高效的交付。同时，应该尽可能地自动化所有的运维任务，以减少人工干预的可能性和错误。

在设计微服务时，我们需要遵循这些原则，以确保微服务的高质量和高效率。同时，我们也需要根据实际情况，灵活地应用这些原则，因为在某些情况下，可能需要对这些原则进行适当的妥协。

接下来，我们将通过一个具体的例子来说明如何应用这些设计原则。假设我们需要设计一个电商系统，包括用户服务、商品服务和订单服务。在设计这些服务时，我们应该遵循单一职责原则，使每个服务有一个明确、有限的职责。例如，用户服务负责处理与用户相关的操作，商品服务负责处理与商品相关的操作，订单服务负责处理与订单相关的操作。我们也应该遵循自治原则，使每个服务有自己的业务逻辑和数据存储，可以独立于其他服务进行开发、测试和部署。同时，我们应该遵循去中心化原则，避免使用中心化的服务或数据存储，而应该使用分布式的服务和数据存储。我们还应该遵循服务隔离原则，使服务被设计成隔离的，一个服务的失败不会影响其他服务。最后，我们应该遵循持续交付和自动化原则，支持持续集成和持续部署，自动化所有的运维任务。

7.6.3　微服务的数据管理

在微服务架构中，数据管理是一个重要的问题。由于每个服务都是独立的，因此，每个服务都有自己的数据和数据库。这种分布式的数据管理方式带来了一些新的挑战，例如数据一致性、数据完整性和数据访问性能等。

以下是微服务数据管理的一些关键考虑因素。

（1）数据库解耦

在微服务架构中，每个服务都应该有自己的数据库，以实现服务的自治性。这意味着，服务的数据库应该被解耦，不应该共享数据库。这种数据库解耦的方式有助于提高服务的独立性和灵活性，但也会带来数据一致性和完整性的问题。

（2）数据一致性

在微服务架构中，实现数据的一致性是一个挑战。由于每个服务都有自己的数据和数据库，因此，当跨服务的业务操作需要修改多个服务的数据时，如何保证数据的一致性就成了一个问题。为了解决这个问题，我们可以使用一些分布式事务协议，如两阶段提交协议（2PC）和三阶段提交协议（3PC）等。

（3）数据访问性能

在微服务架构中，由于数据是分布式存储的，因此，数据的访问性能是一个重要的考虑因素。为了提高数据的访问性能，我们可以使用一些数据缓存技术，如 Redis 和 Memcached 等。

下面，让我们通过一个具体的例子来说明如何在微服务中管理数据。假设我们正在设计一个电商系统，包括用户服务、商品服务和订单服务。在用户服务中，我们需要存储用户的信息，如用户名、密码和邮箱等。在商品服务中，我们需要存储商品的信息，如商品名、价格和库存等。在订单服务中，我们需要存储订单的信息，如订单号、用户 ID、商品 ID 和数量等。

以下是用户服务的示例代码 user_service.py，其中包含用户信息的存储和管理。

```
from fastapi import FastAPI
from pydantic import BaseModel

class User(BaseModel):
    id:int
    username:str
    password:str
    email:str

app = FastAPI()

users = []

@app.post("/users/")
def create_user(user:User):
    users.append(user)
    return user
```

在上述代码中，我们定义了一个用户模型，并使用一个列表来存储用户的信息。我们还提供了一个 API 接口，用于创建新的用户。在实际的应用中，我们会使用数据库来存储用户的信息，以实现数据的持久化存储。

同样，我们可以为商品服务和订单服务编写类似的代码，以存储和管理商品和订单的信息。这样，我们就能得到一个分布式的数据管理系统，每个服务都有自己的数据和数据库，可以独立地进行数据的管理和操作。

（4）数据隔离

在微服务架构中，服务之间的数据是隔离的，每个服务只能访问自己的数据，不能直接访问其他服务的数据。这种数据隔离的方式有助于保护数据的安全性和隐私性，但也会带来数据共享和数据聚合的问题。

（5）数据共享和数据聚合

在微服务架构中，由于数据是分布式的，因此，如何共享和聚合数据是一个重要的问题。为了解决这个问题，我们可以使用一些数据共享和数据聚合的技术，如数据复制、数据同步和数据仓库等。

（6）数据的备份和恢复

在微服务架构中，由于数据是分布式的，因此，数据的备份和恢复是一个重要的问题。我们需要为每个服务的数据设计备份和恢复策略，以防止数据丢失和错误。

下面，我们将继续上述的电商系统例子，说明如何在微服务中实现数据的共享和聚合。在订单服务中，我们需要获取用户的信息和商品的信息，以生成订单。由于用户的信息和商品的信息分别存储在用户服务和商品服务中，因此，订单服务不能直接访问这些信息。为了解决这个问题，我们可以使用 HTTP API 来获取这些信息。以下是订单服务的示例代码 order_service.py：

```
import requests
from fastapi import FastAPI
from pydantic import BaseModel

class Order(BaseModel):
    id:int
    user_id:int
    product_id:int
    quantity:int

app = FastAPI()

orders = []

@app.post("/orders/")
def create_order(order:Order):
    user_response = requests.get(f"http://user-service/users/{order.user_
id}")
    user = user_response.json()
    product_response  =  requests.get(f"http://product-service/products/
{order.product_id}")
    product = product_response.json()
```

```
    order_info = {
        "id":order.id,
        "user":user,
        "product":product,
        "quantity":order.quantity
    }
    orders.append(order_info)
    return order_info
```

在上述代码中，我们使用 HTTP API 来获取用户的信息和商品的信息，然后将这些信息聚合到订单中。这样，我们就能实现数据的共享和聚合。

7.6.4 服务间的通信

在微服务架构中，服务间的通信是一个重要的问题。由于每个服务都是独立的，因此，服务间需要通过网络进行通信。这种网络通信可能会带来一些新的挑战，例如网络延迟、网络不可靠、数据序列化和反序列化等。

以下是服务间通信的一些常用方法：

① 同步通信：同步通信是指调用方在进行远程调用时需要等待被调用方的响应。这种通信方式简单直接，易于理解和使用，但可能会增加调用方的响应时间，特别是当被调用方的处理时间较长时。

② 异步通信：异步通信是指调用方在进行远程调用时不需要等待被调用方的响应。这种通信方式可以提高调用方的响应性能，但可能会增加系统的复杂性，因为需要处理异步调用的结果和错误。

③ 事件驱动通信：事件驱动通信是指服务之间通过发布和订阅事件进行通信。这种通信方式可以实现服务间的解耦，提高系统的可扩展性，但可能会增加系统的复杂性，因为需要处理事件的发布、订阅和处理。

下面，我们将通过一个具体的例子来说明如何在微服务中进行服务间的通信。假设我们正在设计一个电商系统，包括用户服务、商品服务和订单服务。在订单服务中，我们需要调用用户服务和商品服务的 API 来获取用户的信息和商品的信息。我们可以使用同步通信或异步通信来实现这个需求。以下是使用同步通信的示例代码：

```
# order_service.py
import requests
from fastapi import FastAPI
from pydantic import BaseModel

class Order(BaseModel):
    id:int
    user_id:int
    product_id:int
    quantity:int

app = FastAPI()

orders = []
```

```
    @app.post("/orders/")
    def create_order(order:Order):
        user_response = requests.get(f"http://user-service/users/{order.user_
id}")
        user = user_response.json()
        product_response = requests.get(f"http://product-service/products/
{order.product_id}")
        product = product_response.json()
        order_info = {
            "id":order.id,
            "user":user,
            "product":product,
            "quantity":order.quantity
        }
        orders.append(order_info)
        return order_info
```

在上述代码中，我们使用 HTTP 请求来调用用户服务和商品服务的 API，获取用户的信息和商品的信息。这是一个同步通信的例子，订单服务在调用用户服务和商品服务的 API 时需要等待它们的响应。在实际的应用中，我们也可以使用异步通信或事件驱动通信来实现这个需求，以提高订单服务的响应性能。

7.6.5 微服务的部署策略

在微服务架构中，由于每个服务都是独立的，因此每个服务都可以独立地进行部署。微服务的部署策略关键在于如何将服务部署到运行环境中，以满足性能、可用性和可扩展性等需求。

以下是一些常见的微服务部署策略：

① 单主机部署：这是最简单的部署策略，所有的服务都部署在一个主机上。这种部署策略易于管理和维护，但可能无法满足高性能和高可用性的需求。

② 多主机部署：在这种部署策略中，服务被部署在多个主机上。这种部署策略需要更复杂的管理和维护，但可以提供更高的性能和可用性。

③ 容器化部署：在这种部署策略中，每个服务都被打包成一个容器，然后部署到一个或多个主机上。容器化部署可以实现服务的隔离，提高服务的部署和运行效率。

④ 云部署：在这种部署策略中，服务被部署到云平台上，如 AWS、Google Cloud Platform 或 Microsoft Azure 等。云部署可以提供弹性扩展和按需付费等优点。

在电商系统示例中，我们可以选择容器化部署策略，使用 Docker 将每个服务（用户服务、商品服务和订单服务）打包成一个独立的容器，然后使用 Kubernetes 或 Docker Swarm 等工具进行管理和调度。以下是一个简单的 Dockerfile 示例，用于打包用户服务：

```
FROM python:3.8

WORKDIR /app

COPY requirements.txt .
RUN pip install -r requirements.txt
```

```
COPY . .

CMD ["uvicorn","user_service:app","--host","0.0.0.0","--port","80"]
```

在上述 Dockerfile 中，我们首先从 Python 3.8 的官方镜像开始，然后将工作目录设置为 /app。接着，我们将服务的依赖项 requirements.txt 复制到容器中，并运行 pip install -r requirements.txt 来安装这些依赖项。然后，我们将服务的所有文件复制到容器中。最后，我们使用 CMD 指令来启动服务。

7.6.6 实践环节：部署一个微服务应用

在本小节中，我们将实践部署一个简单的微服务应用。这个微服务应用由一个用户服务构成，用于处理与用户相关的请求。我们将使用 Python 的 FastAPI 框架来编写服务，使用 Docker 来打包和部署服务。

首先，编写用户服务的代码。用户服务包含一个 API 接口，用于获取用户信息。

```
# user_service.py
from fastapi import FastAPI

app = FastAPI()

@app.get("/user/{user_id}")
def read_user(user_id:int):
    return {"user_id":user_id}
```

接下来，编写 Dockerfile，用于打包用户服务：

```
FROM python:3.8

WORKDIR /app

COPY requirements.txt .
RUN pip install -r requirements.txt

COPY . .

CMD ["uvicorn","user_service:app","--host","0.0.0.0","--port","80"]
```

在上述 Dockerfile 中，我们首先从 Python 3.8 的官方镜像开始，然后将工作目录设置为 /app。接着，将服务的依赖项 requirements.txt 复制到容器中，并运行 pip install -r requirements.txt 来安装这些依赖项。然后，将服务的所有文件复制到容器中。最后，使用 CMD 指令来启动服务。

然后，编写 requirements.txt 文件，指定用户服务的依赖项：

```
fastapi
uvicorn
```

至此，我们可以通过以下命令来构建 Docker 镜像：

```
docker build -t user-service .
```

构建完成后，我们可以通过以下命令来运行用户服务：

```
docker run -p 80:80 user-service
```

以上步骤将会启动用户服务，并监听 80 端口。我们可以通过访问“http://localhost/user/1”来测试服务是否正常运行。

为了实现微服务的监控和健康检查，我们可以使用 Docker 和 Kubernetes 等工具提供的健康检查功能。以下是在 Dockerfile 中添加健康检查指令的示例：

```
FROM python:3.8

WORKDIR /app

COPY requirements.txt .
RUN pip install -r requirements.txt

COPY . .

HEALTHCHECK --interval=5m --timeout=3s \
  CMD curl -f http://localhost/ || exit 1

CMD ["uvicorn","user_service:app","--host","0.0.0.0","--port","80"]
```

在上述 Dockerfile 中，我们使用 HEALTHCHECK 指令来添加健康检查。这个指令会每 5 分钟执行一次 curl 命令来访问服务的根路径，如果访问失败，则认为服务不健康。

此外，我们还可以使用 Kubernetes 的 readiness Probe 和 liveness Probe 来实现服务的健康检查。以下是在 Kubernetes 部署配置文件中添加健康检查的示例：

```
apiVersion:v1
kind:Pod
metadata:
  name:user-service
spec:
  containers:
  - name:user-service
    image:user-service
    ports:
    - containerPort:80
    readinessProbe:
      httpGet:
        path:/
        port:80
      initialDelaySeconds:5
      periodSeconds:5
    livenessProbe:
      httpGet:
        path:/
        port:80
      initialDelaySeconds:15
      periodSeconds:20
```

在上述配置文件中，我们使用 readiness Probe 和 liveness Probe 来检查服务是否准备好接受请求，以及服务是否还在运行。

为了进一步提升微服务的可用性和可扩展性，我们可以使用负载均衡和服务发现的技术。以下是一些常用的负载均衡和服务发现的方法：

① 硬件负载均衡器：例如 F5 Networks 的 BIG-IP，它提供了 TCP/UDP 流量的负载均衡，以及应用层的负载均衡。

② 软件负载均衡器：例如 Nginx 和 HAProxy，它们可以在服务器上安装和运行，提供 HTTP/HTTPS 流量的负载均衡。

③ 云负载均衡器：例如 AWS 的 Elastic Load Balancing（ELB）、Google Cloud 的 Cloud Load Balancing 和 Azure 的 Load Balancer，它们提供了云原生的负载均衡服务。

④ 服务发现：例如 Consul、Zookeeper 和 Etcd，它们提供了服务注册和服务发现的功能，使得服务可以动态地发现其他服务的位置。

在我们的电商系统中，可以使用 Nginx 作为负载均衡器，将来自用户的请求分发到多个用户服务实例。以下是 Nginx 配置的一个简单示例 nginx.conf：

```
http {
     upstream backend {
       server user-service1:80;
       server user-service2:80;
       server user-service3:80;
     }

     server {
       listen 80;

       location / {
           proxy_pass http://backend;
       }
    }
}
```

在上述配置文件中，我们定义了一个名为 backend 的 upstream，包含三个用户服务实例。然后，我们在 server 块中设置了一个 location，将所有的请求转发到 backend。

此外，我们还可以使用 Consul 作为服务发现的工具，使得用户服务可以动态地发现其他服务的位置。在实际应用中，我们需要在服务启动时注册到 Consul，然后在需要调用其他服务的 API 时，先从 Consul 获取服务的位置，然后再进行调用。

为了使微服务在失败时能够恢复，我们可以使用重试和断路器的模式。

① 重试：当微服务调用其他服务的 API 失败时（如网络错误、服务未响应等），可以选择重试调用。重试可以提高微服务的健壮性，但也可能会增加系统的延迟，特别是当被调用的服务长时间未响应时。

② 断路器：断路器模式是一种避免连续调用失败服务的方法，当连续调用失败达到一定次数时，断路器将会打开，进一步调用将会立即返回错误，而不会进行实际的调用。在一段时间后，断路器将会进入半开状态，试探性地进行一次调用，如果调用成功，则断路器关闭，否则断路器继续打开。

我们可以使用 Python 的 CircuitBreaker 库来实现断路器模式。以下是一个简单的示例：

```
# order_service.py
```

```
import requests
from pybreaker import CircuitBreaker
from fastapi import FastAPI
from pydantic import BaseModel

class Order(BaseModel):
    id:int
    user_id:int
    product_id:int
    quantity:int

app = FastAPI()

orders = []

breaker = CircuitBreaker(fail_max=3,reset_timeout=60)

@breaker
def get_user(user_id:int):
    return requests.get(f"http://user-service/users/{user_id}").json()

@app.post("/orders/")
def create_order(order:Order):
    user = get_user(order.user_id)
    # ...
```

在上述代码中，我们使用 CircuitBreaker 创建了一个断路器，当 get_user 函数连续失败 3 次时，断路器将会打开，60s 后断路器将会进入半开状态。我们使用@breaker 装饰器来将 get_user 函数包装在断路器中。

为了进一步提升系统的健壮性和可用性，我们还可以使用超时和回退的模式。

① 超时：超时是一种避免微服务在等待其他服务的响应时阻塞过久的方法。通过设置超时，当调用未在指定的时间内返回时，我们可以立即返回错误，而不是无限期地等待。

② 回退：回退是一种在调用失败时提供默认行为的方法。例如，当用户服务在获取用户信息失败时，可以返回一个默认的用户信息，而不是返回错误。

我们可以使用 Python 的 requests 库的超时功能来实现超时，以下是一个简单的示例：

```
# order_service.py
import requests
from fastapi import FastAPI
from pydantic import BaseModel

class Order(BaseModel):
    id:int
    user_id:int
    product_id:int
    quantity:int

app = FastAPI()

orders = []
```

```
def get_user(user_id:int):
    try:
        return requests.get(f"http://user-service/users/{user_id}",timeout=
5).json()
    except requests.Timeout:
        return {"id":user_id,"name":"Default User"}

@app.post("/orders/")
def create_order(order:Order):
    user = get_user(order.user_id)
    # ...
```

在上述代码中，我们在调用 requests.get 函数时设置了超时时间为 5 秒，如果调用未在 5 秒内返回，将会抛出 requests.Timeout 异常。我们捕获这个异常，并返回一个默认的用户信息作为回退。

为了进一步提升微服务的性能，我们还可以使用缓存和异步处理的方法。

① 缓存：缓存是一种提高数据访问性能的方法，通过将经常访问的数据存储在快速访问的存储介质（如内存）中，可以减少访问原始数据源（如数据库）的次数，从而提高数据访问的速度。

② 异步处理：异步处理是一种提高服务响应性能的方法，通过将耗时的操作（如复杂的计算或远程调用）放到后台处理，可以快速地返回响应，从而提高服务的响应速度。

我们可以使用 Python 的 redis 库和线程或进程来实现缓存和异步处理，以下是一个简单的示例：

```
# order_service.py
import threading
import requests
import redis
from fastapi import FastAPI
from pydantic import BaseModel

class Order(BaseModel):
    id:int
    user_id:int
    product_id:int
    quantity:int

app = FastAPI()

orders = []

r = redis.Redis(host='localhost',port=6379,db=0)

def get_user(user_id:int):
    user = r.get(user_id)
    if user is None:
        user = requests.get(f"http://user-service/users/{user_id}").json()
        r.set(user_id,user)
```

```
        return user

    @app.post("/orders/")
    def create_order(order:Order):
        threading.Thread(target=get_user,args=(order.user_id,)).start()
        # ...
```

在上述代码中，我们使用 redis 库来实现缓存，当获取用户信息时，首先从 Redis 中获取，如果 Redis 中没有，则从用户服务获取并存入 Redis。我们使用线程来实现异步处理，当创建订单时，我们启动一个新的线程来获取用户信息。

为了确保微服务的数据一致性和事务管理，我们可以使用 Saga 模式。

Saga 模式是一种在微服务环境中实现长期事务的方法。与传统的 ACID 事务不同，Saga 模式允许各个服务本地执行各自的事务，并通过一系列的操作和补偿操作来保证整体的一致性。

我们可以使用 Python 来实现 Saga 模式，以下是示例：

```
    # order_service.py
    import requests
    from fastapi import FastAPI
    from pydantic import BaseModel

    # 订单类
    class Order(BaseModel):
        id:int
        user_id:int
        product_id:int
        quantity:int

    app = FastAPI()

    # 订单列表
    orders = []

    @app.post("/orders/")
    def create_order(order:Order):
        # 步骤 1:创建订单
        orders.append(order)

        # 步骤 2:减少商品库存
        try:
            product_response = requests.post(f"http://product-service/products/
{order.product_id}/decrease_stock",data={"quantity":order.quantity})
            product_response.raise_for_status()
        except:
            # 步骤 2 失败,补偿步骤 1:删除订单
            orders.remove(order)
            raise
```

在上述代码中，我们首先创建订单，然后尝试减少商品库存。如果减少商品库存失败，我们将执行补偿操作，即删除订单。通过这种方式，我们能保证订单服务和商品服务的数据

一致性。

为了满足微服务的持续交付和持续集成需求，我们需要使用容器化和容器编排。

① 容器化：容器化是一种虚拟化技术，可以将应用程序及其依赖环境打包在一起，形成一个独立、可运行的软件包，这个软件包可以在几乎任何环境中一致地运行。Docker 是一种广泛使用的容器化技术。

② 容器编排：容器编排是管理和控制容器的生命周期和行为的过程。它包括部署、扩展、网络组织、负载均衡、服务发现、安全性和故障恢复等功能。Kubernetes 是一种广泛使用的容器编排技术。

以下是一个简单的 Dockerfile 示例，用于创建一个 Python Flask 应用的 Docker 镜像：

```
FROM python:3.7

WORKDIR /app

COPY requirements.txt .
RUN pip install -r requirements.txt

COPY . .

CMD ["python","app.py"]
```

此 Dockerfile 会创建一个 Python 3.7 环境，安装 requirements.txt 中指定的依赖，复制当前目录下的所有文件到容器的/app 目录，然后运行 app.py。

然后，我们可以使用 Kubernetes 将这个应用部署到集群中。以下是一个简单的 Kubernetes Deployment 配置示例 deployment.yaml：

```
apiVersion:apps/v1
kind:Deployment
metadata:
  name:flask-app
spec:
  replicas:3
  selector:
    matchLabels:
      app:flask-app
  template:
    metadata:
      labels:
        app:flask-app
    spec:
      containers:
      - name:flask-app
        image:flask-app:latest
        ports:
        - containerPort:8080
```

这个 Deployment 配置会创建 3 个 flask-app 的副本，每个副本都运行 flask-app:latest 镜像，并监听 8080 端口。

为了使微服务能够适应不断变化的需求和环境，我们需要使用持续集成/持续部署

（CI/CD）。

① 持续集成：持续集成是一种开发实践，开发者频繁地（通常每天）将代码集成到主分支。每次集成都通过自动化的构建（包括编译、发布、自动化测试）来验证，从而尽早地发现集成错误。

② 持续部署：持续部署是一种软件工程实践，通过每次改动后自动化地构建、测试和部署到生产环境，使得软件的新版本对用户总是可用的。

我们可以使用 Jenkins、Travis CI、GitHub Actions 等工具来实现 CI/CD。以下是一个使用 Jenkins Pipeline 的示例 Jenkinsfile：

```
pipeline {
    agent any
    stages {
        stage('Build'){
            steps {
                sh 'docker build -t user-service .'
            }
        }
        stage('Test'){
            steps {
                sh 'docker run user-service python -m unittest'
            }
        }
        stage('Deploy'){
            steps {
                sh 'docker push user-service'
                sh 'kubectl apply -f deployment.yaml'
            }
        }
    }
}
```

在上述 Jenkinsfile 中，我们定义了三个阶段：构建阶段用于构建 Docker 镜像；测试阶段用于运行单元测试；部署阶段用于推送 Docker 镜像到 Docker 仓库，并更新 Kubernetes 的部署。

为了处理微服务中的分布式事务问题，我们可以使用两阶段提交（2PC）和三阶段提交（3PC）。

① 两阶段提交（2PC）：两阶段提交是一种原子性协议，它在分布式系统中使用协调者和参与者来达成一致性。在第一阶段，协调者询问所有的参与者是否准备好提交事务，如果所有的参与者都同意提交事务，则进入第二阶段进行提交，否则进行回滚。

② 三阶段提交（3PC）：三阶段提交是对两阶段提交的改进，它添加了一个预提交阶段，以降低系统的阻塞时间。

我们可以使用 Python 的 Pyro4 库来实现两阶段提交，以下是一个简单的示例：

```
# coordinator.py
import Pyro4

@Pyro4.expose
```

```
class Coordinator(object):
    def prepare(self):
        # Ask all participants if they are prepared
        for participant in participants:
            if not participant.prepare():
                return False
        return True

    def commit(self):
        # Tell all participants to commit
        for participant in participants:
            participant.commit()

    def rollback(self):
        # Tell all participants to rollback
        for participant in participants:
            participant.rollback()
```

在上述代码中，我们定义了一个协调者，它有三个方法：prepare 用于询问所有的参与者是否准备好提交事务，commit 用于告诉所有的参与者提交事务，rollback 用于告诉所有的参与者回滚事务。

为了保证微服务的安全性，我们需要考虑身份验证和授权。

① 身份验证：身份验证是确认用户身份的过程。常见的身份验证方式包括用户名和密码、数字证书、一次性密码、双因素身份验证等。

② 授权：授权是决定一个已经验证过的用户是否有权限进行某个操作的过程。常见的授权方式包括基于角色的访问控制（RBAC）、基于声明的访问控制（ABAC）等。

我们可以使用 Python 的 flask 库和 flask-jwt-extended 库来实现身份验证和授权，以下是一个简单的示例：

```
# user_service.py
from flask import Flask,request
from flask_jwt_extended import JWTManager,jwt_required,create_access_
token

app = Flask(__name__)
app.config['JWT_SECRET_KEY'] = 'super-secret'  # Change this!
jwt = JWTManager(app)

@app.route('/login',methods=['POST'])
def login():
    username = request.form.get("username")
    password = request.form.get("password")
    if username == "test" and password == "test": # Don't do this in
production
        access_token = create_access_token(identity=username)
        return {"access_token":access_token},200
    else:
        return {"msg":"Bad username or password"},401
```

```
@app.route('/user',methods=['GET'])
@jwt_required
def get_user():
    # ...
```

在上述代码中，我们使用Flask创建了一个用户服务，提供了/login和/user两个接口。/login接口用于登录，如果用户名和密码正确，将返回一个JWT token。/user接口用于获取用户信息，它使用@jwt_required装饰器来要求请求必须携带有效的JWT token，否则将返回401 Unauthorized错误。

为了保证微服务的可观察性，我们需要使用日志、度量和追踪。

① 日志：日志是记录系统运行时发生的事件的一种方式。通过日志，我们可以了解到系统在过去的时间内发生了什么。

② 度量：度量是记录系统运行时的各种指标的一种方式。通过度量，我们可以了解到系统的性能、资源使用情况等信息。

③ 追踪：追踪是记录请求在系统中的流转路径的一种方式。通过追踪，我们可以了解到请求是如何在各个服务之间流转的。

我们可以使用Python的logging库、flask_prometheus_metrics库和flask_opentracing库来实现日志、度量和追踪，以下是一个简单的示例：

```
# user_service.py
import logging
from flask import Flask,request
from flask_prometheus_metrics import register_metrics
from jaeger_client import Config
from flask_opentracing import FlaskTracer

app = Flask(__name__)

# Logging
logging.basicConfig(level=logging.INFO)
logger = logging.getLogger(__name__)

# Metrics
register_metrics(app,app_version="v1.0.0")

# Tracing
config = Config(config={"sampler":{"type":"const","param":1}},service_name=
"user-service")
jaeger_tracer = config.initialize_tracer()
tracer = FlaskTracer(jaeger_tracer,True,app)

@app.route('/user',methods=['GET'])
def get_user():
    logger.info("Getting user")
    # ...
```

在上述代码中，我们使用logging库来记录日志，使用flask_prometheus_metrics库来记录度量，使用jaeger-client和flask_opentracing库来记录追踪。

为了确保微服务的容错性，我们需要使用冗余和故障转移。

① 冗余：冗余是一种通过创建多个备份实例来提高系统可用性的方法。当一个实例发生故障时，可以使用其他的备份实例来提供服务。

② 故障转移：故障转移是一种当主实例发生故障时，自动将工作切换到备份实例的方法。

我们可以使用 Kubernetes 的 ReplicaSet 和 Service 来实现冗余和故障转移，以下是一个简单的示例：

```
# kubernetes.yaml
apiVersion:apps/v1
kind:Deployment
metadata:
  name:user-service
spec:
  replicas:3
  selector:
    matchLabels:
      app:user-service
  template:
    metadata:
      labels:
        app:user-service
    spec:
      containers:
      - name:user-service
        image:user-service
        ports:
        - containerPort:8080

---
apiVersion:v1
kind:Service
metadata:
  name:user-service
spec:
  selector:
    app:user-service
  ports:
    - protocol:TCP
      port:80
      targetPort:8080
```

在上述配置文件中，我们定义了一个 Deployment，它创建了 3 个 user-service 的副本。我们还定义了一个 Service，它将流量路由到这 3 个副本中的一个。

为了保证微服务的可维护性，我们需要使用版本控制和文档。

① 版本控制：版本控制是一种记录文件或目录内容变化，以便将来查阅特定版本修订情况的系统。常见的版本控制系统有 Git、SVN 等。

② 文档：良好的文档可以使其他开发者更容易地理解和使用创建的微服务。文档通常

包括 API 的定义、使用示例、部署方法等内容。

我们可以使用 Git 和 Swagger 来实现版本控制和文档撰写。以下是一个使用 flask 库、flasgger 库和 Swagger 的示例：

```
# user_service.py
from flask import Flask,request
from flasgger import Swagger,swag_from

app = Flask(__name__)
swagger = Swagger(app)

@app.route("/users/<int:user_id>",methods=["GET"])
@swag_from("get_user.yaml")
def get_user(user_id):
    # ...
```

在上述代码中，我们使用 flasgger 库来生成 Swagger 文档，使用@swag_from 装饰器来指定 API 的文档。

为了保证微服务的伸缩性，我们需要使用负载均衡和自动伸缩。

① 负载均衡：负载均衡是一种将工作负载分布到多个系统或资源上的技术，以便优化资源使用，最大化吞吐量，最小化响应时间，同时避免任何一个资源的过载。

② 自动伸缩：自动伸缩是一种根据实际运行状态动态调整系统资源的方法。当系统负载增加时，可以自动增加资源以处理更多的请求。当系统负载减少时，可以自动减少资源以节省成本。

我们可以使用 Kubernetes 的 Ingress 和 HorizontalPodAutoscaler（HPA）来实现负载均衡和自动伸缩，以下是一个简单的示例：

```
# kubernetes.yaml
apiVersion:networking.k8s.io/v1
kind:Ingress
metadata:
  name:user-service
spec:
  rules:
  - http:
      paths:
      - pathType:Prefix
        path:"/users"
        backend:
          service:
            name:user-service
            port:
              number:80

---
apiVersion:autoscaling/v1
kind:HorizontalPodAutoscaler
metadata:
```

```
    name:user-service
  spec:
    scaleTargetRef:
      apiVersion:apps/v1
      kind:Deployment
      name:user-service
    minReplicas:1
    maxReplicas:10
    targetCPUUtilizationPercentage:50
```

在上述配置文件中，我们定义了一个 Ingress，它将所有以"/users"开头的请求路由到 user-service。我们还定义了一个 HorizontalPodAutoscaler，它根据 user-service 的 CPU 利用率自动调整 Pod 的数量。

为了实现微服务间的通信，我们需要考虑使用同步通信和异步通信。

① 同步通信：同步通信是一种请求-响应模式的通信方式，在这种模式下，发送方在发送请求后需要等待接收方的响应。常用的同步通信协议包括 HTTP、gRPC 等。

② 异步通信：异步通信是一种发送方在发送消息后不需要等待接收方响应就可以继续执行的通信方式。常用的异步通信协议包括 AMQP（如 RabbitMQ）、STOMP（如 ActiveMQ）等，也可以使用 HTTP 的 Webhook 进行异步通信。

我们可以使用 Python 的 requests 库和 pika 库来实现 HTTP 通信和 AMQP 通信，以下是一个简单的示例：

```
# order_service.py
import requests
import pika
from fastapi import FastAPI
from pydantic import BaseModel

class Order(BaseModel):
    id:int
    user_id:int
    product_id:int
    quantity:int

app = FastAPI()

orders = []

@app.post("/orders/")
def create_order(order:Order):
    # Synchronous communication with user service
    user = requests.get(f"http://user-service/users/{order.user_id}").json()

    # Asynchronous communication with shipping service
    connection = pika.BlockingConnection(pika.ConnectionParameters(host=
'localhost'))
    channel = connection.channel()
    channel.queue_declare(queue='shipping')
```

```
        channel.basic_publish(exchange='',routing_key='shipping',body=
str(order. dict()))
        connection.close()

        orders.append(order)
```

在上述代码中，我们使用 requests 库进行同步通信，使用 pika 库进行异步通信。

第 8 章 分布式系统的测试与监控

8.1 分布式系统的测试

8.1.1 测试的必要性

测试在所有类型的软件开发中都是必不可少的环节，对于分布式系统而言更是如此。分布式系统由于其特殊的性质，如物理分离、异步通信、并发执行等，使得其在开发和运行过程中更容易出现错误和问题，这些错误和问题可能会导致系统的不稳定甚至崩溃。因此，进行全面而深入的测试，是保证分布式系统运行稳定、满足需求的重要手段。

首先，测试可以帮助发现和修复错误。在分布式系统的开发过程中，由于系统的复杂性，开发者可能难以预见所有可能出现的问题。通过测试，可以在系统上线前发现并修复这些问题，避免在实际运行中影响到用户。

其次，测试可以验证系统的功能和性能。分布式系统往往包含多个分布式的组件，这些组件需要协同工作以完成特定的任务。通过测试，可以验证这些组件是否能够正确地完成其任务，以及系统是否能够在预期的性能范围内运行。

最后，测试可以提供信息以优化系统。通过对系统进行测试，可以获取到系统在各种条件下的运行情况，包括响应时间、资源使用情况等。这些信息可以为系统的优化提供依据，帮助开发者找到系统的瓶颈，并进行针对性的优化。

因此，测试在分布式系统中具有重要的价值，是保证系统质量和稳定性的关键环节。

8.1.2 分布式系统测试的挑战

分布式系统的测试面临的挑战与传统的单体系统有很大的不同。这主要源于分布式系统的特性，这些特性增加了测试的复杂性，也为测试带来了一系列独特的挑战。

首先，分布式系统中的组件在物理上通常是分离的，组件之间通过网络进行通信。这就导致了网络环境对系统行为的影响需要被考虑在内。网络延迟、丢包、乱序等现象都可能对分布式系统的行为产生影响。在测试过程中，需要模拟这些网络环境，确保系统在这些条件下仍能正常工作。此外，网络分区的情况也需要被考虑进来。网络分区指的是在网络中，一部分节点之间的连接被切断，形成几个不能相互通信的区域。这是分布式系统中常见的网络故障，系统需要能够正确处理这种情况。

其次，分布式系统中的组件是并发执行的，这就带来了并发和时序的问题。多个组件可能会同时访问和修改同一份数据，如果没有正确的并发控制机制，可能会导致数据的不一致。在测试过程中，需要设计并发测试用例，检查系统是否能够正确处理并发问题。同时，时序问题也经常出现在分布式系统中。由于网络延迟和组件的并发执行，同一个操作在不同组件上可能会看到不同的顺序，这可能会导致系统的行为出现问题。因此，分布式系统的测试需要能够考虑到各种可能的操作顺序。

再次，分布式系统的状态空间巨大，这使得全面的测试变得非常困难。一个包含 n 个组件的分布式系统，如果每个组件都有 m 个可能的状态，那么整个系统就有 m^n 个可能的状态。在实际的分布式系统中，n 和 m 都可能是很大的数，因此整个状态空间可能会非常大。在这种情况下，传统的全面测试方法就变得不再适用，需要找到新的测试方法，保证能够在有限的时间和资源内，找到并测试出可能导致问题的状态和操作序列。

最后，由于分布式系统的复杂性，错误定位和问题诊断变得更加困难。一个错误可能是由多个组件的交互产生的，而这些交互可能是异步的，甚至可能跨越长时间。因此，需要有有效的工具和方法，以帮助开发者定位和修复错误。

以上这些因素，使得分布式系统的测试成为一项非常复杂的任务。但是，正是由于这些挑战，分布式系统测试的重要性也就更加突出。

8.1.3 分布式系统的测试策略和方法

在分布式系统的测试中，需要采取一系列的测试策略和方法，以保证系统的稳定性和性能。这些测试方法主要包括单元测试、集成测试、系统测试和压力测试。

单元测试是最基础的测试方法，主要用于测试单个组件的功能。在分布式系统中，单元测试主要用于验证每个单独的组件是否能够正常工作。例如，假设分布式系统中有一个组件负责处理用户的登录请求，那么在单元测试中，可以模拟各种可能的登录请求，如正确的用户名和密码、错误的用户名或密码等，并检查该组件是否能够返回正确的结果。此外，还可以检查在处理这些请求时，该组件是否遵循了预期的行为，例如是否正确地更新了数据库，是否发送了正确的通知等。

集成测试则关注的是多个组件之间的交互。在分布式系统中，一个完整的功能通常需要多个组件共同完成。因此，即使每个单独的组件都能够正常工作，当它们一起工作时也可能会出现问题。在集成测试中，会将相关的组件组合在一起，然后模拟它们在实际运行中可能会遇到的各种情况，并检查它们是否能够协同工作以完成预期的功能。例如，假设有一个功能需要用户服务、订单服务和库存服务共同完成，那么在集成测试中，可以模拟用户下单的过程，检查这三个服务是否能够正确地协同工作。

系统测试是对整个系统进行的测试，其目标是验证系统作为一个整体是否能够满足用户的需求。在系统测试中，会将所有的组件组合在一起，形成一个完整的系统，然后对这个系统进行模拟真实环境下的测试。例如，可以模拟用户在系统中进行购物的完整过程，检查系统是否能够正确地处理用户的每一个操作，以及是否能够给用户提供满足需求的服务。

压力测试则是为了检查系统在高负载情况下的性能和稳定性。在压力测试中，会模拟大量的用户请求，然后检查系统是否能够在这种高负载情况下正常工作。例如，可以模拟百万级别的用户同时在系统中进行购物，检查系统是否能够在短时间内处理所有的请求，以及在处理这些请求的过程中是否会出现性能瓶颈或者故障。

通过上述的测试方法，可以从不同的角度和层次对分布式系统进行测试，全面地检查系统的功能和性能，从而确保系统的质量和稳定性。

8.1.4　实践环节：使用工具进行分布式系统的测试

在分布式系统的测试中，工具的使用是必不可少的。这些工具可以帮助我们更高效地编写和执行测试用例，以及更方便地查看测试结果。以下将介绍如何使用 JUnit 和 Pytest 这两种常见的测试工具进行分布式系统的测试。

JUnit 是 Java 语言中最常用的测试框架，它提供了一系列的注解和断言方法，让我们可以方便地编写和运行测试用例。下面是一个简单的 JUnit 测试用例的示例：

```java
import org.junit.Test;
import static org.junit.Assert.assertEquals;

public class ExampleUnitTest {
    @Test
    public void testAdd(){
        ExampleClass example = new ExampleClass();
        int result = example.add(1,2);
        assertEquals(3,result);
    }
}
```

在这个示例中，我们首先用@Test 注解标记了一个测试方法 testAdd，然后在测试方法中创建了一个 ExampleClass 的对象，调用其 add 方法，并使用 assertEquals 方法检查结果是否正确。

对于 Python 语言，Pytest 是一种常用的测试框架。与 JUnit 类似，Pytest 也提供了一系列的装饰器和断言函数，让用户可以方便地编写和运行测试用例。下面是一个简单的 Pytest 测试用例的示例：

```python
def test_add():
    example = ExampleClass()
    result = example.add(1,2)
    assert result == 3
```

在这个示例中，我们定义了一个测试函数 test_add，在测试函数中创建了一个 ExampleClass 的对象，调用其 add 方法，并使用 assert 语句检查结果是否正确。

这些只是 JUnit 和 Pytest 的基本用法，实际上，这两种工具都提供了许多高级的功能，如参数化测试、前置和后置条件、测试套件等，可以帮助我们更有效地进行测试。

在进行分布式系统的测试时，我们可以根据需要选择合适的工具。例如，如果系统是用 Java 语言编写的，可以选择 JUnit；如果系统是用 Python 语言编写的，可以选择 Pytest。通过这些工具，我们可以更方便地编写和执行测试用例，从而保证分布式系统的质量和稳定性。

在分布式系统的测试中，除了单元测试，我们还需要进行集成测试和系统测试。这时，我们需要模拟多个组件的运行和交互，JUnit 和 Pytest 可能就无法满足需求了。此时，我们可以使用一些专门针对分布式系统的测试工具，如 TestContainers 和 LocalStack。

TestContainers 是一个 Java 库，它允许我们在 JUnit 测试中使用 Docker 容器。通过 TestContainers，我们可以在测试中创建和管理各种数据库、消息队列等组件的 Docker 容器，从而模拟真实的分布式环境。下面是一个使用 TestContainers 进行集成测试的示例：

```
import org.junit.Rule;
import org.testcontainers.containers.GenericContainer;

public class ExampleIntegrationTest {
    @Rule
    public GenericContainer redis = new GenericContainer("redis:5.0.3").
withExposedPorts(6379);

    @Test
    public void testRedis(){
        Jedis jedis = new Jedis(redis.getContainerIpAddress(),redis.get
Mapped Port(6379));
        jedis.set("key","value");
        assertEquals("value",jedis.get("key"));
    }
}
```

在这个示例中，我们使用了 TestContainers 提供的 GenericContainer 类，创建了一个运行 Redis 的 Docker 容器。然后，在测试方法 testRedis 中，我们使用 Jedis 连接到这个 Redis 的容器，进行了一系列的操作，并检查结果是否正确。

LocalStack 则是一个开源工具，它提供了一个本地的云环境，用于模拟 AWS 的服务。通过 LocalStack，我们可以在本地环境中进行 AWS 相关的开发和测试。例如，可以在 LocalStack 中创建和管理 S3 桶、DynamoDB 表等，然后在测试中使用这些服务。

通过这些工具，我们可以更方便地进行分布式系统的测试。我们可以在本地环境中模拟真实的分布式环境，进行各种可能的操作，并检查系统的行为是否符合预期。这样，就可以在系统上线前发现并修复可能存在的问题，从而保证系统的质量和稳定性。

接下来，我们来看看如何使用 Pytest 进行分布式系统的测试。在 Python 生态中，有一些工具可以帮助我们更好地进行分布式系统的测试，比如 pytest-mock 和 pytest-docker。

pytest-mock 是一个 mocking 和 monkey patching 的库，它可以帮助模拟系统中的某个部分，以进行更灵活的测试。例如，假设有一个服务需要从数据库中读取数据，在测试这个服务的时候，我们可能不希望真的去连接数据库，而是希望能够模拟数据库的行为，这时，就可以使用 pytest-mock 来模拟数据库。

```
def test_service(mocker):
    # Use mocker to create a mock for the database
    mock_db = mocker.patch('path.to.DatabaseClass')
    mock_db.get_data.return_value = 'expected data'

    # Now when the service calls the database,it will get the expected data
```

```
    service = Service()
    result = service.process_data()

    assert result == 'processed expected data'
```

在这个测试中，我们使用 mocker.patch 创建了一个数据库的 mock。然后，设定当这个 mock 的 get_data 方法被调用时，返回“expected data”。这样，在测试过程中，无论服务如何调用数据库，数据库总是返回预设的数据。

pytest-docker 是一个用于管理 Docker 容器的库，它可以让我们在测试中方便地启动和停止 Docker 容器。在下面的示例代码中，我们可以看到如何使用 pytest-docker 来管理一个 Redis 容器。

首先，我们定义一个 pytest fixture，即 redis_service，它使用 pytest-docker 来启动一个 Redi 容器，并确保它变得可以响应。

```
import pytest
from pytest_docker import docker_ip,docker_services

@pytest.fixture(scope="session")
def redis_service(docker_ip,docker_services):
     # 确保 Redis 服务正常响应
     port = docker_services.port_for("redis",6379)
    url = f"http://{docker_ip}:{port}"

    # 等待服务响应
    docker_services.wait_until_responsive(
        check=lambda:is_responsive(url),
        timeout=30.0,
    )
    return url
```

在这个 fixture 中，我们使用 docker_ip 和 docker_services 两个 pytest-docker 提供的 fixture。docker_ip 用于获取 Docker 容器的 IP 地址，docker_services 用于管理 Docker 服务。我们获取了 Redis 容器的端口，并生成了对应的 URL。然后，使用 docker_services.wait_until_responsive() 方法，等待 Redis 服务变得可响应，以确保在测试开始之前，Redis 容器已经启动并准备好接受请求。

接下来，编写一个测试函数，即 test_service，它使用 redis_service 的 fixture。在这个测试函数中，我们将 Redis 服务的 URL 传递给服务，以便服务可以使用这个 URL 来连接到 Redis 服务。

```
def test_service(redis_service):
#现在服务可以连接到 Redis 服务
service=Service(redis_service)
#…
```

在这个测试函数中，可以使用这个 URL 来连接到 Redis 服务，并进行相应的测试操作。

通过使用 pytest-docker 插件，可以方便地启动和管理 Docker 容器，确保测试环境的稳定和可靠性。在以上示例中，我们使用 pytest-docker 来启动和管理 Redis 容器，以便在测试服务时进行集成和端到端测试。

在分布式系统的测试中，我们已经介绍了如何使用 JUnit 和 Pytest 等测试工具进行单元测试，以及如何使用 TestContainers、LocalStack 和 pytest-docker 等工具进行集成测试和系统测试。这些工具都能帮助我们更有效地编写和执行测试用例，以便在系统上线前发现并修复可能存在的问题。

然而，这些工具只是其中的一部分，实际上，还有很多其他的工具可以在分布式系统的测试中发挥作用。例如，我们可以使用 Selenium 等工具进行端到端的 UI 测试，使用 Gatling 等工具进行性能测试和压力测试，使用 JaCoCo 等工具进行代码覆盖率分析，等等。

在使用工具的时候，我们应根据测试的目标和需求来选择合适的工具。并且，应该注意工具只是帮助我们进行测试的一种手段，更重要的是我们要明确测试的目标，设计好测试策略，编写出高质量的测试用例，这样才能确保分布式系统的质量和稳定性。

8.2 分布式系统的监控

8.2.1 监控的重要性

监控在分布式系统中的作用和价值是不可忽视的。随着系统的复杂性和规模的增加，监控成为了确保分布式系统稳定运行、高效处理业务请求的关键手段。

首先，监控可以帮助我们实时掌握系统的运行状态。分布式系统由多个组件组成，这些组件可能分布在不同的物理节点上，被复杂的网络环境连接起来。如果没有监控，一旦系统中的某个组件出现问题，我们可能无法及时发现。而通过监控，我们可以实时收集各个组件的运行数据，包括 CPU 使用率、内存使用量、磁盘 I/O、网络流量等，一旦检测到异常情况，就可以立即进行处理，避免问题的扩大。

其次，监控可以帮助我们定位和解决问题。在分布式系统中，问题的定位和解决是一项非常复杂的任务。因为问题可能源于系统的任何一部分，而且可能与多个组件的交互有关。通过监控，我们可以收集到更详细的运行数据，如日志、调用链、性能指标等，这些数据可以帮助我们更准确地定位问题的来源，从而更快地解决问题。

再次，监控可以帮助我们优化系统的性能。通过监控，我们可以收集到系统的性能数据，如响应时间、吞吐量、资源利用率等。通过分析这些数据，我们可以找到系统的性能瓶颈，然后对系统进行优化，提高系统的处理能力和效率。

最后，监控还可以帮助我们进行容量规划。通过监控，我们可以了解系统的负载情况和资源使用情况，预测未来的需求和压力，然后进行合理的资源分配和扩容，以满足未来的业务需求。

总的来说，监控在分布式系统中起着至关重要的作用。它不仅可以帮助我们确保系统的稳定运行，还可以帮助我们优化系统的性能，满足业务的发展需求。因此，对分布式系统进行有效的监控是我们必须要做的工作。

8.2.2 分布式系统监控的复杂性

分布式系统的监控相较于传统的单体系统监控，具有更高的复杂性。这主要源自分布式系统的特性，如组件多、异构性强、网络复杂等。以下是分布式系统监控面临的主要问题和挑战。

首先，分布式系统由多个组件组成，这些组件可能运行在不同的物理机或虚拟机上，可能使用不同的技术栈，甚至可能分布在不同的地理位置。这就造成了监控的异构性问题。我们需要收集各种不同类型的监控数据，包括各种硬件和操作系统的性能数据、各种应用和服务的运行数据、各种网络设备的状态数据等。对于这些不同类型的数据，我们可能需要使用不同的监控工具和方法，这会大大增加监控的复杂性。

其次，分布式系统的组件之间通过网络进行通信，这就使得网络问题成为了监控的重要部分。网络的延迟、丢包、抖动等问题都可能影响到分布式系统的性能和稳定性。因此，我们需要监控网络的状态，如网络连接的质量、网络流量的分布等。但是，由于网络的复杂性，我们可能需要使用复杂的工具和技术，如网络抓包、流量分析等，这也会增加监控的难度。

再次，由于分布式系统的规模通常很大，可能包括数十到数千个节点，因此，我们需要处理大量的监控数据。这就带来了数据处理的挑战。我们需要有效地收集、存储和处理这些数据，以便实时地了解系统的状态。此外，我们还需要对这些数据进行分析，以发现系统的问题和性能瓶颈。这就需要使用大数据处理和分析的技术，如数据聚合、数据挖掘、机器学习等。

最后，由于分布式系统的动态性，我们需要进行实时的监控。分布式系统的状态可能随时变化，新的节点可能被添加到系统中，旧的节点可能从系统中移除，服务可能在不同的节点之间迁移。因此，我们需要实时地更新监控数据，以便及时发现和处理问题。这就要求我们的监控系统具有高的实时性和可扩展性。

8.2.3　分布式系统的监控策略和方法

在分布式系统的监控中，我们常常采用多种策略和方法来对系统进行全方位的监控。这些方法包括但不限于日志监控、性能监控和系统健康检查。

日志监控是监控中的基础，几乎所有的系统和服务都会输出日志。日志中记录了系统运行过程中的各种信息，如操作的执行情况、错误和异常的发生、系统状态的变化等。通过收集和分析这些日志，我们可以了解系统的运行情况，发现和定位问题。例如，我们可以使用 ELK（Elasticsearch、Logstash、Kibana）技术栈进行日志的收集、存储和分析。

```
{
  "timestamp":"2021-08-20T08:00:00Z",
  "level":"INFO",
  "message":"User login successful",
  "username":"testuser",
  "ip":"192.168.1.1"
}
```

在这个日志示例中，我们记录了一次用户登录成功的事件，包括事件的时间、日志级别、消息内容、用户名和 IP 地址。通过分析这样的日志，我们可以了解用户的登录情况，如登录的频率、登录的地点等。

性能监控则关注系统的性能指标，如 CPU 使用率、内存使用量、磁盘 I/O、网络流量等。这些指标反映系统的资源使用情况和处理能力，是评估和优化系统性能的重要依据。例如，我们可以使用 Prometheus 等工具来收集和展示这些性能指标。

```
# Prometheus metrics 示例
http_requests_total{method="post",code="200"}            1027
```

```
http_requests_total{method="post",code="400"}          3
cpu_usage_seconds_total                                18000.0
memory_usage_bytes{instance="localhost:9100"}          6291456000
```

在这个性能指标示例中，我们记录了 HTTP 请求的总数（按方法和状态码分类）、CPU 的使用时间和内存的使用量。通过分析这些指标，我们可以了解系统的负载情况，找出性能瓶颈，进行资源的调整和优化。

系统健康检查是另一种常见的监控方法，它主要用于检查系统和服务的可用性。我们可以定期向系统或服务发送健康检查请求，然后根据响应的情况判断系统或服务的状态。例如，我们可以使用 Kubernetes 的 Liveness 和 Readiness 探针来进行健康检查。

```
# Kubernetes health check 示例
livenessProbe:
  httpGet:
    path:/healthz
    port:8080
  initialDelaySeconds:3
  periodSeconds:3
```

在这个健康检查示例中，我们配置了一个 Liveness 探针，它会每 3 秒向/healthz 路径发送一次 HTTP GET 请求，如果连续失败，Kubernetes 就会重启该容器。通过这样的健康检查，我们可以及时发现服务的故障，进行恢复或者报警。

8.2.4 实践环节：使用 Prometheus 和 Grafana 进行分布式系统监控

Prometheus 是一个开源的监控系统，它可以收集各种类型的监控数据，如性能指标、系统状态等。Grafana 是一个开源的数据可视化工具，它可以将 Prometheus 等数据源的数据以图表的形式展示出来，方便我们进行分析和理解。

首先，需要创建一个 Prometheus 的配置文件 prometheus.yml，在这个文件中，定义 Prometheus 的数据源，即要监控的目标：

```
global:
  scrape_interval:15s

scrape_configs:
  - job_name:'node'
    static_configs:
      - targets:['node_exporter:9100']
```

在这个配置中，我们定义了一个名为 node 的监控任务，它会每 15s 从 node_exporter:9100 这个地址收集数据。node_exporter 是一个开源的系统数据采集工具，它可以提供系统的各种性能指标，如 CPU 使用率、内存使用量、磁盘 I/O 等。

然后，需要创建一个 Dockerfile，用于构建包含 Prometheus 和 Grafana 的 Docker 镜像：

```
# 使用官方的 Grafana 镜像作为基础镜像
FROM grafana/grafana:latest

# 将 Prometheus 配置文件复制到 Docker 镜像中
COPY prometheus.yml /etc/prometheus/prometheus.yml
```

```
# 安装 Prometheus
RUN wget https://github.com/prometheus/prometheus/releases/download/v2.22.0/
prometheus-2.22.0.linux-amd64.tar.gz \
     && tar xvfz prometheus-*.tar.gz \
     && cp prometheus-2.22.0.linux-amd64/prometheus /bin/ \
     && cp prometheus-2.22.0.linux-amd64/promtool /bin/ \
     && rm -rf prometheus-2.22.0.linux-amd64* prometheus-*.tar.gz

# 开放 Prometheus 和 Grafana 的端口
EXPOSE 9090 3000

# 启动 Prometheus 和 Grafana
CMD ["sh","-c","/bin/prometheus --config.file=/etc/prometheus/prometheus.
yml & /run.sh"]
```

在这个 Dockerfile 中，我们首先使用 Grafana 的官方 Docker 镜像作为基础镜像，然后将 Prometheus 配置文件复制到 Docker 镜像中。接下来，下载并安装 Prometheus，然后将 Prometheus 的可执行文件复制到 Docker 镜像的/bin/目录。最后，我们定义了 Docker 镜像的暴露端口，以及启动 Prometheus 和 Grafana 的命令。

使用这个 Dockerfile，我们就可以构建出一个包含 Prometheus 和 Grafana 的 Docker 镜像，然后使用这个镜像来部署监控系统。例如，我们可以通过以下命令来构建和运行 Docker 镜像：

```
docker build -t my_monitoring_system .
docker run -d -p 9090:9090 -p 3000:3000 my_monitoring_system
```

在 Docker 容器运行后，我们就可以通过访问 http://localhost：9090 来查看 Prometheus 的状态，通过访问 http://localhost:3000 来查看和配置 Grafana 的仪表板。

通过以上这些步骤，我们可以建立起一个基本的监控系统，实时收集和展示系统的性能数据，帮助我们更好地了解和管理系统的状态。

接下来，我们将通过 Grafana 配置一个仪表板，来展示收集到的性能数据。

首先，我们需要登录 Grafana。默认的用户名和密码都是 admin。登录后，我们会看到 Grafana 的主页。

接下来，我们需要添加一个数据源。点击左侧菜单栏的“Configuration”，然后选择“Data Sources”。在新打开的页面中，点击“Add data source”。在“Type”下拉菜单中选择“Prometheus”。在“URL”输入框中输入 http://localhost:9090，这是 Prometheus 服务器的地址。点击“Save & Test”，Grafana 会测试与 Prometheus 服务器的连接。

成功添加数据源后，我们就可以开始创建仪表板。点击左侧菜单栏的“Create”，然后选择“Dashboard”。在新打开的页面中，点击“Add Query”。在“Query”输入框中，输入 PromQL 查询语句。例如，我们可以输入 node_cpu_seconds_total，这是一个由 Node Exporter 提供的指标，表示 CPU 的使用时间。在右侧，我们可以选择图表的类型和样式。

添加更多的查询后，我们就可以创建出一个包含多种性能指标的仪表板。图 8-1 是一个示例的仪表板。

在如图 8-1 所示的这个仪表板中，可以看到多种性能指标的图表，如 CPU 使用率、内存使用量、网络流量等。这些图表可以帮助我们直观地了解系统的性能状态，发现可能存在的问题。

在上述步骤中，我们已经成功地设置了 Prometheus 和 Grafana，并创建了一个基础的仪表板来展示我们的监控数据。然而，实际的分布式系统监控远不止如此。为了更有效地监控系统，我们需要对其进行更深入的配置和优化。

例如，我们可以配置 Prometheus 的告警规则，当某些指标超过设定的阈值时，Prometheus 会发送告警信息。告警规则可以写在 Prometheus 的配置文件中，或者单独的规则文件中。以下是一个告警规则的示例：

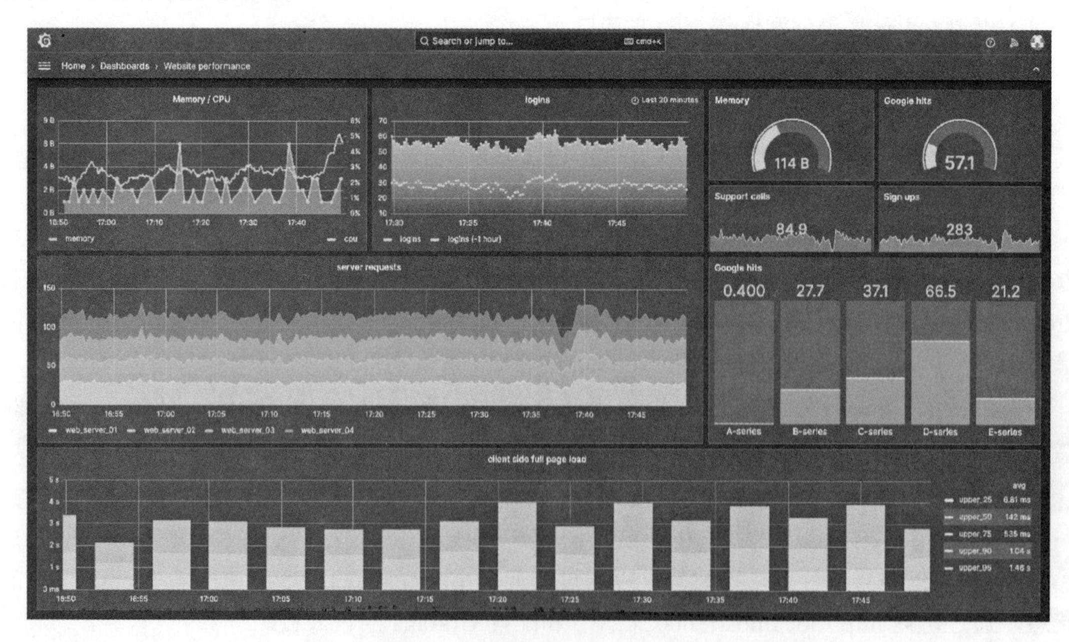

图 8-1　Grafana 仪表板示意图

```
groups:
- name:example
  rules:
  - alert:HighRequestLatency
    expr:api_http_request_latencies_second{quantile="0.5"} > 1.0
    for:10m
    labels:
      severity:page
    annotations:
      summary:"High request latency on {{ $labels.instance }}"
```

这个告警规则表示，如果 API 的 HTTP 请求的中位数延迟超过 1.0 秒，并且这种情况持续了 10 分钟，那么 Prometheus 就会发送一个严重级别为 page 的告警。

另外，我们还可以在 Grafana 中创建更复杂的仪表板，展示更多的性能指标和维度。可以使用 Grafana 的查询编辑器来创建复杂的查询，也可以使用其丰富的可视化选项来创建各种类型的图表。此外，我们还可以将多个仪表板组织成一个仪表板文件夹，便于管理和分享。

总的来说，使用 Prometheus 和 Grafana 进行分布式系统监控是一个持续优化的过程。我们需要根据系统的特性和需求，选择合适的监控指标，创建有效的告警规则，设计清晰的仪表板，以便更好地理解和管理系统。

8.3　日志在分布式系统中的应用

8.3.1　日志的必要性

日志在分布式系统中的作用和价值是多方面的。它们是系统运行过程中产生的重要信息，为我们提供理解和分析系统行为的基础。

首先，日志是解决问题的重要工具。当系统出现问题时，如性能下降、服务失败等，我们通常会首先查看日志，以找出问题的原因。日志中记录系统的各种活动，如请求的处理、任务的执行、错误和异常的发生等。通过分析这些信息，我们可以了解问题发生的上下文，找出问题的根源，从而更快地解决问题。

其次，日志是我们理解系统行为的重要途径。分布式系统通常包含多个组件，这些组件可能运行在不同的物理机或虚拟机上，可能使用不同的技术栈，可能分布在不同的地理位置。在这种情况下，日志成为我们理解系统整体行为的主要手段。通过收集和分析所有组件的日志，我们可以得到系统的全局视图，了解各个组件的交互情况，发现可能存在的问题。

再次，日志是进行系统优化的重要依据。日志中记录系统的性能信息，如响应时间、处理速度、资源使用情况等。通过分析这些信息，我们可以找出系统的性能瓶颈，然后进行优化，提高系统的效率和性能。

最后，日志还可以帮助我们进行审计和合规。在一些需要遵守特定规则的环境中，如金融、医疗、政府等，我们需要保留和审查日志，以证明系统是按照规定的方式运行的。

总的来说，日志在分布式系统中起着至关重要的作用。通过有效的日志管理和分析，我们可以更好地理解和控制我们的系统，提高系统的稳定性和性能。因此，对日志的处理是我们必须要做的工作。

8.3.2　日志在分布式系统中的挑战

分布式系统日志管理面临的主要问题和挑战主要源自分布式系统的特性，如系统规模大、组件异构、动态性强等。以下是几个主要的挑战：

首先，由于分布式系统由多个组件组成，这些组件可能运行在不同的物理机或虚拟机上，可能使用不同的技术栈，可能分布在不同的地理位置，因此我们需要收集和管理来自各个地方的日志。这就带来了日志收集的挑战。我们需要在每个组件上部署日志收集器，然后将日志发送到中央的日志管理系统。这个过程需要高效，不能影响到正常的业务流程。

其次，由于分布式系统的规模通常很大，可能包括数十到数千个节点，因此我们需要处理大量的日志数据。这就带来了日志存储和查询的挑战。我们需要有效地存储和索引这些日志，以便快速地查询特定的日志。这就需要使用大数据处理和存储的技术，如分布式文件系统、分布式数据库等。

再次，由于分布式系统的动态性，系统的状态可能随时变化，新的节点可能被添加到系统中，旧的节点可能从系统中移除，服务可能在不同的节点之间迁移。这就要求我们的日志管理系统具有高的实时性和可扩展性。我们需要实时地收集和处理日志，以便及时发现和处理问题。

最后，由于分布式系统的复杂性，我们需要对大量的、各种类型的日志进行分析。这就带来了日志分析的挑战。我们需要使用复杂的工具和技术，如日志搜索和查询、日志聚合和统计、日志关联和追踪、机器学习等，以便从海量的日志中提取有用的信息，发现系统的问题和性能瓶颈。

面对这些挑战，我们需要选择合适的工具和技术，设计出适合自己系统的日志管理策略，以确保有效的日志处理。

8.3.3 分布式日志收集和分析

收集和分析分布式系统的日志是一项重要的任务。下面我们将介绍如何进行分布式日志的收集和分析。

日志的收集是日志处理的第一步。在分布式系统中，我们需要在每个节点上收集日志。这通常可以通过在每个节点上运行一个日志收集器来完成。日志收集器可以是一个独立的服务，也可以是一个库或插件，集成到应用程序中。日志收集器的任务是读取日志文件，或者接收应用程序的日志消息，然后将这些日志发送到中央的日志管理系统。以下是一个简单的日志收集器的示例（基于 Python 实现）：

```
import logging
import logging.handlers

# 创建一个日志记录器
logger = logging.getLogger('my_logger')
logger.setLevel(logging.INFO)

# 创建一个处理器,将日志发送到日志服务器
handler = logging.handlers.SocketHandler('localhost',9000)
logger.addHandler(handler)

# 记录一条日志消息
logger.info('This is a log message.')
```

在这个示例中，我们创建了一个日志收集器，它将日志消息发送到 localhost：9000 这个地址。这个地址通常是我们的日志服务器的地址。

日志的分析是日志处理的第二步。在收集了大量的日志后，我们需要对这些日志进行分析，以便从中提取有用的信息。日志分析可以是简单的搜索和查询，也可以是复杂的统计和机器学习。以下是一个简单的日志分析的示例：

```
import pandas as pd

# 将日志加载到 DataFrame 中
df = pd.read_csv('logs.csv')

# 过滤出级别为 ERROR 的日志
error_logs = df[df['level'] == 'ERROR']

# 统计错误日志的数量
num_errors = len(error_logs)
```

```
# 打印结果
print(f'错误数量:{num_errors}')
```

在这个示例中，我们使用 pandas 库加载了一个 CSV 格式的日志文件，然后筛选出了级别为 ERROR 的日志，最后计算出了错误日志的数量。这就是一个简单的日志分析过程。

8.3.4　实践环节：使用 ELK Stack 进行分布式系统的日志管理

ELK Stack（ELK 的扩展版本）是 Elasticsearch、Logstash、Kibana 和 Beats 的组合，是一种流行的开源日志管理解决方案。在本小节中，我们将使用 ELK Stack 进行分布式系统的日志管理。

当谈到日志管理和分析时，Elasticsearch、Logstash、Kibana 和 Beats 通常被一起提及，它们被称为 ELK Stack。

① Elasticsearch（ES）：Elasticsearch 是一个开源的分布式搜索和分析引擎，构建在 Apache Lucene 之上。它提供了一个可扩展的、实时的搜索和分析平台，能够处理大规模数据集。Elasticsearch 以分布式方式存储和索引数据，提供强大的全文搜索、复杂的查询和聚合功能。它还支持实时数据分析、地理空间数据处理和机器学习等功能。

② Logstash：Logstash 是一个开源的数据收集和处理工具，用于将不同来源的日志和事件数据收集、转换和传输到 Elasticsearch 等目标存储。Logstash 可以从各种来源（如文件、数据库、消息队列等）收集数据，然后进行过滤、转换和增强处理，最后将数据发送到目标存储。它支持灵活的插件系统，可以与各种数据源和目标进行集成。

③ Kibana：Kibana 是一个开源的数据可视化平台，用于在 Elasticsearch 上进行数据分析和可视化。它提供了一个直观的 Web 界面，可以通过仪表板、图表、地图等方式展示和探索数据。Kibana 允许用户进行实时查询和筛选、创建交互式图表和仪表板，并支持自定义可视化和报表。它与 Elasticsearch 紧密集成，可以直接从 Elasticsearch 索引中检索和分析数据。

④ Beats 是一组轻量级的数据采集器，用于实时收集各种类型的数据，并将其发送到 Logstash 或 Elasticsearch 进行处理和存储。

Elasticsearch 提供了一个强大的搜索和分析引擎，用于存储、索引和查询数据；Logstash 用于收集、处理和传输日志和事件数据；Kibana 用于可视化和分析数据。这三个工具共同构成了一个功能强大的日志管理和分析平台，可以帮助用户实时监控、搜索、分析和可视化大规模数据集。

使用 ELK Stack 进行分布式系统的日志管理，首先需要创建一个 Dockerfile，用于构建包含 ELK Stack 的 Docker 镜像。

```
# 使用官方的 Elasticsearch 镜像作为基础镜像
FROM docker.elastic.co/elasticsearch/elasticsearch:7.10.1

# 安装 Logstash 和 Kibana
RUN echo "http://dl-cdn.alpinelinux.org/alpine/v3.12/main" >> /etc/apk/
repositories && \
    apk update && apk add logstash && apk add kibana

# 将 Logstash 配置文件复制到 Docker 镜像中
COPY logstash.conf /etc/logstash/conf.d/logstash.conf
```

```
# 开放 Elasticsearch、Logstash 和 Kibana 的端口
EXPOSE 9200 9300 9600 5601

# 启动 Elasticsearch、Logstash 和 Kibana
CMD ["sh","-c","/usr/share/elasticsearch/bin/elasticsearch & /usr/share/logstash/bin/logstash  -f/etc/logstash/conf.d/logstash.conf  &  /usr/share/kibana/bin/kibana"]
```

在这个 Dockerfile 中，我们首先使用 Elasticsearch 的官方 Docker 镜像作为基础镜像；然后安装 Logstash 和 Kibana；接下来将 Logstash 配置文件复制到 Docker 镜像中；最后，定义 Docker 镜像的暴露端口，以及启动 Elasticsearch、Logstash 和 Kibana 的命令。

然后需要创建一个 Logstash 的配置文件 logstash.conf，在这个文件中，我们定义 Logstash 的输入、过滤和输出：

```
input {
  tcp {
    port => 5000
  }
}

filter {
  json {
    source => "message"
  }
}

output {
  elasticsearch {
    hosts => ["localhost:9200"]
  }
}
```

在这个配置中，我们定义了一个 tcp 输入，它会监听 5000 端口，接收日志消息。然后，我们定义了一个 json 过滤器，它会解析消息中的 JSON 字段。最后，我们定义了一个 elasticsearch 输出，它会将处理后的日志发送到 Elasticsearch。

使用这个 Dockerfile 和 Logstash 配置文件，我们就可以构建出一个包含 ELK Stack 的 Docker 镜像，然后使用这个镜像来部署我们的日志管理系统。例如，我们可以通过以下命令来构建和运行 Docker 镜像：

```
docker build -t my_logging_system .
docker run -d -p 5000:5000 -p 9200:9200 -p 9300:9300 -p 9600:9600 -p 5601:5601 my_logging_system
```

在 Docker 容器运行后，我们就可以通过访问 http://localhost：5601 来查看和配置 Kibana 的仪表板，通过发送日志消息到 localhost:5000 来发送日志。

为了更好地利用 ELK Stack 进行日志管理，我们可以进行一些高级配置和优化。

首先，我们可以配置 Logstash 的多个输入和输出。在上述示例中，我们只配置了一个 tcp 输入和一个 elasticsearch 输出。实际上，Logstash 支持多种类型的输入和输出，如文件、

HTTP、Kafka 等。我们可以根据需求，配置多个输入和输出。例如，可以配置一个文件输入，用于读取日志文件；一个 Kafka 输出，用于将日志发送到 Kafka。

其次，可以使用 Logstash 的过滤器进行日志的预处理。在上述示例中，我们使用了一个简单的 json 过滤器。实际上，Logstash 支持多种类型的过滤器，如 grok、date、mutate 等。我们可以使用这些过滤器进行日志的解析、转换、丰富等操作。例如，可以使用 grok 过滤器解析日志的格式，提取出关心的字段。

再次，我们可以在 Kibana 中使用 Elasticsearch 的查询语言进行复杂的查询和分析。在上述示例中，我们只进行了简单的查询。实际上，Elasticsearch 支持一种强大的查询语言，可以进行全文搜索、范围查询、聚合查询等操作。我们可以在 Kibana 中使用这种查询语言，进行复杂的日志分析。

最后，我们可以使用 Kibana 的仪表板进行日志的可视化。在上述示例中，我们创建了一个简单的仪表板。实际上，Kibana 支持多种类型的面板，如地图、时间序列、词云等。我们可以使用这些面板，创建出丰富的仪表板，更好地展示和分析日志。

总的来说，使用 ELK Stack 进行分布式系统日志管理是一个持续优化的过程。我们需要根据系统的特性和需求，选择合适的输入、输出和过滤器，使用有效的查询和分析手段，设计出清晰的仪表板，以便更好地理解和管理我们的系统。

让我们创建一个运行 Python 应用的 Docker 容器，并使用 ELK Stack 来管理这个容器的日志。以下是 Python 应用的代码：

```
import logging
import time

logging.basicConfig(level=logging.INFO)

while True:
    logging.info("This is a log message.")
    time.sleep(1)
```

这个应用会每秒打印一条日志消息。

我们可以创建一个 Dockerfile 来构建这个应用的 Docker 镜像：

```
# 使用官方的 Python 镜像作为基础镜像
FROM python:3.8

# 将 Python 脚本复制到 Docker 镜像中
COPY app.py /app.py

# 运行 Python 脚本
CMD ["python","/app.py"]
```

然后，我们可以运行以下命令来构建和运行这个 Docker 镜像：

```
docker build -t my_app .
docker run -d --name my_app_container my_app
```

接下来，我们需要配置 Logstash 来收集这个容器的日志。我们可以在 Logstash 的配置文件中添加一个 docker 输入：

```
input {
  docker {
    containers => {
      ids => ["my_app_container"]
    }
  }
}
```

这个配置会让 Logstash 读取名为 my_app_container 的容器的日志。

最后，我们可以在 Kibana 中查看和分析这个容器的日志。我们可以创建一个新的索引模式，然后在发现页面中查看这个容器的日志，也可以在仪表板页面中添加新的面板，以便更好地展示这个容器的日志。

8.4 分布式系统的故障排查和性能优化

8.4.1 故障排查和性能优化的重要性

故障排查和性能优化在分布式系统中起到至关重要的作用。

故障排查是定位和解决系统问题的过程。在分布式系统中，由于系统的复杂性和动态性，可能会出现各种各样的故障，如服务中断、数据丢失、性能下降等。这些故障会影响到系统的可用性和性能，甚至可能导致系统的完全停止。通过故障排查，我们可以快速地定位并修复这些故障，恢复系统的正常运行。因此，故障排查对于保证系统的稳定性和可用性具有重要的价值。

性能优化是提高系统性能的过程。在分布式系统中，由于系统的规模大、负载高，对性能的要求很高。如果系统的性能不足，可能会导致处理延迟，影响用户体验，甚至可能导致系统的崩溃。通过性能优化，我们可以提高系统的处理能力，缩短响应时间，提高资源使用效率，从而提供更好的服务。因此，性能优化对于提高系统的效率和用户满意度具有重要的价值。

8.4.2 故障排查的策略和方法

分布式系统故障排查是一项挑战性工作，但也有一套可遵循的策略与方法。

首先，故障排查通常从问题的现象开始，例如，系统的响应速度下降、服务无法访问等。收集问题的现象，了解问题的具体情况，是故障排查的第一步。

其次，根据问题的现象，可以确定需要查看的日志和监控数据。例如，如果是响应速度下降，可能需要查看系统的性能监控数据，如 CPU 使用率、内存使用情况、网络带宽等；如果是服务无法访问，可能需要查看服务的运行日志和错误日志。

然后，通过分析日志和监控数据，可以尝试定位问题的原因。这需要对系统的结构和工作原理有深入的理解。例如，如果发现 CPU 使用率很高，可能是某个计算任务占用了过多的 CPU 资源；如果发现服务频繁重启，可能是服务的配置有问题，或者服务的代码有漏洞。

最后，根据问题的原因，可以尝试解决问题。这可能涉及修改配置、修复代码、优化资源使用等操作。

以 Zookeeper 为例，如果发现 Zookeeper 的性能下降，可以先查看 Zookeeper 的监控数据，如 CPU 使用率、内存使用情况、网络带宽等。如果发现 CPU 使用率很高，可能是 Zookeeper

的负载过高，可以尝试优化 Zookeeper 的使用。例如，减少不必要的操作，使用更高效的数据结构等。

这些都是通用的故障排查策略和方法，实际操作中，可能需要根据系统的特性和问题的具体情况，进行具体的分析和处理。

除了上述的通用故障排查策略和方法，还有几个工具和技术可以帮助进行更有效的故障排查。

① 日志聚合工具：对于分布式系统来说，日志可能分布在多个节点和服务中，这使得日志查看和分析变得困难。日志聚合工具可以将这些日志收集到一处，使得我们可以方便地查看和搜索所有的日志。比如前面提到的 ELK Stack，就是一款非常强大的日志聚合工具。

② 分布式追踪系统：在分布式系统中，一个请求可能需要经过多个服务，这使得排查问题变得困难。分布式追踪系统可以帮助我们追踪一个请求的完整路径，了解每个服务的处理情况。例如，Zipkin 和 Jaeger 都是非常好的分布式追踪系统。

③ 性能分析工具：性能问题是分布式系统中常见的问题。性能分析工具可以帮助我们了解系统的资源使用情况，找出性能瓶颈。例如，Prometheus 是一个非常好的性能监控和分析工具。

④ 故障注入：故障注入是一种通过人为制造故障，来测试系统的容错能力和查找潜在问题的方法。例如，Chaos Monkey 就是一款非常好的故障注入工具。

这些工具和技术可以帮助我们更有效地进行故障排查。但是，值得注意的是，故障排查不仅仅是技术问题，更是一个系统的工作。我们需要建立一套完整的故障排查流程，培养团队的故障排查能力，才能真正提高系统的稳定性和可靠性。

8.4.3　性能优化的策略和方法

分布式系统的性能优化是一项重要的工作，涉及算法优化、系统配置调整、数据结构改进等多个方面。以下是一些常见的性能优化策略和方法。

① 负载均衡：在分布式系统中，负载均衡是常用的性能优化手段。通过将工作负载分散到多个节点上，避免单个节点过载，提高系统处理能力。常见的负载均衡策略包括轮询、随机、源地址哈希等。

② 缓存优化：缓存可以减少系统对后端存储的访问，提高系统响应速度。然而，缓存管理是复杂的，需要考虑缓存大小、替换策略、一致性等问题。常见的缓存优化方法包括 LRU（least recently used，最近最少使用）、LFU（least frequently used，最不经常使用）等缓存替换策略，以提高缓存的命中率和效率。

③ 数据库优化：数据库是分布式系统中重要的组件，其性能直接影响系统性能。数据库优化可能涉及 SQL 查询优化、索引优化、表结构优化等方面。

④ 并行和并发优化：通过并行和并发技术，可以提高分布式系统的处理能力。然而，这也会引入同步和调度问题。常见的并行和并发优化方法包括线程池、异步 IO 等。

以 Zookeeper 为例，如果发现其性能不足，可以尝试以下优化方法：

① 增加 Zookeeper 节点数量，通过负载均衡提高系统处理能力。

② 调整 Zookeeper 配置，如增加内存分配、优化垃圾回收策略等。

③ 优化使用 Zookeeper 的代码，减少不必要的操作，使用更高效的数据结构等。

这些都是通用的性能优化策略和方法。在实际操作中，需根据系统特性和具体问题进行分析和处理。

除此之外，还有其他重要的性能优化策略和方法，包括：

① 资源管理和调度优化：有效的资源管理和调度是提高系统性能的关键。通过容器技术（如 Docker）和资源调度平台（如 Kubernetes），可以实现资源的隔离和动态调度，提高资源利用率。

② 网络通信优化：优化网络通信可以显著提高分布式系统性能。例如，通过压缩和批处理技术减少网络传输数据量，通过调整网络参数（如 TCP 窗口大小）优化网络传输效率。

③ 数据存储和访问优化：数据存储和访问的效率直接影响系统性能。在分布式系统中，使用分布式文件系统（如 HDFS）和分布式数据库（如 Cassandra）等技术可以实现数据的分布式存储和高效访问。通过合理的数据划分和索引设计，以及优化数据访问的方式，可以减少数据访问的延迟并提高系统性能。

④ 使用性能分析工具：性能分析工具可以帮助我们了解系统的性能状况，找出性能瓶颈。例如，使用 gprof、perf 等工具可以进行 CPU 性能分析，使用 vmstat、iostat 等工具可以进行内存和 IO 性能分析。通过使用这些工具，我们可以识别系统中的性能问题，并采取相应的措施进行优化。

⑤ 系统监控和自动化调整：实时监控系统的性能指标是实现性能优化的关键。通过设置合适的监控指标和阈值，并结合自动化调整机制，可以实现对系统性能的实时监控和自动化调整。例如，根据系统负载情况自动调整资源分配，或者根据监控数据触发报警和自动扩展等操作，以保持系统性能的稳定和高效。

这些性能优化的策略和方法可以帮助我们提高分布式系统的性能。然而，值得注意的是，性能优化是一个持续的过程，需要我们不断地监控系统性能，分析性能瓶颈，调整系统配置，并根据系统的变化和业务的发展，不断地进行性能优化。

8.4.4 实践环节：使用工具进行分布式系统的性能分析和优化

在进行分布式系统的性能分析和优化时，可以选择使用 Prometheus 和 Grafana 这两款工具。Prometheus 是一个开源的监控系统，它可以收集各种性能指标；Grafana 是一个开源的数据可视化工具，可以将 Prometheus 收集到的数据进行可视化展示。

首先，需要在 Docker 中部署 Prometheus 和 Grafana。可以创建一个 docker-compose.yml 文件，内容如下：

```
version:'3'
services:
  prometheus:
    image:prom/prometheus
    volumes:
      - ./prometheus.yml:/etc/prometheus/prometheus.yml
    command:
      - '--config.file=/etc/prometheus/prometheus.yml'
    ports:
      - 9090:9090
```

```
  grafana:
    image:grafana/grafana
    ports:
      - 3000:3000
```

其中，prometheus.yml 是 Prometheus 的配置文件，可以配置 Prometheus 的数据源和收集规则。

然后，运行以下命令启动 Prometheus 和 Grafana：

```
docker-compose up -d
```

接下来，在 Prometheus 中添加监控目标，收集系统的性能指标。例如，我们可以监控系统的 CPU 使用率、内存使用情况、网络带宽等。

最后，在 Grafana 中添加数据源（选择 Prometheus），然后创建仪表板，将收集到的性能指标进行可视化展示。我们可以创建各种图表，如时序图、饼图、直方图等，以便更直观地了解系统的性能状况。

在实际的优化过程中，我们可能需要更进一步地进行性能分析和优化。这里我们以分布式数据库为例，进行演示。

首先，在 Docker 中部署一个分布式数据库，例如 Cassandra。我们可以创建一个 Dockerfile，内容如下：

```
FROM cassandra:3.11

EXPOSE 7000 7001 7199 9042 9160

CMD ["cassandra","-f"]
```

然后，运行以下命令构建并运行 Cassandra 的 Docker 镜像：

```
docker build -t my-cassandra .
docker run -d --name cassandra -p 9042:9042 my-cassandra
```

接下来，使用 cqlsh 工具操作 Cassandra 数据库，例如，创建表、插入数据、查询数据等。

```
docker exec -it cassandra cqlsh
CREATE KEYSPACE mykeyspace WITH REPLICATION = { 'class' : 'SimpleStrategy',
'replication_factor' :3 };
USE mykeyspace;
CREATE TABLE users(id UUID PRIMARY KEY,name TEXT,email TEXT);
INSERT INTO users(id,name,email)VALUES(uuid(),'Alice','alice@example.com');
SELECT * FROM users;
```

在这个过程中，我们可以使用 Prometheus 和 Grafana 监控 Cassandra 的性能指标，如 CPU 使用率、内存使用情况、磁盘 IO 等。如果发现性能问题，我们可以尝试优化 Cassandra 的配置，例如，调整内存分配、优化查询语句、增加节点数量等。

在深入性能优化后，我们可能会发现有些性能瓶颈是由代码层面的问题造成的。这时，需要进行代码层面的优化。这通常涉及算法优化、数据结构优化等方面。

例如，对于数据库查询操作，如果发现查询速度慢，可能是由于没有正确地使用索引。这时，可以对查询语句进行优化，确保在进行查询时能够利用到索引。

```
cql
CREATE INDEX ON users(email);
```

另一个常见的性能瓶颈是网络通信。在分布式系统中，网络通信往往会占用大量的时间。为了减少网络通信的开销，我们可以采取一些措施，例如批量处理、数据压缩等。

这些优化手段对于提高系统的性能至关重要，但是它们都需要对系统有深入的理解，并且需要根据具体的情况进行具体的优化。

性能优化最重要的是，需要建立一套完整的性能分析和优化流程，培养团队的性能优化能力，才能真正提高分布式系统的性能。

在进行分布式系统的性能优化时，我们不能只关注单一的性能指标，而忽视了其他的因素。例如，优化系统的吞吐量，但牺牲了系统的可用性或者一致性。因此，性能优化不只是提高系统的运行速度，更是在各种因素之间寻找最佳的平衡。

总的来说，分布式系统的性能优化是一项重要而复杂的任务。它需要我们对分布式系统有深入的理解，掌握各种性能优化的策略和方法。通过实践和学习，我们可以持续地提高系统的性能，更好地满足用户的需求。同时，要记住性能优化是一个持续的过程，需要我们不断地监控、分析、学习和改进。

第 9 章 分布式系统的实践技巧

本章通过介绍实战案例和最佳实践，帮助读者进一步理解和掌握分布式系统的设计和实现，以及系统性能优化和故障排查的技巧。

9.1 实战案例

实战案例是理论知识应用到实际问题中的重要环节。通过具体案例的讲解和实践，读者可以更直观地理解和掌握分布式系统的设计和实现，以及面临问题时如何进行系统性能优化和故障排查。

9.1.1 案例一：分布式数据处理系统的实现

9.1.1.1 案例背景和需求分析

在这个案例中，我们将创建一个针对大规模日志数据的分布式数据处理系统。日志数据通常包括但不限于用户行为日志、系统运行日志等，这些数据量通常非常大，需要通过分布式系统进行处理。

我们的任务是设计和实现一个可以处理大规模日志数据的分布式数据处理系统，该系统需要支持以下功能：

① 数据接收：能够从各个来源接收日志数据，这些来源可能包括各种服务器、设备等。

② 数据存储：将接收到的日志数据存储在分布式文件系统中，以支持大规模数据的存储和快速访问。

③ 数据处理：对存储的日志数据进行处理，例如进行数据清洗、数据转换等操作。

④ 数据查询：提供查询接口，支持对处理后的数据进行查询。

根据以上需求，我们可以设计一个基于 Hadoop 和 Spark 的分布式数据处理系统。Hadoop 作为分布式文件系统，主要用于存储接收到的日志数据。Spark 则用于对数据进行分布式处理。同时，我们还需要一个数据接收模块，用于从各个来源接收日志数据。

由于涉及的组件较多，我们可以考虑使用 Docker 进行部署。每个组件都作为一个独立的 Docker 容器运行，这样可以大大简化部署过程，提高系统的可移植性。

9.1.1.2 系统设计和实现

在设计分布式数据处理系统时，我们需要考虑系统的各个组件如何协同工作。在这个案例中，系统主要由四个部分组成：数据接收模块、Hadoop 分布式文件系统、Spark 数据处理模块以及数据查询模块。

首先，数据接收模块的主要任务是从各个数据源接收日志数据。在这里，我们可以使用 Flume 作为数据接收模块。Flume 是一个分布式的、可靠的、可用的流式数据采集系统，它可以将大量的日志数据从其产生的地方传输到我们的 Hadoop 分布式文件系统中。

接下来，Hadoop 分布式文件系统（HDFS）被用来存储接收到的日志数据。HDFS 是一个高度容错的系统，适合在廉价机器上存储大量数据。HDFS 可以提供高吞吐量的数据访问，非常适合运行在大规模数据集上的应用。

然后，Spark 被用来对存储在 HDFS 上的数据进行处理。Spark 是一个大规模数据处理的计算框架，它可以提供快速、通用、基于内存的大数据计算能力。

最后，我们需要一个数据查询模块，以支持对处理后的数据进行查询。这里我们可以使用 Hive。Hive 是建立在 Hadoop 上的数据仓库基础构建工具，它提供了类 SQL 的查询语言 HiveQL，可以将 SQL 型语句转化为 MapReduce 任务进行执行。

接下来，我们将分别实现这四个模块，并使用 Docker 进行部署。首先，我们来创建一个 Docker 网络，以便于各个 Docker 容器之间的通信。

```
docker network create hadoop
```

然后，我们可以开始创建各个模块的 Docker 容器。首先是 Hadoop 集群，我们可以使用 sequenceiq/hadoop-docker 这个 Docker 镜像来创建 Hadoop 集群。

```
docker run -itd --net=hadoop --name hadoop-master -p 50070:50070 -p
8088:8088 sequenceiq/hadoop-docker:2.7.1 /etc/bootstrap.sh -bash
```

这个命令会创建一个名为 hadoop-master 的 Docker 容器，并将其加入到 hadoop 网络中。同时，我们映射了 50070 和 8088 这两个端口，分别用于访问 HDFS 的 Web 界面和 YARN 的 Web 界面。

接下来，我们将创建 Spark 集群。我们可以使用 sequenceiq/spark 这个 Docker 镜像来创建 Spark 集群。

```
docker run -itd --net=hadoop --name spark-master -p 8080: 8080 -p 7077:
7077 sequenceiq/spark: 1.6.0 bash
```

这个命令会创建一个名为 spark-master 的 Docker 容器，并将其加入到 hadoop 网络中。同时，我们映射了 8080 和 7077 这两个端口，分别用于访问 Spark 的 Web 界面和 Spark 的 Master 服务。

接着，我们将实现数据接收模块。在这里，我们选择使用 Flume 作为数据接收模块。首先，需要创建一个 Flume 的配置文件，名为 flume-conf.properties，内容如下：

```
# 命名此代理上的组件
a1.sources = r1
a1.sinks = k1
a1.channels = c1
```

```
# 描述/配置源
a1.sources.r1.type = netcat
a1.sources.r1.bind = localhost
a1.sources.r1.port = 44444

# 描述 sink
a1.sinks.k1.type = hdfs
a1.sinks.k1.hdfs.path = hdfs://hadoop-master:9000/user/flume/events/%Y/
%m/ %d/%H
a1.sinks.k1.hdfs.fileType = DataStream

# 使用一个在内存中缓冲事件的 channel
a1.channels.c1.type = memory
a1.channels.c1.capacity = 1000
a1.channels.c1.transactionCapacity = 100

# 将源和 sink 绑定到 channel
a1.sources.r1.channels = c1
a1.sinks.k1.channel = c1
```

这个配置文件定义了一个名为 a1 的 Flume agent，它有一个 source r1、一个 sink k1 和一个 channel c1。source r1 是一个 netcat source，它监听 localhost 的 44444 端口。sink k1 是一个 HDFS sink，它将数据写入到 HDFS 的/user/flume/events/%Y/%m/%d/%H 路径下，其中，%Y 表示年，%m 表示月份，%d 表示日期，%H 表示小时。channel c1 是一个 memory channel，它在内存中缓存 events。

然后，创建一个 Flume 的 Docker 镜像。首先，需要创建一个 Dockerfile，内容如下：

```
FROM sequenceiq/hadoop-docker:2.7.1
RUN  curl  -s  http://archive.apache.org/dist/flume/1.6.0/apache-flume-
1.6.0-bin.tar.gz | tar -xz -C/usr/local/
RUN cd /usr/local && ln -s ./apache-flume-1.6.0-bin flume
ENV FLUME_HOME /usr/local/flume
ENV PATH $PATH:/usr/local/flume/bin
ADD flume-conf.properties /usr/local/flume/conf/flume-conf.properties
```

这个 Dockerfile 基于 sequenceiq/hadoop-docker：2.7.1 镜像，下载并安装了 Flume，然后将我们之前创建的 flume-conf.properties 文件添加到 Flume 的配置目录中。

使用以下命令来创建 Flume 的 Docker 镜像：

```
docker build -t flume .
```

接下来，创建一个 Flume 的 Docker 容器，并将其加入到 hadoop 网络中。

```
docker run -itd --net=hadoop --name flume -p 44444:44444 flume
```

最后，我们将实现数据查询模块。在这里，我们选择使用 Hive 作为数据查询模块。由于 Hive 的安装和配置比较复杂，建议使用现成的 Docker 镜像来创建 Hive 的 Docker 容器。这里，可以使用 bde2020/hive 这个 Docker 镜像。

```
docker run -itd --net=hadoop --name hive -p 10000:10000 -p 10002:10002
bde2020/hive
```

这个命令会创建一个名为 hive 的 Docker 容器，并将其加入到 hadoop 网络中。同时，我们映射了 10000 和 10002 这两个端口，分别用于访问 Hive 的 CLI 和 Web UI。

现在，我们已经完成了分布式数据处理系统的设计和实现，接下来进行系统测试和优化。

9.1.1.3 测试和优化

在完成系统的设计和实现之后，我们需要对系统进行测试，以验证系统是否能够正常工作。

首先，我们可以发送一些日志数据到 Flume，看看这些数据是否能够被成功接收并存储到 HDFS 中。我们可以在宿主机上运行以下命令发送数据：

```
echo "hello world" | nc localhost 44444
```

然后，我们可以查看 HDFS 上的数据，看看数据是否已经被正确地写入。可以在 hadoop-master 容器中运行以下命令查看数据：

```
docker exec -it hadoop-master bash
hadoop fs -ls /user/flume/events
```

如果一切正常，我们应该能够看到刚刚发送的数据已经被存储在 HDFS 上。

接下来，可以使用 Spark 对数据进行处理。假设我们需要统计每个单词的出现次数，可以在 spark-master 容器中运行以下命令：

```
docker exec -it spark-master bash
spark-shell
```

然后，在 Spark shell 中，运行以下命令（基于 Scala 语言）进行数据处理：

```
val textFile = sc.textFile("hdfs://hadoop-master:9000/user/flume/events")
val counts = textFile.flatMap(line => line.split(" "))
              .map(word =>(word,1))
              .reduceByKey(_ + _)
counts.saveAsTextFile("hdfs://hadoop-master:9000/user/spark/wordcount")
```

这段代码首先从 HDFS 中读取数据，然后对数据进行处理，最后将处理结果保存到 HDFS。

最后，我们可以使用 Hive 对处理后的数据进行查询。可以在 hive 容器中运行以下命令：

```
docker exec -it hive bash
hive
```

然后，在 Hive shell 中，我们可以运行以下 SQL 查询数据：

```
CREATE EXTERNAL TABLE wordcount(word STRING,count INT)
ROW FORMAT DELIMITED
FIELDS TERMINATED BY '\t'
LOCATION 'hdfs://hadoop-master:9000/user/spark/wordcount';
SELECT * FROM wordcount WHERE count > 1;
```

这段 SQL 首先创建了一个外部表，并将其关联到我们之前处理结果的存储位置，然后执行了一个查询，查找出现次数大于 1 的单词。

至此，我们已经完成了整个系统的测试，接下来我们可以根据测试结果进行系统优化。例如，我们可以通过调整 Flume、Hadoop、Spark 和 Hive 的配置参数，以提高系统的处理能力和查询性能。在系统优化过程中，我们需要多次进行测试，并根据测试结果进行调整，直到达到满意的性能。

在系统测试完成并验证所有模块均正常工作后，我们需要对系统进行性能调优以满足实际的生产环境需求。调优主要包括 Flume、Hadoop、Spark 和 Hive 的参数调整，以提高系统的处理能力和查询性能。

① Flume 调优：Flume 的性能主要受 channel 的 capacity 和 transactionCapacity 参数影响。capacity 参数决定 channel 可以缓存的 event 数量，transactionCapacity 参数决定一次事务可以处理的 event 数量。如果系统的数据接收速度较快，我们可以适当提高这两个参数的值。

② Hadoop 调优：Hadoop 的性能主要受 HDFS 的 block size、MapReduce 的 map 和 reduce 任务数量影响。block size 参数决定 HDFS 存储数据时的块大小，如果系统的数据量较大，可以适当提高这个参数的值。map 和 reduce 任务数量参数决定 MapReduce 执行任务时的并行度，我们可以根据系统的 CPU 和内存资源情况进行调整。

③ Spark 调优：Spark 的性能主要受 executor memory、executor core 和 parallelism 等参数影响。executor memory 参数决定每个 executor 的内存大小，executor core 参数决定每个 executor 的 CPU 核数，parallelism 参数决定 task 的并行度。我们可以根据系统的资源情况以及数据处理的需求进行调整。

④ Hive 调优：Hive 的性能主要受 HiveQL 执行的并行度以及 Hive on Tez 或 Hive on Spark 的相关参数影响。我们可以通过调整 HiveQL 的并行度以提高查询性能，同时，我们也可以根据实际情况选择使用 Tez 或 Spark 作为 Hive 的执行引擎，并进行相应的参数调整。

在进行系统调优的过程中，我们需要不断进行测试并根据测试结果进行参数调整，直到达到预期的性能。同时，也需要监控系统的运行情况，如 CPU、内存和磁盘的使用情况，以便及时发现并解决可能存在的性能瓶颈。

至此，我们已经完成了一个分布式数据处理系统的设计、实现和优化。在实际的生产环境中，我们可能还需要处理更多的问题，如数据的安全性和隐私保护、系统的可用性和容错性等，这需要我们在深入理解和掌握分布式系统的基础上，不断学习和实践。

9.1.1.4　结论和展望

在这个案例中，我们设计并实现了一个分布式数据处理系统，该系统能够接收大规模的日志数据，将数据存储到 Hadoop 分布式文件系统中，然后使用 Spark 进行数据处理，并提供 Hive 查询接口供用户查询处理后的数据。整个系统基于 Docker 进行部署，每个组件都作为一个独立的 Docker 容器运行，能大大简化部署过程，提高系统的可移植性。

通过这个案例，我们可以看到，构建一个分布式数据处理系统并不是一件简单的工作，它需要我们对分布式系统有深入的理解，了解各种分布式技术的原理和使用方法，还需要我们掌握 Docker 等容器技术，以简化系统的部署和管理。同时，我们也需要根据系统的实际运行情况进行性能调优，以满足生产环境的性能需求。

在未来，随着数据量的持续增长，分布式数据处理系统将扮演越来越重要的角色。我们需要不断学习和掌握新的技术，以应对日益复杂的数据处理需求。例如，我们可以尝试使用新的数据处理框架，如 Flink 和 Beam，它们提供了更高效的数据处理能力和更丰富的功能。我们还可以尝试使用 Kubernetes 等新的容器管理平台，以更好地管理和调度系统资源。

9.1.2　案例二：基于区块链的分布式应用（Python 版本）

9.1.2.1　案例背景和需求分析

在这个案例中，我们将设计并实现一个基于区块链的分布式应用——一个简单的电子货币系统。电子货币系统是区块链技术最初和最广泛的应用场景，例如比特币就是一种基于区块链的电子货币系统。

我们的任务是设计并实现一个简单的电子货币系统，该系统需要支持以下功能：

① 交易创建：用户可以创建一笔新的交易，将自己的电子货币发送给其他用户。

② 交易验证：系统需要能够验证一笔交易的有效性，例如，发送方是否拥有足够的电子货币，交易签名是否正确等。

③ 区块创建：系统需要能够将一批已验证的交易打包成一个新的区块，并添加到区块链中。

④ 区块链同步：在分布式环境中，系统需要保证所有节点的区块链都能保持同步。

根据以上需求，我们可以设计一个基于区块链的分布式系统架构。我们将使用区块链技术来实现交易和区块的管理，使用公钥密码体系来实现交易的签名和验证，使用 P2P 网络来实现区块链的同步。

由于涉及的组件较多，我们可以考虑使用 Docker 进行部署。每个组件都作为一个独立的 Docker 容器运行，这样可以大大简化部署过程，提高系统的可移植性。

9.1.2.2 系统设计和实现

在设计和实现基于区块链的分布式电子货币系统时，我们需要考虑系统的各个组件如何协同工作。在这个案例中，系统主要由四个部分组成：交易创建模块、交易验证模块、区块创建模块以及区块链同步模块。

交易创建模块的主要任务是创建新的交易。我们使用 Python 作为编程语言。在这里，我们可以定义一个交易的数据结构，包括发送方地址、接收方地址、金额、时间戳以及发送方的签名。

```
class Transaction:
    def __init__(self,sender,recipient,amount):
        self.sender = sender
        self.recipient = recipient
        self.amount = amount
        self.timestamp = time.time()
        self.signature = self.sign_transaction()

    def sign_transaction(self):
        """
        使用私钥签署交易
        """
        signer = PKCS1_v1_5.new(self.sender)
        h = SHA.new(str(self.to_dict()).encode('utf8'))
        return binascii.hexlify(signer.sign(h)).decode('ascii')

    def to_dict(self):
        return OrderedDict({'sender_address':self.sender,
                            'recipient_address':self.recipient,
                            'value':self.amount,
                            'timestamp':self.timestamp})

    def validate_transaction(self):
```

```
        """
        检查提供的签名是否对应由公钥(发送者)签署的交易
        """
        public_key = RSA.importKey(binascii.unhexlify(self.sender))
        verifier = PKCS1_v1_5.new(public_key)
        h = SHA.new(str(self.to_dict()).encode('utf8'))
        return verifier.verify(h,binascii.unhexlify(self.signature))
```

在上述代码中，我们首先定义了一个 Transaction 类，表示一笔交易。在创建一笔新的交易时，我们需要提供发送方地址、接收方地址以及交易金额。然后，我们使用发送方的私钥对交易数据进行签名，生成交易签名。最后，我们提供了一个验证交易的方法，验证发送方的签名是否正确。

区块创建模块的主要任务是将一批已验证的交易打包成一个新的区块，并添加到区块链中。我们可以定义一个区块的数据结构，包括区块的哈希值、上一个区块的哈希值、时间戳、难度目标、一个满足特定条件的数字（nonce）以及交易列表。

```
class Block:
    def __init__(self,index,transactions,timestamp,previous_hash,nonce=0):
        self.index = index
        self.transactions = transactions
        self.timestamp = timestamp
        self.previous_hash = previous_hash
        self.nonce = nonce

    def compute_hash(self):
        """
        返回块内容哈希值的函数
        """
        block_string = json.dumps(self.__dict__,sort_keys=True)
        return sha256(block_string.encode()).hexdigest()
```

在上述代码中，我们定义了一个 Block 类，表示一个区块。在创建一个新的区块时，我们需要提供区块的索引、交易列表、时间戳以及上一个区块的哈希值。然后，我们提供了一个计算区块哈希值的方法。

区块链同步模块的主要任务是保证所有节点的区块链都能保持同步。我们可以使用 P2P 网络来实现区块链的同步，在 P2P 网络中，每个节点都可以与其他节点直接通信，当一个节点创建了一个新的区块时，它可以将新区块广播给所有其他节点。

区块链同步模块是实现分布式共识的关键部分，它用于确保所有的节点能够看到相同的区块链状态。在实现区块链同步模块时，我们可以使用一个简单的共识算法：当一个节点接收到其他节点发送过来的区块链时，它将比较新的区块链和自己当前的区块链，如果新的区块链更长，那么它将替换自己当前的区块链。

下面是区块链同步模块的 Python 实现：

```
class Blockchain:
    def __init__(self):
        self.chain = []
        self.peers = set()
```

```
    def add_block(self,block):
        """
        向区块链中添加一个新的块
        """
        self.chain.append(block)

    def add_peer(self,peer):
        """
        将新的节点添加到节点列表中
        """
        self.peers.add(peer)

    def sync(self):
        """
        与其他节点同步区块链
        """
        for peer in self.peers:
            # 发送 HTTP 请求以同步区块链
            response = requests.get(f'http://{peer}/blockchain')
            if response.status_code == 200:
                peer_chain = response.json()
                if len(peer_chain)> len(self.chain):
                    self.chain = peer_chain
```

在上述代码中，我们首先定义了一个 Blockchain 类，表示一个区块链。Blockchain 类有一个 chain 属性（用于存储区块），以及一个 peers 属性（用于存储所有的节点）。

我们提供了一个 add_block 方法（用于向区块链中添加新的区块），以及一个 add_peer 方法（用于向节点列表中添加新的节点）。

最后，我们提供了一个 sync 方法，用于同步区块链。在 sync 方法中，通过向每个节点发送 HTTP 请求，获取其他节点的区块链，然后比较新的区块链和节点当前的区块链，如果新的区块链更长，那么将替换当前的区块链。

这样，我们就能实现一个简单的区块链同步模块。值得注意的是，这个同步模块仅用于演示目的，实际的区块链系统可能需要使用更复杂的共识算法，例如比特币的工作量证明（Proof of Work，PoW）算法，以确保系统的安全性。

交易验证模块用于确保区块链上的交易是有效的，包括验证交易的结构以及交易的签名。

以下是交易验证模块的 Python 实现：

```
class Transaction:
    # ...

    def validate_transaction(self):
        """
        检查提供的签名是否对应由公钥(发送者)签署的交易
        """
        public_key = RSA.importKey(binascii.unhexlify(self.sender))
        verifier = PKCS1_v1_5.new(public_key)
        h = SHA.new(str(self.to_dict()).encode('utf8'))
```

```
        return verifier.verify(h,binascii.unhexlify(self.signature))
```

在上述代码中，我们提供了一个 validate_transaction 方法，用于验证交易的签名。具体来说，首先从交易中获取发送方的公钥，然后使用公钥创建一个签名验证器，接着使用SHA 算法计算交易数据的哈希值，最后用签名验证器验证签名和哈希值是否匹配。如果匹配，那么交易就是有效的。

在基于区块链的分布式应用中，我们还需要实现交易的创建和广播功能。在一个节点创建了一个新的交易后，它需要将新的交易广播给所有其他的节点。我们可以在 Flask 服务器中添加一个新的路由来处理这个功能。

以下是交易创建和广播的代码实现：

```
@app.route('/new_transaction',methods=['POST'])
def new_transaction():
    tx_data = request.get_json()
    required_fields = ["author","content"]

    for field in required_fields:
        if not tx_data.get(field):
            return "Invalid transaction data",404

    tx_data["timestamp"] = time.time()

    blockchain.add_new_transaction(tx_data)

    return "Success",201
```

在这个路由中，我们首先从请求中获取交易数据，然后检查数据是否完整。如果数据完整，我们将交易添加到区块链中，并返回成功的消息。

在实现了基本的区块链功能后，我们还可以继续优化系统。例如，可以添加一个挖矿功能，每当一个节点成功地创建了一个新的区块，它可以获得一定的奖励。这将激励更多的节点参与到系统中来。

接下来，我们将实现挖矿功能。在区块链系统中，挖矿是一种有效地将新的交易添加到区块链中的方法。为了防止双重支付和其他的恶意行为，我们需要确保只有当一个节点找到一个满足特定条件的数字（也被称为 nonce）时，它才能创建一个新的区块。

以下是挖矿功能的 Python 实现：

```
import hashlib
import time

class Blockchain:
    # ...

    def proof_of_work(self,block):
        """
        尝试不同的随机数值以获得满足我们难度标准的哈希值
        """
        block.nonce = 0
```

```
        computed_hash = block.compute_hash()
        while not computed_hash.startswith('0' * Blockchain.difficulty):
            block.nonce += 1
            computed_hash = block.compute_hash()

        return computed_hash

    def add_new_transaction(self,transaction):
        self.unconfirmed_transactions.append(transaction)

    def mine(self):
        """
        此函数作为一个接口，通过将待处理的交易添加到区块并计算出工作量证明，
        将它们添加到区块链中
        """
        if not self.unconfirmed_transactions:
            return False

        last_block = self.last_block

        new_block = Block(index=last_block.index + 1,
                          transactions=self.unconfirmed_transactions,
                          timestamp=time.time(),
                          previous_hash=last_block.hash)

        proof = self.proof_of_work(new_block)
        self.add_block(new_block)
        self.unconfirmed_transactions = []

        return new_block.index
```

在上述代码中，我们首先定义了一个 proof_of_work 方法，这个方法通过不断地修改 nonce 的值，尝试计算出一个满足难度条件的哈希值。接着，我们定义了一个 add_new_transaction 方法，这个方法将新的交易添加到未确认的交易列表中。最后，我们定义了一个 mine 方法，这个方法将所有未确认的交易添加到新的区块中，并通过工作量证明找到一个满足条件的哈希值。

在添加了挖矿功能后，可以使用以下命令来重新构建 Docker 镜像，并重新启动节点：

```
docker build -t blockchain-node .
docker stop node1 node2
docker rm node1 node2
docker run -d --name node1 -p 5000:8080 blockchain-node
docker run -d --name node2 -p 5001:8080 blockchain-node
```

至此，我们的区块链节点已经可以处理挖矿请求了。我们可以通过发送 POST 请求到 http://localhost：5000/mine 来挖矿，并将新的区块添加到区块链中。

以上就是基于区块链的分布式电子货币系统的设计与实现过程。

至此，基于区块链的分布式电子货币系统的核心部分已经完成，包括创建交易、验证交易、创建区块、区块哈希计算、链同步以及工作量证明等关键步骤。

在系统的实际运用中，可能还需要考虑更多的问题和功能，比如如何设计用户界面，如何优化网络通信，如何处理网络攻击，如何确保数据的安全以及如何通过智能合约实现复杂

的业务逻辑等。

此外，虽然此案例中使用的是工作量证明共识算法，但在实际的区块链系统中，可能会使用更多的共识算法，如权益证明（Proof of Stake，PoS）、委托权益证明（Delegated Proof of Stake，DPoS）以及拜占庭容错等。

9.1.2.3 测试和优化

在完成了基于区块链的分布式电子货币系统的设计和实现后，接下来是进行系统的测试和优化。

首先，测试是确保系统正确运行的关键部分。我们需要对系统的每个部分进行单元测试，以确保每个功能都能正常工作。此外，我们还需要进行集成测试，以确保各个部分能够正确地协同工作。

以下是对区块创建和验证功能进行单元测试的Python代码：

```
def test_block_creation():
    blockchain = Blockchain()
    transactions = [Transaction('address1','address2',1)]
    previous_hash = 'previous_hash'
    block = Block(0,transactions,time.time(),previous_hash)

    assert block.index == 0
    assert block.transactions == transactions
    assert block.previous_hash == previous_hash
    assert block.hash == block.compute_hash()

def test_block_verification():
    blockchain = Blockchain()
    transactions = [Transaction('address1','address2',1)]
    previous_hash = 'previous_hash'
    block = Block(0,transactions,time.time(),previous_hash)

    assert blockchain.verify_block(block)is True
```

在上述代码中，我们首先定义了两个测试函数：test_block_creation 和 test_block_verification。test_block_creation 函数测试创建区块的功能，test_block_verification 函数测试验证区块的功能。我们可以使用 Python 的 unittest 模块来运行这些测试。

接下来，优化我们的 Docker 部署过程。在当前的 Docker 部署过程中，每次更新代码后，都需要手动构建 Docker 镜像并重新启动容器。这个过程比较繁琐，可以使用 Docker Compose 来简化这个过程。

以下是一个简单的 Docker Compose 配置文件：

```
version:'3'
services:
  node:
    build:.
    ports:
      - "5000:8080"
    volumes:
      - .:/app
```

在上述配置文件中，我们定义了一个服务node，它基于当前目录下的Dockerfile构建，映射了5000端口，并且把当前目录挂载到容器的/app目录下。

有了这个配置文件后，可以使用以下命令来启动应用：

```
docker-compose up
```

接下来，我们将进行更深入的测试和优化，包括性能测试和优化、安全性测试和优化以及可用性测试和优化等。

首先进行性能测试和优化。在大规模的分布式系统中，性能是一个关键的问题。我们需要确保系统能够快速地处理交易，以及在面对大量的请求时，仍能保持稳定地运行。

为了测试系统性能，可以使用压力测试工具，如Locust或Apache JMeter。以下是一个使用Locust进行压力测试的简单例子：

```
from locust import HttpUser,task,between
class BlockchainUser(HttpUser):
    wait_time = between(1,2.5)

    @task
    def get_blockchain(self):
        self.client.get("/blockchain")

    @task
    def create_transaction(self):
        self.client.post("/new_transaction",json={
            "sender":"address1",
            "recipient":"address2",
            "amount":1
        })
```

在上述代码中，我们定义了一个Locust用户类BlockchainUser，这个用户类有两个任务：获取区块链和创建交易。我们可以运行Locust，然后在Web界面中开始压力测试，来查看系统在高并发情况下的表现。

在得到了压力测试的结果后，可以根据结果来优化系统。例如，如果发现在处理交易时，CPU使用率非常高，那么可能需要优化交易处理算法，或者使用更强大的硬件。如果发现在同步区块链时，网络带宽是瓶颈，那么可能需要优化同步算法，或者提高网络带宽。

接下来，进行安全性测试和优化。在区块链系统中，安全性是非常重要的。我们需要确保系统能够抵御各种攻击，包括双重支付攻击、Sybil攻击以及51%攻击等。

为了测试系统的安全性，我们可以使用各种安全测试工具，如OWASP ZAP或Burp Suite，来尝试攻击系统，然后根据测试结果来修复安全漏洞。

在进行了上述的测试和优化后，我们的系统应该能够在实际环境中稳定运行。然而，这只是一个持续的过程，随着系统的使用和发展，可能需要不断地进行新的测试和优化，以满足新的需求和挑战。

接下来，我们将对可用性进行测试和优化。在分布式系统中，可用性是非常重要的，我们需要确保在面临各种故障时，系统仍然可以正常运行。

首先，我们需要测试系统在节点故障时的表现。可以故意关闭一些节点，然后查看系统是否还能正常运行。如果系统在某个节点故障后无法正常运行，那么可能需要在设计时加入更多的冗余和故障恢复机制。

其次，我们需要测试系统在网络问题时的表现。可以使用网络模拟工具，如tc或netem，来模拟网络延迟、丢包或者分区等问题，然后查看系统是否还能正常运行。如果系统在面临网络问题时无法正常运行，那么可能需要优化网络协议，或者使用更可靠的网络设备。

在进行了可用性测试和优化后，我们可以进行最后的部署和发布。在部署时，需要考虑多种因素，如硬件资源、网络环境、安全策略以及监控和日志等。在发布时，需要提供清晰的文档和用户指南，以帮助用户使用我们的系统。

以下是Dockerfile的最终版本：

```
FROM python:3.7
WORKDIR /app
COPY . /app
RUN pip install -r requirements.txt
EXPOSE 5000
CMD ["python","blockchain.py"]
```

可以使用以下命令来构建和运行Docker容器：

```
docker build -t blockchain-node .
docker run -d --name node1 -p 5000:8080 blockchain-node
```

至此，我们已经完成了基于区块链的分布式电子货币系统的设计、实现、测试和优化。系统应该能够在实际环境中稳定运行，处理大量的交易，抵御各种攻击，以及在面临故障和网络问题时，仍能保持高可用。

9.1.2.4　结论和展望

本案例实现了一个基于区块链的分布式电子货币系统，包括区块链的创建、交易的处理、工作量证明、链的同步以及基于Docker的部署等关键步骤。对于一个实际的区块链应用来说，这些都是基础且关键的部分。

通过构建这个系统，读者可以深入理解区块链技术的工作原理和应用方法，以及分布式系统的一些基本概念，如共识算法、点对点网络等；同时，也能掌握如何使用Python和Docker来构建一个实际的应用。

然而，需要注意的是，这只是一个基础的区块链应用，对于一个真正的分布式电子货币系统来说，还需要考虑更多的问题，如隐私保护、交易效率、系统安全等。对于这些问题，区块链社区和学术界都在进行深入的研究，并已经有了一些成熟的解决方案，如零知识证明、闪电网络、拜占庭容错等。

未来，随着区块链技术的发展，预计会有更多的应用场景出现，如供应链管理、物联网、去中心化金融等。这将对现有的技术架构和商业模式带来新的挑战，如能源消耗、合规问题、技术成熟度等。在应用区块链技术时，需要根据实际情况进行评估和选择，以确保技术的可持续发展和社会的公平正义。

9.1.3　案例三：基于区块链的分布式应用（Golang版本）

9.1.3.1　案例背景和需求分析

区块链技术以其去中心化、不可篡改和可追溯的特性，被广泛应用在许多领域，如金融交易、供应链管理、数字身份认证等。在这个案例中，我们将使用 Golang 开发一个基于区块链的分布式应用，用以模拟数字货币的交易过程。

该应用需要满足以下需求：

① 允许用户创建新的交易，包括发送者、接收者和交易金额。

② 交易需要经过验证，只有有效的交易才能被接纳。验证规则包括：发送者拥有足够的金额，交易签名有效等。

③ 每笔交易都需要被记录到区块链中，以保证交易记录的不可篡改性。新的交易记录需要通过挖矿过程加入到区块链中。

④ 挖矿过程需要解决一个工作量证明问题，解决问题的“矿工”可以获得一定的奖励。

⑤ 应用应该具有 P2P 网络功能，允许多个节点参与到区块链的维护中。每个节点都可以进行交易、验证和挖矿，并且可以同步区块链的最新状态。

⑥ 允许用户查看所有的交易记录，即查看区块链的内容。

9.1.3.2 系统设计和实现

（1）基础数据结构

在设计区块链系统前，需要定义一些基础的数据结构，包括交易（Transaction）、区块（Block）和区块链（Blockchain）。

交易（Transaction）主要包括以下字段：

① ID：交易的唯一标识，这里我们可以简单地使用 UUID。

② From：交易的发送者。

③ To：交易的接收者。

④ Amount：交易的数量。

区块（Block）主要包括以下字段：

① Timestamp：区块创建的时间戳。

② Transactions：一个区块中可以包含多个交易。

③ PrevBlockHash：前一个区块的哈希值。

④ Hash：当前区块的哈希值。

区块链（Blockchain）其实就是多个区块使用链表的方式连接在一起，因此它包含一个区块的数组。

以下是相关的 Golang 代码：

```
type Transaction struct {
    ID          string      `json:"id"`
    From        string      `json:"from"`
    To          string      `json:"to"`
    Amount      int         `json:"amount"`
}

type Block struct {
    Timestamp        int64              `json:"timestamp"`
    Transactions     []*Transaction     `json:"transactions"`
    PrevBlockHash    string             `json:"prevblockhash"`
    Hash             string             `json:"hash"`
}
```

```
type Blockchain struct {
    Blocks []*Block `json:"blocks"`
}
```

（2）创建新的交易和区块

创建新的交易主要包括生成一个唯一的 ID，并指定交易的发送者、接收者和数量。创建新的区块则需要指定区块创建的时间戳、包含的交易，以及前一个区块的哈希值。

以下是创建新的交易和区块的 Golang 代码：

```
func NewTransaction(from,to string,amount int)*Transaction {
    t := &Transaction{
        ID:     uuid.New().String(),
        From:   from,
        To:     to,
        Amount: amount,
    }
    return t
}

func NewBlock(transactions []*Transaction,prevBlockHash string)*Block {
    block := &Block{
        Timestamp:          time.Now().Unix(),
        Transactions:       transactions,
        PrevBlockHash:      prevBlockHash,
        Hash:               "",
    }
    block.Hash = block.calculateHash()
    return block
}
```

在 NewBlock 函数中，我们调用了 calculateHash 函数来计算区块的哈希值。calculateHash 函数需要把区块的时间戳、前一个区块的哈希值，以及包含的所有交易的信息，全部加入到哈希值的计算中。

以下是 calculateHash 函数的 Golang 代码：

```
func(b *Block)calculateHash()string {
    // 将区块的内容转换为字节数组
    blockData := bytes.Join(
        [][]byte{
            IntToHex(b.Timestamp),
            []byte(b.PrevBlockHash),
            // 其他需要包含的数据
        },
        []byte{},
    )

    // 计算哈希值
    hash := sha256.Sum256(blockData)

    // 返回哈希值的十六进制表示
```

```
    return hex.EncodeToString(hash[:])
}
```

（3）添加新的区块

添加新的区块到区块链的过程就是挖矿的过程。我们需要先创建一个新的区块，然后计算满足特定条件的哈希值，最后将新的区块添加到区块链中。

以下是添加新的区块的 Golang 代码：

```
func(bc *Blockchain)AddBlock(transactions []*Transaction){
    // 获取最后一个区块的哈希值
    prevBlock := bc.Blocks[len(bc.Blocks)-1]
    newBlock := NewBlock(transactions,prevBlock.Hash)

    // 添加新的区块到区块链中
    bc.Blocks = append(bc.Blocks,newBlock)
}
```

（4）工作量证明

在区块链中，工作量证明是用来保证区块链安全性的一种方法。当我们添加一个新的区块到区块链中时，需要先计算一个满足特定条件的哈希值。

以下是计算满足特定条件的哈希值的 Golang 代码：

```
func(b *Block)Mine(difficulty int){
    var hashPrefix string
    for i := 0;i < difficulty;i++ {
        hashPrefix += "0"
    }

    for {
        nonce := rand.Int()
        data := bytes.Join(
            [][]byte{
                b.Data,
                IntToHex(b.Timestamp),
                []byte(strconv.Itoa(nonce)),
                []byte(b.PrevBlockHash),
            },
            []byte{},
        )
        hash := sha256.Sum256(data)

        hex := fmt.Sprintf("%x",hash)
        if !strings.HasPrefix(hex,hashPrefix){
            fmt.Printf("\r%x",hash)
            continue
        } else {
            fmt.Printf("\n\n%s",hex)
            break
        }
    }
}
```

在上面的代码中，我们使用了一个随机数（nonce）来计算新的哈希值，然后检查新的哈希值是否满足特定的条件。如果满足条件，那么我们就找到了一个有效的哈希值，否则需要尝试一个新的随机数。

（5）P2P 网络

为了让多个节点能够参与到区块链的维护中，我们需要实现 P2P 网络的功能。

我们将使用 Golang 的 net 包来实现 P2P 网络。每个节点都会在一个端口上监听新的连接，当接收到新的连接时，会创建一个新的 goroutine 来处理该连接。每个节点还会维护一个节点列表，用于存储已知的其他节点的信息。

以下是创建新节点的函数：

```
type Node struct {
    Addr           string
    Conn           net.Conn
    TxPool     []*Transaction
    Blockchain *Blockchain
}

func NewNode(addr string)*Node {
    n  :=  &Node{Addr:addr,TxPool:make([]*Transaction,0),Blockchain:New
Block chain()}
    return n
}
```

以下是节点监听新的连接的函数：

```
func(n *Node)Start(){
    ln,err := net.Listen("tcp",n.Addr)
    if err != nil {
        log.Panic(err)
    }
    defer ln.Close()

    for {
        conn,err := ln.Accept()
        if err != nil {
            log.Panic(err)
        }

        go n.handleConnection(conn)
    }
}
```

以下是节点处理新的连接的函数：

```
func(n *Node)handleConnection(conn net.Conn){
    defer conn.Close()

    // 创建一个新的解码器
    dec := json.NewDecoder(conn)

    // 循环读取和处理新的消息
```

```
    for {
        // 读取新的消息
        var msg Message
        if err := dec.Decode(&msg);err != nil {
            log.Println(err)
            return
        }

        // 根据消息的类型进行不同的处理
        switch msg.Type {
        case "transaction":
            // 接收新的交易
            n.handleTransaction(msg.Data)
        case "block":
            // 接收新的区块
            n.handleBlock(msg.Data)
        case "getblocks":
            // 发送所有的区块
            n.sendBlocks(conn)
        case "getpeers":
            // 发送所有已知的节点
            n.sendPeers(conn)
        // 其他类型的消息
        }
    }
}
```

(6) Docker 部署

Docker 是一个开源的应用容器引擎，使得开发者可以打包他们的应用以及依赖包到一个可移植的容器中，然后发布到任何流行的 Linux 或 Windows 机器上。为了使用 Docker 部署我们的区块链应用，需要编写一个 Dockerfile 文件：

```
# 使用官方的 Golang 镜像作为基础镜像
FROM golang:1.16-alpine

# 在容器内部创建一个目录来存储我们的应用
WORKDIR /app

# 将我们的应用的代码复制到容器内部
COPY . .

# 使用 go 命令来编译我们的应用
RUN go build -o main .

# 设置启动容器时运行的命令
CMD ["./main"]
```

在上面的 Dockerfile 文件中，我们首先使用了官方的 Golang 镜像作为基础镜像，然后在容器内部创建了一个目录来存储应用，接着将应用的代码复制到容器内部，最后使用 go 命令来编译应用，设置启动容器时运行的命令。

要构建 Docker 镜像，可以使用以下的命令：

```
docker build -t blockchain-app .
```

然后，可以使用以下的命令来启动一个新的容器：

```
docker run -p 8080:8080 blockchain-app
```

在上面的命令中，-p 8080:8080 选项表示将容器的 8080 端口映射到主机的 8080 端口，这样我们就可以通过主机的 8080 端口来访问应用。

（7）同步区块链状态

为了让所有的节点都保持同样的区块链状态，我们需要在添加新的区块后，将新的区块发送给所有的节点。可以在 AddBlock 函数中添加这样的功能：

```
func(n *Node)AddBlock(transactions []*Transaction){
    // 获取最后一个区块的哈希值
    prevBlock := n.Blockchain.Blocks[len(n.Blockchain.Blocks)-1]
    newBlock := NewBlock(transactions,prevBlock.Hash)

    // 添加新的区块到区块链中
    n.Blockchain.Blocks = append(n.Blockchain.Blocks,newBlock)

    // 创建一个新的消息
    msg := Message{
        Type:"block",
        Data:newBlock,
    }

    // 将新的消息发送给所有已知的节点
    for _,peer := range n.Peers {
        if err := n.sendMessage(peer,msg);err != nil {
            log.Println(err)
        }
    }
}
```

在上面的代码中，我们首先创建了一个新的区块，并添加到了区块链中。然后创建了一个新的消息，并将这个消息发送给了所有已知的节点。

（8）处理网络断开

在真实的网络环境中，网络断开是常见的现象，我们需要对此进行处理。当网络断开时，需要将断开的节点从节点列表中移除，并尝试重新连接。

可以在 handleConnection 函数中添加这样的功能：

```
func(n *Node)handleConnection(conn net.Conn){
    defer conn.Close()

    // 创建一个新的解码器
    dec := json.NewDecoder(conn)

    // 循环读取和处理新的消息
    for {
        // 读取新的消息
        var msg Message
```

```
        if err := dec.Decode(&msg);err != nil {
            log.Println(err)

            // 如果读取消息失败,说明网络可能已经断开,将节点从节点列表中移除
            n.removePeer(conn.RemoteAddr().String())
            return
        }

        // 根据消息的类型进行不同的处理
        switch msg.Type {
        case "transaction":
            // 接收新的交易
            n.handleTransaction(msg.Data)
        case "block":
            // 接收新的区块
            n.handleBlock(msg.Data)
        case "getblocks":
            // 发送所有的区块
            n.sendBlocks(conn)
        case "getpeers":
            // 发送所有已知的节点
            n.sendPeers(conn)
        // 其他类型的消息
        }
    }
}

func(n *Node)removePeer(addr string){
    for i,peer := range n.Peers {
        if peer == addr {
            n.Peers = append(n.Peers[:i],n.Peers[i+1:]...)
            break
        }
    }
}
```

在上面的代码中，我们在读取消息失败后，将断开的节点从节点列表中移除。此外还添加了一个 removePeer 函数，用于从节点列表中移除一个节点。

以上两部分就是如何在节点之间同步区块链状态，以及如何处理网络断开的一些基本方法。在实际的应用中，我们可能还需要添加更多的功能和处理更多的异常情况。

（9）重新连接网络断开的节点

网络中的节点可能会由于各种原因断开，包括但不限于网络问题、系统崩溃等。为了维持区块链网络的稳定性，需要在网络断开后尝试重新连接。

我们可以在 Start 函数中周期性地检查和重新连接已知节点。以下是如何实现该功能的示例代码：

```
func(n *Node)Start(){
    ln,err := net.Listen("tcp",n.Addr)
    if err != nil {
        log.Panic(err)
```

```
        }
        defer ln.Close()

        go func(){
            for {
                conn,err := ln.Accept()
                if err != nil {
                    log.Panic(err)
                }

                go n.handleConnection(conn)
            }
        }()

        // 周期性地检查和重新连接已知节点
        for {
            time.Sleep(30 * time.Second)

            for _,peer := range n.Peers {
                conn,err := net.Dial("tcp",peer)
                if err != nil {
                    log.Println(err)
                    n.removePeer(peer)
                } else {
                    conn.Close()
                }
            }
        }
    }
```

在上面的代码中，我们在一个无限循环中周期性地（每 30 秒）检查已知节点的连接状态。如果连接失败，将节点从已知节点列表中移除；如果连接成功，关闭连接并继续下一个节点。

（10）扩展功能

在实际的应用中，我们可能需要添加更多的功能，比如支持多种类型的交易，支持智能合约，支持用户身份验证等。这些功能的实现依赖于具体的应用需求。

例如，我们可以添加一个新的交易类型，允许用户创建新的货币。以下是如何实现该功能的示例代码：

```
    type Transaction struct {
        From            string
        To              string
        Amount          int
        Type            string // 添加一个新的字段
    }

    func NewTransaction(from,to string,amount int,transactionType string)*
Transaction {
        return
&Transaction{From:from,To:to,Amount:amount,Type:transactionType}
```

```
    }

    // 在处理交易时，根据交易类型进行不同的处理
    func(n *Node)handleTransaction(data []byte){
        var tx Transaction
        if err := json.Unmarshal(data,&tx);err != nil {
            log.Println(err)
            return
        }

        switch tx.Type {
        case "transfer":
            // 处理转账交易
            // ...
        case "mint":
            // 处理创建新货币的交易
            // ...
        // 其他类型的交易
        }
    }
```

在上面的代码中，我们在 Transaction 结构体中添加了一个新的字段 Type，用于表示交易的类型。然后我们在处理交易时，根据交易类型进行不同的处理。例如，可以处理 transfer 类型的交易，也可以处理 mint 类型的交易。

以上就是如何在区块链应用中添加新的功能的一些基本方法。在实际的应用中，需要根据具体的需求添加更多的功能。

（11）用户身份验证

在实际的区块链应用中，通常需要对用户的身份进行验证，以确保只有合法用户可以进行交易。我们可以使用公钥和私钥对进行身份验证。以下是如何添加身份验证功能的示例代码。

首先，需要添加一个新的字段 PublicKey 到 Transaction 结构体中，用于存储用户的公钥：

```
type Transaction struct {
    From        string
    To          string
    Amount      int
    Type        string
    PublicKey   string
}
```

然后，需要在创建新的交易时，将用户的公钥附加到交易中：

```
    func NewTransaction(from,to string,amount int,transactionType string,
publicKey string)*Transaction {
        return
&Transaction{From:from,To:to,Amount:amount,Type:transactionType,
PublicKey:publicKey}
    }
```

接下来，可以在处理交易时，对用户的公钥进行验证：

```
func(n *Node)handleTransaction(data []byte){
    var tx Transaction
    if err := json.Unmarshal(data,&tx);err != nil {
        log.Println(err)
        return
    }

    // 验证用户的公钥
    if !n.verifyPublicKey(tx.PublicKey){
        log.Println("Invalid public key")
        return
    }

    // ...
}
```

在上面的代码中，我们在处理交易时，首先对用户的公钥进行验证。如果公钥无效，我们就拒绝这个交易。

具体的公钥验证方式取决于所使用的公钥加密算法。在实际的应用中，可能需要使用一种安全的公钥加密算法，比如 RSA 或者 ECC。

（12）智能合约

智能合约是一种运行在区块链上的程序，它可以自动执行预定义的规则。在实现智能合约时，需要添加一个新的字段 Contract 到 Transaction 结构体中，用于存储合约的代码，具体代码如下：

```
type Transaction struct {
    From          string
    To            string
    Amount        int
    Type          string
    PublicKey     string
    Contract      string
}
```

然后，可以在处理交易时，执行合约的代码，具体代码如下：

```
func(n *Node)handleTransaction(data []byte){
    var tx Transaction
    if err := json.Unmarshal(data,&tx);err != nil {
        log.Println(err)
        return
    }

    // ...

    // 执行合约的代码
    n.executeContract(tx.Contract)
}
```

在上面的代码中，我们在处理交易时，执行合约的代码。具体的执行方式取决于所使用的编程语言和运行环境。在实际的应用中，可能需要使用一种安全的合约执行环境，比如 EVM

（Ethereum Virtual Machine）。

以上两部分就是如何在区块链应用中添加用户身份验证和智能合约功能的基本方法。在实际的应用中，可能需要根据具体的需求添加更多的功能。

（13）数据持久化

在实际的区块链应用中，需要将区块链的数据持久化，以防止数据丢失。我们可以使用各种数据库技术来实现数据持久化，包括关系数据库（如 MySQL、PostgreSQL 等）、NoSQL 数据库（如 MongoDB、CouchDB 等）和键-值存储（如 RocksDB、LevelDB 等）。

以下是一个使用 Golang 的 os 和 encoding/gob 标准库来将区块链数据写入文件的示例：

```
func(n *Node)SaveBlockchain(filename string)error {
    file,err := os.Create(filename)
    if err != nil {
        return err
    }
    defer file.Close()

    encoder := gob.NewEncoder(file)
    return encoder.Encode(n.Blockchain)
}

func(n *Node)LoadBlockchain(filename string)error {
    file,err := os.Open(filename)
    if err != nil {
        return err
    }
    defer file.Close()

    decoder := gob.NewDecoder(file)
    return decoder.Decode(&n.Blockchain)
}
```

在上面的代码中，SaveBlockchain 函数将区块链数据编码为 GOB 格式，然后写入文件；LoadBlockchain 函数从文件中读取 GOB 格式的数据，然后解码为区块链。

可以在节点启动时加载区块链数据，并在需要时保存区块链数据。

（14）节点发现

在一个分布式的区块链网络中，节点需要有机制来发现新的节点。我们可以实现一个简单的节点发现协议：节点定期向已知的节点发送“ping”消息，已知节点在收到“ping”消息后，将它已知的所有节点回复给对方。

以下是一个简单的节点发现协议的实现：

```
func(n *Node)Start(){
    // ...

    go func(){
        for {
            time.Sleep(10 * time.Second)

            for _,peer := range n.Peers {
```

```
                if err := n.ping(peer);err != nil {
                    log.Println(err)
                }
            }
        }
    }()
}

func(n *Node)ping(addr string)error {
    conn,err := net.Dial("tcp",addr)
    if err != nil {
        return err
    }
    defer conn.Close()

    msg := Message{
        Type:"ping",
        Data:n.Addr,
    }
    return n.sendMessage(conn,msg)
}

func(n *Node)pong(conn net.Conn,data []byte)error {
    addr := string(data)

    if !n.knowsPeer(addr){
        n.Peers = append(n.Peers,addr)
    }

    msg := Message{
        Type:"pong",
        Data:n.Peers,
    }
    return n.sendMessage(conn,msg)
}

func(n *Node)knowsPeer(addr string)bool {
    for _,peer := range n.Peers {
        if peer == addr {
            return true
        }
    }
    return false
}

func(n *Node)handleConnection(conn net.Conn){
    // ...

    switch msg.Type {
    case "ping":
        n.pong(conn,msg.Data)
```

```
        case "pong":
            n.addPeers(msg.Data)
        // ...
        }
    }
```

在上面的代码中，节点定期向已知的节点发送“ping”消息，当已知节点接收到“ping”消息后，将自己已知的所有节点发送给对方。

这只是一个简单的节点发现协议的实现，实际的区块链应用可能需要一个更复杂的协议来处理更复杂的场景，如节点的动态加入和退出、网络分区等。

（15）网络分区的处理

在实际的区块链应用中，网络分区是一种常见情况，这可能导致区块链在不同的网络分区中有不同的状态。为了解决这个问题，通常使用的方法是在网络分区恢复后，选择最长的区块链作为有效的区块链。

以下是如何实现这个功能的示例代码：

```
func(n *Node)handleBlock(data []byte){
    var block Block
    if err := json.Unmarshal(data,&block);err != nil {
        log.Println(err)
        return
    }

    // 检查新的区块是否有效
    if !n.verifyBlock(block){
        log.Println("Invalid block")
        return
    }

    // 检查新的区块是否增加了区块链的长度
    if block.Height > n.Blockchain.Height {
        // 如果是,接受新的区块
        n.Blockchain.Blocks = append(n.Blockchain.Blocks,&block)
    }
}
```

在上面的代码中，当节点接收到新的区块时，首先检查新的区块是否有效，然后检查新的区块是否增加了区块链的长度。如果是，节点接收新的区块。

（16）交易的确认

在区块链网络中，交易需要在被添加到区块链后才被视为已确认。通常，一个交易被添加到区块链后的区块数量被视为这个交易的确认数。确认数越高，交易被篡改的可能性就越低。

以下是计算交易确认数的示例代码：

```
func(n *Node)getConfirmationCount(tx *Transaction)int {
    for i := len(n.Blockchain.Blocks)- 1;i >= 0;i-- {
        block := n.Blockchain.Blocks[i]
        for _,t := range block.Transactions {
            if t == tx {
```

```
                return len(n.Blockchain.Blocks)- i
            }
        }
    }
    return 0
}
```

在上面的代码中，getConfirmationCount函数遍历区块链中的所有区块和交易，如果找到了给定的交易，返回这个交易的确认数。

接下来，我们将介绍一种运行区块链应用的方式（单节点运行和多节点运行）。首先创建节点，并让这些节点组成一个区块链网络，然后在节点上进行交易和挖矿。

（17）单节点运行

首先，创建一个新的节点，并启动这个节点：

```
func main(){
    node := NewNode("localhost:5000")
    go node.Start()
}
```

然后，在这个节点上创建一些新的交易，并进行挖矿：

```
func main(){
    node := NewNode("localhost:5000")
    go node.Start()

    // 在节点上添加新的交易,并进行挖矿
    node.TxPool = append(node.TxPool,NewTransaction("Alice","Bob",1))
    node.Mine()
}
```

最后，打印出这个节点的区块链状态：

```
func main(){
    node := NewNode("localhost:5000")
    go node.Start()

    node.TxPool = append(node.TxPool,NewTransaction("Alice","Bob",1))
    node.Mine()

    fmt.Println(node.Blockchain)
}
```

运行这个程序，可以看到节点的区块链状态，包括所有的区块和交易。

（18）多节点运行

对于多节点的运行，可以创建多个节点，并让这些节点组成一个区块链网络。

首先，创建并启动多个节点：

```
func main(){
    node1 := NewNode("localhost:5000")
    node2 := NewNode("localhost:5001")

    go node1.Start()
```

```
    go node2.Start()
}
```

然后，让这些节点互相知道对方，形成一个区块链网络：

```
func main(){
    node1 := NewNode("localhost:5000")
    node2 := NewNode("localhost:5001")

    go node1.Start()
    go node2.Start()

    // 让节点互相知道对方
    node1.Peers = append(node1.Peers,node2.Addr)
    node2.Peers = append(node2.Peers,node1.Addr)
}
```

接着，在这些节点上创建一些新的交易，并进行挖矿：

```
func main(){
    node1 := NewNode("localhost:5000")
    node2 := NewNode("localhost:5001")

    go node1.Start()
    go node2.Start()

    node1.Peers = append(node1.Peers,node2.Addr)
    node2.Peers = append(node2.Peers,node1.Addr)

    // 在节点上添加新的交易,并进行挖矿
    node1.TxPool = append(node1.TxPool,NewTransaction("Alice","Bob",1))
    node1.Mine()

    node2.TxPool = append(node2.TxPool,NewTransaction("Bob","Charlie",2))
    node2.Mine()
}
```

最后，打印出这些节点的区块链状态：

```
func main(){
    node1 := NewNode("localhost:5000")
    node2 := NewNode("localhost:5001")

    go node1.Start()
    go node2.Start()

    node1.Peers = append(node1.Peers,node2.Addr)
    node2.Peers = append(node2.Peers,node1.Addr)

    node1.TxPool = append(node1.TxPool,NewTransaction("Alice","Bob",1))
    node1.Mine()

    node2.TxPool = append(node2.TxPool,NewTransaction("Bob","Charlie",2))
    node2.Mine()
```

```
    // 打印节点的区块链状态
    fmt.Println("Node1 Blockchain:")
    fmt.Println(node1.Blockchain)
    fmt.Println("Node2 Blockchain:")
    fmt.Println(node2.Blockchain)
}
```

运行这个程序，可以看到每个节点的区块链状态，包括所有的区块和交易。

（19）容器化部署

在 Docker 环境中部署多节点的区块链网络需要创建一个 Dockerfile 以及一个 docker-compose.yml 文件。

首先，创建一个 Dockerfile，用于构建节点的 Docker 镜像。以下是一个简单的 Dockerfile 示例：

```
# 使用官方的 Go 镜像作为基础镜像
FROM golang:1.16

# 设置工作目录
WORKDIR /go/src/app

# 将代码复制到 Docker 镜像中
COPY . .

# 编译应用
RUN go build -o main .

# 运行应用
CMD ["./main"]
```

在这个 Dockerfile 中，首先使用官方的 Go 镜像作为基础镜像，然后设置工作目录，并将代码复制到 Docker 镜像中，最后编译并运行应用。

接下来，创建一个 docker-compose.yml 文件，用于定义和运行多节点的服务。以下是一个简单的 docker-compose.yml 示例：

```
version:'3'
services:
  node1:
    build:.
    ports:
      - 5000:5000
    environment:
      - PEERS=node2:5001

  node2:
    build:.
    ports:
      - 5001:5001
    environment:
```

```
    - PEERS=node1:5000
```

在这个 docker-compose.yml 文件中，定义了两个服务：node1 和 node2。每个服务都使用在 Dockerfile 中定义的 Docker 镜像，并绑定到不同的端口。每个服务都有一个环境变量 PEERS，用于指定其他节点的地址。

在定义了 Dockerfile 和 docker-compose.yml 文件后，可以使用以下命令来启动应用：

```
docker-compose up
```

这个命令会根据 docker-compose.yml 文件创建并启动两个节点的服务。每个节点都运行在一个单独的 Docker 容器中，并通过网络进行通信。

至此，我们已经完成了基于区块链的分布式应用的设计和实现，并通过 Docker 进行了部署。接下来，我们进行测试和优化。

9.1.3.3 测试和优化

在开发区块链应用时，测试和优化是必不可少的步骤。通过测试，可以确保应用的功能正确；通过优化，可以提高应用的性能。

（1）单元测试

单元测试是测试的基础，可以用来测试应用中的单个函数或方法。在 Go lang 中，可以使用内置的 testing 包来编写单元测试。

例如，可以为区块链中的 NewTransaction 函数编写一个单元测试：

```
func TestNewTransaction(t *testing.T){
    from := "LiLei"
    to := "HanMeimei"
    amount := 1
    tx := NewTransaction(from,to,amount)

    if tx.From != from || tx.To != to || tx.Amount != amount {
        t.Errorf("NewTransaction failed,got %v,want From=%v,To=%v,Amount=
%v",tx,from,to,amount)
    }
}
```

在这个测试中，首先创建了一个新的交易，然后检查交易的 From、To 和 Amount 字段是否正确。如果不正确，测试将失败。

（2）集成测试

除了单元测试外，还需要进行集成测试，以测试应用中的多个组件如何协同工作。

例如，可以测试节点之间的网络通信是否正常。可以创建两个节点，然后让一个节点向另一个节点发送一个消息，如果另一个节点接收到了这个消息，那么测试就成功。

```
func TestNodeNetwork(t *testing.T){
    node1 := NewNode("localhost:5000")
    node2 := NewNode("localhost:5001")

    go node1.Start()
    go node2.Start()

    node1.Peers = append(node1.Peers,node2.Addr)
```

```
    node2.Peers = append(node2.Peers,node1.Addr)

    msg := Message{Type:"test",Data:[]byte("Hello,world!")}
    if err := node1.sendMessageToPeer(node2.Addr,msg);err != nil {
        t.Errorf("Failed to send message:%v",err)
    }

    time.Sleep(1 * time.Second)

    if node2.LastReceivedMessage != "Hello,world!" {
        t.Errorf("Failed to receive message,got %v,want %v",node2.Last
Received Message,"Hello,world!")
    }
}
```

这个测试需要添加一个 LastReceivedMessage 字段到 Node 结构体中，用于存储节点最后接收到的消息。

（3）性能测试和优化

对于区块链应用来说，性能是一个重要的考虑因素。为了测试应用的性能，可以使用 Go lang 内置的 testing 包来编写基准测试（Benchmark）。在基准测试中，一个函数会被反复执行，以测量其运行时间。

例如，可以为区块链中的 Hash 函数编写一个基准测试：

```
func BenchmarkHash(b *testing.B){
    block := NewBlock(0,"",[]Transaction{})
    for i := 0;i < b.N;i++ {
        block.Hash()
    }
}
```

在这个基准测试中，Hash 函数被反复执行了 b.N 次。通过这个基准测试，可以测量 Hash 函数的运行时间。

如果发现某个函数的性能不佳，可以尝试优化这个函数，以提高应用的性能。

例如，如果 Hash 函数的性能不佳，可能是因为每次计算哈希值时都需要序列化区块的数据。为了优化这个函数，可以在创建新的区块时就序列化区块的数据，并将序列化后的数据存储在区块中。这样，当计算哈希值时，就不需要再次序列化数据，从而提高性能。

```
type Block struct {
    Timestamp       nt64
    Transactions        []Transaction
    PrevBlockHash   string
    Hash            string
    Nonce           int
    SerializedData      []byte  // 添加一个新的字段
}

func NewBlock(timestamp int64,prevBlockHash string,transactions []Transaction)*
Block {
    block := &Block{timestamp,transactions,prevBlockHash,"",0,nil}
    block.SerializedData = block.serialize() // 在创建新的区块时序列化区块的
```

数据

```
        block.Hash = block.calculateHash()       // 计算哈希值时使用序列化后的数据
        return block
    }

    func(b *Block)calculateHash()string {
        h := sha256.New()
        h.Write(b.SerializedData)                // 使用序列化后的数据
        return hex.EncodeToString(h.Sum(nil))
    }
```

通过这种方式，可以优化应用的性能，使其能够更高效地处理大量的数据和交易。

(4) 负载测试

除了单元测试、集成测试和性能测试，负载测试也是测试区块链应用的重要环节。负载测试可以帮助发现应用在高负载情况下的性能瓶颈和潜在问题。

例如，可以创建大量的交易并尝试在一个节点上同时处理这些交易，然后观察节点的处理速度和资源使用情况。

```
func TestLoad(t *testing.T){
    node := NewNode("localhost:5000")
    go node.Start()

    // 创建大量的交易
    for i := 0;i < 10000;i++ {
        tx := NewTransaction("LiLei","HanMeimei",1)
        node.TxPool = append(node.TxPool,tx)
    }

    // 计时开始
    start := time.Now()

    // 在节点上进行挖矿
    node.Mine()

    // 计时结束
    elapsed := time.Since(start)

    t.Logf("Mining took %s",elapsed)
}
```

在这个测试中，首先创建了 10000 个交易，然后在一个节点上进行挖矿，最后计算挖矿所用的时间。这个测试可以帮助发现挖矿过程中的性能瓶颈。

(5) Docker 部署

在测试和优化完成后，可以将应用部署到 Docker 中。首先，需要创建一个 Dockerfile，用于构建应用的 Docker 镜像。以下是一个简单的 Dockerfile 示例：

```
FROM golang:1.16-alpine

WORKDIR /app
```

```
COPY go.mod ./
COPY go.sum ./
RUN go mod download

COPY . .
RUN go build -o main .

CMD ["/app/main"]
```

在这个 Dockerfile 中，首先使用官方的 Go 镜像作为基础镜像，然后设置工作目录，并将代码复制到 Docker 镜像中。在构建镜像时，会自动下载项目的依赖并编译代码。

然后，可以使用 Docker 命令来构建和运行 Docker 镜像：

```
# 构建 Docker 镜像
docker build -t my-blockchain-app .
# 运行 Docker 镜像
docker run -p 5000:5000 my-blockchain-app
```

在这些命令中，-t my-blockchain-app 用于指定镜像的名称，-p 5000:5000 用于将容器的 5000 端口映射到主机的 5000 端口。

通过这种方式，可以将应用部署到任何支持 Docker 的环境中，无论是单机，还是云环境，都可以轻松部署和运行应用。

9.1.3.4　结论和展望

在本小节中，基于 Go lang 和 Docker，我们创建了一个简单的区块链应用。尽管这个应用的功能相对基础，但它却包含了区块链的核心元素，如区块、交易、挖矿等。此外，我们还通过单元测试、集成测试、性能测试和负载测试，确保了应用的功能正确和性能优良。最后，我们将应用部署到了 Docker 环境中，使得应用可以在任何支持 Docker 的环境中运行，这可以大大提高应用的可移植性和可用性。

拥有非常大的发展潜力与可能性，未来，我们可以在现有的基础上，添加更多的功能，如智能合约、去中心化的应用等，使我们的区块链应用更加强大和实用。

此外，随着更多的人开始了解和使用区块链，一些新的区块链平台和应用可能会出现。例如，我们可能会看到一些基于区块链的社交网络，这些社交网络将用户的数据完全放在用户自己的控制下，而不是像现在的社交网络那样，用户的数据被社交网络公司控制。

同时，随着对区块链的研究的深入，可能会出现一些新的区块链技术和算法。例如，区块链的共识算法是区块链技术的核心部分，但现有的共识算法，如工作量证明和权益证明，都有一些问题和局限性。未来，可能会出现一些新的、更优秀的共识算法。

9.2　最佳实践

9.2.1　设计原则和方法

设计原则是指导分布式系统设计的基本理念和方法。遵循这些原则可以帮助我们设计出高效、稳定、可扩展的分布式系统。

以下是一些常见的设计原则和方法：

① 分解：将系统分解为多个小的、独立的服务或组件，每个服务或组件都有自己的职责和功能。这种方法可以提高系统的可维护性和可扩展性，也有利于团队的并行开发和测试。此外，这种方法还可以降低系统的复杂性，使得我们可以更容易地理解和管理系统。

② 抽象：提供清晰的接口和抽象层，隐藏内部的实现细节。这种方法可以提高系统的灵活性和可替换性，也有利于我们处理复杂的问题。

③ 重复：采用多个副本来提高系统的可用性和耐久性。这种方法可以保证当某个副本发生故障时，系统仍然可以继续运行。

④ 隔离：将不同的服务或组件隔离开，使得它们可以独立地运行和扩展。这种方法可以提高系统的稳定性和安全性，也有利于我们管理和监控系统。

以下是一个简单的例子，展示如何使用 Docker 来实现服务的分解和隔离。我们可以创建一个 Dockerfile，然后使用 Docker 命令来构建和运行一个服务的容器。

```
# 使用官方的 Python 运行时作为父镜像
FROM python:3.7-slim

# 在容器中设置工作目录
WORKDIR /app

# 将当前目录的内容添加到容器的/app 目录中
ADD . /app

# 安装在 requirements.txt 中指定的任何需要的包
RUN pip install --trusted-host pypi.python.org -r requirements.txt

# 让容器的 80 端口可以在容器外部访问
EXPOSE 80

# 当容器启动时,运行 app.py
CMD ["python","app.py"]
```

在上述 Dockerfile 中，首先指定了 Python 3.7 作为基础镜像，然后设置了工作目录，并将当前目录的内容添加到了容器中。接着，安装了需要的 Python 包，然后开放了 80 端口。最后，指定了容器启动时运行的命令。

9.2.2 数据一致性和可用性保障

在分布式系统中，数据一致性和可用性是两个非常重要的性质。数据一致性保证所有的节点都能看到同样的数据，而数据可用性则保证即使在部分节点故障时，系统仍然可以提供服务。

以下是一些实现数据一致性和可用性的常见方法：

① 复制：复制是一种常见的提高数据可用性的方法，通过在多个节点上保存数据的副本，即使某些节点发生故障，其他节点仍然可以提供服务。然而，这也带来了数据一致性的问题，需要一种方法来保证所有的副本都能同步更新。

② 一致性协议：一致性协议是解决数据一致性问题的关键。常见的一致性协议有 Raft 和 Paxos 等。这些协议通过一种复杂的投票机制，保证即使在部分节点发生故障时，系统仍然可以达成一致。

③ 分区：分区是一种解决大规模数据处理问题的方法，通过将数据分散到多个节点上，我们可以提高系统的处理能力。然而，这也带来了数据一致性和可用性的问题，需要一种方法来处理节点之间的通信和协调。

以下是一个简单的Python代码示例，展示如何使用Redis的主从复制来实现数据的复制：

```
import redis

# 创建一个 Redis 主节点
master = redis.StrictRedis(host='localhost',port=6379,db=0)

# 创建一个 Redis 从节点
slave = redis.StrictRedis(host='localhost',port=6380,db=0)

# 向主节点写入数据
master.set('key','value')

# 从节点读取数据
print(slave.get('key'))
```

在上述代码中，首先创建了一个Redis主节点和一个Redis从节点，然后向主节点写入了一条数据。由于配置了主从复制，所以可以从从节点读取到这条数据。

9.2.3 性能优化和故障排除

在分布式系统中，性能优化和故障排除是两个非常重要的环节。性能优化可以帮助我们提高系统的处理能力，而故障排除则可以帮助我们在系统出现问题时，快速定位和解决问题。

以下是一些常见的性能优化和故障排除的方法：

① 负载均衡：负载均衡是一种常见的提高系统性能的方法，通过将请求均匀地分配到多个节点上，我们可以提高系统的处理能力。常见的负载均衡算法有轮询、最少连接、源地址哈希等。

② 缓存：缓存是一种常见的提高系统性能的方法，通过将经常访问的数据保存在内存中，我们可以减少访问硬盘的次数，从而提高系统的处理速度。

③ 监控和日志：监控和日志是故障排除的关键。通过监控系统的运行状态，我们可以及时发现系统的问题。通过查看日志，我们可以了解系统的运行情况，从而定位和解决问题。

以下是一个简单的Python代码示例，展示如何使用Redis作为缓存来提高系统的性能：

```
import redis

# 创建一个 Redis 连接
r = redis.StrictRedis(host='localhost',port=6379,db=0)

def get_data(key):
    # 先从缓存中获取数据
    value = r.get(key)
    if value is None:
        # 如果缓存中没有,那么从数据库或者其他地方获取数据
        value = get_data_from_database(key)
        # 然后将数据存入缓存
```

```
        r.set(key,value)
    return value
```

在上述代码中，首先创建了一个 Redis 连接，然后定义了一个 get_data 函数。这个函数首先从 Redis 中获取数据，如果 Redis 中没有，那么再从数据库或者其他地方获取数据，并将数据存入 Redis。

9.2.4 安全性和隐私保护

在分布式系统中，安全性和隐私保护也是非常重要的。这涉及数据的加密、权限控制、身份认证以及隐私保护等多个方面。

以下是一些常见的安全性和隐私保护的方法：

① 数据加密：通过对数据进行加密，我们可以保护数据的安全性，防止数据在传输过程中被窃取或篡改。常见的加密算法有 AES、RSA、SHA-256 等。

② 权限控制：通过设置不同的权限，我们可以控制用户对数据的访问。这可以防止未授权的用户访问或修改数据。

③ 身份认证：通过身份认证，我们可以确认用户的身份。常见的身份认证方法有用户名和密码、数字证书、二次验证等。

④ 隐私保护：在收集和使用用户数据时，我们需要遵循隐私保护的原则，如最小化原则、透明原则、用户控制原则等。

以下是一个简单的 Python 代码示例，展示如何使用 JWT（JSON Web Token，JSON 网络令牌）进行身份认证：

```
import jwt

# 生成一个 token
token = jwt.encode({'user_id':123},'secret',algorithm='HS256')

# 解码 token,获取用户信息
try:
    payload = jwt.decode(token,'secret',algorithms=['HS256'])
    user_id = payload['user_id']
except jwt.InvalidTokenError:
    print('Invalid token')
```

在上述代码中，首先使用 jwt 生成了一个 token，然后用同样的方法解码 token，获取用户信息。如果 token 无效，那么会抛出一个异常。